DIE FLOTATION
IN THEORIE UND PRAXIS

Von

Dr.-Ing. W. Luyken und Dr.-Ing. E. Bierbrauer

Bergassessor und Abteilungsvorsteher am
Kaiser-Wilhelm-Institut für Eisenforschung
Düsseldorf

o. ö. Professor und Vorstand der Lehrkanzel
für Aufbereitung und Veredlung an der Montanistischen Hochschule Leoben (Steierm.)

Mit 123 Textabbildungen und 40 Zahlentafeln
sowie einem englisch-deutschen und deutsch-
englischen Fachwörterverzeichnis

Berlin
Verlag von Julius Springer
1931

ISBN 978-3-642-89272-1   ISBN 978-3-642-91128-6 (eBook)
DOI 10.1007/978-3-642-91128-6

Alle Rechte, insbesondere das der
Übersetzung in fremde Sprachen, vorbehalten.
Copyright 1931 by Julius Springer in Berlin.
Softcover reprint of the hardcover 1st edition 1931

Vorwort.

Dem Verfahren der Schwimmaufbereitung ist in den letzten Jahren wegen seiner zunehmenden Bedeutung für die Veredelung bergmännischer Rohstoffe, aus dem lebhaften Wunsche nach Klärung seiner wissenschaftlichen Grundlagen heraus sowie wegen seines starken Einflusses auf den Metallmarkt in weiten Kreisen große Aufmerksamkeit entgegengebracht worden. Die Folge hiervon sind eine sehr große Zahl von Veröffentlichungen gewesen. Die Anwendung der Schwimmaufbereitung in allen Erdteilen und die Verschiedenartigkeit der Beiträge zu dem Problem der Flotation haben dabei eine ungewöhnlich große Zerstreuung des Schrifttums herbeigeführt, so daß es der Praxis schwer zugänglich ist. Diese Verhältnisse ließen es wünschenswert erscheinen, eine zusammenfassende Darstellung von Theorie und Praxis der Flotation nach ihrem gegenwärtigen Stande zu geben.

Das Streben nach technischer und wirtschaftlicher Vervollkommnung gibt nahezu allen technischen Prozessen ein gemeinsames entwicklungsgeschichtliches Gepräge, das durch den allmählichen Übergang von empirisch erprobter zu wissenschaftlich beherrschter Arbeitsweise gekennzeichnet ist. Praktische Beobachtung und Beurteilung auf der einen und wissenschaftliche Forschung auf der anderen Seite schränken die ursprüngliche Vielheit der Verfahren immer mehr ein, und unter diesen sich wechselseitig befruchtenden Antrieben reifen schließlich einige wenige Verfahren zu der angestrebten Vollkommenheit heran. Dieser letzten Stufe hat sich die Flotation heute wesentlich genähert und immer mehr kann damit an Stelle der früher mehr oder weniger geheimnisvollen Handhabung die wissenschaftlich begründete Sicherheit treten. Es soll allerdings nicht verkannt werden, daß noch manche Frage in der Schwimmaufbereitung der Klärung bedarf. Die Verfasser haben sich aber bemüht, aus der Mannigfaltigkeit der Erscheinungen das Wesentliche hervorzuheben sowie möglichst eine klare Formulierung zu bringen, und sie glauben, daß, wenn dadurch Widerspruch erweckt wird, dies der Sache nur dienlich sein kann.

Wenn den theoretischen Erörterungen ein besonders breiter Raum eingeräumt worden ist, so war hier vor allem der Wunsch maßgebend, gerade dem Praktiker, der insbesondere weder über die Zeit noch die Gelegenheit verfügt, die mannigfachen Arbeiten kennenzulernen und gedanklich zu verknüpfen, durch eine geschlossene Darstellung eine

Stütze zu einer bewußten Handhabung der Schwimmaufbereitung zu geben. Diese Aufgabe vermag die Theorie heute bereits in hohem Grade zu erfüllen. Der planmäßige Versuch — nicht blindes Probieren — steht mit der Theorie in innigem Zusammenhange und die Beherrschung seiner zweckmäßigen Durchführung muß auch für den Praktiker unerläßlich erscheinen, um so mehr, als die Flotation gegenüber anderen Verfahren den Vorteil bietet, daß bei richtiger Versuchsdurchführung ihre Ergebnisse betriebsmäßig weitgehend zu verwirklichen sind. Der Abschnitt „Angewandte Schwimmaufbereitung" dürfte wertvolle Vergleichsunterlagen bieten, um die auf den theoretischen Erwägungen aufgebauten Überlegungen wieder an dem umfangreichen Tatsachenbestand der praktischen Betriebserfahrung zu überprüfen.

Da der laboratoriumsmäßigen Handhabung des Flotations-Versuches als dem wichtigen Hilfsmittel theoretischer Erkenntnis wie auch als Mittler zwischen Theorie und Praxis eine sehr wichtige Rolle zukommt, ist auch sie verhältnismäßig eingehend behandelt worden.

Bei der Darstellung des Betriebes ist, beginnend bei der Zerkleinerung und endend bei der Entwässerung der Konzentrate das Bemühen vorherrschend gewesen, dem neuesten Stand der technischen Entwicklung gerecht zu werden.

Im Anhang findet der Leser ein nach den wichtigsten Gebieten gegliedertes Literaturverzeichnis. Es schließt mit dem Ende des Jahres 1930 ab. Diese Zusammenstellung, die, obwohl sie die wichtigeren Arbeiten im allgemeinen umfassen dürfte, keineswegs Anspruch darauf macht, erschöpfend zu sein, bildet einen guten Beleg für die bereits erwähnte große Zahl einschlägiger Veröffentlichungen und ihre schwere Zugänglichkeit.

Weiter ist im Anhang ein englisch-deutsches und deutsch-englisches Fachwörterverzeichnis gegeben, das dem Leser das Verständnis derjenigen Originalarbeiten erleichtern soll, die in englischer Sprache erschienen sind. Es kann ja doch nicht geleugnet werden, daß die amerikanische und englische Flotationstechnik sich auf einem recht hohen Stande befinden und ihr Verständnis manche wichtige wissenschaftliche und praktische Erkenntnis zu vermitteln vermag.

Den Fachgenossen werden wir für Vorschläge zu Ergänzungen sowie Berichtigungen dankbar sein.

Bei der Abfassung des Buches haben wir sowohl von seiten der Praxis als auch von den Aufbereitungsfirmen freundliche Unterstützung erhalten, für die wir hier gerne unserem Dank Ausdruck geben. Ebenso danken wir Herrn Dr.-Ing. L. Kraeber für seine wertvolle Mitwirkung bei der Durchsicht.

Düsseldorf und Leoben, im Mai 1931.

Die Verfasser.

Inhaltsverzeichnis.

	Seite
A. Einleitung	1
B. Die geschichtliche Entwicklung der Flotation	2
C. Die Theorie der Flotation	19

    I. Die Randwinkeltheorie 21
    II. Die Gastheorie 25
    III. Die Adsorptionstheorie 28
    IV. Die Theorie der Flotation, veranschaulicht an einem einfachen Flotationsmodell 33
    V. Allgemeine Schlußfolgerungen 40
    VI. Über die Zusammenhänge zwischen chemischer Struktur der organischen Flotationsreagenzien und ihrer flotativen Wirkung 43
        a) Sammelreagenzien 44
        b) Schäumer 46
        c) Reagenzien mit gleichzeitiger Schaum- und Sammelwirkung . . 48
        d) Organische Reagenzien mit drückender Wirkung 48
    VII. Der Einfluß anorganischer Bestandteile der Trübe auf den Flotationsvorgang 49
        a) Flotationsgifte und Gegengifte 50
        b) Die Wirkungsweise der drückenden Reagenzien 51
        c) Die Wirkungsweise der belebenden Schwimmittel 56
        d) Der Einfluß der Wasserstoffionenkonzentration auf den Flotationsvorgang 57
        e) Der Einfluß kolloider Schäume auf den Flotationsvorgang . . . 59

D. Untersuchungen im Laboratorium 60

    I. Allgemeines 60
    II. Mineralogisch-mikroskopische Untersuchungen 61
        a) Die Bedeutung der mikroskopischen Beobachtungen bei Schwimmversuchen 61
        b) Die Anfertigung von Körnerpräparaten 63
        c) Die optischen Eigenschaften wichtiger Mineralien und Kohlebestandteile 70
        d) Das Anfärben von Mineralien 70
    III. Zerkleinerung und Bestimmung der Korngrößenverteilung 70
        a) Zerkleinerung für Flotationsversuche 70
        b) Bestimmung der Korngrößenverteilung 72
            1. Die Siebanalyse. S. 73. — 2. Die Schlämmanalyse. S. 78. — 3. Die Windsichtanalyse. S. 80

Inhaltsverzeichnis.

	Seite
IV. Die Durchführung des Schwimmversuches	80
a) Zusammensetzung der Trübe, Reagenszugabe und Anrühren	80
b) Die für Schwimmversuche geeigneten Geräte und Maschinen	82
c) Die Gewinnung der beim Versuch erhaltenen Flotationserzeugnisse und die Versuchsauswertung	90
V. Untersuchungen besonderer Art	96
a) Messung der Oberflächenspannung	96
1. Das Verfahren der kapillaren Steighöhe. S. 97. — 2. Tropfenmethode. S. 98. — 3. Methode des maximalen Bläschendruckes. S. 100.	
b) Die Wasserstoffionenkonzentration und ihre Messung	102
1. Begriff und Wesen. S. 102. — 2. Die Meßmethoden. S. 104.	
E. Der Betrieb der Schwimmaufbereitung	108
I. Das Zerkleinern des Rohgutes für die Schwimmaufbereitung	109
a) Der Umfang der Zerkleinerung	109
b) Die Stellung der Schwimmaufbereitung zu den anderen Aufbereitungsverfahren	113
c) Die Vor- und Grobzerkleinerung	116
d) Die Feinzerkleinerung	120
e) Die Anwendung mechanischer Klassierer in der Feinzerkleinerung	126
f) Hilfsgeräte der Zerkleinerung	132
1. Aufgabevorrichtungen. S. 132. — 2. Roste. S. 134. — 3. Siebe. S. 137. — 4. Pumpen und Hebevorrichtungen. S. 140.	
II. Die Herstellung der flotationsfertigen Trübe	145
a) Die Beschaffenheit der Trübe	145
b) Die Flotationsreagenzien	149
c) Die Zugabe der Reagenzien im Betriebe	154
III. Die Flotationsmaschinen und ihre Verwendung im Betriebe	157
a) Die Bauart und Arbeitsweise der Flotationsmaschinen	157
1. Rührwerkmaschinen. S. 157. — 2. Mit Druckluft betriebene Maschinen. S. 161. — 3. Rührwerkmaschinen mit Unterluftzuführung. S. 166. — 4. Vakuum-Maschinen. S. 169. — 5. Hydraulische Maschinen. S. 169.	
b) Die Verwendung der Flotationsmaschinen im Betriebe	171
1. Die Führung der Trübe durch mehrzellige Maschinen. S. 171. — 2. Besondere Vorzüge der einzelnen Maschinenarten. S. 173. — 3. Die Überwachung des Trennungserfolges der Flotationsmaschinen. S. 173.	
IV. Die Weiterverarbeitung der Flotationskonzentrate	175
a) Die Eindickung des Schaumes	176
b) Die Entwässerung der Konzentrate	180
F. Angewandte Schwimmaufbereitung	188
I. Kupfererze	188
a) Gediegenes Kupfer	191
b) Kupferglanz	191
c) Kupferkies	192
d) Buntkupferkies	192
e) Kupferfahlerz	192
f) Rotkupfererz, Cuprit	192

Inhaltsverzeichnis.

	Seite
g) Malachit	192
h) Chrysokoll	192
II. Gemischte Kupfererze	193
a) Kupferkies und Pyrit	193
b) Kupferglanz und Pyrit	194
c) Kupferkies, Pyrit, Zinkblende	195
d) Kupferkies und Bleiglanz	196
III. Bleierze	197
a) Bleiglanz	199
b) Cerussit, Weißbleierz	201
IV. Gemischte Bleierze	202
a) Bleiglanz und Zinkblende	202
b) Bleiglanz, Zinkblende, Pyrit	204
c) Bleiglanz und Kupferkies	204
V. Zinkerze	204
a) Zinkblende	207
b) Galmei	208
VI. Gemischte Zinkerze	208
VII. Golderze	208
VIII. Silbererze	210
a) Gediegenes Silber	212
b) Silberglanz, Rotgültigerze, Stephanit, Polybasit und Fahlerz	212
c) Hornsilber	212
d) Silberhaltige Metallsulfide	212
IX. Quecksilbererze	212
X. Zinnerze	213
XI. Molybdänerze	216
XII. Wolframerze	217
XIII. Eisenerze	217
XIV. Manganerze	218
XV. Aluminiumerze	219
XVI. Schwefelerze	219
XVII. Erdalkalimineralien	219
XVIII. Graphit und Steinkohle	220
a) Graphit	220
b) Steinkohle	220
G. Besprechung von Flotationsanlagen	223
I. Die Bleizinkerzflotation Boudoukha	225
II. Die Flotationsanlage der Deutsch-Bleischarley-Grube	227
III. Die Weiterverarbeitung feinkörniger Aufbereitungserzeugnisse der Bleiberger Bergwerks-Union durch Schwimmaufbereitung	230
IV. Die Flotationsanlage Black Hawk in Hanover, New Mexiko	233
V. Arbeitsgang einer Golderz-Schwimmaufbereitung	240
VI. Kohle-Flotationsanlage Glückhilf-Friedenshoffnung	243
H. Anhang	246
I. Übersicht über die wirtschaftlich wichtigen Mineralien	246
II. Umrechnungstafel für Maße und Gewichte	250

		Seite
III.	Literatur-Verzeichnis	251
	a) Bücher	251
	b) Aufsätze aus Zeitschriften	251
	1. Allgemeines, Geschichte, Wirtschaft und Statistik	251
	2. Theorie	254
	3. Laboratorium	257
	4. Betriebsflotation	257
	a) Sulfidische und gediegene Metalle führende Erze	257
	b) Nichtsulfidische Mineralien (ausgen. Kohle und Graphit)	262
	5. Kohle- und Graphitflotation	263
	6. Reagenzien	264
IV.	Englisch-deutsches Fachwörterverzeichnis	265
V.	Deutsch-englisches Fachwörterverzeichnis	272
Sachverzeichnis		279

A. Einleitung.

Begriff.

Unter Schwimmaufbereitung (Flotation) versteht man die Trennung von Stoffgemischen — in der Hauptsache von Gemischen nutzbarer Mineralien — dadurch, daß ein oder auch mehrere Bestandteile auf einer wäßrigen Trübe derart zum Schwimmen gebracht werden, daß eine Trennung der Bestandteile möglich wird.

Das heute übliche Verfahren ist das der **Schaumschwimmaufbereitung** (froth flotation), bei der das bzw. die zu gewinnenden Mineralien in einem Schaum auf der Oberfläche der wäßrigen Trübe gesammelt werden. Das Wesen des Trennungsvorganges beruht darauf, daß das spez. Gewicht der zu gewinnenden Mineralien vorübergehend durch Anlagerung von Luft- bzw. Gasblasen derart beeinflußt wird, daß die Mineralien in der Trübe aufschwimmen. Es handelt sich also um eine mechanische Trennung der Mineralien, so daß das Verfahren der Aufbereitung zuzurechnen ist, wenn auch bei der Beeinflussung des Schwimmvorganges chemische Umsetzungen mitwirken.

Im Gegensatz zu der älteren Auffassung, daß nur bestimmte Mineralien, und zwar insbesondere die sulfidischen Erzmineralien, **schwimmfähig** oder **flotierbar** seien, hat sich in neuerer Zeit gezeigt, daß durch Anwendung geeigneter Schwimmittel alle Mineralien schwimmfähig gemacht werden können. Wenn man auch somit zwischen flotierbaren und unflotierbaren Mineralien nicht unterscheiden kann, so besteht doch die Tatsache, daß sich die verschiedenen Mineralien den verschiedenen Schwimmitteln gegenüber teils sehr unterschiedlich, teils aber auch recht ähnlich verhalten.

Sehr einfach gestalten sich die Schwimmverfahren in den Fällen, in denen die zu trennenden Mineralien von Natur aus den in Frage kommenden Schwimmitteln gegenüber ein recht unterschiedliches Verhalten zeigen (z. B. Bleiglanz und Quarz). Ist dagegen das Schwimmverhalten der zu trennenden Mineralien den in Frage kommenden Schwimmitteln gegenüber sehr ähnlich (z. B. Bleiglanz und Zinkblende), so sind für die gewünschte Trennung besondere Zusätze zu machen, deren Wirkung meist auf einer chemischen Veränderung der Oberfläche eines der Mineralien beruht.

Diese Verhältnisse führen dazu, zwei Gruppen von Verfahren zu unterscheiden, nämlich

einfache Schwimmaufbereitung und

unterschiedliche Schwimmaufbereitung (differentielle Flotation). Der Fall der einfachen Flotation liegt vor, wenn die zu trennenden Mineralien kein ähnliches Verhalten besitzen und infolgedessen besondere, das Schwimmverhalten regelnde Zusätze entbehrlich sind (z. B. Graphit und Gangart, Flußspat und Quarz). Der Begriff der unterschiedlichen Schwimmaufbereitung (differentielle Flotation) liegt dagegen vor, wenn die zu trennenden Mineralien teilweise durch ihre natürliche Oberflächenbeschaffenheit ein ähnliches Schwimmverhalten besitzen und infolgedessen nur durch Anwendung regelnder Zusätze voneinander getrennt werden können (z. B. Kupferkies und Pyrit neben Gangart).

B. Die geschichtliche Entwicklung der Flotation.

Die Erweiterung der Feinkornaufbereitung und die Möglichkeit, auch solche Erze mit Erfolg zu verarbeiten, deren Trennung infolge ihrer besonderen mineralischen Zusammensetzung mit Hilfe der naßmechanischen oder magnetischen Verfahren bisher nicht möglich war, sind die beiden Merkmale, die den Fortschritt der Flotation für die Aufbereitungstechnik begründet haben. Ausgedehnte Lagerstätten, deren Nutzbarmachung an der technischen Unzulänglichkeit der älteren Anreicherungsverfahren scheiterte, wurden bauwürdig, und bestehende Anlagen, die in ihren Abgängen erhebliche Verluste zu tragen hatten, konnten durch Angliederung oder Einschaltung der Flotation in ihren Stammbaum ihr Ausbringen und damit ihre Wirtschaftlichkeit steigern. Obwohl die technische Entwicklung noch in vollem Gange ist, hat die gesamte Metallerzeugung durch die Flotation einen Antrieb erfahren, wie er in der Geschichte der Nichteisenmetalle bisher noch nicht beobachtet wurde. Einen anschaulichen Maßstab für die Bedeutung der Flotation bietet höchstens der Vergleich mit dem Thomas-Verfahren, dessen Erfindung die Roheisengewinnung aus phosphorhaltigen Erzen eröffnete und zur Folge hatte, daß große, aber bisher wegen ihres Phosphorgehaltes wertlose Eisenerzlagerstätten bauwürdig wurden und die Grundlage für neue große Industrien bilden konnten.

Die Bezeichnung Flotation oder Schwimmaufbereitung bezieht sich, wie einleitend gesagt ist, heute ausschließlich auf ein Aufbereitungsverfahren, bei dem fein zerkleinertes Erz in wäßriger Trübe mit Luftblasen so in Berührung gebracht wird, daß die wertvollen Bestandteile sich durch Vermittlung von Reagenzien mit der Luft zu

Komplexen mit großem Auftriebsvermögen zusammenschließen und sich in einem Schaum auf der Oberfläche der Trübe sammeln, während die Gangart am Boden bleibt. Die Luft dient also als Auftriebsagens und bewirkt eine Trennung, die dem Richtungssinn der alten Schwerkraftaufbereitung, bei der die spezifisch schwereren Metallmineralien die unterste Lage einnehmen, entgegengesetzt ist. Die Verkettung von Luft mit Mineral kommt durch Oberflächenwirkungen zustande, und es ist die Aufgabe der Reagensatzsätze, die Grenzschichtenenergien so zur Auswirkung zu bringen, daß sich auftriebsfähige Komplexe im Sinne der gewünschten Anreicherung bilden.

Der Weg zu der heute erreichten Vollendung verliert um so mehr seine einheitliche Linie, je weiter der Blick in die Geschichte zurückgeht. Schon früh hat man Beobachtungen gemacht, die heute wichtige Teilerscheinungen der modernen Flotation bilden. So berichtet beispielsweise Herodot, daß die Goldwäscherinnen des Altertums bei ihrer Arbeit mit Öl oder Fett bestrichene Federn benutzten, an denen die Seifengoldflitterchen haften blieben, während die Sandkörnchen diese Neigung nicht zeigten. Hier lag also — wenn auch in primitiver Form — schon eine Arbeitsweise vor, wie sie in den Fettherden der afrikanischen Diamantaufbereitungen, den technischen Fortschritten entsprechend, als mechanisierter Prozeß wieder auftauchte.

Wenn bei diesen Verfahren von Flotation im eigentlichen Sinne auch nicht die Rede sein kann, so ist immerhin die Beobachtung des verschiedenen Verhaltens von Gold und Diamant auf der einen und Gangartmineralien auf der anderen Seite gegenüber Öl oder Fett bemerkenswert.

Die erste Mitteilung, sulfidische Metallmineralien auf Grund ihrer Vorliebe zu öligen Substanzen von Gangartmineralien zu trennen, stammt von William Haynes[1] aus Wales, und zwar aus dem Jahre 1860. Sein Verfahren bestand darin, feingemahlenes Erz im Verhältnis von etwa 6:1 mit Öl zu mischen und das Ganze zu einem teigartigen Brei zu verarbeiten. Aus dieser Masse, in der die Metallsulfide mit dem Öl agglomerierten, sollte dann die Gangart durch Wasser weggespült werden. Als geeignetes, selektiv wirkendes Mittel gibt Haynes vor allem Kohlenteer an.

Der heutigen Flotation wesentlich näher kommt ein Schwimmverfahren zur Aufbereitung von Graphit, das den Gegenstand eines der ersten Patente des Deutschen Reiches bildet. Es handelt sich um das D.R.P. Nr. 42, das im Jahre 1877 den Gebr. Bessel, den früheren Besitzern des Werkes Kropfmühl im Passauer Graphitgebiet, erteilt wurde und das bereits durch die wesentlichen Merkmale der modernen Schaumschwimmaufbereitung gekennzeichnet ist[2]. Die Gebr. Bessel

---

[1] E. P. Nr. 488 v. 23. Febr. 1860.
[2] Ryschkewitsch, E.: Chem.-Zg. **45**, 478/9 (1921).

schlugen vor, das feingemahlene Roherz mit Ölen, Fetten oder Kohlenwasserstoffen zu vermischen, die Mischung mit Wasser aufzurühren und die entstehende Trübe zum Kochen zu erhitzen. Die beim Kochen entstehenden Bläschen nehmen die Graphitpartikel mit an die Oberfläche der Trübe, auf der sich ein abschöpfbarer, mit Graphit angereicherter Schaum bildet. Dagegen bleibt das taube, aus Quarz, Glimmer und Feldspat bestehende Gestein auf dem Boden des Arbeitsgefäßes liegen. Zur Steigerung der Schaumbildung empfahlen die Erfinder verschiedene Stoffe, wie Fuselöl, kautschuk- und harzartige Substanzen, ferner Paraffin, Benzin, Bienenwachs, Ozokerit usw. Dieses Verfahren ist späterhin dahin abgeändert worden, daß die Blasen nicht mehr durch Erhitzen der Trübe erzeugt wurden, sondern durch Zersetzen von Kalkstein mit Schwefelsäure. Größere Erfolge sind den Erfindern nicht beschieden gewesen, da sie bereits im Jahre 1882 ihren Anspruch verfallen ließen. In der naheliegenden einseitigen Beschränkung auf das Graphitproblem haben sie die weittragende Bedeutung ihrer Vorschläge für die gesamte Aufbereitung nicht erkannt. Auf der anderen Seite genügte der damalige Bergbau und der Stand der Aufbereitungstechnik den Bedürfnissen des Metallmarktes, so daß ein unmittelbarer Bedarf an neuen Verfahren nicht fühlbar war. Trotzdem verdienen aber die Bemühungen der Gebr. Bessel hervorgehoben zu werden, um so mehr als man in der Folgezeit dazu neigt, die Schwimmaufbereitung als ausschließliche Domäne angelsächsischen Erfindungsgeistes anzusehen.

Das Jahr 1885 brachte durch einen Zufall die Entdeckung, daß sich die selektive Anlagerung von Öl an Metallsulfide durch einen Zusatz von Schwefelsäure steigern läßt. Es war Carrie Everson aus Chikago[1], die feststellte, daß aus einer zu einem steifen Teig verrührten Mischung von Öl und angesäuertem Wasser mit gemahlenem Erz durch Wasser die Gangart entfernt werden kann, wobei das Sulfidmineral zurückbleibt. An sich stellte dieses Verfahren nur eine Verbesserung der Erfindung von Haynes dar und war im übrigen praktisch ebenso belanglos. Geschichtlich bemerkenswert ist aber der für die spätere Entwicklung fruchtbare Gedanke, die Selektivität durch besondere Zusätze anorganischer Natur zu beeinflussen.

Auf dem selektiven Anhaften von Öl an sulfidischen Mineralien beruht auch ein Verfahren, das im Jahre 1894 die Engländer Robson und Crowden[2] zur Trennung feingemahlener Erze vorschlugen. Bei diesem Prozeß wurde durch die Erztrübe ein Strahl von dünnflüssigem Öl geschickt, der auf seinem Wege zur Oberfläche die Sulfidteilchen mitriß, so daß letztere mit dem Öl überfließen konnten, während die

---

[1] A. P. Nr. 348157 v. 29. Aug. 1885.
[2] E. P. Nr. 427 v. 8. Jan. 1894.

Gangart unten liegen blieb. Wie die vorhergenannten Prozesse war auch dieses Verfahren noch nicht als stetige Betriebsweise ausgearbeitet.

Es war daher ein großer Fortschritt, als im Jahre 1898 F. E. Elmore[1] aus London einen Prozeß mit fortlaufender Arbeitsweise ausbildete. Sein Verfahren beruhte ebenfalls auf der sammelnden Wirkung der Öle für Sulfidmineralien. Gleichzeitig wurde der durch das geringe spez. Gewicht bedingte Auftrieb der Öle benutzt, um die Sulfide in einem öligen Brei an der Oberfläche einer wäßrigen Trübe zu konzentrieren. Dieser Prozeß und ähnliche auf demselben Arbeitsprinzip beruhende Verfahren lassen sich unter dem Sammelbegriff Ölschwimmverfahren zusammenfassen. Die Arbeitsweise des sogenannten älteren Elmore - Prozesses geht aus der Abbildung 1 hervor.

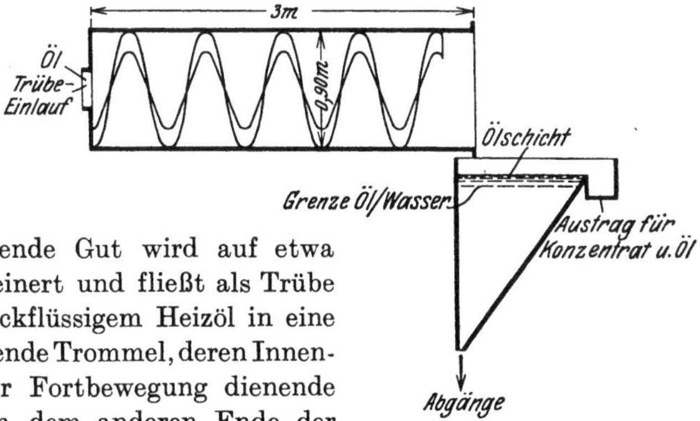

Abb. 1. Apparatur für den älteren Elmore-Prozeß.

Das zu trennende Gut wird auf etwa 30 Maschen zerkleinert und fließt als Trübe zusammen mit dickflüssigem Heizöl in eine sich langsam drehende Trommel, deren Innenwandung eine der Fortbewegung dienende Spirale trägt. An dem anderen Ende der Trommel befindet sich ein Spitzkasten, in den die Trübe und die mit Sulfiden beladene Ölschicht abfließen. Dabei wird der Wasserspiegel so gehalten, daß nur die schwimmende Ölschicht mit den Sulfiden abfließt, während die Gangart durch das Wasser am unteren Ende des Spitzkastens ausgetragen wird. Die Zeit des Trommeldurchganges beträgt ungefähr 2 min, und es waren in der Regel drei Trommeln hintereinandergeschaltet. Der Ölverbrauch mußte naturgemäß sehr hoch sein, da man bei einem spez. Gewicht von etwa 0,8 der verwendeten Öle nur etwa $1/10$ des Ölgewichtes an Mineralballast aufschwimmen konnte. Daher wurde versucht, das Öl in Zentrifugen zurückzugewinnen, und es gelang in einzelnen Fällen den Ölverbrauch, der vorher rd. 10% der verarbeiteten Erzmenge betragen hatte, auf 2% zu erniedrigen. Die Ergebnisse, die man mit diesem Verfahren auf der Kupfergrube Glasdir in Wales gemacht hat, waren für die damalige Zeit durchaus befriedigend und bedeuteten einen erheblichen Fortschritt gegenüber der früheren naßmechanischen Aufbereitung. Bei einer täglichen Durchsatzleistung von 50 t gelang es, etwa 80% von dem im Erz vorhandenen Kupfer, Silber

---

[1] E. P. Nr. 21 948 v. 18. Okt. 1898.

6 Die geschichtliche Entwicklung der Flotation.

und Gold zu gewinnen. Wenn dieses Verfahren, das man heute als den „älteren Elmore-Prozeß" bezeichnet, sich in der Folgezeit nicht hat durchsetzen können und auch von dem Erfinder selbst wieder verlassen wurde, so ließen dennoch gerade die auf der Grube Glasdir erzielten Erfolge die Fachwelt aufhorchen, so daß zu Beginn des 20. Jahrhunderts in den verschiedenen Bergbauländern eine rege Erfindertätigkeit einsetzte.

Besonders bemerkenswert sind die Bemühungen von Potter[1] im Jahre 1902, um die auf naßmechanischem Wege nicht verarbeitbaren Zink-Mittelprodukte von Broken-Hill in Australien auf flotativem Wege zugute zu machen. Bei diesem Verfahren wurde das von der Halde kommende Mittelgut nach weiterer Zerkleinerung in Behälter geleitet, die eine auf Siedetemperatur erhitzte 2,5prozentige Schwefelsäurelösung enthielten. Beim Umrühren bilden sich durch die Einwirkung der Schwefelsäure aus dem im Erz enthaltenen Kalkstein Kohlensäurebläschen, die an den Sulfidteilchen anhaften und diese als Schaum an die Oberfläche bringen. Die Gangart dagegen fällt zu Boden und wird kontinuierlich ausgetragen. Dieser Prozeß ist dadurch gekennzeichnet, daß er ohne Öl arbeitet. Es handelt sich also um eine reine Gasblasen-Flotation. Im gleichen Jahre wurde dann von Froment[2] der Vorschlag gemacht, diesen Prozeß durch Zugabe von Öl zu verbessern. Hier taucht also wieder der Gedanke auf, den die Gebr. Bessel bereits einige Jahrzehnte vorher geäußert haben, mit dem Unterschied, daß nunmehr die Bedeutung der Flotation für die Aufbereitung sulfidischer Erze erkannt worden ist.

Die weitere Entwicklung ist in der Folgezeit eng mit den Aufbereitungen des Broken-Hill-Bezirkes verknüpft. Die Lage des dortigen Bergbaues zu jener Zeit wird am besten durch die Angabe beleuchtet, daß nahezu der gesamte Zinkgehalt und 30 bis 40% des Blei- und Silbergehaltes in den Abgängen der naßmechanischen Aufbereitungen verloren gingen. Bei den großen Mengen von Granat und Rhodonit in diesen Abgängen war eine Abtrennung von Zinkblende und Bleiglanz naßmechanisch infolge der geringen Unterschiede im spez. Gewicht nicht möglich. Ebensowenig vermochte die magnetische Scheidung einen Erfolg zu erzielen, da die Magnetisierbarkeit der einzelnen Mineralien sich zu wenig voneinander unterscheidet. Unter dem Zwang der Verhältnisse war also hier der Boden zur Durchführung kostspieliger Versuche besonders günstig. Außerdem erleichterte die Kapitalkraft der Grubenbesitzer die Bereitstellung größerer Mittel. Im gleichen Jahre, in dem Potter sein Verfahren ausarbeitete, machte Delprat[3] auf der Broken-Hill-Proprietary-Grube Versuche mit einem ganz ähn-

---

[1] E. P. Nr. 1146 v. 15. Jan. 1902. [2] E. P. Nr. 12778 v. 4. Juni 1920.
[3] E. P. Nr. 26279 v. 28. Nov. 1902.

lichen Prozeß, bei dem lediglich an Stelle der Schwefelsäure mit Natriumbisulfat gearbeitet wurde. Im Mai 1903 konnte die Anlage die erste größere Ladung Flotationskonzentrat auf den Markt bringen. Es erwies sich sehr bald als zweckmäßig, die beiden Verfahren von Potter und Delprat zu vereinigen. Auf diese Weise entstand ein Prozeß, der mit dem in der Abb. 2 wiedergegebenen Behälter durchgeführt wurde.

Die Zugutemachung der zerkleinerten Zinkblende-Mittelprodukte geschah in der Weise, daß die Erztrübe durch eine von unten geheizte Rinne in ein Bad floß, das durch Einführung von Dampf auf eine Temperatur von etwa 90° C gebracht wurde und etwa 2% Schwefelsäure enthielt. Das Bad befand sich in einem Kasten aus Gußeisen. Wie die Abb. 2 zeigt, ist der Boden des Gefäßes in zwei Taschen unterteilt, von denen die eine mit einer Austragsöffnung für die Abgänge versehen ist. Durch den Trübestrom gelangen die Erzpartikel zunächst in die blinde Tasche und kommen hier mit Säure in Berührung. Ein großer Teil

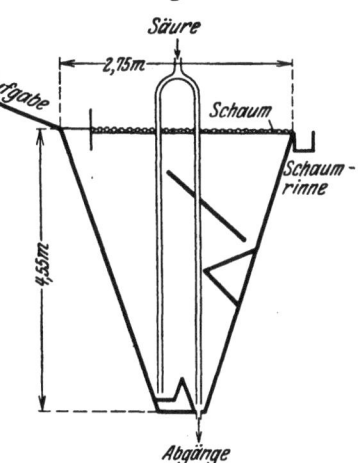

Abb. 2. Flotationsbehälter von Potter-Delprat.

der Sulfide wird hier bereits abgetrennt und sammelt sich auf der Oberfläche in einem Schaum. Vor dem Austrag der Abgänge treten die zurückgebliebenen Teilchen in der zweiten Tasche nochmals mit Säure in Berührung, so daß also in gewisser Weise eine Nachreinigung stattfindet. Auch das kombinierte Verfahren arbeitete ohne jegliche Zugabe von Öl, und es ist analytisch nachgewiesen worden, daß die Konzentrate auch keine zufälligen Verunreinigungen organischer Natur enthielten. Im Broken-Hill-Bezirk wurden aus Mittelprodukten, die etwa 14% Zn und 3% Pb enthielten, die in der Zahlentafel 1 wiedergegebenen Ergebnisse erzielt.

Zahlentafel 1.
Ergebnisse mit dem Verfahren von Potter-Delprat in Broken-Hill.

	Gehalt in %		Metallausbringen in %	
	Zn	Pb	Zn	Pb
Aufgabe	14	3	—	—
Konzentrat	47	6	84	50
Abgänge	3	2	16	50

Wie bereits erwähnt wurde, setzt dieses Verfahren einen gewissen Gehalt an Kalkspat im Erz voraus, der, wenn er nicht ursprünglich schon vorhanden ist, besonders zugegeben werden muß und etwa 3% betragen soll. Ein ähnlicher Prozeß wurde auch in Deutschland und zwar von der Bergbau Akt.-Ges. Friedrichssegen in Friedrichssegen a. d. Lahn[1] ausgebildet und in eigenem Betriebe erprobt. Mit diesem Verfahren nach Leuschner wurden Mittelprodukte der naßmechanischen Aufbereitung verarbeitet, die außer Zinkblende Eisenspat, Quarz und Grauwacke als Gangart bzw. als Nebengestein enthielten. Aus diesem Haufwerk, das im Mittel 10 bis 15% Zn enthielt, wurden Konzentrate mit durchschnittlich 47 bis 50% Zn bei einem zwischen 90 und 97% schwankenden Metallausbringen gewonnen. Die Kostspieligkeit des Verfahrens geht allein aus der Tatsache hervor, daß für etwa 4 bis 6 ℳ Säure je t Aufgabegut erforderlich war. Immerhin führte der aufbereitungstechnische Erfolg des Verfahrens zu weiteren Anwendungen. So wurde noch im Jahre 1911 auf der Grube Ludwigseck bei Salchendorf im Kreise Neunkirchen (Bez. Arnsberg) eine nach diesem System arbeitende Anlage in Betrieb genommen.

Das Potter-Delprat-Verfahren hat indes nicht alle Hoffnungen erfüllt, die man in Australien daran geknüpft hatte. Vor allem vermochte es nicht den feinen Schlamm zugute zu machen, so daß große Teile der Abgänge von Broken-Hill auch weiterhin unverarbeitet liegen bleiben mußten. Als daher im Jahre 1903 ein neues Verfahren bekannt wurde, das auch den Schlamm erfassen sollte, gab man diesen Prozeß auf und versuchte die von Cattermole[2] gemachten Vorschläge betriebsmäßig zu verwirklichen. Cattermole ist der Erfinder des Granulationsverfahrens. Seine Gedanken schließen wieder an Haynes und Carrie Everson an. Das Verfahren Cattermoles bestand darin, daß der Erztrübe so viel Öl zugesetzt wurde, etwa 5% des Gewichtes der Sulfide, daß die Sulfidmineralien zu „Granula" zusammenbacken. Im aufsteigenden Wasserstrom ließen sich dann die Gangartpartikel abschwemmen, während die schweren, durch Öl zusammengeflockten Sulfide nach unten sanken. Es handelt sich also nicht um ein Flotationsverfahren. Die Trennung wurde in Stromapparaten vorgenommen. Zunächst benutzte man Schweröle und später Fettsäure, die durch Seife emulgiert wurde. In Broken-Hill wurde eine Versuchsanlage errichtet, die zunächst mit gutem Erfolge arbeitete. Man erkannte aber sehr bald, daß dieses Verfahren für große Durchsatzleistungen ungeeignet war. Dazu kam, daß Elmore in jener Zeit sein Vakuumverfahren herausbrachte, das bessere Ergebnisse erwarten ließ.

Der zeitlichen Entwicklung folgend sind jedoch zunächst noch einige andere Bemühungen zu erwähnen, die an den Cattermole-Prozeß anschließen und im Jahre 1903 zur Gründung der Minerals Separation

---

[1] Glückauf 48, 388/93 (1912).   [2] E. P. Nr. 26295 v. 28. Nov. 1902.

Ltd. in London führten. Bei dem Cattermole-Prozeß hatte man beobachtet, daß sich ein Teil der Granula mit Luftblasen vereinigte und in die Höhe stieg, so daß auf diese Weise nicht unerhebliche Verluste entstanden. Diese Erscheinung gab den beiden Mitbegründern der Minerals Separation, H. L. Sulman und H. F. K. Picard[1], die Anregung, ein neues Verfahren auszubauen, das diesen Nachteil des Cattermole-Prozesses gerade zum Trennungsprinzip erhob. Sie schlugen vor, der Trübe Seifenlösung zuzusetzen und außerdem so viel Schwefelsäure zuzugeben, daß sich einmal aus der Seife Fettsäure abscheidet, die ihrerseits die Sulfide granuliert, während die überschüssige Schwefelsäure aus dem in der Trübe vorhandenen Kalkspat die Kohlensäure austreibt. Die entstehenden Kohlensäurebläschen sollen dann die Granula an die Oberfläche der Trübe bringen. Die sammelnde Wirkung von Ölen für Sulfide und die Adhäsion von Gasblasen, die als Auftriebsmittel dienen, sind hier vereinigt worden, so daß dieses Verfahren eine Zusammenfassung der Prozesse von Cattermole und Potter-Delprat darstellt.

Die Bestrebungen der Erfinder gingen nun dahin, das Verfahren zu verbilligen, und sie fanden dabei, daß ein wesentlich geringerer Ölzusatz ausreichend war, und daß vor allem anstatt Kohlensäureblasen die Luft als billiges Auftriebsagens verwendet werden konnte. Durch eine kräftige Agitation der Trübe wurde diese mit Luft in Berührung gebracht und damit der Grundstein für die noch heute übliche Arbeitsweise der Minerals Separation gelegt. So entstand das sogenannte Basispatent[2], das dieser Gesellschaft im Jahre 1905 erteilt wurde und die Grundlage für ihre überragende Machtstellung gebildet hat. Gegenstand dieses Patentes ist ein „Schaumschwimmverfahren", dadurch gekennzeichnet, daß der Erztrübe weniger als 0,1% Öl zugesetzt wird, während durch mechanische Agitation Luft in die Trübe getrieben wird, die, in zahllosen kleinen Bläschen verteilt, zur Bildung eines mit Sulfid beladenen Schaumes führt.

Die Entwicklung der modernen Flotation aus dem Granulationsprozeß von Cattermole beruht auf den inneren Zusammenhängen, die zwischen Granulation, Flockung und Bildung von Luftmineralkomplexen in Abhängigkeit von der zugesetzten Ölmenge bestehen. Seiner geschichtlichen Bedeutung wegen sei daher dieser Zusammenhang in einem Diagramm (Abb. 3) gezeigt, das einer späteren Arbeit Sulmans[3] zur Theorie der Flotation entnommen ist.

Das Schaubild läßt erkennen, daß im Bereich der größeren Ölzusätze Verhältnisse vorliegen, die für den Cattermole-Prozeß maßgebend

---

[1] E. P. Nr. 17109 v. 6. Aug. 1903.   [2] E. P. Nr. 7803 v. 12. April 1905.
[3] Trans. Amer. Inst. Min. Met. Eng. **29**, 44 (1920).

waren, während sich in Richtung geringerer Zusätze ein allmählicher Übergang zu der im Basispatent niedergelegten Schaumschwimmaufbereitung vollzieht.

Es lag wohl an der noch mangelhaften technischen Durchbildung des Minerals-Separation-Verfahrens, daß ihm zunächst ein durchschlagender Erfolg nicht beschieden war. So erklärt es sich, daß noch andere neue Verfahren sich eine kurze Zeit behaupten konnten. Ein Prozeß, der für den Broken-Hill-Bezirk einige Bedeutung hatte, wurde im Jahre 1903 von Bavey[1] entwickelt, der feinzerkleinertes Erz langsam auf Wasser gleiten ließ, wobei die Sulfide infolge ihrer geringen Benetzbarkeit als dünne Schwimmhaut auf der Oberfläche blieben, die Gangart dagegen absank.

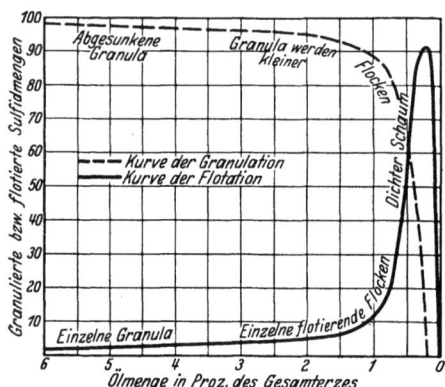

Abb. 3. Granulation und Flotation in Abhängigkeit von der Menge des zugesetzten Öls (nach Sulman).

Ähnliche Wege ging im Jahre 1904 Macquisten[2] aus Glasgow. Um den Mineralien keine Gelegenheit zu geben, die Wasserfläche durch freies Fallen zu durchbrechen, führte er die

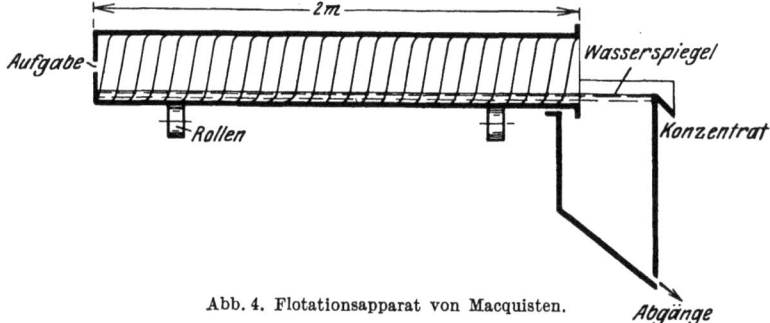

Abb. 4. Flotationsapparat von Macquisten.

Trübe durch eine horizontal gelagerte Trommel, deren Innenwandung als Schraubengewinde ausgebildet war (Abb. 4). Beim Durchschrauben des Gutes durch das Wasser wird bei jeder Umdrehung das Erz etwas angehoben und rollt dann langsam zurück, wobei die Sulfide von der Wasseroberfläche aufgenommen werden. Die Strömung des Wassers

---

[1] E. P. Nr. 18660 v. 29. Aug. 1904; Nr. 25858 v. 28. Nov. 1904. A. P. Nr. 864597 u. 912783 v. 19. Dez. 1904.
[2] E. P. Nr. 25204 u. 25204A v. 19. Nov. 1904.

befördert den Mineralfilm (Filmflotation) weiter, während der Schraubengang die Berge zum Austrag bringt. Die Trommel selbst mündet in einen Behälter, der mit einem Überlauf für den Mineralfilm versehen ist und am Boden einen Austrag für die Abgänge besitzt.

Noch um das Jahr 1910 hat man in den Vereinigten Staaten dieses Verfahren an einigen Stellen benutzt, um aus sandigen Abgängen und Mittelprodukten Zinkblende und Kupfermineralien zu gewinnen. Solange es sich um schlammfreies Material handelte, waren, wie beispielsweise

Abb. 5. Macquisten-Anlage der Adelaide Reduction Works zu Golconda (Nevada).

die mit diesem Verfahren auf den Adelaide Reduction Works zu Golconda in Nevada erzielte Anreicherung von kupferkieshaltigem Haufwerk zeigt, die Ergebnisse zufriedenstellend. Die Ausrüstung dieser Anlage bestand aus 96 gußeisernen Macquisten-Rohren von 1,80 m Länge und 25 cm Durchmesser. Je 4 Röhren waren zu einer Einheit so hintereinandergeschaltet, daß jedes Rohr Konzentrat erzeugte, dagegen die Abgänge dem folgenden Rohr zur Nacharbeitung überlieferte. Die Abb. 5 vermittelt einen Einblick in diese eigenartige Anlage und läßt zugleich die Anordnung der 24 Einheiten erkennen. Das Erz enthielt Kupferkies, der mit etwas Pyrit in dichter quarziger Gangart eingesprengt war. Da als Begleitmineralien die spezifisch schweren Granate und Spinelle auftraten, war eine naßmechanische Verarbeitung unwirksam geblieben. Dagegen gelang es mit Hilfe des Macquisten-Verfahrens, Konzentrate mit 22% Cu zu erzielen, wobei die Abgänge mit 0,2% Cu ausgetragen wurden. Auf die Aufgabe bezogen, betrug das Metallausbringen 90%. Da aber der Schlamm vorher abgeschieden werden mußte, erreichte das auf das Fördergut bezogene Kupferausbringen einen Wert von nur 63%. Eine Röhreneinheit verarbeitete etwa 5 t in 24 Stunden.

Das Verfahren von Macquisten beruht auf der schlechten Benetzbarkeit der Sulfide, vermöge deren diese Mineralien durch die Oberflächenspannung des Wassers auf der Oberfläche der Trübe schwimmen. Eine alte Beobachtung der Aufbereiter, daß feine Mineralpartikel infolge ihrer Schwimmfähigkeit mit der wilden Flut verloren gehen, war hier also zur Mineraltrennung nutzbar gemacht worden. Eine größere Bedeutung haben diese Verfahren jedoch trotz ihrer Einfachheit nicht erlangen können, da ihre Anwendung auf schlammhaltiges Material nicht möglich war. Die Schaumschwimmaufbereitung, wie sie in zunächst noch unvollkommener Weise von Sulman und Picard im Jahre 1903 vorgeschlagen wurde, besaß jedoch diesen Vorzug, und sie fing damals an, sich ihren Weg zu bahnen, vor allem, als es F. E. Elmore[1] gelang, eine fortlaufend arbeitende, betriebsmäßige Ausbildung zu schaffen. Der Prozeß, den Elmore im Jahre 1904 entwickelte, benutzte die Luftblase als Auftriebsagens, die durch Vermittlung von Ölen an die Sulfidkörnchen gebunden wurde. Die Entwicklung der Luftblasen wurde dadurch bewirkt, daß man über der wäßrigen Erztrübe ein Vakuum erzeugte, durch das die in der Trübe vorhandene Luft in Form zahlloser Bläschen nach oben stieg. Von dieser Arbeitsweise leitet sich die Bezeichnung „Vakuumverfahren" ab, das also im Gegensatz zu dem älteren Elmoreschen Ölverfahren ein reiner Flotationsprozeß war.

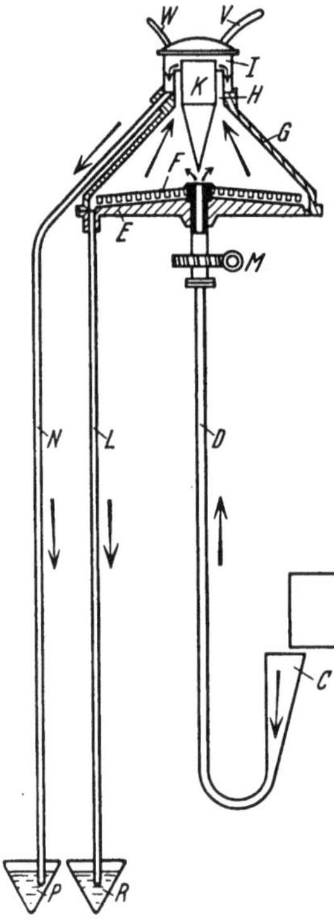

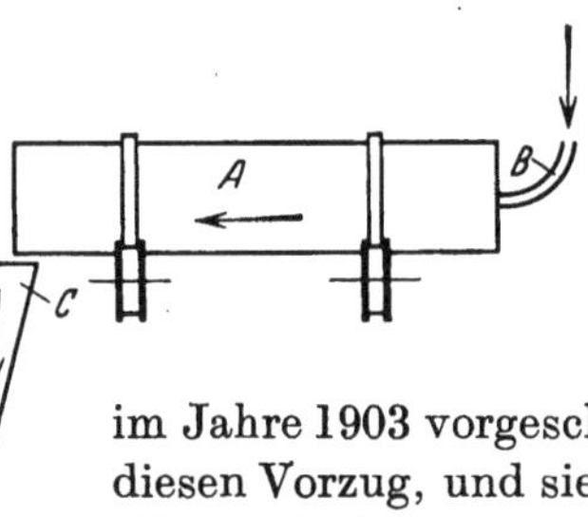

Abb. 6. Elmore-Vakuumapparat.

Die sinnreiche Bauart, die der Erfinder für sein Verfahren ausgebildet hat, zeigt die Abb. 6. Das eigentliche Scheidegefäß zeigt die

---

[1] E. P. Nr. 17816 v. 16. Aug. 1904.

Form eines abgestumpften Kegels und besteht in der Hauptsache aus dem Bodenstück E, dessen obere Fläche vom Mittelpunkt aus nach der am Umfang vorgesehenen Rinne zu mit ganz wenig Gefälle versehen ist, und dem darauf gestellten hohlen Kegelstumpf G. Der letztere trägt am oberen Ende eine Verstärkung, von wo seine Innenfläche sich in einen einem Rohrstück ähnlichen Hohlzylinder H von mäßiger Höhe fortsetzt. Darüber ist die um ein gewisses Maß weitere Kuppe J gestülpt, die bei Apparaten mit einem größten Durchmesser bis zu ungefähr 1 m aus Glas, bei größeren aber, wie auch der ganze Apparat, aus Gußeisen besteht. Einzelne Glasfenster ermöglichen dann die Beobachtung der im Innern sich abspielenden Trennungsvorgänge. Von der zylindrischen Kuppe führt ein Rohr zu dem Gefäß P. Über dem Boden E kreist, angetrieben von dem Schneckengetriebe M und der mittleren hohlen Welle, ein doppelarmiger Rührbalken F, der alle sich auf dem Boden absetzenden Mineralkörner nach der äußeren Rinne streift, von wo sie durch die Leitung L nach dem Gefäß R abgeführt werden. Die Leitung V führt zur Saugpumpe, während durch das Rohr W Wasser zugeführt werden kann. Die Erztrübe wird zunächst mit Öl in dem Mischer A gut vermengt und dann infolge des in dem Apparat erzeugten Vakuums durch das Rohr D hindurch nach oben gesaugt. Hierbei bildet sich ein Schaum, der die Sulfidmineralien trägt und durch das Rohr N ausgetragen wird. Die Austragsrohre sowohl für den Schaum als auch für die Abgänge müssen etwa 10 m lang sein, damit im Scheidebehälter ein Saugdruck von etwa 850 cm Wassersäule aufrechterhalten werden kann. Da das Zuleitungsrohr der Trübe nur etwa 5 bis 6 m lang ist, wirken die Ableitungsrohre außerdem noch wie die langen Schenkel eines Saughebers und unterstützen die Förderwirkung der Saugpumpe. Die Leistung einer solchen Apparatur betrug etwa 1,5 bis 2,0 t/h bei einem Kraftbedarf von etwa 3 PS. Der Ölverbrauch stellte sich im allgemeinen auf 2,25 kg je t aufgegebenes Erz.

Wie schon erwähnt wurde, hat das Vakuumverfahren von Elmore in Broken-Hill das Potter-Delprat- und auch das Cattermole-Verfahren abgelöst. Aus Zinkblende-Mittelprodukten gelang es, Konzentrate mit 43% Zink bei befriedigendem Ausbringen zu gewinnen. In Sulitjelma war noch bis vor wenigen Jahren eine Anlage in Betrieb, die aus einem kupferhaltigen Haufwerk mit 2,5% Cu Konzentrate mit 17,5% Cu erzeugte, während die Abgänge nur noch 0,25% Cu enthielten. Ähnlich wie in Norwegen hat man auch in Mitterberg[1] in der alten Anlage eine Zeitlang das Vakuumverfahren zur Anreicherung von Kupfererz benutzt. Da man hier aber nur Konzentrate mit 7% Cu erzielte und außerdem Schwierigkeiten mit der Abdichtung des Glockenapparates

---

[1] Metall Erz **21**, 4 (1924).

14   Die geschichtliche Entwicklung der Flotation.

hatte, ging man bei der Neuanlage zu dem später noch zu erwähnenden Gröndal-Franz-Verfahren über. Außer den genannten Anlagen wurden weitere Elmore-Apparate in verschiedenen Aufbereitungen Eng-

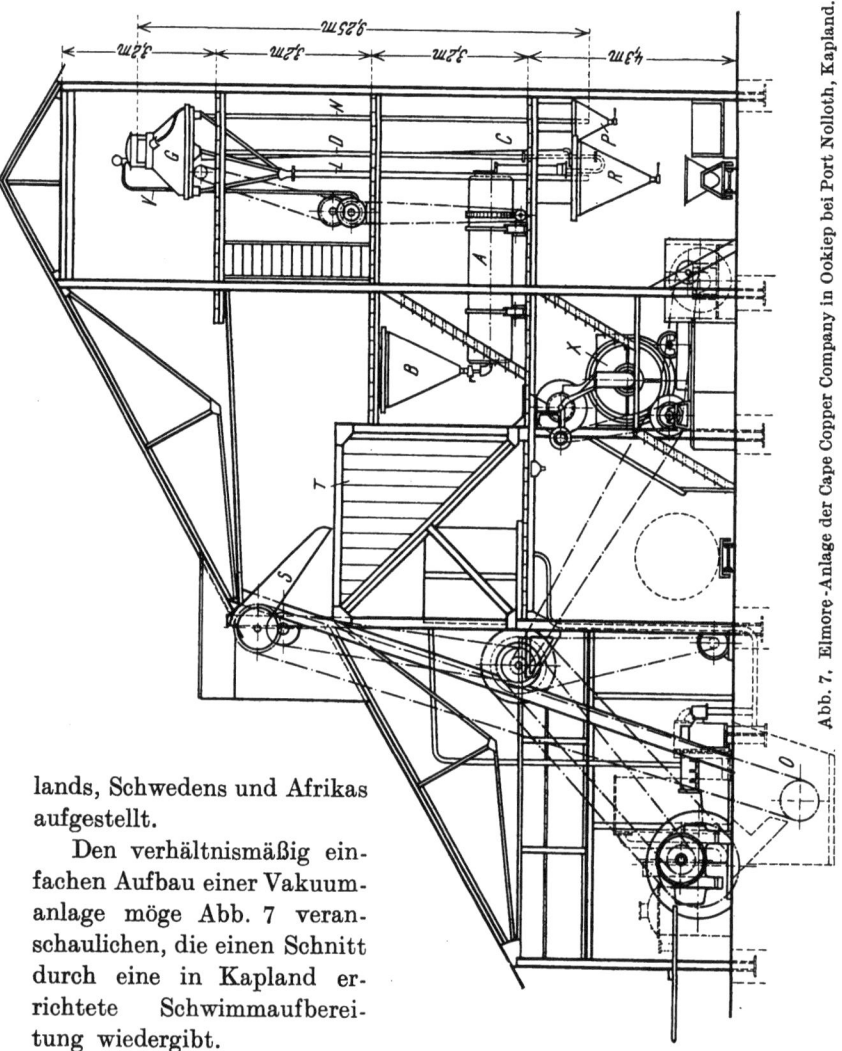

Abb. 7. Elmore-Anlage der Cape Copper Company in Ookiep bei Port Nolloth, Kapland.

lands, Schwedens und Afrikas aufgestellt.

Den verhältnismäßig einfachen Aufbau einer Vakuumanlage möge Abb. 7 veranschaulichen, die einen Schnitt durch eine in Kapland errichtete Schwimmaufbereitung wiedergibt.

Die Erze wurden hier zunächst in einem Steinbrecher auf etwa 5 cm Korngröße vorgebrochen und von dem Becherwerk O in den Bunker T geschafft, der die für einen 24 stündigen Arbeitstag benötigte Erzmenge fassen konnte. Aus diesem Vorratsbehälter gelangte das Erz in die Naßkugelmühle X, und die durch die weitere Zerkleinerung entstandene Erztrübe wurde durch eine Schlammpumpe in den im ersten

Stockwerk untergebrachten spitzkastenförmigen Behälter B gehoben. Hier wurde ein großer Teil des Wassers wieder abgezogen, das zur Ersparung von Frischwasser wieder der Kugelmühle zufloß. Die eingedickte Erztrübe ging dagegen in die Mischtrommel A und gelangte schließlich, mit Öl und Säure durchgemengt, durch das Steigrohr D in das im dritten Stock befindliche Vakuumgefäß. Hier erfolgte dann die Abscheidung des Kupferkieses in der bereits geschilderten Weise.

Die beschriebene Anlage, deren Aufbau kennzeichnend für die betriebsmäßige Anwendung des Elmoreschen Vakuumverfahrens ist, bietet in verschiedener Hinsicht geschichtlich bemerkenswerte Einzelheiten. Vor allen Dingen ist ersichtlich, daß sich das Hauptaugenmerk auf die konstruktive Gestaltung des eigentlichen Anreicherungsvorganges und seine zweckmäßige Eingliederung in den kontinuierlichen Betrieb richtet. Ein Vergleich mit modernen Flotationsanlagen läßt vor allem noch eine pflegliche Behandlung der dem Anreicherungsvorgang voraufgehenden Feinmahlung vermissen. Außerdem fehlen Vorrichtungen für die Nachbehandlung der Konzentrate, wie Filterung usw. Diese Errungenschaften sind Erfolge, die sich erst langsam aus den Betriebserfahrungen der ersten Anlagen entwickelten und die wesentlich dazu beigetragen haben, daß die Flotation eine allen anderen Verfahren überlegene Verbreitung gefunden hat. Das Vakuumverfahren war allerdings nicht berufen, in dem Siegeslauf der Schaumschwimmaufbereitung eine nachhaltige Rolle zu spielen. Dennoch haben Elmore und seine Mitarbeiter das Verdienst, durch ihre Pionierarbeit die glanzvolle Entwicklung vorbereitet zu haben. Der noch verhältnismäßig hohe Ölverbrauch und die bei dem hohen Vakuum zunächst unvermeidlichen Reparaturen waren zweifellos Mängel eines noch in der Entwicklung stehenden Verfahrens. Bedenklicher war dagegen die Tatsache, daß es auch beim Elmoreschen Prozeß nicht möglich war, schlammiges Material wirksam zu verarbeiten.

Einen gänzlich anderen Weg, der mit Schwimmaufbereitung lediglich die Verwendung von Ölen gemeinsam hat, schlugen Lockwood und Samuel[1] ein. Diesen Erfindern wurde im Jahre 1908 ein Verfahren patentiert, das unter dem Namen „Murexprozeß" bekannt geworden ist. Mit Magnetit vermischtes Öl (1 Teil Öl auf 3 bis 4 Teile Magnetit) wurde der Erztrübe zugesetzt, wodurch die Sulfide einen magnetischen Überzug erhielten und sich durch Magnetscheider von der Gangart abtrennen ließen. Dieses Verfahren hat einige Jahre in der Aufbereitung der Grube Silbernal bei Grund in Anwendung gestanden.

Inzwischen war es der Minerals Separation in London gelungen, ihrem in dem bereits erwähnten Basispatent niedergelegten Verfahren eine betriebsmäßige Gestalt zu geben, bei dem die Mängel, die noch

---

[1] E. P. Nr. 12962 v. 17. Juni 1908.

dem Vakuumverfahren anhafteten, erfolgreich überwunden waren. In planmäßiger Weise untersuchten die Mitarbeiter dieser Gesellschaft verschiedene organische Stoffe auf ihre Brauchbarkeit für die Flotation. So wurde die schäumende Wirkung der wasserlöslichen und die Sammeleigenschaft der unlöslichen Öle erkannt. Diese Arbeiten knüpfen an die Namen Higgins, Sulman, Picard, Ballot, Greenway und Savers an. Zu diesen Fortschritten auf dem Gebiete der Reagenzien gesellte sich eine maschinelle Durchbildung des Schaumschwimmverfahrens, deren wesentliche Grundzüge auch heute noch vorherrschend sind. Es war T. J. Hoover[1], der im Jahre 1909 zu dem von Sulman und seinen Mitarbeitern durchgearbeiteten Prozeß eine geeignete Apparatur entwarf, die von der Minerals Separation Ltd. übernommen wurde und als die bekannte Standardmaschine sich sehr bald Eingang in die Aufbereitung verschaffte. Die Abb. 8 zeigt diese Apparatur im Schnitt. Die Arbeitsweise spielt sich derart ab, daß das zerkleinerte Erz, mit der vierfachen Wassermenge zu einer Trübe vermengt, zunächst in den Behälter A gelangt und hier durch die Bewegung des Flügelrades B mit Öl und Luft innig vermischt wird. Bei dieser Behandlung bildet sich ein erzbeladener Schaum, der durch die Öffnung C in den Spitzkasten D tritt und in die Rinne E ausgetragen wird. Die im Spitzkasten niedersinkenden Erzkörner werden mit der Trübe durch die Saugwirkung des Flügelrades wieder in die Schaumkammer befördert und erneut mit Luft vermengt. Es entsteht so eine kreisläufige Nachreinigung der Trübe, deren kontinuierliche Durchführung dadurch erzielt wird, daß mehrere solcher Einzelzellen hintereinandergeschaltet werden, wobei der Spitzkasten jedesmal durch ein Saugrohr mit der Rührkammer der nächsten Zelle verbunden ist. Eine heftige Durcharbeitung der Trübe und damit ein hohes Metallausbringen sind die Folge.

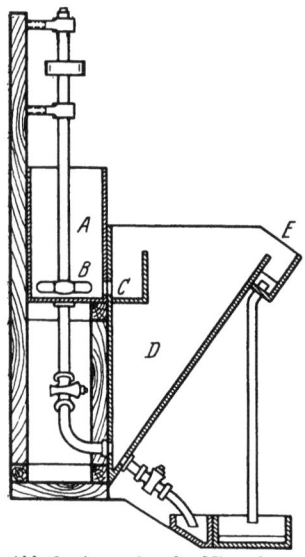

Abb. 8. Apparatur der Minerals Separation Ltd.

Neben diesen Vorteilen zeigte es sich sehr bald, daß das Minerals-Separation-Verfahren weniger empfindlich gegen Schlammführung der Trübe war. Gerade dieser letzte Umstand trug dazu bei, daß der Elmore-Prozeß vollständig verdrängt wurde. Wieder waren es die Broken-Hill-Gruben, die sich des neuen Verfahrens zuerst annahmen, und die hier

---

[1] E. P. Nr. 4911 v. 27. Febr. 1909.

erzielten Erfolge waren so ermutigend, daß auch andere Länder sehr bald dem Beispiele der australischen Zinkerzeuger folgten. Im Jahre 1912 wurde die erste Anlage in den Vereinigten Staaten von Nordamerika errichtet, und zwar auf der Butte and Superior-Grube in Montana zur Gewinnung von Zinkblende. Den stärksten Antrieb erhielt aber die Ausbreitung der Flotation mit der erfolgreichen Anwendung des Minerals-Separation-Prozesses bei der Zugutemachung der ausgedehnten Vorkommen von feinverwachsenen Kupfererzen in den Vereinigten Staaten, vor allem in Utah.

Mit der außerordentlich weiten Fassung des im Jahre 1905 erteilten Basispatentes hatte sich die Minerals Separation die rechtliche Grundlage für eine zunächst allerdings noch heiß umstrittene Machtstellung auf dem Gebiete der Flotation geschaffen, eine Vorherrschaft, die sie durch umsichtige und weitblickende Angliederung neuer Patente monopolartig auszubauen verstand. In Deutschland haben nach dem Kriege die beiden Firmen Fried. Krupp Grusonwerk A.-G. in Magdeburg-Buckau und die Maschinenbau-Anstalt Humboldt in Köln-Kalk das Ausführungsrecht für den Minerals-Separation-Prozeß übernommen und sich mit der letzteren in der Central-Europäischen Schwimm-Aufbereitungs-A.-G., der Cesag, in Berlin zu einer Interessengemeinschaft zusammengeschlossen. Dagegen hat die Erz- und Kohle-Flotation G. m. b. H. in Bochum, die unter dem Namen Ekof bekannt ist, das Ausführungsrecht für einen Prozeß, bei dem die Luft nicht durch Agitation in die Trübe hineingetrieben wird, sondern als Preßluft eingeführt wird. Dieses Verfahren geht auf ein Patent Gröndals zurück und ist vor allem von Franz, Herz und Wunsch vervollkommnet worden.

Für die geschichtliche Entwicklung der Flotation ist die chemische Durchbildung von ebenso großer Bedeutung wie die mannigfachen Verfeinerungen auf maschinellem Gebiete. Unerläßlich ist der Erfindergeist bestrebt gewesen, die unter dem Sammelbegriff Öl zusammengefaßten Reagenzien durch andere Mittel zu ersetzen, um die Reinheit der Konzentrate und das Metallausbringen zu steigern. In einer unübersehbaren Fülle von Patenten spiegeln sich diese Bemühungen wider. Unter all diesen Patenten hebt sich die Erfindung von Perkins hervor. Perkins fand im Jahre 1921, daß die bis dahin ausschließlich benutzten unlöslichen Öle vorteilhaft durch lösliche organische Verbindungen vom Typ der Xanthate ersetzt werden können, und daß die Flotation in alkalischer Trübe im allgemeinen besser verläuft als in saurer Trübe. Diese Entdeckung bedeutet insofern einen Wendepunkt, als jetzt aus dem empirischen Ölverfahren immer mehr ein wissenschaftlich kontrollierbarer, physikalisch-chemischer Prozeß entsteht. Die von Perkins in seinem Patent[1] genannten Reagenzien sind

---

[1] A. P. Nr. 1364304.

dadurch gekennzeichnet, daß ihre Moleküle gewissermaßen aus zwei Polen bestehen, wovon der eine aus Kohlenwasserstoffen gebildet wird und der andere zweiwertigen Schwefel bzw. dreiwertigen Stickstoff enthält. Neben den Xanthaten gehören u. a. hierher Thiocarbanilid und Thioharnstoff. Die Erfolge, die mit diesen wohldefinierten Stoffen erzielt wurden, waren so durchschlagend, daß ihre Verwendung heute fast allgemein ist.

In dieselbe Zeit, in der Perkins die Vorteile der eben genannten wasserlöslichen, organischen Sammler erkannte, fällt eine Entdeckung, die sich für die Anwendung der Flotation und für die gesamte Metallerzeugung als nicht weniger fruchtbar erwiesen hat. In den ersten Anfängen der Flotation machte sich nämlich sehr bald der Mangel fühlbar, daß die Metallsulfide weitgehend übereinstimmende flotative Eigenschaften zeigten. Die Trennung verschiedener Sulfide voneinander war daher zunächst nicht möglich, so daß die zahlreichen und ausgedehnten Lagerstätten komplexer Erze wenig oder überhaupt keinen Nutzen aus diesem neuen Verfahren ziehen konnten. Wohl erkannte man sehr bald, daß aus einer Bleiglanz und Zinkblende enthaltenden Trübe vor allem der sehr feinkörnige Bleiglanz sich zuerst in einem Schaum sammelt, und daß in einem Bleiglanz- und Zinkblendeschaum sich das leichter flotierbare Bleimineral in den oberen Schaumlagen befindet. Die darauf beruhenden praktischen Möglichkeiten stellten aber an die betriebliche Durchführung hinsichtlich Stetigkeit des Aufgabegutes und aller anderen Faktoren so hohe Anforderungen, daß es nur wenigen Anlagen gelang, auf diese Weise komplexe Erze zu trennen. Infolge der Dringlichkeit dieses Problems wurden dann aber sehr bald Verfahren bekannt, die darauf abzielten, durch eine chemische Behandlung die Schwimmfähigkeit der sulfidischen Metallmineralien in geeignetem Maße zu verändern. Von den in der Patentliteratur niedergelegten mannigfachen Vorschlägen haben der Bradford-Prozeß[1] und das Verfahren von Horwood[2] vorübergehend eine gewisse praktische Bedeutung gehabt. Horwood ging von der verschiedenen Oxydierbarkeit der Sulfide aus, und sein Verfahren beruht darauf, daß es durch fraktionierte Röstung gelingt, den Bleiglanz vor der Zinkblende zu oxydieren und damit seine Flotierbarkeit zu beeinflussen. Auf diese Weise wurde es möglich, aus Sammelkonzentraten die Zinkblende für sich allein zu flotieren und von dem oberflächlich oxydierten Bleiglanz zu trennen. Seine erste Anwendung fand dieser Prozeß in Broken-Hill im Jahre 1909. Aber nur bei peinlicher Einhaltung der geeigneten Rösttemperatur konnten befriedigende Ergebnisse erzielt werden. Einen anderen Weg schlug dagegen Bradford ein, der im Jahre 1916 fand,

---

[1] A. P. Nr. 1182890 (1916).   [2] A. P. Nr. 1020353 (1912).

daß Zinkblende durch Einleiten von Schwefeldioxyd in eine Flotationstrübe ihr Schwimmvermögen verliert, während Bleiglanz nicht beeinflußt wird. Zu einer allgemeinen Anwendung war aber auch dieses Verfahren noch nicht berufen. Erst das Jahr 1922 brachte eine Lösung, die seitdem das Gebiet der differentiellen Flotation beherrscht. Sheridan und Griswold[1] fanden nämlich, daß geringe Zusätze von Cyaniden zur Flotationstrübe die Schwimmfähigkeit von Zink- und Eisensulfiden gegenüber Kupferkies und Bleiglanz erniedrigen. Diese Erfindung bedeutet eigentlich erst den Beginn der differentiellen Flotation, jenes Zweiges der Schaumschwimmaufbereitung, der als Sortenflotation der einfachen Sammelflotation gegenübersteht.

Die Erkenntnis, daß sich die Schwimmfähigkeit der Mineralien durch geeignete Reagenzien weitgehend beeinflussen läßt, hat dazu geführt, daß man auch solche Mineralien, die früher als nicht schwimmfähig galten, zu flotieren gelernt hat. Dazu gehören vor allem die oxydischen Metallmineralien, die sich größtenteils durch eine Behandlung mit Natriumsulfid flotieren lassen. Während diese sulfidierende Vorbehandlung noch ein mittelbares Verfahren darstellt, gehen die neueren Bestrebungen darauf hinaus, nichtsulfidische Mineralien unmittelbar durch Auffindung geeigneter Sammelreagenzien zu flotieren. Die erzielten Erfolge berechtigen zu dem Schluß, daß heute alle Mineralien und Mineralkombinationen, soweit sie nur in mechanisch aufschließbarer Verwachsung vorliegen, flotierbar sind.

C. Die Theorie der Flotation.

Wie die geschichtliche Entwicklung der Flotation erkennen läßt, sind es hauptsächlich empirische Erfahrungen gewesen, denen die Flotation ihre Entstehung und weitere Ausbildung verdankt. Nur in den letzten Jahren lassen eine Reihe von Patenten, die das neue Stadium der chemischen Flotation einleiten, vermuten, daß hier und dort persönliche Arbeitshypothesen am Werke gewesen sind, denen z. T. wesentliche theoretische Erkenntnisse zugrunde liegen. Es lag natürlich nahe, daß die Beteiligten ihre Kenntnisse zunächst als Geschäftsgeheimnis hüteten, um durch folgerichtige praktische Auswertung ihrer Hypothesen alle wirtschaftlichen Erfolgsmöglichkeiten zu erproben und für die eigene Ausbeutung sicherzustellen. Anderseits hat aber gerade das letzte Entwicklungsstadium der Schwimmaufbereitung, das durch die Einführung wohldefinierter löslicher Sammelreagenzien gekennzeichnet wird, das Eindringen der wissenschaftlichen Forschung in die kausalen

---

[1] A. P. Nr. 1421585 u. 1427235 (1922).

Zusammenhänge der Flotation außerordentlich erleichtert. Immer mehr nähert sich die theoretische Erkenntnis jenem Zustande, in dem sie auch dem Praktiker eine Handhabe zur bewußten Meisterung des Flotationsverfahrens bietet.

Schon lange hat sich die Wissenschaft um dieses Ziel bemüht. Die große Zahl der veröffentlichten Arbeiten und die vielfach widersprechenden Ergebnisse legen beredtes Zeugnis ab von den ernsten Bemühungen und zugleich von den Schwierigkeiten, die sich der wissenschaftlichen Forschung entgegenstellen.

Die Flotationstrübe ist ein außerordentlich verwickeltes System von festen, flüssigen und gasförmigen Phasen, und sie mußte es um so mehr sein, solange die Ölzusätze in chemischer Hinsicht unzulänglich definiert waren. Auch als es gelungen war, einzelne für den Flotationsprozeß wichtige Erscheinungen zu isolieren und ihre ursächliche Bedeutung zu erkennen, waren die Schwierigkeiten keineswegs behoben. Denn gerade mit den Fragen der selektiven Adsorption, die im Flotationsvorgang eine ausschlaggebende Rolle spielt, war die Forschung an den gegenwärtigen erkenntnistheoretischen Grenzen der physikalischen und chemischen Wissenschaften angelangt.

Die folgenden Ausführungen sollen nun die Forschung auf ihren vielverzweigten Wegen begleiten, wobei aber alle jene Arbeiten übergangen werden, die mehr durch beachtenswerten Eifer als durch wissenschaftliche Begründung ausgezeichnet sind.

Das eigentliche Arbeitsgebiet der Flotation liegt zwischen der naßmechanischen Aufbereitung und der rein chemischen Behandlung der Erze. Nach beiden Seiten ist sie durch die noch eben erfaßbaren Korngrößen abgegrenzt, indem ein Korn über 40 Maschen für die flotative Gewinnung zu grob und die Annäherung an kolloide Teilchengröße zu fein ist. Die Flotationstrübe läßt sich daher als ein mittel- bis grobdisperses System ansprechen, das durch eine außerordentliche Größe der Grenzflächen zwischen der festen und der flüssigen Phase ausgezeichnet ist. Als notwendige Folge, die zugleich die erste grundlegende Feststellung bedeutet, ergibt sich daraus, daß alle physikalischen und chemischen Erscheinungen, die durch Grenzflächen bedingt sind, in ausgeprägter Weise in der Flotationstrübe zutage treten und hier bei zweckmäßiger Führung des Prozesses zur Trennung verschiedener Erzpartikel voneinander nutzbar gemacht werden können.

Unter Entblößung des Flotationsvorganges von allen Nebenerscheinungen handelt es sich dabei um einen Prozeß, bei dem ein Erzpartikelchen trotz seines mehr als 1 betragenden spez. Gewichtes in der Grenzschicht Flüssigkeit-Luft festgehalten wird, während ein anderes Teilchen absinkt. Daraus ergeben sich für die Forschung die zwei wichtigen Fragen:

1. Welche Kräfte bewirken das Schwimmen der Mineralpartikel an der Oberfläche des Wassers bzw. welche Kräfte führen zur Bildung der schwimmfähigen Mineral-Luftblasen-Komplexe?
2. Durch welche physikalischen oder chemischen Vorgänge bzw. durch welche Reagenzien lassen sich diese Kräfte im Sinne einer gewünschten Mineraltrennung beeinflussen?

Ein Überblick über die Entwicklung der Flotationstheorie zeigt nun, daß diese Fragen z. T. eine rein physikalische Betrachtung erfahren haben und auf der anderen Seite unter kolloidchemischem Gesichtspunkte wissenschaftlich erforscht worden sind. Obwohl eine scharfe Trennung in Anbetracht der komplexen Natur der Vorgänge nicht durchführbar ist, weisen die eingeschlagenen Wege dennoch grundsätzliche Unterschiede auf und stellen außerdem die zeitliche Reihenfolge der Entwicklung dar.

I. Die Randwinkeltheorie.

Das heute nicht mehr angewandte Verfahren von Macquisten beruht, wie bereits im geschichtlichen Teil ausgeführt wurde, darauf, daß feine Metallsulfidteilchen auf der Oberfläche von Wasser zu schwimmen vermögen, während Quarz und andere Gangartpartikel absinken. Sieht man hierbei die auf dem Wasserspiegel lagernde Luftschicht als eine unendlich große Luftblase an, so hat man in diesem Vorgang den einfachsten Fall des Anhaftens von Mineralpartikeln an Luftblasen. Die physikalische Untersuchung dieser Erscheinung führte zu dem Ergebnis, daß diese Art des Schwimmvermögens sich mit der schlechten Benetzbarkeit der sulfidischen Metallmineralien deckt, während die absinkenden Gangartkörner eine gute Benetzbarkeit zeigen. Als tragende Kraft erkannte man die Oberflächenspannung des Wassers. Diese in der Grenzschicht Luft-Wasser wirkende Spannung äußert sich in der Weise, als ob die Oberfläche des Wassers aus einer dünnen zähen Membrane bestände, die dem Eindringen fester Körper einen Widerstand entgegensetzt. Eine sichtbare Auswirkung der Oberflächenspannung ist unter anderem die Erscheinung der Tropfenbildung, bei der flüssige Körper bemüht sind, unter gegebenen äußeren Verhältnissen eine Form mit möglichst kleiner Oberfläche anzunehmen. Die durch eine Gummimembran versinnbildlichte Oberflächenspannung greift nun in das Wasser eintauchende Körper je nach dem Grad ihrer Benetzbarkeit verschieden an. Die Abb. 9 und 10 lassen erkennen, daß

Abb. 9. Gut benetzbarer Körper.   Abb. 10. Schlecht benetzbarer Körper.

in diesem Fall bei einem gut benetzbaren Körper sich an den Berührungsflächen der Wasserspiegel hebt, während bei einem schlecht benetzbaren Körper das Umgekehrte eintritt. Da die Oberflächenspannung in der Richtung des Wasserspiegels wirkt, so greift sie also an den eingetauchten Körpern in einer Richtung an, die durch die im Berührungspunkte gezogenen Tangenten wiedergegeben ist. Die mit σ bezeichnete Oberflächenspannung des Wassers ist natürlich in beiden Fällen konstant; nur ihre Richtung steht unter dem Einfluß der Benetzbarkeit der eingetauchten Körper. Im Falle der Abb. 9 zieht die Oberflächenspannung bzw. ihre vertikale Komponente den Körper in das Wasser hinein, während der in der Abb. 10 wiedergegebene schlecht benetzbare Körper von der Oberflächenspannung festgehalten wird. Überwiegt in letzterem Falle die aufwärts gerichtete Komponente die infolge der Schwere der Körper nach unten wirkende Kraft, so schwimmt der Körper an der Wasseroberfläche. Es ist einleuchtend, daß diese Verhältnisse eine genügende Feinheit der eingetauchten Körper voraussetzen.

Der Winkel δ, also der Winkel, den die Wasseroberfläche an der Berührungsstelle mit der Körperfläche bildet, spielt eine ausschlaggebende Rolle. Er ist unmittelbar ein Maß für die Benetzbarkeit. Je kleiner dieser Winkel ist, um so größer ist die Benetzbarkeit. Im Falle vollkommener Benetzung müßte er den Wert 0 annehmen, während absolute Nichtbenetzbarkeit durch einen Winkel von 180° angezeigt würde. Dieser mit δ bezeichnete Winkel, der sog. „Randwinkel", ist nach dem zweiten Kapillaritätsgesetz eine physikalische Konstante der miteinander in Berührung stehenden Stoffe.

Durch zahlreiche Randwinkelmessungen ist die Parallelität zwischen Schwimmvermögen und Randwinkel experimentell bestätigt worden. Wie die den Arbeiten von Valentiner[1] und Schranz[2] entlehnte Zahlentafel 2 erkennen läßt, entspricht den großen Randwinkeln von

Zahlentafel 2. Parallelismus zwischen Schwimmvermögen und Randwinkel (nach Schranz).

Mineral	Spez. Gewicht	Randwinkel	Schwimmvermögen
Bleiglanz	7,5	72°	99
Zinkblende	4,0	71°	98
Quarz	2,7	56°	78
Kalkspat	2,7	45°	56
Tonschiefer	2,8	11°	5
Grauwacke	2,7	0°	2
Sandstein	2,3	0°	1

[1] Zur Theorie der Schwimmverfahren. Metall Erz 11, 455/62 (1914).
[2] Ein experimenteller Beitrag zur Kenntnis des Schwimmvermögens. Metall Erz 11, 462/9 (1914).

Bleiglanz und Zinkblende ein größeres Schwimmvermögen als den kleineren Randwinkeln der Gangartmineralien.

Als Ergebnis der physikalischen Deutung des Schwimmvorganges deckten sich die Begriffe „flotierbar" und „nicht flotierbar" mit „schlecht und gut benetzbar". Für den einfachsten Fall des Anhaftens von schweren Körnchen an einer Wasseroberfläche mochte diese Erklärung hinreichen. Sie hat auch für die moderne Flotation insofern noch Geltung, als die benutzten organischen Reagenzien, wie später ausführlich gezeigt werden soll, die zu flotierenden Mineralien mit schlecht benetzbaren Überzügen versehen und diese schwimmfähig machen. Es war aber eine falsche Schlußfolgerung, auf Grund der natürlichen Benetzbarkeit, gemessen durch den Randwinkel Wasser-Mineral, die Mineralien ganz allgemein in nicht flotierbare und flotierbare Mineralien einzuteilen und damit gewissermaßen das Flotationsvermögen als eine Eigenschaft im Sinne einer physikalischen Materialkonstanten anzusehen. Diese Ansicht hat lange Praxis und Theorie beherrscht. Erst die späteren Untersuchungen haben diese irrige Auffassung widerlegt.

Durch die Adsorption von organischen Sammelreagenzien ändert sich die Mineraloberfläche ganz bemerkenswert, und es hat sich gezeigt, daß dieses Adsorptionsvermögen der Mineralien an sich nichts mit der ursprünglichen Wasserbenetzbarkeit zu tun hat. Wie gerade gut benetzbare Mineralien durch Adsorption eines organischen Reagenzes schlecht benetzbar und damit schwimmfähig gemacht werden können, mögen die Abb. 11 und 12 veranschaulichen.

Diese Bilder stellen photographische Aufnahmen von Wassertropfen dar, die auf eine horizontale Fläche eines Kalkspatkristalles gebracht sind. In der Abb. 11 ruht der Tropfen auf der reinen Mineralfläche, während in der Abb. 12

Abb. 11.   Abb. 12.
Vor Adsorption.   Nach Adsorption.
Abb. 11 u. 12. Tropfenform von Wasser auf einer Kalkspatfläche vor und nach Adsorption eines organischen Sammlers (nach Luyken-Bierbrauer).

der Kalkspat nach Eintauchen in wäßrige Natriumpalmitatlösung mit Wasser abgewaschen, getrocknet und somit einen adsorptiven Überzug erhalten hat. Die Tropfenform gibt unmittelbar die Benetzbarkeit wieder, und es ist an der flachen Wölbung des Tropfens in der Abb. 11 zu erkennen, daß sich die gute Benetzbarkeit mit dem in Zahlentafel 2 für Kalkspat angegebenen Randwinkel deckt. Nach der Adsorption von Palmitat ist dagegen die Benetzbarkeit, wie an der hochgewölbten Tropfenform unmittelbar zu erkennen ist, ganz erheblich gesunken. Der Randwinkel beträgt nunmehr 115°. Nach dieser Vorbehandlung zeigte der Kalkspat ein außerordentlich großes Flotationsvermögen, so daß also für das Anhaften der Luftblasen auch hier das Vorhandensein einer schlecht benetzbaren Oberfläche unbedingte Voraussetzung ist. Wie Kalkspat lassen sich auch andere nichtsulfidische Mineralien mit hydrophoben, d. h. schlecht benetzbaren Überzügen versehen und schwimmfähig machen. Es ist daher heute eine von Praxis und Forschung belegte Tatsache, daß sich alle Mineralien bei Anwendung geeigneter Reagenzien flotieren lassen.

Die früher vertretene Ansicht, die Schwimmbarkeit sei nur auf die Sulfide beschränkt, beruht außer auf der bereits erwähnten irrigen Schlußfolgerung der Benetzungstheorie auch darauf, daß naturgemäß vor allem die für die Metallgewinnung wichtigen Sulfide flotativ gewonnen wurden und zunächst kein Bedürfnis für eine Anwendung dieser neuen Aufbereitungsmethode auf oxydische Erze vorlag. Es kam hinzu, daß die organischen Reagenzien eine ausgesprochene Selektivität für alle Metallsulfide im Gegensatz zu allen oxydischen Mineralien aufweisen. Da auch die Forschung sich zunächst in verständlicher Einseitigkeit bei ihren Untersuchungen der unlöslichen Öle bediente, konnte es nicht ausbleiben, daß es bald eine ganze Reihe von wissenschaftlichen Erklärungen gab, die den flotativen Gegensatz der Sulfide zu den Oxyden als einen natürlich bedingten Unterschied zu begründen versuchten.

Die Erkenntnis, daß die Sulfide von unlöslichen Ölen stark benetzt werden, dagegen von Wasser nicht, während es bei den Gangartmineralien umgekehrt ist, hat Sulman[1], einer der Begründer der modernen Flotation, zum Gegenstand einer umfangreichen Untersuchung gemacht. Seine Theorie bedeutet insofern einen Fortschritt, als die Anlagerung des organischen Reagenzes an den Mineralien im Mittelpunkte der Betrachtung steht. Wie diese Anlagerung bzw. die Bildung einer stark hydrophoben Hülle zustande kommt, versucht Sulman mit Hilfe der in den Grenzschichten herrschenden Spannungen zu erklären. Aber trotz des Scharfsinnes, mit dem Sulman versucht, die Vielheit der Erscheinungen auf einfache kapillarphysikalische Gesetze zurückzuführen, müssen seine Gedanken solange hypothetisch bleiben, als es nicht möglich ist, die Oberflächenspannungen fester Körper zu messen, und anzugeben, wie sie zum Zwecke einer gewünschten Flotationswirkung zu beeinflussen sind. Geschichtlich ist diese Arbeit aber insofern bemerkenswert, als der Verfasser aus dem reichen Erfahrungsschatz der Minerals Separation Ltd. schöpfen und daher zahlreiche wertvolle Mitteilungen machen konnte. Die Erkenntnis der eigentlichen Zweckbestimmung der Flotationsreagenzien ist ein weiterer Fortschritt, und zwar gibt Sulman im Jahre 1920 bereits folgende Einteilung:

1. **Schäumer**, die durch Schaffung zahlreicher Blasen in einem begrenzten Flüssigkeitsvolumen eine möglichst große Luftoberfläche bilden.

---

[1] A contribution to the study of flotation. Trans. Amer. Inst. Min. Met. Eng. **29**, 44 (1920).

2. **Reagenzien**, die, ganz allgemein gesagt, die Flotierbarkeitsunterschiede zwischen Gangart und Nutzmineral erhöhen. Dazu gehören:

a) Sammler, die das Anhaften der Mineralteilchen an Luftblasen, also die Adhäsion zwischen Luft und Mineral erhöhen,

b) solche Reagenzien, die die Adhäsion der Gangpartikel zum Wasser erhöhen.

II. Die Gastheorie.

Die Auffassung Sulmans über die Funktion der Reagenszusätze, die durch spätere Forschungen bestätigt und durch neue Erkenntnisse wesentlich ergänzt wurde, fand zunächst bei ihrem Bekanntwerden keine allgemeine Zustimmung. Die Tatsache, daß die Sulfide im Gegensatz zu den Gangartmineralien eine schlechte Benetzbarkeit aufweisen,

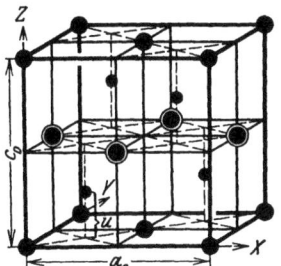
Abb. 13. Raumgitter von Kupferkies.

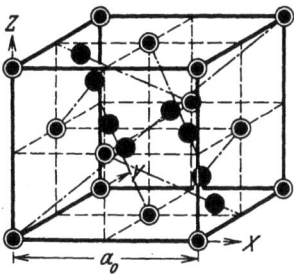
Abb. 14. Raumgitter von Pyrit.

schien anderen Forschern nach wie vor von ausschlaggebender Bedeutung zu sein. Die schlechte Benetzbarkeit der Sulfide erklärte man mit dem Vorhandensein einer adsorbierten Lufthülle, und die vorzugsweise Anlagerung der Luft an den Sulfiden wurde darauf zurückgeführt, daß die Metallatome und die Schwefelatome eine chemische Affinität zu Sauerstoff besitzen. So glaubte vor allen Dingen McLachlan[1] annehmen zu müssen, daß der Sauerstoff in der Flotation das aktive Gas darstellt und daß seine Affinität zu den Schwermetallen und Schwefel die Bildung der Luft-Mineralkomplexe bewirken sollte. Zur Unterstützung seiner Ansicht zieht dieser Forscher die Anordnung der Atome in den Elementarkristallen der verschiedenen Mineralien heran. Wie er an den in den Abb. 13, 14, 15 und 16 wiedergegebenen Raumgittern zeigt, liegen beim Kupferkies und Pyrit lediglich Metallatome, bei der Zinkblende außerdem noch Schwefelatome an der Oberfläche der Elementarkristalle, dagegen treten bei oxydischen und karbonatischen

---

[1] Synthetic testing for flotation. Bull. Canadian Inst. Min. Metall. **173**, 987/1016 (1926).

Erzen z. T. ausschließlich, wie z. B. beim Kuprit, Sauerstoffatome auf. In ähnlicher Weise soll nun auch die Bruchfläche größerer Mineral-

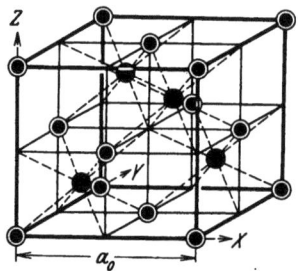

Abb. 15. Raumgitter von Zinkblende.

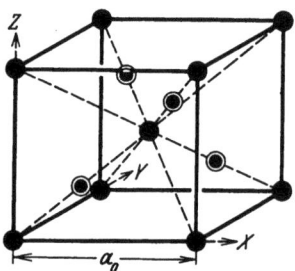

Abb. 16. Raumgitter von Kuprit.

bruchstücke orientiert sein, so daß von ihnen die erwähnten Affinitätswirkungen — auf den Restvalenzen der Oberflächenatome beruhend — ausgehen können.

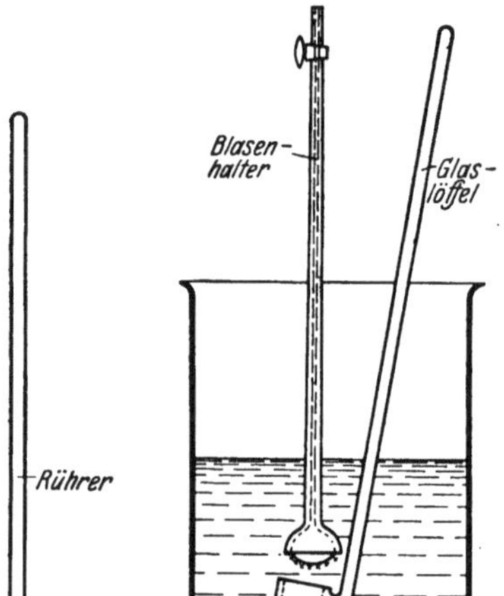

Vor McLachlan hatte bereits Durell[1] im Jahre 1915 einen ähnlichen Gedanken geäußert, ferner hatten Perkins[2], H. R. Adam[3], Dean[4] und White[5] die Notwendigkeit einer adsorbierten Lufthülle für das Flotationsvermögen der Mineralien befürwortet. Aus Versuchen, die A. S. Adams[6] ausgeführt hat, läßt sich auf eine gewisse selektive Wirkung verschiedener Gase schließen. Mit der in Abb. 17 wiedergegebenen Vorrichtung prüfte Adams das Flotationsvermögen von verschiedenen Mineralien, indem er das Gewicht der von den verschiedenen Gasblasen gehobenen Mineralkörnchen ermittelte.

Abb. 17. Apparat von Adams zur Ermittlung des Flotationsvermögens.

Die von ihm gewonnenen Ergebnisse sind in der Abb. 18 schaubildlich in der Weise dargestellt, daß für die einzelnen Gase Luft, Wasserstoff, Sauerstoff, Stickstoff und Kohlensäure auf der Ordinate die mit

---

[1] Min. Scient. Press **111**, 430 (1915). [2] Min. Scient. Press **114**, 803 (1917).
[3] Min. Scient. Press **121**, 765 (1920). [4] Min. Scient. Press **122**, 291 (1921).
[5] Min. Scient. Press **124**, 410 (1922).
[6] Gas-Sorption in Flotation in: Flotation Practice. Amer. Inst. Min. Met. Eng. **1928**, 216/234.

den jeweiligen Blasen gehobenen Mineralmengen eingezeichnet sind. Wenn auch die Effekte bei den einzelnen Mineralien von sehr verschiedener Größe sind, so ist doch insofern eine Gesetzmäßigkeit zu erkennen, als Luft, Sauerstoff und Kohlensäure flotativ am stärksten wirken. Die Versuche von Adams bezweckten allerdings nicht, diese spezifische Wirkung zu zeigen, sondern sie sollten vielmehr eine Parallelität bestätigen, die zwischen der empirischen Konstanten a der van der Waalsschen Gleichung für verschiedene Gase und ihrer Eigenschaft, in der beschriebenen Weise Mineralien zu heben, bestehen

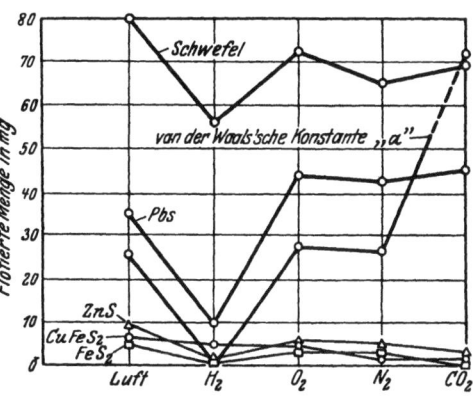

Abb. 18. Flotationsvermögen verschiedener Mineralien in Abhängigkeit von der Art des Gases (nach Adams).

sollte. Zum Verständnis sei kurz dieses wichtige Gesetz der kinetischen Gastheorie erläutert. Die allgemeine Gasgleichung lautet

$$p \cdot v = RT,$$

worin bedeuten:

p den Druck, unter dem das Gas steht.

v den Raum, im dem 1 Mol des Gases enthalten ist,

R die Konstante der allgemeinen Gasgleichung (wenn man den Druck in Atmosphären und das Volumen in Litern mißt, so ist $R = 0{,}0821$),

T die absolute Temperatur.

Dieses Gesetz gilt nur, solange die Gase verdünnt sind, d. h. solange erstens die mittleren Entfernungen zwischen den Molekeln so groß sind, daß die zwischen den einzelnen Molekeln anzunehmenden Anziehungskräfte gegenüber der ihnen entgegenwirkenden Bewegungsenergie der Molekeln vernachlässigt werden können, und solange zweitens der den Molekeln zur Verfügung stehende Raum so groß ist, daß das Eigenvolumen der Molekeln ihm gegenüber verschwindet. Sind diese beiden Bedingungen nicht erfüllt, so treten verwickeltere Erscheinungen auf, deren theoretische Behandlung van der Waals zu einer Erweiterung der allgemeinen Gasgleichung zu der Formel

$$\left(p + \frac{a}{v^2}\right)(v - b) = RT$$

geführt hat. In dieser Gleichung, in der a und b experimentell zu bestimmende Konstanten sind, trägt das Glied $p + \frac{a}{v^2}$ der durch die gegenseitige Anziehung der Molekeln verursachten Verstärkung der Wirkung eines auf das Gas ausgeübten Druckes und das Glied b dem die freien Bewegungen einschränkenden Eigenvolumen der Molekeln Rechnung.

Adams wollte also eine Parallelität zwischen dem Innendruck der Gase und ihrer Adsorption an den Mineralflächen nachweisen, um auf Grund dieses Zusammenhanges folgern zu können, daß die Gasadsorption einen grundlegenden Vorgang der Flotation darstellt. Eine kritische Auswertung seiner Ergebnisse läßt erkennen, daß ihm dieser Nachweis in keiner Weise gelungen ist. Es soll nicht verkannt werden, daß solche Erscheinungen im Flotationsprozeß mitspielen, und die Praxis weist genügend Beispiele auf für die alleinige Verwendung von Gasen zur flotativen Trennung von Mineralien, wie beispielsweise bei dem alten Bradford-Prozeß in Broken Hill, bei dem Zinkblende mit Kohlensäure gehoben wurde. Wesentlich erscheint indes, daß die verschiedenen Gase sich in selektiver Weise nach Maßgabe chemischer Affinitäten äußern und nicht ausschließlich auf Grund physikalischer Kräfte im Sinne van der Waals, wie es Adams nachzuweisen versuchte. Man hat verschiedentlich versucht, diese Eigenschaft praktisch auszuwerten, vor allen Dingen zur Flotation oxydischer Mineralien, indem man davon ausging, daß solche Mineralien durch reduzierende Gase flotiert werden könnten. So hat u. a. im Jahre 1925 A. W. Allen versucht, mit Leuchtgas Zinnstein zu flotieren und, wie er berichtet[1], gewisse Erfolge erzielt, ähnlich wie G. Barnitzke[2], der für die Flotation desselben Minerals an Stelle von Leuchtgas Wasserstoff vorschlug.

Die Gasadsorption bietet also eine praktische Möglichkeit zur selektiven Flotation, sie ist aber nicht die unumgängliche Voraussetzung und damit die Grundlage jeder Flotation, wie es die Anhänger dieser Theorie lange behauptet haben. Gegen diese Behauptung spricht wiederum die Tatsache, daß heute auch solche Mineralien, die nach der Theorie keine Lufthülle haben können, durch Anwendung geeigneter Reagenzien flotierbar gemacht werden können. Ferner haben Berl und Vierheller[3] mit sorgfältig durchgeführten Versuchen nachgewiesen, daß ausgeglühte Stoffe im Vakuum auf luftfreiem Wasser schwimmen, so daß man auch auf Grund dieser Ergebnisse zu dem Schluß kommen muß, daß adsorbierte oder okkludierte Gase nicht die unbedingte Voraussetzung der Schwimmerscheinung sind.

III. Die Adsorptionstheorie.

Die Wirkungsweise der verschiedenen in der Flotation benutzten Reagenzien wird erst durch jene Theorien dem Verständnis näher-

---
[1] Diskussionsäußerung in der erwähnten Arbeit von A. S. Adams.
[2] Metall Erz **25**, 621/4 (1928).
[3] Zur Kenntnis der Schwimmverfahren. Z. angew. Chem. **36**, 161/4 (1923).

gebracht, in deren Mittelpunkt die Adsorption steht. Es dürfte zweckmäßig sein, zunächst den Begriff der Adsorption zu umreißen. Unter Adsorption versteht man ganz allgemein die Anreicherung eines Stoffes an irgendeiner Oberfläche oder Grenzfläche zwischen verschiedenen Aggregatzuständen. Eine der ältesten und bekanntesten Erscheinungen ist die Adsorption von Gasen an festen Stoffen, besonders an Kohle, deren Adsorptionsvermögen von keinem anderen Stoff übertroffen wird und daher auch eine erhebliche praktische Bedeutung erlangt hat. Es stellt sich allgemein ein bestimmtes Adsorptionsgleichgewicht ein, indem das Adsorbens (auch Substrat genannt) je Gramm bei gegebener Temperatur und gegebenem Druck (Konzentration) eine bestimmte Menge Adsorptiv (Adsorbendum) aufnimmt. Wenn man in einem Koordinatensystem die vom Adsorbens bei einer bestimmten Temperatur adsorbierten Mengen des Adsorptivs (die y-Werte) auf der Ordinate abträgt und die Konzentrationen des Adsorptivs (die x-Werte) auf der Abszisse, so erhält man eine gegen die Abszisse konkave Kurve, wie sie etwa die Abb. 19 zeigt.

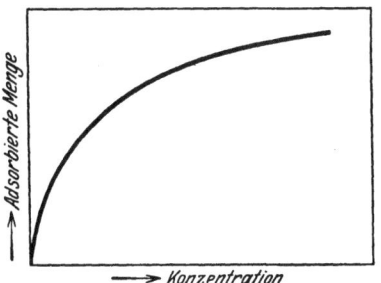

Abb. 19. Adsorptionsisotherme.

Die Kurve strebt einem Endwert zu, und zwar zuerst schnell und im Bereich größerer Konzentrationen immer langsamer. Mat hat diese Kurve vielfach als Adsorptionsisotherme bezeichnet, für deren mathematische Formulierung die allgemeine Adsorptionsgleichung:

$$y = K \cdot x^b$$

gilt. K kann sehr verschiedene Werte besitzen, während b, ebenfalls eine empirische Größe, in der Regel zwischen 0,1—0,8 liegt.

Wie vor allem die Adsorption des reaktionslosen Edelgases Argon an Kohle erkennen läßt, dürften in erster Linie physikalische Kräfte in Frage kommen. Ähnliche Verhältnisse wie bei der Gasadsorption liegen auch bei der Adsorption von gelösten Stoffen an festen Substraten vor. Hier wie dort haben wir reversible Vorgänge, bei denen einer jeweiligen Konzentration des zu adsorbierenden gelösten eine bestimmte Menge adsorbierten Stoffes nach Maßgabe der Adsorptionsgleichung bzw. der Adsorptionsisotherme entspricht, unabhängig davon, ob man von vornherein in einer verdünnten Lösung adsorbieren ließ, oder ob man erst in einer konzentrierten Lösung arbeitete und nachher durch Zugabe von Lösungsmitteln verdünnte. Jedesmal stellt sich das entsprechende Gleichgewicht und zwar meist sehr schnell ein. Man kann also das adsorbierte mit dem benutzten reinen Lösungsmittel auswaschen.

Im Gegensatz zu dieser Art der Adsorption, für deren Ablauf die Adsorptionsisotherme und damit physikalische Momente mehr oder weniger allein ausschlaggebend sind, gibt es eine andere Art, bei der an die Stelle der physikalischen Oberflächenwirkung chemische oder elektrochemische Faktoren treten. Um diese grundsätzlichen Unterschiede auch begrifflich zu kennzeichnen, hat man vorgeschlagen, diese letzten Erscheinungen mit Sorption zu benennen. Es soll aber im folgenden auch für diese Vorgänge die Bezeichnung Adsorption weitergeführt werden, zumal praktisch eine klare Trennung nicht immer sicherzustellen ist. Aus der mehr oder weniger lockeren Anlagerung des Adsorbendums an das Adsorbens wird bei der chemischen Adsorption eine feste Verkettung der beiden Phasen bewirkt, die ihrerseits mit der Neigung zu einem Übergang in eine festere chemische Bindung zu erklären ist. Obwohl hier eine Anreicherung in Grenzschichten stattfindet, folgt dieser Vorgang nicht der allgemeinen Adsorptionsgleichung, sondern ist irreversibel. Das Substrat erhält also durch die Adsorption eine veränderte Oberfläche. In Anlehnung an eine von Haber geäußerte Vorstellung sind es die an der Oberfläche nicht abgesättigten Valenzkräfte des Kristallgitters, die zur Anlagerung gelöster Stoffe an festen Körpern führen.

Wie an der Grenzfläche fest-flüssig, so können gelöste Stoffe sich auch an der Grenzschicht flüssig-gasförmig anreichern. Diese Fähigkeit kommt jedoch nicht allen Stoffen zu, sondern ist auf die sogenannten oberflächenaktiven Stoffe beschränkt. Mit der Anreicherung dieser Stoffe an der Oberfläche ihres Lösungsmittels ist gleichzeitig eine mehr oder weniger große Erniedrigung der Oberflächenspannung verbunden. Unter Bezugnahme auf wäßrige Lösungen läßt sich daher die Oberflächenaktivität als die Eigenschaft definieren, vermöge derer gewisse Stoffe die Oberflächenspannung des Wassers erniedrigen. Die äußerlich sichtbare Wirkung solcher Stoffe ist die Schaumbildung.

Die Bedeutung dieser verschiedenen Adsorptionsvorgänge für die Flotation hat man schon frühzeitig erkannt. Wie bereits erwähnt wurde, waren jedoch anfänglich die experimentellen Belege z. T. so zweifelhafter Natur, daß die auf der Adsorption aufbauenden Theorien nur zögernd Eingang fanden. Nicht zuletzt lagen die Schwierigkeiten für eine exakte Forschung in der Praxis der Flotation selbst, die sich vor den bahnbrechenden Erfindungen Perkins ausschließlich mehr oder weniger undefinierbarer Reagenzien (Öle) bediente. Zudem sind Adsorptionsmessungen dadurch sehr erschwert, daß die durch Adsorption hervorgerufenen Konzentrationsänderungen meist so klein sind, daß man sie durch die übliche gewichtsanalytische Methode nicht mehr erfassen kann. Zur Bestimmung dieser winzigen Konzentrationsänderungen von in Wasser gelösten Stoffen kommen daher nur indirekte Methoden in Frage, bei denen solche von der Konzentration abhängige Veränderungen der Lösung benutzt werden, die selbst bei ganz geringfügigen Konzentrationsänderungen meßbare Effekte ergeben. So wird bei gewissen Stoffen beispielsweise die Lichtbrechung oder bei anderen die Oberflächenspannung der wäßrigen Lösung schon durch ganz geringe Konzentrationsänderungen des gelösten Stoffes in meßbareren Größenverhältnissen verändert. Da zwischen dieser Änderung der physikalischen Eigenschaften und der Konzentration ein gesetzmäßiges quantitatives Abhängigkeitsverhältnis besteht, so läßt sich also durch Messung des physikalischen Effektes auf die Konzentration schließen.

Die ersten Arbeiten über die Bedeutung adsorptiver Vorgänge für die Flotation erschienen gegen 1920 und gehen vor allem auf Vageler[1], Fahrenwald[2], Taggart und Gaudin[3] zurück. Zum Nachweis der Adsorption bedienten sich diese Forscher vielfach, wie späterhin auch Bartsch[4], Traube[5] und seine Mitarbeiter, der indirekten Methode der Oberflächenspannungsmessung. Es ist dabei häufig übersehen worden, daß die durch Messung der Oberflächenspannungsänderung nachgewiesene Konzentrationsänderung nicht ausschließlich auf Adsorption zurückzuführen ist, sondern auch andere Ursachen haben kann. So kann ein Teil des Adsorbendums dadurch der Lösung entzogen werden, daß es mit dem in Lösung gegangenen Teil des adsorbierenden Minerals eine unlösliche Verbindung eingeht und ausfällt. Es ist das Verdienst von Kellermann und Peetz[6], gerade auf diese Fehlerquellen hingewiesen und Mittel gezeigt zu haben, wie sich die verschiedenen reagensverbrauchenden Faktoren in einer Flotationstrübe durch Kombination verschiedener Meßverfahren erfassen lassen.

Mit der Feststellung der Adsorption allein ist aber das Wesen der Flotation noch nicht geklärt. Für das Zustandekommen der Luft-Erzkomplexe spielt die Orientierung der adsorbierten Moleküle eine äußerst wichtige Rolle. In dieser Beziehung verdankt die Flotationstheorie den beiden Amerikanern Langmuir[7] und

---

[1] Die Schwimmaufbereitung der Erze. Dresden u. Leipzig: Th. Steinkopf 1921.

[2] Surface energy and adsorption in flotation. Min. Scient. Press 123, 227 (1921).

[3] Surface tension and adsorption phenomena in flotation. Trans. Amer. Inst. Min. Met. Eng. 1922, 479/539.

[4] Über Schaumsysteme. Beitrag zur Theorie des Schaumschwimmverfahrens. Kolloidchem. Beih. 20, 50/77 (1925).

[5] Traube, J. u. Nishizawa: Adsorption und Haftdruck. Beitrag zum Flotationsproblem. Kolloid-Z. 32, 383/92 (1923).

[6] Über den Einfluß der Adsorption im Schwimmaufbereitungsverfahren. Kolloid-Z. 44, 296/308 (1928).

[7] The constitution and fundamental properties of liquids. J. amer. chem. Soc. 39, 1848/1906 (1917).

Harkins[1] aufschlußreiche neue Erkenntnisse. Bei der Untersuchung der Ausbreitung von Ölsäure auf Wasser kam Langmuir zu dem Ergebnis, daß sich hierbei eine Schicht von der Dicke des Ölsäuremoleküls bildet. Dabei zeigt sich außerdem eine Orientierung der Moleküle in der Weise, daß die Kohlenwasserstoffgruppe des Ölsäuremoleküls zur Luft, dagegen die Karboxylgruppe COOH zum Wasser gerichtet ist. Im Gegensatz zu der trägen Kohlenwasserstoffgruppe ist das Karboxyl chemisch außerordentlich regsam, und es ist anzunehmen, daß die Orientierung wie überhaupt die monomolekulare Ausbreitung der Ölsäure auf Wasser durch die besondere Affinität der aktiven Gruppe zu Wasser bewirkt wird. Der Unterschied der beiden Gruppen findet auch darin seinen Ausdruck, daß die regsame Gruppe benetzbar, dagegen die Kohlenwasserstoffgruppe genau wie die Paraffin-Kohlenwasserstoffe unbenetzbar ist. Auf Grund der unterschiedlichen Benetzbarkeit gelang es Langmuir, die Orientierung der Ölsäuremoleküle in der Grenzschicht Wasser-Luft sichtbar zu machen.

Dieser einfache Versuch ist so lehrreich, daß er auch hier wiedergegeben sein möge. Vor der Ausbreitung eines Ölsäuretropfens auf einer Wasseroberfläche tauchte Langmuir ein sorgfältig gereinigtes Platinblech senkrecht in das Wasser. Nachdem er dann auf dem Wasser eine monomolekulare Ölsäureschicht erzeugt hatte, hob er das Blech vorsichtig heraus, so daß sich das Ölsäurehäutchen an die beiden Seiten des Platinbleches anlegen konnte. Es zeigte sich, daß das Platinblech von Wasser nicht benetzt wurde. Es mußten also die schlecht benetzbaren Gruppen der Ölsäuremoleküle, d. h. die Kohlenwasserstoffe, nach außen liegen. Darauf nahm Langmuir ein zweites Blech und durchschnitt gleichsam von oben nach unten die Ölsäurehaut. Auch hierbei legte sich wie der auf Milch schwimmende Rahm das Ölsäurehäutchen auf die beiden Blechseiten, nur mit dem Unterschiede, daß nunmehr das Blech benetzbar war. Entsprechend der Bewegungsrichtung des Platinbleches mußten in diesem Falle die polaren Gruppen, d. h. die Karboxylgruppen der Ölsäuremoleküle nach außen zeigen, was durch die gute Benetzbarkeit des Platinbleches bestätigt wurde. Ähnlich wie Ölsäure sind die heute üblichen Sammelreagenzien der Flotation durch das Vorhandensein einer polaren Gruppe neben einer nichtpolaren, aus Kohlenwasserstoffen bestehenden Gruppe, ausgezeichnet. Die Bedeutung der Adsorption und die Orientierung der Moleküle in Grenzschichten für flotative Vorgänge geht aus einer Untersuchung hervor, die nunmehr, nachdem im voraufgehenden die allgemeinen wissenschaftlichen Grundlagen gegeben sind, folgen soll.

---

[1] The orientation of molecules in surfaces, surface energy, adsorption and surface catalysis. J. amer. chem. Soc. **39**, 354/64 (1927); **42**, 709/12 (1920).

IV. Die Theorie der Flotation, veranschaulicht an einem einfachen Flotationsmodell.

Die Flotationstrübe des praktischen Betriebes mit ihren mannigfachen Mineralkomponenten und deren Lösungsprodukten, mit den unübersehbaren Verunreinigungen des benutzten Wassers und der Vielheit der zugesetzten Reagenzien bildet naturgemäß für die Klärung kausaler Zusammenhänge ein untaugliches Untersuchungsobjekt. Die Beschränkung auf einige wenige, aber wesentliche Faktoren ist daher die notwendige Voraussetzung für die theoretische Durchdringung des Flotationsproblems. Anderseits darf die Abstraktion nicht so weit gehen, daß die Übertragung der aus der experimentellen Forschung gezogenen Schlußfolgerungen auf die Praxis nur bedingt zulässig ist. Im Hinblick darauf, daß es die vornehmste Aufgabe der Wissenschaft ist, gerade bei Untersuchungen über praktische Prozesse solche Ergebnisse zu ergründen, die praktisch brauchbar sind, um weitere Fortschritte zu ermöglichen, muß es vielmehr wichtig erscheinen, von einem Beispiel auszugehen, das die wesentlichen Merkmale der Flotationspraxis ohne die zahlreichen verschleiernden Nebenerscheinungen zeigt.

Den weiteren theoretischen Betrachtungen soll daher ein praktisches Verfahren zugrunde gelegt werden, das den genannten Bedingungen weitgehend entspricht. Dieses einfache Flotationsmodell ist ein Verfahren, das im Kaiser-Wilhelm-Institut für Eisenforschung[1] zur flotativen Gewinnung von Apatit [$Ca_5F(PO_4)_3$ bzw. $Ca_5Cl(PO_4)_3$] ausgearbeitet worden ist und zur Wiedergewinnung des Phosphorminerals aus den bei der magnetischen Aufbereitung feinkörniger phosphorhaltiger Magnetiterze anfallenden Abgängen praktische Bedeutung hat. Bei diesem Verfahren gelingt es, aus einem Haufwerk, das im wesentlichen aus Hornblende, Quarz, Glimmer und untergeordnet aus Apatit besteht, das letztere Mineral zu etwa 80% in einem sehr reinen Schaumkonzentrat zu gewinnen. Dieser Erfolg wird unter Verwendung eines einzigen, chemisch wohldefinierten Flotationsmittels erzielt, das demnach als Sammler und Schäumer zugleich dient. Das benutzte Reagens ist Natriumpalmitat, ein in Wasser leicht lösliches hochmolekulares fettsaures Salz von der Zusammensetzung $C_{15}H_{31}COONa$.

Theoretische Untersuchungen[2], die im Anschluß an dieses praktische Verfahren unternommen wurden, ergaben nun ein klares Bild über das kausale Geschehen in der Flotationstrübe. Wie die weiteren Ausführungen zeigen werden, haben die gewonnenen Erkenntnisse nicht nur für das vorliegende Verfahren Gültigkeit, sondern es kommt ihnen, soweit man die moderne Flotation in Betracht zieht, eine allgemeine Bedeutung zu.

---

[1] Luyken, W. u. E. Bierbrauer: Mitt. Eisenforsch. 10, 317/22 (1928).
[2] Luyken, W. u. E. Bierbrauer: Mitt. Eisenforsch. 11, 37/52 (1929).

Das Natriumpalmitat ist der Hauptbestandteil der handelsüblichen Kernseife. Die Schaumwirkung der Seife und die Tatsache, daß diese Wirkung in kalk- oder überhaupt erdalkalihaltigem Wasser aufhört, sind allgemein bekannte Erscheinungen. Zudem gehört Natriumpalmitat zu der Gruppe der polar — nicht polaren Reagenzien im Sinne Langmuirs und muß daher bei der Adsorption in Grenzschichten eine entsprechende Ausrichtung seiner Moleküle zeigen. Auf den erwähnten bekannten Erscheinungen in Verbindung mit Adsorptionsvorgängen und der hierbei eintretenden Orientierung beruht die Flotation des Apatits mit Natriumpalmitat.

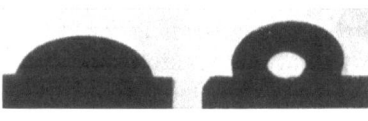

Abb. 20. Tropfenform von Wasser auf Apatit vor und nach der Adsorption von Natriumpalmitat.

Durch Versuche wurde festgestellt, daß feingemahlener Apatit aus einer wäßrigen Natriumpalmitatlösung erhebliche Mengen dieses Reagenzes adsorbiert, während Quarz und andere Gangartpartikel diese Erscheinung nicht zeigen. Durch die Adsorption überzieht sich das Apatitkorn mit einer Hülle, die im Gegensatz zu der ursprünglichen reinen Oberfläche des Kornes außerordentlich schlecht benetzbar ist. Die Abb. 20 veranschaulicht diese Veränderung, indem sie Wassertropfen wiedergibt, die auf eine reine Apatitfläche und auf eine solche, die Natriumpalmitat adsorbiert hat, gebracht worden sind. Die flache Wölbung des Tropfens auf der reinen Schlifffläche läßt erkennen, daß Apatit von Wasser gut benetzbar ist, während die hochgewölbte Form des Tropfens auf dem mit einer Palmitathülle versehenen Apatit der Ausdruck geringer Benetzbarkeit ist.

Abb. 21. Orientierung der Palmitatmoleküle in der Grenzschicht Apatit-Luft.

Nach der von Langmuir entwickelten Theorie ist anzunehmen, daß die adsorbierte Schicht aus einer Moleküllage besteht und die Veränderung der Benetzbarkeit auf einer bestimmten Orientierung des Palmitatmoleküls beruht. Die hydrophobe Gruppe des Palmitatmoleküls ist die Kohlenwasserstoffgruppe $C_{15}H_{31}$, und diese dürfte, wie die Abb. 21 veranschaulicht, bei der Adsorption des Natriumpalmitats an Apatit nach außen liegen und die Apatitoberfläche schwer benetzbar machen. Die Gangartmineralien dagegen, die Natriumpalmitat nicht anlagern, zeigen diese Veränderung ihrer Oberfläche nicht, auch wenn sie längere Zeit in einer wäßrigen Palmitatlösung gelegen haben.

Mineralien mit einer derartigen hydrophoben Oberfläche müssen nach der Randwinkeltheorie nach Art der Filmflotation auch ohne

Theorie der Flotation, veranschaulicht an einem einfachen Flotationsmodell. 35

Schäumer an der Wasseroberfläche schwimmen. Wie stark in der Tat die Abneigung solcher Körner gegen Wasser ist und wie sie auf der anderen Seite begierig Luft festhalten, zeigen die Abb. 22 und 23. Diesen Erscheinungen liegt folgender Versuch zugrunde. Eine größere Menge von feinen Apatitkörnern, die mit Natriumpalmitatlösung in Berührung gestanden hatten, sollte nach ihrer Trocknung zu einem anderweitigen Versuch benutzt werden und wurden in einen Erlemeyer-Kolben eingefüllt. Bei der Zugabe von destilliertem Wasser entstand aus dem Körnergemenge eine eigenartige gekröse-ähnliche Masse. Eine nähere Betrachtung ergab, daß es sich um schlauchartige Luftblasen handelte, die von den sehr schlecht benetzbaren Apatitkörnern festgehalten wurden.

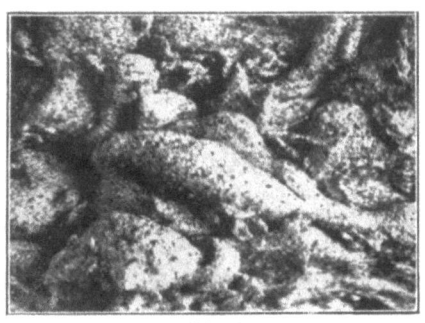

Abb. 22.

Die Abb. 22 zeigt in natürlicher Größe einen Ausschnitt dieser merkwürdigen Gebilde. Schütteln vermochte diese Erscheinung nicht zu zerstören. Es lösten sich aber dabei einzelne Wulste los und sammelten sich an der Wasseroberfläche, stalaktitenartig in das Wasser hineinragend. In der Abb. 23

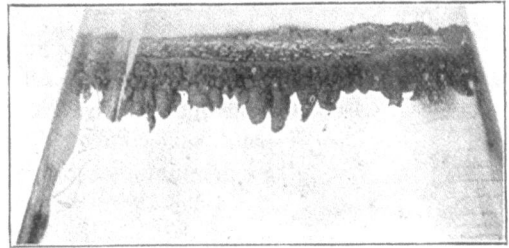

Abb. 23.
Abb. 22 u. 23. Lufteinschlüsse in einem Gemenge von Apatitkörnern nach Adsorption von Natriumpalmitat.

ist dieser Vorgang, der auf die Bedeutung der Nichtbenetzbarkeit für das Schwimmvermögen hinweist, bildlich festgehalten.

Es handelt sich hierbei um ein Schwimmen ohne Mitwirkung eines Schäumers. Befindet sich aber in der Trübe ein Überschuß von Natriumpalmitat, so entsteht ein lockerer Seifenschaum, der mit Apatitkörnchen reich beladen ist. Zur Klärung dieses Vorganges sei daran erinnert, daß Natriumpalmitat ein oberflächenaktiver Stoff ist. Dank dieser Eigenschaft konzentrieren sich in wäßriger Lösung seine Moleküle in der Grenzfläche Luft-Wasser und erniedrigen die Oberflächenspannung des Wassers. Diese Erniedrigung ist, wie schon erwähnt wurde, abhängig von der Konzentration. Die Abb. 24 veranschaulicht schematisch diese Abhängigkeit.

3*

Auf diesem Adsorptionsvorgang beruht die Schaumbildung. Da jeder Oberflächenspannung eine bestimmte Konzentration entspricht, kommt durch die elastische Anpassung der Konzentration in der Grenzschicht eine gewisse Stabilität des Schaumes zustande. Es gilt nun noch die Frage zu klären, wie diese Schaumblasen, deren Wandung aus Wasser und Palmitatmolekülen besteht, sich mit den Apatitkörnchen zu flotationsfähigen Luft-Mineralkomplexen verketten. Auch auf diese Frage gibt wiederum die Langmuirsche Theorie über den Feinbau von Grenzschichten eine befriedigende Antwort. Ähnlich wie bei der Ausbreitung eines Ölsäuretropfens auf einer Wasseroberfläche orientieren sich die Moleküle des Natriumpalmitats in der Grenzschicht Luft-Wasser — also in der Schaumblasenwandung — in der Weise, daß die schlecht benetzbare Kohlenwasserstoffgruppe zur Luft, d. h. in das Innere der Blase zeigt. Die Abb. 25 veranschaulicht diese Anordnung an einer in einer wäßrigen Natriumpalmitatlösung aufsteigenden Luftblase.

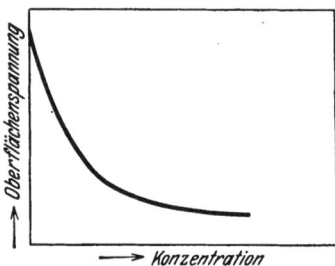

Abb. 24. Abhängigkeit der Oberflächenspannung von der Konzentration des oberflächenaktiven Stoffes.

Die benetzbare Gruppe COONa ist zum Wasser gerichtet, und da diese Gruppe infolge ihrer besonderen Reaktionsfähigkeit die Palmitatmoleküle auch an die Apatitkörner zu binden vermag, so erklärt sich aus diesen Adsorptionsvorgängen und der dabei auftretenden Orientierung der Moleküle in den Grenzschichten zwanglos das Zustandekommen der Luft-Mineralaggregate und damit die Flotation des Apatits.

Der selektive Einfluß des Palmitats auf Apatit sei noch an einer graphischen Darstellung veranschaulicht, die das Flotationsvermögen dieses Minerals gegenüber Quarz wiedergibt. Der Abb. 26 liegt ein Versuch zugrunde, bei dem sowohl von fein zerkleinertem Quarz als auch von Apatit eine bestimmte Einwaage mit Natriumpalmitat stufenweise bei unveränderten Versuchsbedingungen flotiert wurde. Die bei jeder Schaumerzeugung in den Schaum gehende Mineralmenge wurde gewogen. Auf diese Weise ergibt sich die Möglichkeit, das Schwimmvermögen durch die Abhängigkeit der gehobenen Mineralmengen von den Schaumperioden graphisch darzustellen, wie es in der Abb. 26 geschehen ist.

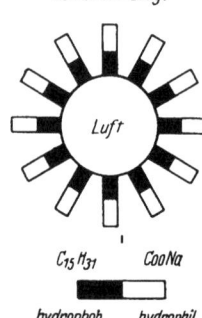

Abb. 25. Orientierung der Palmitatmoleküle in der Grenzschicht Luft-Wasser.

Für den Apatit genügt also fünfmaliges Schäumen, um die gesamte

Theorie der Flotation, veranschaulicht an einem einfachen Flotationsmodell. 37

aufgegebene Menge flotativ zu heben, während die flache Neigung der Quarzkurve auf ein nur ganz geringes Schwimmvermögen für Quarz schließen läßt. Wahrscheinlich bleiben die Quarzkörner nur rein mechanisch auf der Schaumsäule liegen.

Mit der Feststellung der Adsorption und dem Nachweis der besonderen Molekülorientierung in den adsorbierten Schichten ist die Theorie zwar im wesentlichen umschrieben. Aber es bleibt noch eine wichtige Frage offen, deren Beantwortung gerade für die praktische Brauchbarkeit der Theorie bedeutungsvoll ist — nämlich die Frage, wie die selektive Adsorption zustande kommt, und auf Grund welcher Gesetzmäßigkeiten man diese Vorgänge bewußt hervorrufen kann. Eine klare Antwort auf diese wichtige Frage ist gleichbedeutend mit der wissenschaftlichen Beherrschung des Flotationsprozesses. Um so mehr muß es daher verwundern, daß die Theorie diesem Problem bisher weniger Beachtung geschenkt hat. Es mag aber diese Vernachlässigung darin begründet sein, daß die bekannten Prozesse auch in dieser Beziehung wenig durchsichtig sind. An dem erwähnten Flotationsmodell drängen sich dagegen Erscheinungen auf, die für einen **gesetzmäßigen Chemismus der Adsorption** sprechen.

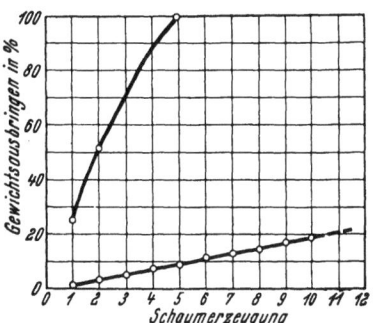

Abb. 26. Graphische Darstellung des Schwimmvermögens von Apatit und Quarz.

Das bekannte Ärgernis, daß Seife in hartem, d. h. kalkhaltigem Wasser nicht schäumt und damit ihre Waschwirkung verliert, beruht, wie schon erwähnt wurde, darauf, daß sich der Seifenstoff, in den meisten Fällen Natriumpalmitat, mit dem Kalzium zu sehr schwer löslichem Kalziumpalmitat umsetzt und ausfällt. Auf dieser außerordentlich starken Affinität des Palmitates zu Kalzium dürfte auch die Adsorption des Natriumpalmitates an Apatit beruhen. In gleicher Weise wie Apatit adsorbieren Kalkspat und eine ganze Reihe anderer Erdalkalimineralien, wie Schwerspat, Zölestin, Strontianit und Magnesit dieses Reagens und lassen sich ähnlich wie Apatit flotieren. Auf den Oberflächen dieser Mineralien entstehen also bei der Adsorption die entsprechenden Erdalkalipalmitate. Es hat sich ferner gezeigt, daß die Adsorption nur dann eintritt, wenn die in Frage kommende Adsorptionsverbindung schwerer löslich ist als die adsorbierende Mineralverbindung. Es handelt sich also hierbei um eine **chemische Adsorption**, für die weitgehend die Gesetze der normalen Fällungsreaktionen zu gelten scheinen.

Durch den Übergang in eine chemische Verbindung wird die Anlagerung so fest, daß sich die adsorbierte Hülle nicht mehr auswaschen läßt. Die Adsorption ist also irreversibel und folgt nicht dem allgemeinen Adsorptionsgesetz, wie es in der Adsorptionsisotherme seinen Ausdruck findet. Durch die Adsorption erfahren demnach die Mineralien eine chemische Veränderung ihrer Oberfläche, die sich auch darin zeigt, daß die Löslichkeit der Mineralien nach erfolgter Adsorption ganz wesentlich erniedrigt ist.

Sucht man den Adsorptionsvorgang in seinen einzelnen Phasen zu verfolgen, so erscheint es zweckmäßig, ein einzelnes Apatitkorn in reinem Wasser zu beobachten. Infolge seiner wenn auch geringen Löslichkeit schickt dieses Körnchen Ca-Ionen in die Lösung, und zwar solange, bis das der Löslichkeit dieser Mineralverbindung entsprechende Gleichgewicht erreicht ist. (Der einfacheren Vorstellung wegen soll das dynamische Geschehen statisch dargestellt werden.) Es ist anzunehmen, daß sich um das Körnchen herum ein Hof mit höherer Konzentration an Ca-Ionen bildet. Wird nun dem Wasser in steigenden Mengen Natriumpalmitat zugesetzt, so wird ein Teil der Ca-Ionen in Form von sehr schwer löslichem und sehr wenig dissoziiertem Kalziumpalmitat abgebunden. Das Lösungsgleichgewicht des Apatits ist daher gestört, und der Apatit ist bestrebt, diesen Gleichgewichtszustand durch Abspaltung weiterer Ca-Ionen wieder herzustellen. Durch die Reaktion mit den in der Lösung vorhandenen Ca-Ionen gelingt es den Palmitatmolekülen zunächst nicht, bis zum festen Korn unmittelbar vorzudringen. Das Palmitat kämpft sich schrittweise vor, erreicht endlich die Berührung mit den noch im Kristallgitter verankerten Ca-Ionen und wird durch die Restvalenzen dieser Oberflächenionen an den Kristall festgekettet. Wie dieser Prozeß im letzten Stadium verläuft, ist zunächst noch ungeklärt. Für das praktische Bedürfnis genügt indes die Feststellung, daß auch für diese Reaktion mit der Restvalenz die allgemein bekannten Gesetze der chemischen Affinität zu gelten scheinen. Für die Annäherung der Palmitatmoleküle an den Apatitkristall und damit für das Zustandekommen der Adsorption ist es nach der entwickelten Vorstellung notwendig, daß die Moleküle des Adsorbendums das Übergewicht über die abdissoziierten Ca-Ionen erhalten oder genauer ausgedrückt, daß die Anzahl der in der Zeiteinheit vom Adsorbendum abgebundenen Ca-Ionen größer ist als die Anzahl der in der Zeiteinheit aus dem Apatitkristall in Lösung gehenden Ca-Ionen. Die Lösungsgeschwindigkeit des Minerals muß also kleiner sein als die Bildungsgeschwindigkeit der bei der Reaktion des Adsorbendums mit dem Kation des Adsorbens entstehenden Verbindung. In Anbetracht der Schwerlöslichkeit der Mehrzahl der Mineralien ist diese Bedingung in den meisten Fällen erfüllt.

Theorie der Flotation, veranschaulicht an einem einfachen Flotationsmodell. 39

Es möge aber ein Beispiel erwähnt werden, bei dem die Lösungsgeschwindigkeit überwiegt und es nicht zur Adsorption kommt, obwohl die entstehende Verbindung schwerer löslich als das betreffende Mineral ist. Dieser Fall ist nämlich beim Gips gegeben. Versuche mit wäßriger Natriumpalmitatlösung haben gezeigt, daß dieses Mineral das Palmitat nicht adsorbiert, sondern sich langsam vollständig zu Kalziumpalmitat umsetzt. Bei einem entsprechenden Flotationsversuch sammelte sich nur dieses Reaktionsprodukt im Schaume, während der noch unzerstörte Gips am Boden liegen blieb. Bei genügender Dauer reicherte sich der gesamte Kalziumgehalt des Gipses in Form des Palmitates im Schaum an. Die Ursache dieser Erscheinung ist also in der verhältnismäßig großen Löslichkeit des Gipses zu suchen, der etwa 150mal löslicher als Kalkspat ist.

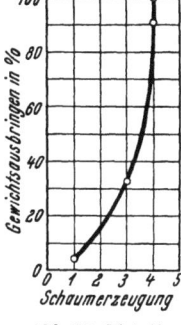

Abb. 27. Flotation von Kalkspat mit Natriumpalmitat.

Bei Kalkspat kommt es indes noch zur Anlagerung von Natriumpalmitat, obwohl zwar ein großer Teil des Reagenzes von den zahlreichen in Lösung gehenden Kalziumionen zunächst abgebunden wird. Das Vordringen des Palmitates zu dem Kalkspatkristall muß daher langsamer vonstatten gehen, als es bei dem schwerer löslichen Apatit der Fall ist. Diese Verzögerung macht sich auch bei der Flotation von Kalkspat mit Natriumpalmitat bemerkbar, wie Abb. 27 anschaulich wiedergibt.

Der graphischen Darstellung des Flotationsvermögens des Kalkspates bei der Verwendung von Natriumpalmitat liegt dieselbe Versuchsdurchführung zugrunde, wie sie bereits bei der Erläuterung der Abb. 26 gegeben ist, die sich auf das Flotationsvermögen von Apatit und Quarz bezieht. Aus dem anfänglich schwachen Verlauf der Kalkspatkurve ist zu ersehen, daß zunächst sehr geringe Mengen in den Schaum gezogen werden. Nach der dritten Schaumerzeugung sind nur 32,8% der Aufgabe flotativ gewonnen, und erst die vierte Schaumperiode führt zum vollständigen Aufschwimmen des Kalkspates. In dieser Erscheinung offenbaren sich die verschiedenen Phasen des Adsorptionsvorganges. Durch das Lösen des Kalkspates fällt zunächst das Natriumpalmitat größtenteils als unlösliches Kalziumpalmitat aus. Das Palmitat verhält sich wie Seife in hartem Wasser und schäumt nicht. Erst bei der vierten Zugabe entsteht eine tragfähige Schaumsäule. Die freien Ca-Ionen sind abgesättigt, die Adsorption kommt zur Auswirkung, und nun gehen die noch restlichen 67% mit einer einzigen Schaumerzeugung in den Schaum. Ähnliche Verhältnisse, wenn natürlich auch graduell sehr verschieden, werden beim Apatit und darüber hinaus bei allen Flotationsprozessen vorliegen. Bei der Schwerlöslichkeit der meisten Mineralien sind diese Einflüsse jedoch so geringfügig, daß sie mit unseren gewöhnlichen Meßmethoden nicht zu erfassen sind. Darin liegt gerade der Vorteil dieser angeführten einfachen Flotationsmodelle, daß hier die subtilsten Vorgänge der Flotation als sichtbare und bequem meßbare Wirkungen erscheinen.

V. Allgemeine Schlußfolgerungen.

Eine Verallgemeinerung der an dem einfachen Modell der Apatitflotation gewonnenen Erkenntnisse setzt voraus, daß die bekannten Prozesse der Praxis, in erster Linie die der Sulfidflotation, sich ähnlich zusammengesetzter und ähnlich wirkender Reagenzien bedienen. Seit der Entdeckung Perkins werden heute in der Metallerzflotation fast ausschließlich in Wasser lösliche Sammelreagenzien benutzt, die alle durch das Vorhandensein einer oder mehrerer polarer Gruppen neben einer nichtpolaren Kohlenwasserstoffgruppe gekennzeichnet sind. Es sei nur an die Alkalixanthate erinnert, deren Verwendung über 80% des Gesamtverbrauchs an Sammelreagenzien ausmacht.

Gerade für dieses Reagenz liegen wertvolle Arbeiten vor, in denen Taggart und seine Mitarbeiter[1] die flotative Wirkung auf Bleiglanz untersucht haben. Die chemische Formel für das am meisten gebrauchte Kaliumxanthat lautet: $C_2H_5O \cdot CS \cdot SK$. Dieses Kaliumsalz der Äthylxanthogensäure ist in Wasser leicht löslich, während im Gegensatz zu den Alkalixanthaten die entsprechenden Verbindungen der Schwermetalle sehr schwer löslich sind. In dem chemischen Verhalten des Xanthats liegt also bereits eine gewisse Parallelität mit dem Palmitat. Die Identifizierung der polaren Gruppe ist allerdings nicht so einfach, wie es beim Palmitat war, dessen chemische Struktur sich aus einer sehr langen Kohlenwasserstoffkette wie folgt ableitet:

$$\mathrm{H-\underset{\underset{H}{|}}{\overset{\overset{H}{|}}{C}}-\underset{\underset{H}{|}}{\overset{\overset{H}{|}}{C}}-\underset{\underset{H}{|}}{\overset{\overset{H}{|}}{C}} \ldots \underset{\underset{H}{|}}{\overset{\overset{H}{|}}{C}}-\underset{\underset{H}{|}}{\overset{\overset{H}{|}}{C}}-COONa = C_{15}H_{31}COONa.}$$

Da sich das Xanthogenat bzw. die Xanthogensäure aus der Kohlensäure ableitet, ist die entsprechende chemische Struktur etwas komplizierter. Ohne auf die Ableitung weiter einzugehen, sei mitgeteilt, daß die aktiven Gruppen des genannten Kaliumxanthats SK, S'' und COC sind. Taggart und ebenso Kellermann und Peetz haben nun nachgewiesen, daß in wäßriger Lösung mit einer in der Flotationspraxis üblichen Konzentration das Xanthat von Bleiglanzpulver adsorbiert wird. Taggart hat ferner festgestellt, daß diesem Vorgang eine Reaktion zugrunde liegt, bei der sich an der Oberfläche des Bleiglanzes unlösliches Bleixanthat bildet. Er konnte weiterhin feststellen, daß die

---

[1] Taggart, A. F., F. C. Taylor u. C. R. Ince: Experiments with flotation reagents. Techn. Publ. Nr. 204. Amer. Inst. Min. Met. Eng. **1929**, 1/75.

Bleiglanzoberfläche nach der Adsorption eine starke Verringerung ihrer Benetzbarkeit zeigt und dank dieser künstlich erzeugten hydrophoben Eigenschaft zur Anlagerung von Luft befähigt wird. Es ergab sich ein Randwinkelunterschied von 45°. Nach Untersuchungen von K. Kellermann und E. Bender[1] ist allerdings anzunehmen, daß die Flotationswirkung der Xanthogenate nicht ausschließlich an das Xanthogenatradikal gebunden ist, sondern auch gewisse Reaktionen der Hydrolysenprodukte der in wäßriger Lösung mehr oder weniger unbeständigen Xanthogenate sich in gleichem Sinne auswirken. In der normalen basischen Trübe dürften aber solche Reaktionen nur ganz untergeordnet mitspielen.

Die vollkommene Übereinstimmung zwischen dem kausalen Geschehen, wie es Taggart an diesem einfachen Beispiel der Sulfidflotation zeigt, und den an dem Beispiel der Flotation eines nichtsulfidischen Minerals erörterten Erscheinungen berechtigt zu dem Schluß, daß die an dem letzten Flotationsmodell entwickelten Gesetze von allgemeiner Geltung sind. Sie seien daher im folgenden noch einmal zusammenfassend wiedergegeben:

1. Die Wirkung der sogenannten Sammelreagenzien, auf denen letzten Endes das Aufschwimmen der Mineralien beruht, besteht darin, daß sie in selektiver Weise von den zu hebenden Mineralien adsorbiert werden. Nach dieser Adsorption sind die betreffenden Mineralien gleichsam von einer schlecht benetzbaren Hülle umgeben, wodurch das Anhaften von Luftblasen und damit die Flotation herbeigeführt wird.

2. Adsorption und die damit absichtlich bewirkte Verringerung der Benetzbarkeit werden bedingt durch den polar-nichtpolaren Charakter der Sammelreagenzien. Zu diesem Typ gehört die überwiegende Mehrheit der in der modernen Flotation benutzten Sammler. Die polare Gruppe, d. h. die chemisch-aktive Molekülgruppe, kettet das Molekül an die Mineralfläche, wobei der Molekülrest, eine mehr oder weniger lange Kohlenwasserstoffgruppe, nach außen gerichtet wird. Da die Kohlenwasserstoffe bekanntlich hydrophob sind, erhält das Mineral infolge dieser Orientierung der adsorbierten Moleküle eine schlecht benetzbare Haut. Die Mineraloberfläche ist nunmehr nichtpolar.

3. Die Adsorption ist irreversibel, also nicht physikalischer Art, sondern zeigt die spezifischen Merkmale chemischer Reaktionen. Nur solche Reagenzien werden adsorbiert, die mit dem Kation oder Anion des betreffenden Minerals eine Verbindung zu bilden vermögen, die gleich oder schwerer löslich als das betreffende Mineral ist. Außerdem muß die Bedingung erfüllt sein, daß die Lösungsgeschwindigkeit des Minerals kleiner ist als die Bildungsgeschwindigkeit des Reaktionsproduktes.

---

[1] Kolloid-Z. **52**, 240/43 (1930).

Zu dem Grundsatz 3 ist ergänzend zu bemerken, daß der unmittelbare Nachweis dieser bei der Adsorption entstehenden Verbindungen infolge der außerordentlich geringen Konzentrationen sehr schwierig ist. Anderseits bestätigen die gesetzmäßigen Veränderungen der Oberflächen der Mineralien einen solchen Chemismus der Adsorption in weitgehendem Maße.

Unter dem Gesichtspunkt der chemischen Adsorption stellt die Flotation ein Aufbereitungsverfahren dar, bei dem die mechanische Trennung verschiedener Mineralien auf Grund ihrer chemischen Eigenschaften geschieht. Damit steht der Flotation bei ihrer Trennungsarbeit die reiche Skala chemischer Affinitätsverhältnisse zur Verfügung, und hierauf beruht ihre Überlegenheit gegenüber den älteren mechanischen Verfahren, die meist nur an eine einzige physikalische Eigenschaft der zu trennenden Mineralien, wie spez. Gewicht oder Magnetisierbarkeit, gebunden sind. Der andere wichtige Fortschritt ist die Möglichkeit, feinkörnige Erze von nahezu kolloider Teilchengröße trennen zu können.

Aus diesen theoretischen Untersuchungen lassen sich noch weitere Schlußfolgerungen zur Umschreibung des Begriffes „Flotationsvermögen" ziehen. Dieser Begriff hat manche Wandlungen erfahren, die in geschichtlicher Hinsicht insofern von Bedeutung sind, als sie den jeweiligen Stand der Praxis und Theorie der Flotation wiedergeben. Die leichte Flotierbarkeit der sulfidischen Metallmineralien, die in auffälligem Gegensatz zu dem Verhalten der Gangart und anderer Mineralien stand, mußte zunächst zu einer Unterscheidung in flotierbare und nichtflotierbare Mineralien führen, wobei lediglich den Schwermetallsulfiden Flotationsvermögen zuerkannt wurde. Eine wissenschaftliche Stütze erhielt diese auf praktischer Erfahrung beruhende Unterscheidung, als nachgewiesen wurde, daß die flotierbaren Sulfide im Gegensatz zu den nichtflotierbaren Mineralien schlecht benetzbar sind. Damit war das Flotationsvermögen an eine bestimmte physikalische Eigenschaft der Mineralien geknüpft. Als diese Ordnung aber von der Praxis durchbrochen wurde, nahm man zu anderen Unterscheidungsmerkmalen Zuflucht. Aus der entwickelten Theorie, die den neuesten Stand der wissenschaftlichen Forschung darstellt, geht aber hervor, daß das Flotationsvermögen eine Eigenschaft ist, die bei Anwendung eines entsprechenden Sammlers allen Mineralien zukommt. Auf Grund der chemischen Gesetzmäßigkeiten der Adsorption muß es möglich sein, jede Mineraloberfläche mit nichtpolaren Molekülgruppen zu versehen, sei es, daß diese hydrophobe Hülle unmittelbar mit einem polar-nichtpolaren Reagenz oder mittelbar durch Zwischenschalten einer Adsorptionsschicht bewirkt wird, die ihrerseits den Sammler anlagert. Auf diese letzte Erscheinung soll später noch näher eingegangen werden.

Auf der Erzeugung einer nichtpolaren Oberfläche auf dem flotativ zu gewinnenden Mineral beruht die Verkettung dieses Minerals mit der Luft und damit das Wesen der Flotation. Dem Sammler fällt die wichtigste Aufgabe im Flotationsprozeß zu. Im Beispiel der Apatitflotation war es Natriumpalmitat, das diese Funktion erfüllte. Infolge seiner Oberflächenaktivität diente es aber gleichzeitig zur Erzeugung eines stabilen Schaumes. Die in der Sulfidflotation benutzten Xanthate haben indes diese Eigenschaft nicht. Sie sind, wie die meisten praktisch benutzten Reagenzien, reine Sammler, die ohne Verwendung eines besonderen Schäumers keinen Flotationsschaum ergeben. Es ist bereits gezeigt worden, daß auch die Schäumer einen polar-nichtpolaren Molekülaufbau haben und bei ihrer Adsorption in der Grenzschicht Luft-Wasser eine entsprechende Orientierung ihrer Moleküle zeigen. Im allgemeinen zieht man solche Schäumer vor, deren polare Gruppe eine stärkere Affinität zu Wasser als zu einem Mineral hat, da im anderen Falle das selektive Aufschwimmen beeinträchtigt werden kann. Über die flotative Wirkungsweise der organischen Reagenzien entscheidet also in erster Linie der chemische Charakter der polaren Gruppe und damit ganz allgemein die chemische Struktur.

VI. Über die Zusammenhänge zwischen chemischer Struktur der organischen Flotationsreagenzien und ihrer flotativen Wirkung.

In der organischen Chemie gelten folgende Leitsätze:

1. Die Eigenschaften der Kohlenstoffverbindungen sind in erster Linie durch die Art der in der Molekel enthaltenen charakteristischen Gruppen bestimmt.

2. Die Reaktionsfähigkeit einer charakteristischen Gruppe hängt ihrerseits in mehr oder minder starkem Maße von der Art der Molekel ab, an die die charakteristische Gruppe gebunden ist; insbesondere ist die Anwesenheit anderer charakteristischer Gruppen und ihre räumliche Lage zu der betrachteten charakteristischen Gruppe von Einfluß.

Die Kenntnis dieser reaktionsfähigen, d. h. der charakteristischen Atome und Atomgruppen und ihres chemischen Verhaltens unterrichtet damit über das Verhalten aller Stoffe, die die charakteristische Atomgruppe besitzen. Eine solche Gruppe ist beispielsweise die Karboxylgruppe, die in Verbindung mit Kohlenwasserstoffen die Fettsäuren bildet und deren Wasserstoffatom die Eigenschaften eines Säurewasserstoffatoms zeigt. Es kann also durch Alkali oder Metall ersetzt werden, wobei sich die entsprechenden fettsauren Salze bilden. Von dieser Eigenschaft wurde z. B. bei der Anlagerung von Natriumpalmitat an Apatit Gebrauch gemacht.

Die polaren Gruppen, die in der Flotation eine so bedeutende Rolle spielen, decken sich mit den charakteristischen Gruppen der organischen Chemie, so daß die oben genannten Leitsätze entsprechend auch für die flotativen Eigenschaften gelten. Kennt man daher das spezifisch flotative Verhalten dieser polaren Gruppe, sei es als Schaum- oder Sammelwirkung, so ist man in der Lage, die Flotationswirkung aller Stoffe, die solche Gruppen enthalten, aus ihrer Zusammensetzung, d. h. aus ihrer Strukturformel abzulesen. Praktisch ergibt sich also aus dieser Kenntnis die Möglichkeit, für einen bestimmten Flotationszweck ein geeignetes Molekül aufzubauen. Die flotative Aufgabe der nichtpolaren Kohlenwasserstoffgruppe ist immer dieselbe, nämlich die Bildung einer hydrophoben Oberfläche. Diese Eigenschaft folgt aus der bekannten chemischen Trägheit der Kohlenwasserstoffe und ihrer Unlöslichkeit in Wasser. Es sei in dieser Hinsicht nur auf die Homologen des Methans, die sogenannten Paraffinkohlenwasserstoffe, hingewiesen.

Wenn auch in den polar-nichtpolaren Verbindungen die Kohlenwasserstoffe an den chemischen Reaktionen nicht unmittelbar beteiligt sind, so beeinflußt dennoch die Länge der Kohlenwasserstoffkette oder, ganz allgemein gesagt, die Anzahl der in ihr enthaltenen Kohlenstoffatome die Stärke der Reaktionsfähigkeit der polaren Gruppe.

Welches sind nun die charakteristischen Gruppen, die in der Flotation eine Rolle spielen? Diese Frage beantwortet die bereits erwähnte Arbeit von Taggart. Dieser Forscher hat eine umfangreiche statistische Untersuchung über das flotative Verhalten von organischen Reagenzien angestellt. Allerdings beziehen sich diese Untersuchungen ausschließlich auf das Verhalten gegenüber sulfidischen Mineralien — eine Einschränkung, die in theoretischer Hinsicht zu beachten ist, aber der praktischen Bedeutung dieser Untersuchung keinen Abbruch tut, da die Mehrzahl der flotierten Mineralien zu den Sulfiden gehört.

a) Sammelreagenzien.

Nach Taggart sind die Sammler durch eine polare Gruppe gekennzeichnet, an deren Zusammensetzung vor allem zweiwertiger Schwefel oder dreiwertiger Stickstoff beteiligt sind. Die wirksamsten Gruppen sind S-H oder SM (M = Metall), während die Verbindung S-R (R = Kohlenwasserstoff) weniger stark als Sammler wirkt. Von den stickstoffhaltigen Verbindungen stehen an erster Stelle die Amine, gekennzeichnet durch die Gruppen NH_2, NH und N und die Diazoverbindungen, d. h. Verbindungen, die die zweiwertige Gruppe — N_2 — an Kohlenstoff gebunden enthalten. Zur wirksamen Entfaltung ihrer Sammelfunktion müssen die Reagenzien eine gewisse Löslichkeit haben, damit sie sich schnell in der Trübe verteilen und auf die Sulfidteilchen stürzen können. Die Löslichkeit der organischen Reagenzien wird, wie bereits mitgeteilt wurde, außer von dem Charakter der polaren Gruppe, vor allem noch durch die Länge der an dieser sitzenden Kohlenwasserstoffkette bestimmt, mit deren wachsender Größe die Löslichkeit abnimmt. Taggart hat nun in dieser Beziehung gefunden, daß die Sammelreagenzien in ihrer nichtpolaren Gruppe bis zu 8 Kohlenstoffatomen aufweisen dürfen, und daß die Löslichkeit bei etwa 200 bis 300 mg/l liegt.

Als Beispiele solcher Sammelreagenzien mögen einige Stoffe angeführt sein, die heute in der praktischen Flotation eine vorherrschende Rolle spielen. Das Kaliumxanthat war bereits verschiedentlich genannt. Seine Strukturformel hat folgendes Bild:

$$S = C \begin{matrix} \diagup OC_2H_5 \\ \diagdown S\text{---}K \end{matrix} \quad \text{bzw.} \quad C_2H_5O \cdot CS \cdot SK$$

Kaliumäthylxanthat.

Im allgemeinen Sprachgebrauch der Flotation wird unter Kaliumxanthat das Kaliumsalz der Äthylxanthogensäure $C_2H_5O \cdot CS \cdot SH$ gemeint. Der zweiwertige Schwefel in den wirksamen Gruppen verleiht diesem Reagenz seine sammelnde Wirkung. Bei seiner Herstellung geht man von Äthylalkohol aus. In neuerer Zeit hat man jedoch festgestellt, daß die Xanthate der höheren einwertigen Alkohole, vor allem des im Fuselöl vorkommenden Butylalkohols und des Amylalkohols in besonderen Fällen, dem Äthylxanthat überlegen sind. Der strukturelle Unterschied besteht lediglich in einer Verstärkung der Kohlenwasserstoffgruppe, wie aus folgender Gegenüberstellung hervorgeht:

$C_2H_5O \cdot CS \cdot SK =$ Äthylxanthat,
$C_4H_9O \cdot CS \cdot SK =$ Butylxanthat,
$C_5H_{11}O \cdot CS \cdot SK =$ Amylxanthat.

Bei der Untersuchung über die Wirkungsweise verschiedener Xanthate bei Kupferkieserzen fanden F. Prockat und E. Badescu[1], daß unter gleichen Versuchsbedingungen bei Zugabe von gleichen molaren Xanthatmengen das Kalium-Amyl- und das Kalium-Butyl-Xanthat ein höheres Kupferausbringen — allerdings bei geringerem Reinheitsgrad der Konzentrate — ergibt als bei Verwendung von Kalium-Äthylxanthat.

Im Thiocarbanilid, das zusammen mit Orthotoluidin in dem bekannten Handelsreagenz T-T enthalten ist, ist ebenfalls zweiwertiger Schwefel und außerdem dreiwertiger Stickstoff wirksam. Seine Strukturformel sieht folgendermaßen aus:

$$S = C \begin{matrix} \diagup N \diagup^{C_6H_5}_{H} \\ \diagdown N \diagdown_{C_6H_5}^{H} \end{matrix} \quad \text{bzw.} \quad C_6H_5 \cdot NH \cdot CS \cdot NH \cdot C_6H_5$$

Thiocarbanilid.

---
[1] Kohle Erz **27**, 625/8 (1930).

Während das Gerüst der Kohlenwasserstoffgruppe der Xanthate aus kettenartig aneinandergebundenen Kohlenstoffatomen besteht, weisen die C_6H_5-Gruppen des Thiocarbanilids auf ringförmig gebundene Kohlenstoffatome hin. Es folgt daraus, daß es für die Sammelwirkung gleichgültig ist, ob die Kohlenwasserstoffgruppen eine aliphatische oder eine zyklische Verbindung darstellen.

Das andere Reagenz der T-T-Mischung, das Orthotoluidin, das etwa 90% dieses Handelsproduktes ausmacht, besitzt in seiner polaren Gruppe nur dreiwertigen Stickstoff. Seine Formel lautet $CH_3 \cdot C_6H_4 \cdot NH_2$ und leitet sich aus der Strukturformel des Benzols ab, indem ein Wasserstoffatom des Benzolkerns durch die einwertige Aminogruppe NH_2 und ein anderes Wasserstoffatom durch den Kohlenwasserstoffrest CH_3 ersetzt wird. Die nachfolgenden Verbindungsgerüste veranschaulichen diese Ableitung:

$$\begin{array}{cc} \text{Benzol.} & \text{Orthotoluidin.} \end{array}$$

Das Orthotoluidin leitet bereits zu den Schäumern über, da die NH_2-Gruppe nicht nur eine gewisse Affinität zu der Mineralverbindung, sondern auch zum Wasser aufweist.

b) Schäumer.

Die schaumerzeugenden Reagenzien sind durch polare Gruppen gekennzeichnet, die fast ausnahmslos Sauerstoff enthalten. Es sind dies vor allem die Hydroxylgruppe OH, das Karboxyl COOH, ferner CO oder COO bzw. COOR (wo R wiederum Alkyl bedeutet). An dieser sauerstoffhaltigen Gruppe hängt wiederum eine nichtpolare Kohlenwasserstoffgruppe, die mindestens 6 eigene Kohlenstoffatome enthalten soll. Die oben genannten polaren Gruppen sind alle durch eine ausgeprägte Affinität zu Wasser gekennzeichnet und vermöge dieser Eigenschaft wird, wie bereits ausgeführt wurde, in wäßriger Lösung das betreffende Schaumreagenz an der Grenze Luft-Wasser so orientiert, daß die nichtpolaren Gruppen, also die Kohlenwasserstoffe, zur Luft zeigen. Die Kohlenwasserstoffe ihrerseits haben eine wesentlich geringere Oberflächenspannung als Wasser, woraus folgt, daß die Oberflächenspannung der wäßrigen Lösung um so geringer ist, je mehr Moleküle der oberflächenaktiven Stoffe die Grenzschicht Luft-Wasser besetzen, und daß bei vollkommener Besetzung sich dieser Wert der Oberflächenspannung des Reagenzes nähern muß. Die Oberflächenspannung einer wäßrigen Lösung hängt also von der Konzentration des oberflächenaktiven Stoffes und von dessen eigener Oberflächenspannung ab. Eine bemerkenswerte Gesetzmäßigkeit für die Beeinflussung der Oberflächenspannung liegt darin, daß die Erniedrigung bei gleicher Konzentration um so größer ist, je mehr Kohlenwasserstoffe in der nichtpolaren Molekelgruppe des oberflächenaktiven Reagenzes enthalten sind. Dieser Zusammenhang wurde von J. Traube für die Fettsäuren im Jahre 1891 festgestellt und ist als Traubesche Regel bezeichnet worden.

Die Schaumbildungsfähigkeit der Reagenzien hängt nun unmittelbar von ihrer Oberflächenaktivität ab, also von der Fähigkeit, sich in der Grenzschicht Luft-Wasser zu konzentrieren und die sogenannte Gibbsche Schicht zu bilden. Die Schaumdauer erreicht ihr Maximum bei einer solchen Konzentration des Schäumers, bei der die Differenz der Konzentration des Schäumers in der Grenzschicht und in der Trübe möglichst groß ist. Das optimale Konzentrationsgebiet liegt daher im Bereich des Steilastes der Oberflächenspannungs-Konzentrationskurven, da in diesem Teil das Konzentrationsgefälle am größten ist. Praktisch bedeutet diese Feststellung, daß nur ganz geringe Mengen zur Erzielung eines guten Schaumes genügen. Die Schaumbildungsfähigkeit, worunter in Anlehnung an Bartsch[1] die Schaumdauer bei optimaler Konzentration verstanden sein soll, hängt aber nicht von der Oberflächenaktivität ab, sondern auch noch von der Löslichkeit, der Dispersität und Viskosität der Schaummittel. Je löslicher und je feiner die Dispersität ist, um so beweglicher sind natürlich die Moleküle und um so schneller kommt daher die oberflächenaktive Wirkung zur Entfaltung. Da in den homologen Reihen zwar die Oberflächenaktivität zunimmt, dagegen die Löslichkeit und Dispersität abnimmt, so ist verständlich, wie Bartsch experimentell bestätigt hat, daß die Schaumbildungsfähigkeit mit wachsender Zahl der Kohlenstoffatome zunächst zunimmt, dann aber bei mittleren Gliedern ein Maximum zeigt und schließlich bei den höheren Gliedern wieder kleiner wird.

Wird zu der Lösung eines Schaumbildners ein zweiter hinzugefügt, so hängt die Änderung wesentlich von den Löslichkeitsverhältnissen ab. Wie Bartsch festgestellt hat, addieren sich die schaumbildenden Eigenschaften nur dann, wenn die Löslichkeit des einen Schaumbildners durch die Gegenwart des anderen erhöht wird. Im entgegengesetzten Falle wird die Schaumdauer erniedrigt.

Bei der Untersuchung des Einflusses von Elektrolyten beobachtete Bartsch, daß die Hydroxylionen eine Verkleinerung der Schaumblase

---
[1] Über Schaumsysteme. Beitrag zur Theorie des Schaumschwimmverfahrens. Kolloidchem. Beih. 20, 50/77 (1925).

bei gleichzeitiger Erhöhung der Beständigkeit der Schaumsysteme hervorrufen. Im Gegensatz zu dieser peptisierenden Wirkung üben die Kationen einen ihrer Wertigkeit entsprechenden flockenden Einfluß aus. Es besteht also eine gewisse Ähnlichkeit mit negativ geladenen lyophoben Solen. Diese Ähnlichkeit wird noch dadurch verstärkt, daß genau wie bei lyophoben Solen auch bei den Schaumsystemen die Möglichkeit besteht, durch Schutzkolloide den flockenden Einfluß der Elektrolyte auszuschalten. Ganz allgemein berechtigen daher die aufschlußreichen Untersuchungen von Bartsch zu dem Schluß, daß die dispersen Systeme gasförmig-flüssig in weitgehendem Maße den auf dem Gebiete der Dispersoidchemie geltenden Gesetzmäßigkeiten unterworfen sind.

c) Reagenzien mit gleichzeitiger Schaum- und Sammelwirkung.

Diese Klasse organischer Reagenzien ist dadurch ausgezeichnet, daß die aktive Gruppe sowohl zum Wasser als auch zu dem zu hebenden Mineral eine gewisse Affinität aufweist. Im Natriumpalmitat, das sich zur Flotation verschiedener Erdalkalimineralien eignet, lag bereits ein solches Reagenz vor. Hier war es die COONa-Gruppe, die beide Eigenschaften in sich vereinigte. In der Sulfidflotation ist es vor allem die NH_2-Gruppe, die sowohl zur Reaktion mit der Mineraloberfläche befähigt ist, als auch über eine wenn auch nicht stark ausgeprägte Affinität zu Wasser verfügt. Als Beispiel sei das Alphanaphthylamin genannt, das unter der Handelsbezeichnung X-cake vor einigen Jahren als kombinierter Sammler und Schäumer viel benutzt wurde und das die Formel $C_{10}H_7NH_2$ besitzt.

Es ist aber nicht unbedingt notwendig, daß eine Gruppe beide Funktionen ausübt. So kann auch einem nichtschäumenden Sammler dadurch Schaumbildungsfähigkeit verliehen werden, daß ihm neben der Sammelgruppe eine ausgesprochene Schäumergruppe einverleibt wird. Dieser Fall dürfte bei dem bekannten Aerofloat und dem wahrscheinlich ähnlich zusammengesetzten Phosokresol der I.G. Farben vorliegen.

d) Organische Reagenzien mit drückender Wirkung.

Unter drückender Wirkung versteht man ganz allgemein die Erscheinung, daß an sich flotierbare Mineralien durch Behandlung mit bestimmten Reagenzien ihr Schwimmvermögen verlieren. Von dieser Wirkung macht man vor allem in der differentiellen Flotation Gebrauch, allerdings benutzt man praktisch fast ausschließlich anorganische Reagenzien, worauf später noch näher eingegangen wird. Von besonderem theoretischen Interesse gerade im Hinblick auf die flotative Bedeutung der chemischen Struktur ist jedoch die Tatsache, daß auch organische Reagenzien eine drückende Wirkung ausüben können. Dieser Fall ist dann gegeben, wenn das organische Reagenz zwei oder mehrere aktive Gruppen besitzt, die bei der Anlagerung des Moleküls als hydrophile Gruppe nach außen gerichtet sind. Damit bleibt also die polare Oberfläche des Minerals auch nach der Adsorption polar und zeigt keine Neigung, sich mit Luftblasen zu verketten. Von ausschlaggebender Bedeutung für die drückende Wirkung ist aber neben dem chemischen Charakter der polaren Gruppen noch ihre Stellung im Verbindungsgerüst der betreffenden organischen Molekel, was am Beispiel des Nitranilins erläutert sein möge. Dieser Stoff leitet sich aus dem Benzol in der Weise ab, daß ein Wasserstoffatom des Benzolringes durch die Gruppe NH_2 und ein anderes Wasserstoffatom durch die Gruppe NO_2 ersetzt wird, so daß die chemische Formel $NO_2 \cdot C_6H_4 \cdot NH_2$ lautet. Nach der Stellung der aktiven Gruppen im Benzolring hat man drei Isomere zu unterscheiden, wie die nachstehenden Strukturbilder zeigen:

Ortho-Nitralin.   Meta-Nitralin.   Para-Nitralin.

Trotz der gleichen chemischen Zusammensetzung verhalten sich diese Stoffe in flotativer Hinsicht vollkommen verschieden. Das Ortho-Nitralin ist sowohl Schäumer als auch Sammler, das Meta-Nitralin dagegen nur Sammler, während das Para-Nitralin eine drückende Wirkung ausübt.

Organische Reagenzien, die kolloide Lösungen bilden, gehören ausnahmslos in die Klasse der drückenden Mittel. Ferner beeinträchtigt das Vorhandensein der Gruppen SO_3H, SO_3M, SO_3R und der Halogene in organischen Verbindungen die sammelnde Wirkung.

VII. Der Einfluß anorganischer Bestandteile der Trübe auf den Flotationsvorgang.

Die flotative Wirkungsweise der Sammler und Schäumer und die Beziehungen ihrer chemischen Struktur zur flotativen Funktion ist heute in befriedigendem Maße geklärt. Weniger weit ist die Forschung bei der Untersuchung jener Wirkungen vorgedrungen, die von den mannigfachen anorganischen Bestandteilen der Flotationstrübe, sei es in gelöster oder hochdisperser Form, ausgehen. Daß diese Einflüsse von ausschlaggebender Bedeutung sind, zeigt die häufig gemachte Beobachtung, daß Versuche mit reinen Mineralien nicht ohne weiteres bei natürlichen Erzen die gleichen flotativen Ergebnisse liefern. Auch die Tatsache, daß gleichartige Erze verschiedener Herkunft eine verschiedene flotative Behandlung verlangen, spricht für Einwirkungen, die auf die verschiedenartige komplexe Natur der Trübe zurückzuführen sind. Dem Sammler fällt die wichtigste Aufgabe in der Flotation zu, die, wie eingehend erörtert worden ist, darin besteht, daß er die zu flotierenden Mineralkörner mit einer neuen hydrophoben Oberfläche versieht. Der Anlagerung selbst liegen subtile Oberflächenreaktionen zugrunde, die weitgehend von chemischen Gesetzmäßigkeiten beherrscht werden. Damit also ein Sammler seine Funktion ausüben kann, muß die Oberfläche des zu hebenden Minerals reaktionsfähig sein, wie es beispielsweise die reinen Sulfidmineralien sind. Sind aber die Oberflächen durch andere Einflüsse der Trübe bereits chemisch oder mechanisch verändert, so kann der Fall eintreten, daß die betreffenden Mineralien ihre Reaktionsfähigkeit mit dem organischen Sammler und damit ihr Flotationsvermögen einbüßen.

a) Flotationsgifte und Gegengifte.

Solche Änderungen der Oberfläche können durch lösliche Salze, die aus dem Erz stammen oder bereits in dem benutzten Wasser vorhanden sind, hervorgerufen werden. In den meisten Fällen handelt es sich um Ferro- und Ferrisulfat, Mangansulfat, Aluminiumsulfat, Natriumsulfat, Chloride, Kalzium- und Magnesiumsalze. Der flotative Einfluß dieser gelösten Bestandteile äußert sich in mannigfacher Weise. So hat Hahn[1] beispielsweise festgestellt, daß bei der Kupferflotation der Utah-Copper-Co. Ferro-, Ferri- und Aluminiumsulfate selbst in ganz geringen Mengen das Kupferausbringen erniedrigen. In theoretischer Hinsicht sind die Einflüsse solcher Verunreinigungen der Trübe noch größtenteils ungeklärt. Infolge ihrer flotationshemmenden Wirkung faßt man sie häufig unter der Bezeichnung „Flotationsgifte" zusammen. In der Praxis hat man die Erfahrung gemacht, daß Kalkzusätze den nachteiligen Einfluß dieser Gifte aufheben. Es ist anzunehmen, daß die wasserlöslichen Salze durch Kalk ausgefällt und damit ihre schädliche Wirkung verlieren. Reagenzien, die diesen Zwecken dienen, bezeichnet man daher sinngemäß als Gegengifte.

Die Tatsache, daß anorganische Reagenzien das Schwimmvermögen der Mineralien verändern, wird bei der unterschiedlichen Schwimmaufbereitung benutzt, um verschiedene Mineralien mit ursprünglich

---
[1] Obviating the harmfull effect of soluble salts in flotation. Engg. Min. Journ. **123**, 449 (1927).

gleichem Schwimmvermögen in ihrem flotativen Verhalten so zu differenzieren, daß sie sich voneinander trennen lassen. Je nach der beabsichtigten Wirkung unterscheidet man:

drückende Reagenzien, die das Flotationsvermögen eines oder mehrerer Mineralien aufheben, und

belebende Reagenzien, die das Schwimmvermögen in positivem Sinne beeinflussen.

Diese Reagenzien haben also die Bedeutung, daß sie gewissermaßen die Schwimmverhältnisse in der Trübe im Sinne einer beabsichtigten Trennung regeln. Dieser Funktion entsprechend sollen sie als „Regler" bezeichnet werden. Da auch von den in der Trübe vorhandenen Wasserstoff- bzw. Hydroxylionen regelnde Wirkungen ausgehen, soll der Einfluß der Wasserstoffionenkonzentration der Flotationstrübe in diesem Zusammenhange mitbehandelt werden.

b) Die Wirkungsweise der drückenden Reagenzien.

Das bekannteste Beispiel einer sortenweisen Flotation ist die Trennung von komplexen Blei-Zinkerzen, und es ist verständlich, daß fast alle theoretischen Untersuchungen sich auf dieses Verfahren beziehen. Das übliche Verfahren beruht darauf, daß durch Zugabe von Alkalicyanid (NaCN oder KCN) zur Flotationstrübe die Zinkblende in dem Maße ihr Schwimmvermögen verliert, daß vorzugsweise der Bleiglanz flotiert. Zur Unterstützung der drückenden Wirkung des Cyanids wird häufig noch Zinksulfat zugegeben.

Nach Untersuchungen von C. R. Ince[1] wird das Alkalicyanid in wäßriger Lösung von Zinkblende adsorbiert. Auch hierbei dürfte es sich nicht um eine einfache Anlagerung handeln, sondern um eine chemische Reaktion, bei der sich auf der Zinkoberfläche, wahrscheinlich durch Ionenaustausch, eine Schicht von schwerlöslichem Zinkcyanid bildet. Dieser schwerlösliche Überzug verhindert die Anlagerung des Sammelreagenzes, beispielsweise des Xanthates, und damit die Flotation der Zinkblende. Diese Auffassung wird vor allem durch die Arbeiten von E. L. Tucker, F. Gates und E. Head[2] wahrscheinlich gemacht, denen es gelungen ist, auf Zinkblendestücken mikroskopisch sichtbare Überzüge von Zinkcyanid zu erzeugen.

Interessante Versuche über Benetzungsphänomene an Zinkblende und Bleiglanz haben E. Berl und B. Schmitt[3] ausgeführt, wobei sie die Benetzung dieser Mineralien durch Benzol und Wasser untersuchten. Wird in einem Reagenzglas beispielsweise Zinkblendepulver mit Benzol und Wasser geschüttelt, so geht die Zinkblende in die Benzolphase.

---

[1] Trans. Amer. Inst. Min. Met. Eng. Milling Methods 1930, 260/284.
[2] Trans. Amer. Inst. Min. Met. Eng. 73, 354/80 (1926).
[3] Kolloid-Z. 52, 333/41 (1930).

Es bildet sich ein flockenartiges, aus Benzol und Zinkblende bestehendes Sediment. Dieselbe Erscheinung tritt auch bei Bleiglanz ein. Diesem Vorgang liegt die Ursache zugrunde, daß sich feste Körper bei Vorhandensein von mehreren flüssigen Phasen (hier Benzol und Wasser) immer in der Phase sammeln, von der sie am stärksten benetzt werden. Es handelt sich bei diesen Versuchen von Berl um Benetzungsphänomene, die rein physikalischer Natur sind.

Bei Zugabe von Alkalicyanid zu der aus Zinkblende, Benzol und Wasser bestehenden Trübe stellte Berl fest, daß das Benzol aus der Zinkblende verdrängt wird und sich ganz in der wäßrigen Phase sammelt. Die Zinkblende zeigt also nunmehr hydrophiles Verhalten, während die ursprüngliche Sammlung im Benzol auf eine gewisse natürliche Hydrophobie schließen ließ. Daraus folgt Berl, daß die Zinkblende durch die Zugabe von Alkalicyanid einen hydrophilen Überzug erhalten hat und nimmt folgende Reaktionen an. Zunächst soll sich auf der Zinkblendeoberfläche das wasserunlösliche Zinkcyanid bilden: $Zn^{..} + 2(CN)'$ $= Zn(CN)_2$, das sich jedoch, falls Alkalicyanid im Überschuß vorhanden ist, zum wasserlöslichen und deshalb hydrophilen Komplexsalz aufgelöst: $Zn(CN)_2 + 2\,Alk\,CN = Alk_2\,Zn(CN)_4$. Da die Verdrängung des Benzols erst bei so hohen Konzentrationen von Alkalicyanid eintritt, bei der die Bildung des Komplexsalzes wahrscheinlicher ist als die des schwerlöslichen Zinkcyanids, so nimmt Berl an, daß sich an der Zinkblendeoberfläche ein hydrophiler Überzug von leichtlöslichem komplexen Zinkcyanid bildet. Zur experimentellen Stützung dieser Annahme zeigt Berl, daß die mit Cyanid gedrückte Zinkblende durch Zugabe von Zinksulfat wieder belebt werden kann, d. h. nach Zugabe von Zinksulfat geht die vorher mit Alkalicyanid gedrückte Zinkblende wieder in die Benzolphase. Sie wird also wieder hydrophob. Die oben genannte Reaktionsfolge verläuft nunmehr in gewissem Sinne rückläufig, indem sich aus dem Komplexsalz das einfache schwerlösliche Cyanid zurückbildet. Da in diesem Zustande die Zinkblende wieder mit Benzol zusammenflockt, so folgert Berl, daß die drückende Wirkung des Alkalicyanids nicht auf der Bildung eines Überzuges aus schwerlöslichem Zinkcyanid, sondern einer Adsorptionsschicht von leichtlöslichem komplexen Zinkcyanid beruht. Es bleibt aber unverständlich, aus welchem Grunde der leichtlösliche Überzug an der Zinkblende haften soll und nicht in Lösung geht. Eine andere Deutung der beobachteten Erscheinungen, die ohne einen solchen Überzug auskommt, dürfte den Vorgang besser erfassen.

Bei den Versuchen von Berl und Schmitt handelt es sich um Verdrängungsphänomene. Bei diesen physikalischen Vorgängen wird in Berührung mit einem festen Körper immer diejenige flüssige Phase verdrängt, gegenüber der der feste Körper eine geringere Benetzbar-

Die Wirkungsweise der drückenden Reagenzien. 53

keit aufweist. Bei reiner Zinkblende, Benzol und Wasser besitzt das Benzol das größere Benetzungsvermögen für Zinkblende und verdrängt daher das Wasser. Bei Zugabe von Cyanid steht im Kampfe um die Zinkblende das Benzol nicht mehr im Wettbewerb mit Wasser, sondern mit einer wäßrigen Alkalicyanidlösung, von deren Benetzungsvermögen für Zinkblende der Vorgang nunmehr abhängt. Da eine stärkere Alkalicyanidlösung ein gewisses Lösungsvermögen für Zinkblende besitzt — es sei nur auf das schädliche Verhalten von Zinkblende bei der Cyanlaugerei hingewiesen — so ist zu folgern, daß die Cyanidlösung durch ein starkes Benetzungsvermögen für Zinkblende ausgezeichnet ist. Wie die Versuche zeigen, ist dieses Benetzungsvermögen größer als das des Benzols. Auch die Erscheinung, daß durch Zinksulfat die gedrückte Zinkblende wieder belebt wird, und andere ähnliche Versuchsergebnisse von Berl lassen sich reibungslos dieser Erklärung einordnen. Der Zinksulfatzusatz führt durch Ausfällung von schwerlöslichem Zinkcyanid zu einer Konzentrationsverringerung der Cyanidlösung, die bei genügend großer Zusatzmenge zu einer vollkommenen Abbindung der Cyanidionen führen kann, d. h. das Benzol steht schließlich wieder in Wettbewerb mit Wasser.

Es wäre aber verfehlt, wenn man die Versuchsergebnisse von Berl als allgemeingültig auf die Vorgänge der praktischen differentiellen Flotation übertragen wollte. Der grundlegende Unterschied zwischen dem Versuch Berls und dem praktischen Trennungsverfahren für komplexe Blei-Zinkerze liegt darin, daß letztere im Gegensatz zu Benzol chemisch reagierende Sammler, wie beispielsweise Xanthate benutzen. Bei der Verwendung von Benzol handelt es sich um rein **physikalische Benetzungs- und Verdrängungserscheinungen**, dagegen bei der differentiellen Flotation um solche Vorgänge, bei denen die Oberflächen der Mineralien durch **chemische Reaktionen** verändert werden. Der Versuch von Berl läßt diesen Unterschied um so mehr hervortreten, wenn man statt Benzol größere Mengen von Xanthat zu Wasser und Zinkblende zusetzt.

Die Verfasser haben solche Versuche ausgeführt und folgende Ergebnisse erhalten:

1. Butylxanthat + Wasser + Zinkblendepulver.

Das Zinkblendepulver koaguliert, und es bilden sich flockenartige Granula. Es liegt also eine gewisse Übereinstimmung mit dem Berlschen Versuch vor, bei dem statt Xanthat Benzol zugesetzt wurde.

2. Zu dem unter 1. genannten System wurde Kaliumcyanid zugegeben. Der Erfolg war der, daß die Flockung der Zinkblende sofort vernichtet wurde und die Zinkblende wieder ein pulverförmiges, hydrophiles Sediment bildete. Im Gegensatz zu dem Versuch Berls trat diese drückende Wirkung des Cyanids aber bereits bei einer Konzen-

tration ein, die nur einen Bruchteil der von Berl benutzten Menge ausmachte. Durch größere Zusätze von Cyanid blieb die drückende Wirkung bestehen.

3. Wurde zu dem System: Butylxanthat + Wasser + Zinkblendepulver + Kaliumcyanid noch Zinksulfat zugegeben, blieb die Zinkblende nach wie vor gedrückt.

Das Verhalten des Zinksulfates in dem genannten System steht in voller Übereinstimmung mit der praktischen Erfahrung, nach der ein Zusatz von Zinksulfat die drückende Wirkung des Cyanids unterstützen soll. Anderseits steht diese Beobachtung in unmittelbarem Gegensatz zu dem Verhalten des Zinksulfates bei den Versuchen Berls, bei denen ein solcher Zusatz eine belebende Wirkung ausübte. Dieser Unterschied ist aber geeignet, das grundsätzlich Verschiedene in den beiden untersuchten Systemen klar zu machen.

Die Tatsache, daß bei Verwendung von Xanthat schon eine ganz geringe Menge Cyanid die Zinkblende drückt, macht zunächst die Annahme unwahrscheinlich, daß sich auf der Zinkblende ein Überzug von leichtlöslichem komplexen Zinkcyanid bildet, da zur Entstehung dieser Verbindung größere Mengen Cyanid erforderlich sind. Die Möglichkeit einer solchen Annahme wird vollends durch die Feststellung ausgeschaltet, daß der Zusatz von Zinksulfat keine belebende Wirkung ausübt. Wenn sich nämlich wirklich das Komplexsalz gebildet hätte, so würde es durch die Zugabe von Zinksulfat in das einfache Cyanid überführt. Die Bildung von Zinkcyanid, die bei den Versuchen Berls mit einer Wiederbelebung der Zinkblende verbunden war, ist dagegen bei Verwendung von Xanthat gerade die Ursache der drückenden Wirkung. Es scheint sich also für den letzteren Fall die Annahme zu bestätigen, daß die Zinkblende einen schwer löslichen Überzug von Zinkcyanid erhält, der eine Anlagerung von Xanthat, d. h. eine oberflächliche Bildung von Zinkxanthat ausschließt. Diese Annahme wird durch den großen Löslichkeitsunterschied des sehr schwer löslichen Zinkcyanids und des verhältnismäßig leicht löslichen Zinkxanthats, das unter allen Metallxanthaten am löslichsten ist, weitgehend gerechtfertigt.

Wenn somit die drückende Wirkung des Alkalicyanidzusatzes auf die Bildung von Zinkcyanid zurückzuführen ist, so müßte diese Wirkung durch größere Zusätze, bei denen der Überzug von Zinkcyanid zu dem Komplexsalz aufgelöst wird, wieder aufgehoben werden. Nun wurde aber gezeigt, daß selbst bei so großen Zugaben von Alkalicyanid die Zinkblende gedrückt bleibt, bei denen das Zinkcyanid nicht beständig sein kann. Nach unserer bisherigen Vorstellung wäre also die Zinkblendeoberfläche wieder zur Anlagerung von Xanthat in Form eines Zinkxanthatüberzugs und damit zur Flockenbildung bzw. zur

Flotation befähigt. Nun läßt sich aber nachweisen, daß Zinkxanthat in einer wäßrigen Lösung von Alkalicyanid vollkommen löslich ist. Es ergeben sich also zwei Ursachen für die drückende Wirkung des Cyanids, die Bildung von sehr schwerlöslichem Zinkcyanid auf der Zinkblendeoberfläche und die leichte Löslichkeit des Zinkxanthats in wäßriger Cyanidlösung. Diese doppelte Wirkung macht es verständlich, daß die Zinkblende sowohl bei sehr geringen als auch größeren Zusatzmengen von Alkalicyanid gedrückt wird. Die Möglichkeit, diese Verhältnisse zur Abtrennung der Zinkblende von Bleiglanz zu benutzen, liegt darin, daß der Bleiglanz infolge seiner Schwerlöslichkeit keinen Überzug von Bleicyanid erhalten kann und daß ferner das Bleixanthat in wäßriger Alkalicyanidlösung unlöslich ist.

Die Löslichkeit des Zinkblendexanthats in wäßriger Alkalicyanidlösung gibt zugleich die Erklärung für die bekannte Tatsache aus der Praxis, daß die drückende Wirkung des Cyanids unabhängig davon eintritt, ob es vor oder nach der Zugabe von Xanthat oder gleichzeitig mit diesem Sammler zugesetzt wird.

Zu einer wesentlich anderen Vorstellung gelangt Gaudin[1] auf Grund von Untersuchungen mit reiner Zinkblende, Äthylxanthat und Cyanid. Aus seinen Versuchen, die hier im einzelnen nicht wiedergegeben werden können, zieht Gaudin folgende Schlußfolgerungen: Reine Zinkblende läßt sich nur dann mit Äthylxanthat flotieren, wenn sie durch geringe Verunreinigungen mit Kupferionen aktiviert ist. Da die natürliche Mineralvergesellschaftung fast stets dazu führt, daß Zinkblende etwas Kupfer an der Oberfläche angelagert hat, so ist die natürliche Zinkblende meist aktiviert und zeigt ein gewisses Schwimmvermögen. Durch die Zugabe von Cyanid zur Flotationstrübe wird nach der Vorstellung Gaudins das auf der Zinkblendeoberfläche durch Ionenaustausch gebildete Kupfersulfid gelöst und die ursprünglich nicht schwimmfähige Zinkblende freigelegt. Auf diese Weise erklärt Gaudin die drückende Wirkung des Cyanids. Es ist sicherlich nicht von der Hand zu weisen, daß solche Wirkungen mitspielen. Überhaupt lassen die Untersuchungen über die Wirkungsweise des Cyanids erkennen, wie außerordentlich schwierig es ist, die Vorgänge im Flotationsprozeß auf einfache allgemein gültige Gesetzmäßigkeiten zurückzuführen. Immerhin dürfte jedoch, wenn auch die subtilen Oberflächenreaktionen nur mittelbar zu erfassen sind, die Bedeutung der Löslichkeitsverhältnisse der miteinander in Berührung stehenden Stoffe und der Reaktionsprodukte für den Ablauf der Vorgänge grundlegend sein.

Für diese Vorstellung spricht auch die Tatsache, daß die andern bekannten drückenden Mittel durch die Fähigkeit ausgezeichnet sind,

---

[1] Trans. Amer. Inst. Min. Met. Eng. Milling Methods **1930**, 417/28.

mit Metallionen schwerlösliche Verbindungen einzugehen. So ist z. B. bekannt, daß sich Bleiglanz durch Chromate und Phosphate drücken läßt. Für die entsprechenden Bleiverbindungen werden im Schrifttum folgende Löslichkeitswerte angegeben:

$$\begin{aligned}\text{Bleisulfid} &= 1{,}21\cdot 10^{-6}\ \text{Mol/l}\\ \text{Bleichromat} &= 0{,}4\ \cdot 10^{-6}\ \text{,,}\\ \text{Bleiphosphat} &= 0{,}13\cdot 10^{-6}\ \text{,,}\end{aligned}$$

Eine Anlagerung von Xanthat an Bleiglanzkörnern mit solchen schwerlöslichen Überzügen erscheint daher nicht möglich und damit erklärt sich die Unterdrückung des Schwimmvermögens.

Ähnliche Gesetzmäßigkeiten spielen bei dem drückenden Einfluß alkalischer Zusätze eine Rolle, wie weiter unten im Zusammenhang mit einer Darstellung der Bedeutung der Wasserstoffionenkonzentration für die Flotation ausgeführt werden soll. Auch bei der Wirkungsweise belebender Mittel sind die ursächlichen Beziehungen zu Löslichkeitsverhältnissen unverkennbar.

c) Die Wirkungsweise der belebenden Schwimmittel.

Unter den Metallsulfiden ist die Zinkblende das Mineral, das am schlechtesten flotiert. Wie die bereits erwähnten Versuche von Gaudin zeigen, läßt sich absolut reine Zinkblende mit Äthylxanthat überhaupt nicht flotieren. Erst die Xanthate der höheren Alkohole lassen, wie jener Arbeit zu entnehmen ist, dieses Mineral aufschwimmen. Die Ursache des mangelhaften Schwimmvermögens ist auf Grund unserer bisherigen Vorstellung darauf zurückzuführen, daß die Löslichkeit des Zinkäthylxanthats zu groß ist, um eine stabile Anlagerung auf der Zinkblendeoberfläche bilden zu können. Die höheren Glieder der homologen Reihe der Xanthate bilden entsprechend der bekannten Gesetzmäßigkeit über das Verhalten homologer Reihen wesentlich schwerer lösliche Verbindungen, so daß bei ihnen ein bleibender Xanthatüberzug zustande kommen kann. Soll nun aber das wesentlich billigere Äthylxanthat verwendet werden, so muß die Zinkblendeoberfläche so verändert werden, daß sie zur Anlagerung dieses Xanthats befähigt wird.

Das bekannteste Mittel zur Belebung der Zinkblende ist Kupfersulfat, das in der Praxis in geringen Mengen von etwa 100 bis 800 g/t der Flotationstrübe zugesetzt wird. Auch andere Kupfersalze, ja selbst das Vorhandensein von Kupferkies in der Trübe oder von kupferhaltigen Bestandteilen in den Apparaten, haben ähnliche Wirkungen. Das Übliche ist jedoch die Verwendung von Kupfersulfat ($CuSO_4\cdot 5\,H_2O$). Wie Versuche von Ralston[1] zeigen, wird durch die Gegenwart von Zinkblendepulver in einer Kupfersulfatlösung die Kupferkonzentration

---

[1] Trans. Amer. Inst. Min. Met. Eng. Milling Methods **1930**, 389/413.

erniedrigt. An der Oberfläche tritt ein Ionenaustausch ein, bei dem sich gemäß folgender Gleichung

$$CuSO_4 + ZnS = CuS + ZnSO_4$$

ein Überzug von Kupfersulfid auf der Zinkblende bildet. Da das Kupfer mit den organischen Sammelreagenzien ganz besonders feste Verbindungen eingeht, wie beispielsweise das Kupferxanthat zeigt, so ist damit die aktivierende Wirkung des Kupfersulfats gegeben. Die Tatsache, daß auch eine vorher durch Alkalicyanid gedrückte Zinkblende wiederbelebt wird, hängt mit den geschilderten Vorgängen innig zusammen. Das Kupfersulfat löst durch Bildung eines löslichen komplexen Cyanids den Zinkcyanidüberzug von der Oberfläche der gedrückten Zinkblende ab und reagiert erst dann in der oben beschriebenen Weise.

Die nichtsulfidischen Metallmineralien lassen sich im allgemeinen mit den bei der Flotation von Sulfiden üblichen Sammlern entweder überhaupt nicht oder nur bei wesentlich größeren Zusatzmengen flotieren. Durch eine sulfidierende Vorbehandlung lassen sich jedoch auch solche Metallmineralien in dem Maße beleben, daß sie ebenso leicht wie die Sulfide flotierbar werden. Diese Vorbehandlung besteht darin, daß der Trübe Natriumsulfid zugesetzt wird, wodurch die betreffenden oxydischen Metallmineralien an ihrer Oberfläche in das entsprechende Sulfid übergeführt werden. Diese Oberflächenreaktion tritt aber nur dann ein, wenn die Sulfide der betreffenden Metalle schwerer löslich sind als die entsprechenden Oxyde, Karbonate usw. oder wenn die Löslichkeitsunterschiede nicht sehr groß sind. Das Verfahren der sulfidierenden Vorbehandlung hat sich vor allem für die Flotation von Cerussit ($PbCO_3$) bewährt.

d) Die Wasserstoffionenkonzentration der Flotationstrübe.

Die theoretischen Untersuchungen über die Wirkungsweise der Sammler und Regler machen es höchst wahrscheinlich, daß die für den Flotationsvorgang wichtigen Oberflächenreaktionen den Gesetzen einfacher Fällungsreaktionen folgen, d. h. eine oberfläche Umwandlung der Mineralien tritt immer dann ein, wenn die Fällbarkeit oder die Löslichkeit der ursprünglichen Mineralverbindung nicht sehr verschieden von derjenigen der sich neu bildenden Oberflächenverbindung ist.

Dieses Gesetz bestätigt sich auch bei Einflüssen, die von den in jeder Trübe vorhandenen Wasserstoffionen und Hydroxylionen ausgehen. Es ist eine bekannte Erscheinung, daß ein bestimmter Flotationsvorgang anders verläuft, wenn Wasserstoffionen oder Hydroxylionen in der Trübe überwiegen, d. h. wenn in saurer oder basischer Trübe gearbeitet wird. Über Begriff und Wesen der Wasserstoffionenkonzentration sind in einem späteren Kapitel über Laboratoriumsuntersuchungen eingehende Ausführungen gemacht. Für das Verständnis der nachfolgenden Betrachtung genügt es zunächst, zu wissen, daß man durch Übereinkunft die Wasserstoffionenkonzentration durch die sogenannte Wasserstoffzahl (p_H) ausdrückt. Bei $p_H = 7$ ist die Anzahl der Wasserstoffionen gleich der der Hydroxylionen. Die Wasserstoffzahl „sieben" kennzeichnet also die neutrale Reaktion. Unterhalb 7 überwiegen die Wasserstoffionen, d. h. die Trübe ist sauer, oberhalb 7 sind dagegen die Hydroxylionen im Überschuß, die Trübe reagiert basisch.

In der Abb. 28 gibt die untere Diagrammreihe Flotationsversuche wieder, die mit reinen Mineralien, und zwar Bleiglanz, Zinkblende und Pyrit bei Verwendung von Xanthat als Sammler und Flotol, einem

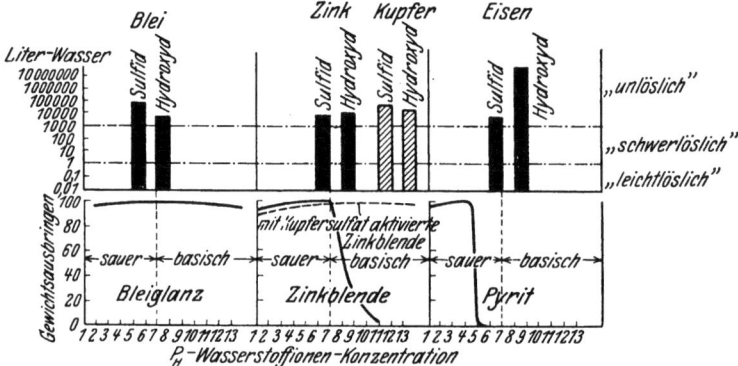

Abb. 28. Die Bedeutung der Löslichkeit für das flotative Verhalten von Bleiglanz, Zinkblende und Pyrit in saurer und basischer Trübe.

Handelsprodukt der I.G. Farben, als Schäumer, in der Weise durchgeführt wurden, daß unter sonst gleichbleibenden Bedingungen der Einwaage, der Zusatzmengen, der Temperatur und Versuchsdauer lediglich die Wasserstoffionenkonzentration durch Zugabe von Salzsäure bzw. Natronlauge verändert wurde. Die Diagramme zeigen nun, wieviel von der eingesetzten Mineralmenge bei den verschiedenen Wasserstoffzahlen im Schaum gewonnen wurde.

Aus dem Kurvenverlauf ist zu ersehen, daß Bleiglanz sowohl in saurer als auch in basischer Trübe gleich gut flotiert. Zinkblende flotiert bei einem Überschuß der Trübe an Hydroxylionen sehr schlecht und Pyrit verliert bereits sein Flotationsvermögen im schwach sauren Bereich. Die Frage nach den Ursachen dieser Verschiedenartigkeit findet wenigstens z. T. eine Erklärung darin, daß Zinkblende und Pyrit Hydroxylionen anlagern und dabei an der Oberfläche Zink- bzw. Eisenhydroxyd bilden, die, wie die Abb. 28 zeigt, eine größere Fällbarkeit bzw. eine geringere Löslichkeit als die entsprechenden Sulfide besitzen. Diese Schwerlöslichkeit schließt dann die weitere Anlagerung des Xanthats aus, so daß Zinkblende und Pyrit in basischer Trübe ihre Schwimmfähigkeit einbüßen. Die Bleiglanzoberfläche erleidet dagegen durch die Hydroxylionen keine Veränderung, da, wie die Abb. 28 ebenfalls zeigt, die Löslichkeit des Hydroxyds größer ist als die des Bleisulfids.

Die beschriebenen Vorgänge sind reversibel. So läßt sich Zinkblende, die zunächst in basischer Trübe behandelt wurde, wieder flotieren, wenn die Trübe angesäuert wird. Dasselbe gilt für Pyrit. Es ist anzunehmen, daß die Säure den Hydroxydüberzug löst und damit die ursprüngliche Zinkblende- bzw. Pyritoberfläche für die Einwirkung des Xanthats freilegt.

Das Verhalten des Pyrits in basischer Trübe wird praktisch häufig benutzt, um beispielsweise pyritfreie Kupferkieskonzentrate zu erzeugen; Kupferkies zeigt nämlich, ähnlich wie Bleiglanz, eine von der Wasserstoffionenkonzentration unabhängige Flotierbarkeit. Damit steht auch in Übereinstimmung, daß durch Kupfersulfat aktivierte Zinkblende ebenfalls unbeeinflußt von der Wasserstoffionenkonzentration sowohl in saurer als auch basischer Trübe gleich gut flotiert. Diesen Gegensatz zu der nichtaktivierten Zinkblende, die also an der Oberfläche nicht in Kupfersulfid überführt ist, zeigt ebenfalls die Abb. 28. Der Vergleich der Löslichkeitswerte für Kupfersulfid und Kupferhydroxyd gibt die Erklärung. Das Kupferhydroxyd ist leichter löslich als das Kupfersulfid, so daß es also nicht zu einer stabilen Ausbildung von Kupferhydroxyd an der Oberfläche der aktivierten Zinkblende kommen kann.

e) Der Einfluß kolloider Schlämme auf den Flotationsvorgang.

Bei der Vermahlung des Flotationsgutes ist es unvermeidlich, daß ein je nach dem Charakter des Erzes und der Art der Feinzerkleinerung verschieden großer Anteil in Form kolloider Schlämme anfällt. Diese hochdispersen Partikel können den Ablauf der Flotation unter Umständen empfindlich stören. Die gemeinsame Ursache der schädlichen Beeinflussung ist in dem besonderen Verhalten kolloiddisperser Stoffe zu suchen, die infolge ihrer großen Oberflächenausbildung ein starkes Adsorptionsvermögen und eine große Neigung zu Adhäsionserscheinungen aufweisen. Das erstere führt zu einem erheblich höheren Verbrauch an Reagenzien, während als Folge der Adhäsionswirkungen die festen Phasen der Trübe in einer der Anreicherung abträglichen Weise miteinander verkettet werden können. Die schlammigen Bergepartikel umhüllen die Metallmineralkörner, so daß sich diese ihrer neuen Oberfläche entsprechend wie Bergekörner verhalten und daher in den Abgängen verbleiben. Eine Erniedrigung des Metallausbringens ist die Folge. Umgekehrt heften sich hochdisperse Metallmineralkörner an

Bergepartikel, die sich dann wie das betreffende Metallmineral verhalten, aufschwimmen und damit den Konzentratgehalt drücken. Es handelt sich bei diesen Vorgängen um Adsorptionserscheinungen zwischen festen Körpern von verschiedener stofflicher Zusammensetzung, deren theoretische Erforschung bis heute noch nicht zu einer eindeutigen Erklärung geführt hat.

Es sind vor allem Taggart[1] und Ince[2], die diesem Problem größere Beachtung geschenkt haben. Letzterer hat zur Bestimmung der Oberflächenladung Überführungsversuche durchgeführt, die es wahrscheinlich machen, daß die geschilderten Adsorptionserscheinungen kapillarelektrischer Natur sind. So fand Ince beispielsweise folgende Zusammenhänge zwischen elektrischer Ladung und Schlammadsorption:

Adsorbiertes Mineral	Ladung	Adsorbierendes Mineral	Ladung	Suspensionsmedium	Schlammüberzug
Quarz	−	Bleiglanz	−	dest. Wasser	wenig
Quarz	−	Zinkblende	−	dest. Wasser	wenig
Quarz	+	Bleiglanz	−	dest. Wasser + CaO	stark
Quarz	+	Zinkblende	−	dest. Wasser + CaO	stark

Nach diesen Untersuchungen, die mit zahlreichen Aufnahmen von schlammüberzogenen Partikeln belegt sind, scheint die elektrische Ladung sich in der Weise auszuwirken, daß negativ geladene Sulfidpartikel positive Schlammkörper anlagern und umgekehrt. Es dürfte sich demnach um Erscheinungen handeln, die der gewöhnlichen Koagulation ähneln. Ince schließt aus seinen Versuchen weiter, daß die Natur und Größe der elektrischen Ladung durch Dispersionsmittel geändert werden können. Seine Untersuchungen geben sicherlich für die Praxis schon brauchbare Hinweise. Es dürften aber noch weitere Untersuchungen notwendig sein, um dieses Problem befriedigend zu klären.

D. Untersuchungen im Laboratorium.
I. Allgemeines.

Zwischen Theorie und Praxis steht der Versuch als verbindendes Glied. Ist dieses eine feste und breite Brücke, so wird der Verkehr hinüber und herüber ein bequemer, sicherer und schneller sein. Mit Recht hat man daher dem laboratoriumsmäßigen Schwimmversuch auch von seiten des Betriebes weit mehr Aufmerksamkeit entgegengebracht, als

---
[1] Trans. Amer. Inst. Min. Met. Eng. Milling Methods **1930**, 285/368.
[2] Trans. Amer. Inst. Min. Met. Eng. Milling Methods **1930**, 260/284.

Die Bedeutung der mikroskopischen Beobachtungen bei Schwimmversuchen. 61

es sonst in der Aufbereitung üblich ist. Jedoch liegen die Verhältnisse in der Schwimmaufbereitung auch derart, daß der Betriebsleiter die Versuchsführung beherrschen muß, wenn er nicht Gefahr laufen will, den durch die Empfindlichkeit des Prozesses bedingten Störungen unter Umständen machtlos gegenüberzustehen, oder darauf verzichten will, die Entwicklung der Flotation auch seinem Betriebe nutzbar zu machen und auf ihn durch planvolle Verbesserung der Anreicherungsergebnisse und Verbilligung der Reagenzkosten einzuwirken.

Die nachfolgende Darstellung der Durchführung von Schwimmversuchen dürfte daher vielen gelegen kommen. Es sei noch betont, daß hier unter Schwimmversuch der laboratoriumsmäßige Kleinversuch verstanden ist, der dazu dienen soll, in die wissenschaftlichen Grundlagen der Schwimmaufbereitung einzudringen, ferner neue Verfahren durch Festlegung geeigneter Zusatzmittel auszubilden, sowie endlich den Einfluß der Zerkleinerung, billigerer Zusatzmittel, der Wasserstoffionenkonzentration, der Zeit und der mechanischen Bedingungen auf die verschiedenen Verfahren kennenzulernen.

Nicht eingegangen wird hier dagegen auf solche Großversuche, für die eine der Praxis nachgebildete Anlage aus Mühlen, Einwirkungsgefäßen, Klassierern, Schwimmapparaten, Gebläsen, Eindickern sowie Filter- und Trockeneinrichtungen bestehend erforderlich ist, um den Arbeitsgang einer großen Anlage einhalten und dadurch Betriebszahlen über Ausbringen, Gestehungskosten u. a. m. gewinnen zu können. Wenn die Bedeutung solcher Versuche auch keineswegs unterschätzt werden darf, so ist ihre Durchführung doch in erster Linie Sache weniger Aufbereitungsfirmen, welche für die von ihnen zu liefernden Betriebsanlagen besondere Unterlagen benötigen.

II. Mineralogisch-mikroskopische Untersuchungen.

a) Die Bedeutung der mikroskopischen Beobachtungen bei Schwimmversuchen.

Die Durchführung des eigentlichen Schwimmversuches setzt eine gute Kenntnis der mineralischen Zusammensetzung der zu verarbeitenden Probe voraus. Sehr wertvolle Erkenntnisse lassen sich bei Erzen durch Anwendung des Sichertroges gewinnen, der in der Hand des Geübten außerordentlich weitgehende Auskunft zu erteilen vermag. Von überragender Bedeutung ist die Schnelligkeit des Probierens mit diesem Gerät, so daß während des laufenden Versuches noch wichtige Fragen der mineralischen Zusammensetzung der Erzmuster ihre Beantwortung erfahren können.

Ein ganz unentbehrliches Werkzeug ist eine gute Lupe. Sie sollte auch bei mikroskopischen Arbeiten stets zur Hand sein, um den Überblick sicherzustellen. Auch ist sie heranzuziehen, um die Stelle des Erzes bzw. der Kohle festzulegen, an denen die mikroskopischen Untersuchungen zweckmäßig auszuführen sind.

Das wichtigste Hilfsmittel bei mineralogischen Arbeiten ist jedoch das Mikroskop. Es gestattet die folgenden Prüfungen:

1. Mineralzusammensetzung des Roherzes bzw. der Rohkohle,
2. Gefügeuntersuchungen,
3. Untersuchung der Aufbereitungserzeugnisse auf Verluste und Fehlaustragungen,
4. Beurteilung besserer Anreicherungsmöglichkeiten,
5. Bestimmung des Aufschlusses bzw. der im zerkleinerten Erz oder der Kohle noch bestehenden Verwachsungen,
6. Korngrößenmessung.

Diese Gegenüberstellung läßt die außerordentlich große Bedeutung der Mikroskopie für den Aufbereiter erkennen. Sie ist für ihn geradezu unentbehrlich, da sich auf ihren Ergebnissen die wichtigsten Schlußfolgerungen für die Anreicherung aufbauen. Es soll daher im folgenden ein kurzer Überblick über die Mikroskope, die Anfertigung der Präparate und die optischen Eigenschaften der wichtigsten Mineralien gegeben werden.

Soweit die Untersuchungen infolge der Durchsichtigkeit der Hauptmineralien im durchfallenden Licht ausgeführt werden können, bedient man sich des Polarisationsmikroskops, während das Erzmikroskop für die Beobachtung im auffallenden Licht benutzt wird. Neuerdings gestatten die Universalmikroskope beide Beobachtungsweisen an einem Instrument.

Für die mikroskopische Untersuchung wird das Roherz bzw. die Rohkohle meist in stückiger Form vorliegen, es sei denn, daß es sich um mulmige Erze handelt, oder für bereits zerkleinerte Produkte und Schlämme ein Flotationsverfahren zu ermitteln ist. Das stückige Gut bietet den Vorteil, daß aus ihm unmittelbar sowohl Dünnschliffe als auch Anschliffe hergestellt werden können, die für die Prüfung der mineralischen Beschaffenheit herangezogen werden können. Auf die Untersuchungsmethodik dieser Präparate selbst wie auch auf den Gebrauch der verschiedenen Mikroskope einschl. mikrophotographischer Einrichtungen kann nicht näher eingegangen werden, da hierdurch der dem Buch gesteckte Rahmen überschritten würde. Vielmehr seien hier nur einige der wichtigsten einschlägigen Schriften angeführt:

A. Für Dünnschliffuntersuchung:

Weinschenk, E.: Das Polarisationsmikroskop, 5. u. 6. Aufl. Freiburg i. B.: Herder & Co. 1925.

Weinschenk, E.: Die gesteinsbildenden Mineralien, 3. Aufl. Freiburg i. B.: Hersche Verlagsbuchhandlung 1915.

Rinne, F.: Einführung in die kristallographische Formenlehre und elementare Anleitung zu kristallographischen-optischen sowie röntgenographischen Untersuchungen, 4./5. Aufl. Leipzig: M. Jänecke 1922.

Kaiser, E.: Mineralogisch-petrographische Methoden. Im Lehrbuch der prakt. Geologie von K. Keilhack **2**, 4. Aufl. Stuttgart: F. Enke 1922.

Larsen, E. S.: The mikroskopic determination of the nonopaque minerals. U. S. Geol. Surv. Bull. 679. Washington 1921.

Rosenbusch-Wülfing: Mikroskopische Physiographie der petrographisch wichtigen Mineralien **1**, 5. Aufl. 1. Hälfte: Untersuchungsmethoden, 2. Hälfte: Spezieller Teil. Stuttgart: E. Schweizerbarthsche Verlagsbuchhandlung 1921/24 u. 1927. Sehr ausführlich.

B. Für Anschliffuntersuchung:

Schneiderhöhn, H.: Anleitung zur mikroskopischen Bestimmung und Untersuchung von Erzen und Aufbereitungsprodukten besonders im auffallenden Licht. Berlin: Selbstverlag d. Gesellschaft Deutscher Metallhütten- u. Bergleute e. V. 1922.

Murdoch, J.: Mikroskopical determination of the opaque minerals. New York: J. Wiley & Sons 1916.

Stach, E.: Kohlenpetrographisches Praktikum. (Behandelt auch Dünnschliff- und Dünnschnitt-Methoden.) Berlin: Gebr. Borntraeger 1928.

Schneiderhöhn, H. und P. Ramdohr: Lehrbuch der Erzmikroskopie **2**. Berlin: Gebr. Borntraeger 1931.

b) Die Anfertigung von Körnerpräparaten.

Angebracht ist es jedoch, in eine Besprechung der Anfertigung von Körnerpräparaten einzutreten, da für den Aufbereiter gerade die Untersuchung von Körnergemengen im Vordergrunde des Interesses steht. Man hat bei den losen Körnern ebenfalls zwischen Beobachtung im durchfallenden und im auffallenden Licht zu unterscheiden. Welche dieser beiden Methoden zweckmäßig anzuwenden ist, hängt hauptsächlich davon ab, ob das anzureichernde Mineral durchsichtig oder opak ist. Bei feinkörnigen Kohlen kommt nur die Untersuchung im auffallenden Licht in Frage.

Zunächst sei zur Anfertigung von Dünnschliffen aus Mineralpulvern das Verfahren von Stöber[1] genannt, bei dem die Körner in Kanadabalsam eingebettet werden. Dieser wird auf ein Deckglas gebracht, das auf einem Objektträger lose aufliegt. Durch vorsichtiges Erwärmen mit der Bunsenflamme breitet sich der Kanadabalsam auf dem Deckglas und zwischen Deckglas und Objektträger aus. Dann bestreut man das Deckglas mit Körnern, die man mittels Radiergummi oder dergl. nach Zwischenlegen eines Papiers in den erwärmten Balsam hereindrückt. Nach dem Erhärten werden die Körner wie bei der Herstellung eines Dünnschliffes angeschliffen und dann mit wenig Kanadabalsam auf ein Objektglas aufgekittet. Danach werden der erste Objektträger und das

---

[1] Bull. Soc. Min. de France **22**, 61/6 (1899). Rosenbusch-Wülfing: Mikr. Phys. 1/1, 5. Aufl., S. 24/25. Stuttgart 1921/24.

Deckglas abgesprengt, die Körner auf der anderen Seite angeschliffen und dann mit einem neuen Deckglas abgedeckt.

Das vorgenannte Verfahren erfordert je nach den Verhältnissen eine bis mehrere Stunden. Wesentlich längere Zeit beanspruchen die Methoden von Thoulet[1] oder Mann[2], bei denen die Körner in einer Zinkoxydmasse vor der Herstellung des Schliffes mehrere Tage erhärten müssen.

In der Flotation wird man seltener zu einem dieser Verfahren greifen, weil es meist darauf ankommt, möglichst ohne nennenswerte Zeitverluste über die Beschaffenheit der Probe unterrichtet zu sein. Wird das erreicht, so kann in manchen Fällen auf die chemische Analyse verzichtet werden und die Versuche können so aufeinander folgen, daß jeweils die Ergebnisse des vorhergehenden Versuches verwertet werden können.

Die Herstellung hierfür geeigneter Präparate kann etwa in der Weise erfolgen, daß auf einen Objektträger ein bis zwei Tropfen Wasser gebracht werden, danach das feine Korn aufgestreut und das Deckglas darüber gelegt wird. Diese Methodik hat aber den Nachteil, daß die Probe sehr fein sein muß und das Präparat nicht aufbewahrt werden kann. Aus diesem Grunde wurde bei den eigenen Aufbereitungsuntersuchungen meist folgendes Verfahren angewandt, das sich sowohl bei Erzen als auch bei Kohlen als sehr zweckmäßig erwiesen hat und durch folgende Arbeitsweise gekennzeichnet ist:

1. Objektträger und Deckglas sorgfältig mit einem weichen Tuch reinigen.

2. Auf die Rückseite des Objektträgers ein Etikett aufkleben und beschriften.

3. Den Objektträger mit dem Etikett nach unten auf eine völlig waagerechte, feuersichere Unterlage legen.

4. Unter Bewedeln mit der Bunsenflamme etwa 12 Tropfen Kollolith (hart) aufträufeln und kurz erhitzen. Zweckmäßig öffnet man die Tube mit Kollolith am verkehrten Ende und legt das Kollolith auf ungefähr halbe Tubenlänge vollständig frei.

5. Körniges Material aufstreuen, so daß die Oberfläche des Kolloliths in einer Schicht dicht belegt ist. Man erreicht dies, indem man die Körner von einer Messerspitze oder einem Kartenblatt aus ziemlicher Höhe auf das Kollolith streuend herabfallen läßt.

6. Weiteres Erwärmen mit der Bunsenflamme, bis das Körnermaterial zu Boden gesunken ist.

7. Aufsetzen des Deckglases auf das flüssige Kollolith, und zwar nur mit einer Kante.

---

[1] Bull. Soc. Min. de France 2, 188 (1879).
[2] Neues Jb. Min. 2, 187 (1884).

Die Anfertigung von Körnerpräparaten. 65

8. Durch weiteres Erwärmen das Deckglas zum gleichmäßigen Anhaften bringen.
9. Endgültiges Andrücken des Deckglases mit einem stumpfen Gegenstand.
10. Nach Erkalten und Erhärten des Kolloliths die überstehenden Ränder mit einem Messer entfernen und schließlich das Präparat mit Xylol reinigen.

Die Anfertigung solcher Präparate beansprucht etwa 5 bis 10 Minuten. Sie haben gegenüber dem Arbeiten mit Wasser den großen Vorteil, daß gröberes Korn eingebettet, das Präparat leicht aufbewahrt sowie jederzeit wieder benutzt werden kann. Hierdurch wird der Vergleich älterer Versuche jederzeit mit neueren Ergebnissen ermöglicht.

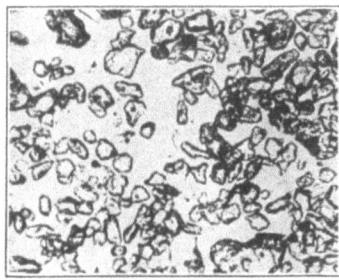
Abb. 29. Vergrößerte Aufnahme des Apatitkonzentrates.

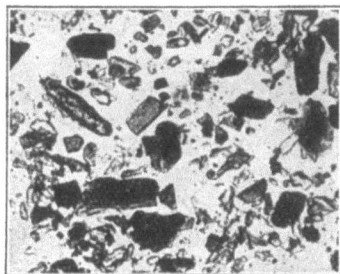
Abb. 30. Vergrößerte Aufnahme der Berge.

Die Abb. 29 und 30 zeigen Aufnahmen solcher Körnerpräparate im gewöhnlichen durchfallenden Licht. Es handelt sich bei ihnen um ein Apatitkonzentrat und Berge aus einem Flotationsversuch.

Infolge des abweichenden Brechungsindex zwischen Kollolith und Apatit treten die Kornränder dieses Minerals gut hervor. Die Hinzunahme der Beobachtung der Interferenzfarben zwischen gekreuzten Nikols erleichterte die Identifizierung noch wesentlich.

Noch schneller vollzieht sich die Herstellung eines Präparates, wenn man eine Prise Material auf einen Objektträger bringt, darauf einen Tropfen Kollolith in Xylol gelöst und darauf ein Deckglas vorsichtig aufdrückt. Die Beobachtung kann unmittelbar angeschlossen werden. Für die Aufbewahrung empfiehlt es sich, das Präparat einige Zeit horizontal liegen zu lassen, bis das Deckglas infolge der Erhärtung des Kolloliths festsitzt. Dieses Verfahren eignet sich besonders für analysenfeines Gut.

Neben der Anfertigung der Proben für Beobachtung im durchfallenden Licht steht die Herstellung von Anschliffen aus losen Körnern für die Untersuchung im auffallenden Licht. Man kann dazu nach einem Vorschlage Schneiderhöhns bei Erzen derart verfahren, daß man die Körner auf eine Glasscheibe streut, eine erwärmte Siegellackstange darauf drückt und danach anschleift und poliert.

Gleichfalls von Schneiderhöhn ist vorgeschlagen worden, in einem eisernen Schmelztiegel Siegellack vorsichtig zu erhitzen, die Erzkörner einzustreuen und dann in den angefeuchteten Fingern die Masse zu einem platten Kuchen zu kneten. Dieses Verfahren kann auch bei Kohlenaufbereitungsprodukten und Kohlenstaub Anwendung finden.

Bei eigenen Erzuntersuchungen wurde folgendes Verfahren als sehr praktisch befunden und angewandt. Ein Messingrohr von etwa 15 bis 25 mm ⌀ wird in Ringe von 12 bis 15 mm Höhe geschnitten. Einen solchen Ring legt man auf eine Glasscheibe und läßt etwas Schell-

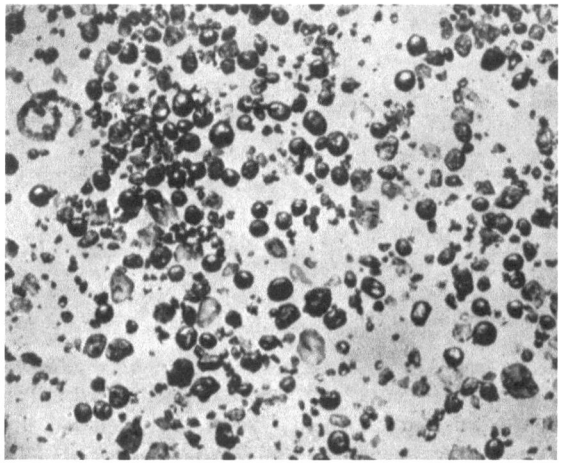

Abb. 31. Körnerpräparat auf dem Tisch eines Aufbereitungsmikroskopes.

lack heiß einträufeln, so daß die Glasscheibe innerhalb des Ringes mit Schellack bedeckt ist. Danach streut man die zu untersuchenden losen Körner ein und füllt mit Schellack, den man mit Hilfe der Bunsenflamme in den Ring tropfen läßt, nach. Schließlich sprengt man die Probe von der Scheibe ab, schleift und poliert sie. Es empfiehlt sich noch, den Messingring mit einer Feile oder an einem Schleifstein gut beizuschleifen, damit beim Polieren der scharfe Rand nicht in das Poliertuch hineinfaßt und einreißt.

Erwähnt sei noch die Beobachtung von Körnern mit Hilfe des binokularen Aufbereitungsmikroskopes, wie es von H. Schneiderhöhn vorgeschlagen wurde. Dieses Instrument gestattet in der Hauptsache, die gleichen Beobachtungen wie mit der Lupe auszuführen, jedoch viel bequemer und auch zuverlässiger infolge der stereoskopischen Wirkung. Abb. 31 zeigt eine Aufnahme von Körnern in der Schale eines solchen

Mikroskopes. Man vermag sehr gut dunkle Eisenoolithe von abgerundeten Quarzkörnern sowie Oolithbruchstücke und unregelmäßig geformte Grundmasseknötchen zu unterscheiden. Die Anfertigung besonderer Präparate erübrigt sich also bei Verwendung des binokularen Aufbereitungsmikroskopes, andererseits ist aber auch die Sicherheit im richtigen Ansprechen der Mineralien nicht so groß, wie bei der Beobachtung der in Kollolith eingebetteten Körner im Polarisationsmikroskop oder des Körneranschliffes im Erzmikroskop.

Für Kohlenaufbereitungsprodukte ist von E. Stach und F. L. Kühlwein[1] für mikroskopische Untersuchungen der Kohlenreliefschliff empfohlen worden, wie er von Stach bereits vorher an Stelle der An-

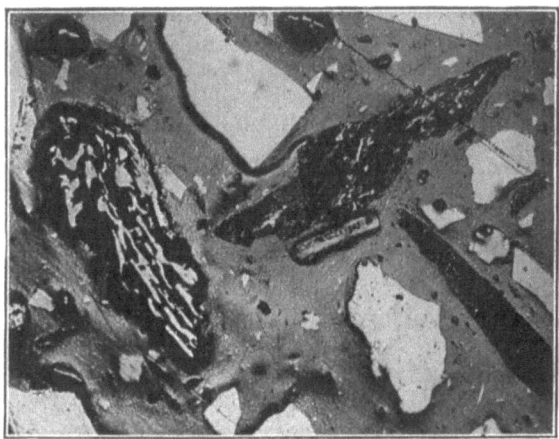

Abb. 32. Mikrophotographie eines Feinkohlenreliefschliffes nach Stach und Kühlwein.

schliffätzung für kohlenpetrographisches Arbeiten angewandt worden war. Die genannten Verfasser benutzen die Schneiderhöhnsche Harzmischung von 1 Teil venezianischem Terpentin, 3 Teilen Damarharz und 2 Teilen Schellack, die sie in einem Tiegel oder Löffel erwärmen, fügen dann etwa 5 g trockene Feinkohle hinzu und vermengen diese gut mit der dünnflüssigen Harzmischung. Vorsichtiges Erhitzen ist geboten, damit Blasenbildung oder Anbrennen des Kohlenpulvers vermieden wird. Die noch dünnflüssige Mischung wird dann auf eine eingefettete Glasplatte ausgegossen, und zwar in einen kleinen Holzrahmen, so daß Würfel von 3 cm^2 Grundfläche und etwa 1 cm Höhe erhalten werden.

Zum Anschleifen des Präparates wird Karborundum Nr. 220 auf einer Eisenplatte, sodann nacheinander Schmirgel Nr. 5 und Nr. 200 auf Glasplatten empfohlen. Abb. 32 zeigt eine Mikroaufnahme eines

---

[1] Glückauf **64**, 841/5 (1928).

solchen Anschliffes nach Stach und Kühlwein. Es handelt sich um einen Aachener Kohlenschlamm bestehend aus Glanzkohle (schwaches Relief) und Faserkohle (starker Reliefschatten).

c) Die optischen Eigenschaften wichtiger Mineralien und Kohlebestandteile.

In der Zahlentafel 3 ist eine Zusammenstellung von 25 für den Aufbereiter besonders wichtigen Mineralien gegeben; aus ihr können die bei mikroskopischen Untersuchungen eine wesentliche Rolle spielenden Eigenschaften entnommen werden.

Ferner gibt Zahlentafel 4 eine Zusammenstellung der optischen Kennzeichen und Eigenschaften der petrographischen Hauptbestandteile der Kohlen, soweit diese für den Aufbereiter von besonderer Bedeutung sind.

d) Das Anfärben von Mineralien.

Es sei endlich noch erwähnt, daß man in neuerer Zeit auch das Anfärben von Mineralien heranzieht, um ein richtiges Ansprechen derselben zu erleichtern. So kann man beispielsweise Weißbleierz und Anglesit durch Überzüge von Bleichromat gut kenntlich machen[1]. Ein weiteres Beispiel aus der Aufbereitung ist die Anfärbung von Ankerit durch Alizarin zu seiner Unterscheidung von Siderit[2].

III. Zerkleinerung und Bestimmung der Korngrößenverteilung.

a) Zerkleinerung für Flotationsversuche.

An die Zerkleinerung für Flotationsversuche werden insofern besondere Anforderungen gestellt, als verhältnismäßig kleine Mengen zu verarbeiten sind, wobei die Mühlen möglichst in einem Arbeitsgang, d. h. ohne Wiederholung von ungenügend zerkleinertem Gut, ohne Bildung von unerwünscht feinem Schlamm oder Staub ein flotationsgerechtes, gleichmäßig gekörntes Gut liefern sollen. Außerdem wird die Möglichkeit eines leichten Reinhaltens der Mühlen verlangt. Das Schwergewicht des Problems liegt natürlich bei der Feinzerkleinerung, während für die Vorzerkleinerung des stückigen Erzes bis herab auf etwa 4 mm unbedenklich jede vorhandene Laboratoriumseinrichtung Verwendung finden kann, weil diese Arbeit im allgemeinen ohne Wirkung auf das Flotationsvermögen der Mineralkomponenten ist.

---

[1] Head, R. H. u. A. L. Crawford: Utilizing staining methods in the identification of Minerals. Engg. Min. J. **127**, 877 (1929).
[2] Schwarz, F.: Z. prakt. Geol. **37**, 190/1 (1929).

Die optischen Eigenschaften wichtiger Mineralien und Kohlebestandteile. 69

Zahlentafel 3. Optische Eigenschaften besonders wichtiger Mineralien.

	Name des Minerals	Angenäherte Farbe im Anschliff	Innere Reflexfarbe bei Anschliffen	Härte	Ätzmittel	Brechungsindex	Doppelbrechung	Farbe im durchfallenden Licht
1	Antimonit	weiß	—	2	konz. KOH	3,194 4,303	— 1,109	rot bis undurchsichtig
2	Arsenkies	weiß	—	5,5—6	alk. H$_2$O$_2$	—	—	—
3	Bleiglanz	rein weiß	—	2,5	elektrolyt. HCl	—	—	—
4	Brauneisenerz	grau	gelbbraun bis braun	1—5,5	HCl	ca. 2,5	—	braun
5	Chromit	grau	dunkelbraunrot	5,5	1	2,096	—	tiefbraun bis undurchsichtig
6	Dolomit	grau	—	3,5—4	1	1,503 1,682	— 0,179	farblos
7	Eisenglanz	weiß	blutrot	5,5—6,5	1	2,797 3,042	— 0,245	blutrot
8	Eisenspat	grau	gelbgrau	3,5—4,5	heiße HCl	1,633 1,873	— 0,240	farblos, gelblich
9	Fahlerz	grau weiß	—	3,5	1	—	—	—
10	Flußspat	grau	—	4	—	1,434	—	farblos, violett
11	Graphit	—	—	1—2	—	—	—	—
12	Ilmenit	bräunlich weiß	—	5—6	1	—	—	—
13	Kalkspat	grau	—	3	—	1,486 1,658	— 0,172	farblos
14	Kupferglanz	bläulich weiß	—	2,5—3	2	—	—	—
15	Kupferkies	gelb	—	3,5—4	konz. HCl	—	—	—
16	Magnetit	bräunlich weiß	—	5,5—6,5	elektrolyt. HCl	—	—	—
17	Magnetkies	fahlgelb	—	4	2	—	—	—
18	Markasit	speisgelb	—	6—6,5	1	—	—	—
19	Molybdänglanz	rein weiß	—	1—1,5	—	—	—	—
20	Orthoklas	grau	—	6	3	1,519 1,526	— 0,007	farblos
21	Pyrit	speisgelb	—	6—6,5	—	—	—	—
22	Quarz	grau	—	7	—	1,544 1,553	+ 0,009	farblos
23	Schwerspat	grau	—	3—3,5	2	1,637 1,649	+ 0,012	farblos
24	Zinkblende	grau	hellgelb bis hellbraun	3,5—4	2	2,369	—	farblos, gelb, braun
25	Zinnstein	grau	braun	6—7	1	1,997 2,093	+ 0,097	gelblich, rotbraun bis farblos

[1] Alle Ätzmittel negativ.   [2] Schwefelsaure KMnO$_4$-Lösung.

Zahlentafel 4. Optische Kennzeichen und aufbereitungstechnisch wichtige Eigenschaften der petrographischen Hauptbestandteile der Kohle (Streifenkohle).

Bestandteil	Farbe im Dünnschliff	Struktur	Aussehen im Anschliff	Aussehen im Feinkohlenreliefschliff	Aschengehalt	Härte	Verkokbarkeit
Glanzkohle (Vitrit)	gelbbraun bis dunkelrot	meist strukturlos, seltener Holzstruktur	gleichförmiger Glanz, glatte Oberfläche; im Reliefschliff vertieft	hell, meist strukturlos, kantig umrandet, schwächstes Relief	geringer als bei Durit u. Fusit	spröder und weicher als Durit, härter als Fusit (Weichfaserkohle)	sehr gut verkokbar
Mattkohle (Durit)	schwarz und undurchsichtig; eingelagerte Sporen hell bis goldgelb	streifig mit Einlagerungen von Sporen und Kutikulen	streifig unregelmäßig; Relief gegenüber Vitrit	grau infolge dichter Streifung; stärkeres Relief	mittlerer Aschengehalt	zäh und härter als Vitrit	rein nicht verkokbar
Faserkohle (Fusit)	schwarz mit Übergängen nach dunkelbraun	wechselnde Erscheinungsformen, meist streifig mit Pflanzenzellstrukturen	gelblicher Glanz, Pflanzenzell- u. Bogenstruktur; Relief infolge Härte der Zellwände	Zellstrukturen überwiegen; starkes Relief (Hartfaserkohle)	größer als bei Vitrit u. Durit (bis 30%)	zerreiblich (Weichfaserkohle) meist weicher als Vitrit u. Durit; als Hartfaserkohle härter	schlecht verkokbar

Bei Herstellung der Flotationstrübe bevorzugt man naß zu arbeiten, da bei trockener Zerkleinerung durch die eintretende Arbeitswärme die Erzteilchen eine chemische Umwandlung erleiden können, wodurch ihr Flotationsvermögen weitgehend verändert werden kann. Nur in Ausnahmefällen wird man daher die Feinzerkleinerung im Mörser oder in einer Kugelmühle trocken zum Abschluß bringen. Soweit es aber geschieht, wird Rücksicht darauf zu nehmen sein, daß durch häufig wiederholtes Absieben möglichst wenig allzu feiner Staub entsteht. Der gleichzeitige Vorteil der Naßzerkleinerung ist ein gleichmäßigeres Mahlerzeugnis. Sie gestattet außerdem bereits während des Mahlens Reagenzien zuzugeben und dadurch den Flotationsversuch vorzubereiten. Als ein Nachteil der nassen Aufschließung gilt, daß man die Probe wieder trocknen muß, falls man eine bestimmte Einwaage im Versuch bearbeiten will. Diese Schwierigkeit kann man dadurch umgehen, daß man eine bereits abgewogene Menge zerkleinert und den Mühleninhalt sowie die Einsatzmenge des Schwimmversuches derart aufeinander abstimmt, daß die gesamte zerkleinerte Probemenge in den Flotationsversuch eingesetzt wird. Man kann sich aber auch in der Weise helfen, daß man die zerkleinerte Erzmenge in feuchtem Zustand vor dem Flotationsversuch wiegt und außerdem in einer anderen gleichartigen Probe den Feuchtigkeitsgehalt bestimmt, womit sich das trockene Gewicht der verarbeiteten Menge bestimmen läßt.

Im folgenden sollen einige Zerkleinerungsapparate behandelt werden, die ganz besonders für Flotationsversuche geeignet sind.

Zunächst sind die losen Stabmühlen zu nennen, wie sie von B. W. Holman[1] angegeben worden sind. Sie bestehen aus nahtlosem Stahlrohr von etwa 150 mm lichter Weite und sind etwa 300 bis 350 mm lang. Die Stäbe bestehen aus Gußeisen oder Gußstahl und haben etwa 25 bis 28 mm Dmr. Eine Stabfüllung bestehend aus 9 Stäben wiegt etwa 10,5 kg. Die Mühlen sind auf der einen

Abb. 33. Lose Stabmühlen auf einer Rollbank nach B. W. Holman.

Seite durch einen aufgeschweißten Boden verschlossen, während die andere Seite durch einen eisernen Deckel nach Einfügen eines Gummiringes mittels Flügelschrauben dicht verschlossen wird.

Die Abb. 33 zeigt die Art des Antriebes dieser Stabmühlen auf einer Rollbank, auf der sie durch Reibung mitgenommen werden. Sie erhalten

---

[1] Min. Mag. **39**, 152 (1928).

etwa 60 Umdrehungen/min. Es können eine oder mehrere Mühlen gleichzeitig betrieben werden, wobei je nach den Verhältnissen der Inhalt von einer oder mehreren Mühlen für einen Flotationsversuch dienen kann. Ein Vorzug der einzelnen Mühlen ist, daß Reihenversuche sehr erleichtert werden.

Die Dauer des Mahlvorganges beträgt im Mittel etwa 15 min, die Einsatzmenge einer Mühle etwa 500 bis 600 g[1].

Eine andere sehr geeignete Vorrichtung ist die Laboratoriums-Stabmühle der Ruth Comp., wie sie die Abb. 34 zeigt. Sie kann sowohl mit einem einmaligen Einsatz als auch ununterbrochen betrieben werden, da neben einer selbsttätigen Schöpfaufgabe und einer Austragsvorrichtung auch auswechselbare dichte Verschlüsse für die Mühle geliefert werden. Mittels einer Handkurbel kann die Mühle hochgerichtet werden, wodurch die Entleerung und Reinigung wesentlich erleichtert wird.

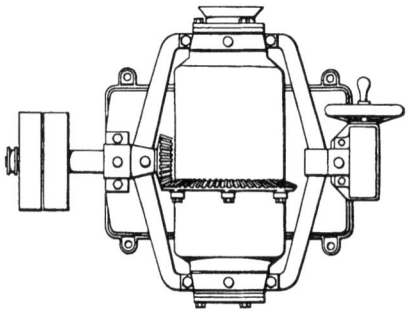

Abb. 34. Laboratoriums-Stabmühle der Ruth Comp.

Die Mühle wird in drei Größen für etwa 9, 24,5 und 43 l Inhalt geliefert. In der kleinsten Ausführung gestattet sie bei unterbrochenem Betriebe einen Einsatz von etwa ¾ bis 1¼ kg Erz.

Die vorstehend genannten Mühlen kommen natürlich nicht in Frage für Versuchsanlagen, wo in Annäherung an die Bedingungen des Betriebes größere Mengen verarbeitet werden sollen. In solchen Fällen ist auf die kleineren Baugrößen betriebsmäßiger Maschinen zurückzugreifen. Im Abschnitt E I wird auf entsprechende Sonderausführungen bei Besprechung der Zerkleinerung im Betriebe besonders hingewiesen werden.

b) Bestimmung der Korngrößenverteilung.

Fast so wichtig wie die Zerkleinerung des Erzes selbst ist für den Untersuchenden die Bestimmung der erreichten Kornfeinheit, die stets eine mehr oder weniger ungleichmäßige ist. Die Ermittlung der Korngrößenverteilung ist deswegen so wichtig, weil durch sie einerseits der Umfang des im Erz erzielten Aufschlusses festgelegt wird, anderseits ist sie von unmittelbarem Einfluß auf den Verlauf und das Ergebnis des Flotationsversuches. Ferner bildet die Bestimmung der Korn-

---

[1] Die hier beschriebenen Stabmühlen und die Rollbank können durch die Fa. Erz- und Kohleflotation G. m. b. H. (Ekof), Bochum, bezogen werden.

größenverteilung eine wichtige Unterlage für den praktischen Betrieb und die damit zusammenhängenden wirtschaftlichen Überlegungen.

Ihre Ermittlung geschieht in erster Linie mit Hilfe von Sieben, die sowohl trocken als auch naß Verwendung finden können (Siebanalyse). Außerdem kann Trennung im stehenden Wasser oder im aufsteigenden Wasserstrom (Schlämmanalyse) oder im Luftstrom angewandt werden (Windsichtanalyse). Endlich kommt auch noch die mikroskopische Korngrößenbestimmung in Frage, wie sie bereits oben kurz erwähnt wurde (Mikroanalyse).

Als Ausgangsgut für die Untersuchungen kann entweder die ganze für einen Flotationsversuch zerkleinerte Menge dienen, oder es kann — was weit häufiger der Fall ist — eine bestimmte Probemenge abgeteilt werden, wobei dann sehr sorgfältig darauf zu achten ist, daß die abgeteilte Probe hinsichtlich der Kornfeinheit gut mit der Hauptprobe übereinstimmt. Eine dritte Möglichkeit ist dadurch gegeben, daß zwei verschiedene Probemengen unter völlig gleichen Bedingungen zerkleinert werden, wovon dann die eine dem Flotationsversuch, die andere der Bestimmung der Kornfeinheit unterworfen wird.

1. Die Siebanalyse.

Für die Ausführung der Siebanalyse verwendet man Prüfsiebe, die zu einem aus mehreren Sieben bestehenden Satz zusammengehören. Für das Verhältnis der Sieböffnungen zueinander, den sogenannten Siebskalenkoeffizienten, und die Bezeichnung der Siebe sind sehr viele Vorschläge gemacht worden, so von Rittinger, Richards, Institution of Mining and Metallurgy (I.M.M.), Tyler[1], United States Bureau of Standards (USBS) und anderen mehr. Unter diesen hat vornehmlich die Siebskala von Tyler Bedeutung erlangt, welche den gleichen Siebskalenkoeffizienten ($\sqrt{2} = 1{,}414$) aufweist wie die Serie von Rittinger, sich von dieser aber hinsichtlich der Basis unterscheidet.

Man hat in den letzten Jahren in Deutschland den Versuch unternommen, die Drahtgewebe für Betriebssiebungen zu normen, ist aber bisher noch zu keinem Ergebnis gekommen. Für die besonderen Zwecke der Prüfsiebungen im Laboratorium ist jedoch eine Siebfolge genormt worden (Din 1171). Die Zahlentafel 5 gibt eine Zusammenstellung dieser Prüfsiebe[2] nach Bezeichnung und Abmessungen.

Besonders hervorzuheben ist hier noch, daß hinsichtlich der Maschenweite bzw. freien Durchtrittsöffnung das deutsche Sieb: Gewebe Nr. 40 praktisch übereinstimmt mit dem Sieb 100 Maschen nach Tyler und

---
[1] Wegen der Siebskala von Tyler vgl. S. 110.
[2] Prüfsiebe nach Din 1171 werden u. a. geliefert von der Firma C. Haver & Ed. Boecker, Oelde i. Westf.

das Din-Gewebe Nr. 80 mit dem Sieb 200 Maschen nach Tyler. Diese Beziehung ist deswegen von Wichtigkeit, weil die Siebe 100 und 200 Maschen nach Tyler in den Berichten über Schwimmversuche oder Flotationsbetriebe in Amerika ständig wiederkehren und bei Prüfsiebungen für Flotationsuntersuchungen an diese Sieböffnungen Anschluß genommen werden sollte.

Zahlentafel 5.
Drahtgewebe für Prüfsiebe.
Din 1171.

Gewebe-Nr.	Maschenzahl je cm²	Lichte Maschenweite in mm	Drahtdurchmesser mm
4	16	1,5	1,00
5	25	1,2	0,80
6	36	1,02	0,65
8	64	0,75	0,50
10	100	0,60	0,40
11	121	0,54	0,37
12	144	0,49	0,34
14	196	0,43	0,28
16	256	0,385	0,24
20	400	0,300	0,20
24	576	0,250	0,17
30	900	0,200	0,13
40	1600	0,150	0,10
50	2500	0,120	0,08
60	3600	0,102	0,065
70	4900	0,088	0,055
80	6400	0,075	0,050
100	10000	0,060	0,040

Es verdient hier noch auf die Frage eingegangen zu werden, welche Bezeichnungsweise für die Prüfsiebe anzuwenden ist. Zweifellos ist die wichtigste Angabe die über die lichte Maschenweite, während die Siebgewebenummer oder auch die Anzahl der Maschen je cm² von untergeordneter Bedeutung sind. Es würde zweifellos eine große Erleichterung in der Benennung der Siebe eintreten, wenn die Aufbereiter diese nach der linearen Maschenweite, in Mikron gemessen, angeben würden, wobei sogar die Bezeichnung μ fortgelassen werden könnte. Ein Gewebe Nr. 100 nach Din 1171 würde dann einfach heißen: Sieb „60". Das Din-Gewebe 10 würde entsprechend als „Sieb 600" zu bezeichnen sein. Erst oberhalb der lichten Maschenweite von 1 mm würde man dann von einem Sieb 1,2 mm nach Din 1171 sprechen. In den weiteren Ausführungen ist von dieser Benennungsweise Gebrauch gemacht.

Die Ausführung der Prüfsiebung des trockenen Erzes kann von Hand oder maschinell erfolgen. In beiden Fällen empfiehlt es sich, die Siebe 200, 150, 120, 88 und 75 zu verwenden und etwa 50 bis 100 g Erz einzusetzen. Das Sieben von Hand ist verhältnismäßig recht zeitraubend, da jeweils nur ein Sieb geschüttelt werden kann. Zweckmäßig wird zwei Minuten lang geschüttelt, und dabei das Sieb 125 mal in der Minute von rechts nach links bewegt sowie nach je 25 Schlägen eine Drehung des Siebes um 90° vorgenommen. Außerdem wird nach je 25 Schlägen mit dem Handballen dreimal gegen das Sieb geklopft. Zeigt eine Nachprüfung der Absiebung, daß mehr als 1% des Rückstandes auf dem Sieb bei weiterem Schütteln in der Minute noch durchfällt, so wird eine entsprechende Änderung der obigen Regel vorgenommen.

Für die maschinelle Siebung, bei der die gleichzeitige Verwendung mehrerer Siebe möglich ist, verdienen die drei folgenden Geräte Erwähnung:

Mahlfeinheitsprüfmaschine nach Förderreuther.

Abb. 35 läßt den Aufbau dieser Maschine erkennen. Sie ist geeignet für die Aufnahme von bis zu 5 Normal-Siebringen von 200 mm Dmr., die in einem pendelnd aufgehängten Rahmenwerk Aufnahme finden. Einem Verstopfen der Siebe wird bei dieser Maschine sowohl durch eine Klopfvorrichtung als auch durch eine Drehbewegung des ganzen Siebsatzes entgegengearbeitet. Sie wird geliefert von dem Chemischen Laboratorium für Tonindustrie, Berlin NW 21, Dreysestraße 4. Der Preis stellt sich einschließlich Motor und Anlasser auf 870 ℳ.

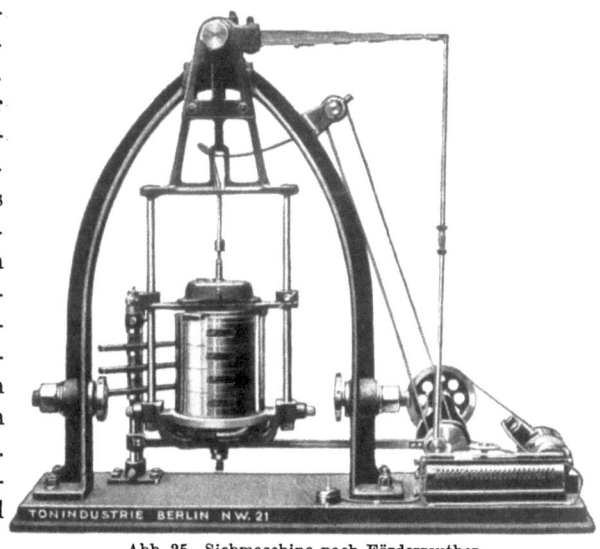

Abb. 35. Siebmaschine nach Förderreuther.

Apparat zur Bestimmung der Korngröße von Formsand[1].

Wie Abb. 36 erkennen läßt, ist dieses Gerät wesentlich leichter ge-

Abb. 36. Formsand-Siebmaschine.

arbeitet als die vorgenannte Siebmaschine. Ihre Siebleistung kann

---

[1] Die Maschine wird geliefert von der Fa. Ströhlein & Co., Düsseldorf.

als recht befriedigend bezeichnet werden. Der Preis stellt sich einschließlich Motor auf etwa 270 ℳ.

Prüfsiebmaschine Ro-tap[1].

Diese amerikanische Maschine zeichnet sich durch verhältnismäßig schwere Bauart aus. Nach einer bestimmten Anzahl von Schüttelbewegungen, die von Fall zu Fall eingestellt werden kann, schaltet sich die Maschine automatisch aus. Bei Gut, welches zum Zusammenballen neigt, soll sie sich weniger gut eignen[2].

Die Zeitdauer der maschinellen Siebung, die wesentlich kürzer als bei Handsiebung ist, da sämtliche Siebe gleichzeitig geschüttelt werden, kann nicht allgemein gültig angegeben werden. Meist werden 5 min ausreichend sein, wenn die Menge des Prüfgutes ziemlich klein gehalten wird. Es empfiehlt sich, durch Prüfung der Menge des Durchfalles bei verlängerter Siebdauer festzulegen, ob die Absiebung nach dieser Zeit genügend vollständig ist.

Die trockene Absiebung stößt dann auf Schwierigkeiten, wenn eine feuchte Probe zu untersuchen ist, die beim Trocknen infolge eines hohen Tongehaltes zusammenbackt. In diesen Fällen empfiehlt es sich, erst auf dem feinsten Sieb in einer geeigneten Schüssel naß unter vorsichtigem Stauchen des Siebes abzusieben und unter Umständen die Erzprobe abzubrausen, wobei der Durchfall selbstverständlich aufgefangen werden muß. Die weitere Prüfsiebung des Rückstandes auf dem feinsten Sieb nimmt man anschließend schneller trocken vor und vereinigt dann den durch Abrieb verursachten Durchfall des feinsten Siebes mit den getrockneten Schlämmen der nassen Absiebung. Da es bei der Probenahme eines nassen oder feuchten Musters für die Siebanalyse besonders schwierig ist, zuverlässig eine mittlere Zusammensetzung zu erhalten, kann es zweckmäßig sein, erst die ganze Menge zu trocknen, dann das Probemuster zu entnehmen und danach naß zu sieben.

Für die nasse Prüfsiebung haben sich die genormten Siebgewebe in Holzrahmenfassung, deren Preis sich auf etwa 60% der Siebe in Metallfassung stellt, bewährt.

Die Auswertung der durch die Absiebung erzielten Siebergebnisse kann sowohl graphisch erfolgen, als auch durch Vergleich des anteiligen Rückstandes bzw. des Durchfalles durch bestimmte Siebe (z. B. unter Sieb 88). Will man dagegen für Vergleichszwecke eine Wertziffer des Feinheitsgrades haben, welche die durch die Siebanalyse ermittelte Korngrößenverteilung in einer Zahl wiedergibt, so kann nach den Vorschlägen von E. H. Rose folgendermaßen vorgegangen werden[3]. Alles

---

[1] Die Maschine wird geliefert von W. S. Tyler Co., Cleveland, Ohio.
[2] VIII. Berichtsfolge des Kohlenstaub-Ausschusses des Reichskohlenrates.
[3] A new study of grinding efficiency and its relation to flotation practice. Engg. Min. J. 122, 331 (1926).

Gut, welches feiner als Sieb 75 (Gewebe Nr. 80) ist, erhält die Feinheitsziffer 100%. Ein Gut, welches zwischen den Sieben 75 und 88 liegt, hat eine mittlere Korngröße von 81,5 μ. Das Verhältnis dieses Korndurchmessers zu der Endkorngröße 75 beträgt 75 : 81,5 = 0,920 oder 92,0%. Eine solche Feinheitsziffer läßt sich in gleicher Weise auch für die anderen Siebklassen berechnen. Durch Multiplikation mit den Mengenanteilen der einzelnen Siebklassen und Addition der Produkte läßt sich dann die Wertziffer des Feinheitsgrades errechnen.

In der folgenden Zahlentafel 6 ist eine derartige Durchrechnung für zwei Siebanalysen gegeben.

Zahlentafel 6. Auswertung von Siebanalysen.

Siebgewebe Nr.	Untere Siebgrenze mm	Feinheitsziffer %	Siebanalyse 1 (10 min zerkl.)		Siebanalyse 2 (15 min zerkl.)	
			Rückstand %	Auswertung	Rückstand %	Auswertung
> 30	0,200	33,33	3,89	129,65	0,37	12,33
30 bis 40	0,150	42,86	8,95	383,60	2,96	126,87
40 bis 50	0,120	55,56	11,95	663,92	6,01	333,92
50 bis 70	0,088	72,12	18,29	1319,07	18,00	1298,16
70 bis 80	0,075	92,00	12,73	1171,16	11,16	1026,72
< 80	—	100,00	44,19	4419,00	61,50	6150,00
		Summe	100,00	8086,40	100,00	8948,00
		Feinheitsgrad %		**80,86**		**89,48**

Es handelt sich bei diesen Siebanalysen um Erzproben, die in einer losen Stabmühle 10 bzw. 15 Minuten zerkleinert wurden. Die Siebanalyse 2 entspricht einem feineren Gut, was sich ohne weiteres schon aus den Rückstandswerten für die einzelnen Siebe erkennen läßt. Die Feinheitsgrade beider Proben errechnen sich zu 80,86 bzw. 89,48%. Es ist leicht verständlich, daß die Berechnung insbesondere dann Bedeutung hat, wenn für einen Mahlvorgang die optimalen Bedingungen für den Einsatz an Erz, an Mahlkörpern, in der Umdrehungsgeschwindigkeit oder anderem mehr ermittelt werden müssen.

Da bei den Siebanalysen je nach der Zahl der benutzten Siebe eine mehr oder minder große Reihe von Zahlenwerten erhalten wird, so kann man sich bei ihrer Auswertung auch dadurch helfen, daß man sie als Kurven zur Darstellung bringt und sich dadurch ein anschauliches Gesamtbild der Korngrößenverteilung verschafft. Maßgebend für die Darstellung ist dann einerseits die Korngröße bzw. die lineare Maschenweite der Siebe und andererseits der Durchgang bzw. der Rückstand auf den einzelnen Sieben ausgedrückt in Prozenten der gesamten Siebmenge. Es empfiehlt sich, die Korngröße bzw. die Maschenweite, angegeben in μ, als die unabhängig Veränderliche auf der Abszisse abzutragen, wie dies auch die Abb. 37 erkennen läßt, die eine kurvenmäßige Darstellung der beiden obigen Siebanalysen 1 und 2 wiedergibt. Es sei noch besonders darauf hingewiesen, daß es unzweckmäßig ist, etwa die Siebmaschenzahlen auf der Abszisse abzutragen, da diese Werte infolge ihrer Abhängigkeit von den Drahtstärken kein eindeutiges Maß für die Feinheit sind, es sei denn, daß die Siebnormen genau angegeben sind.

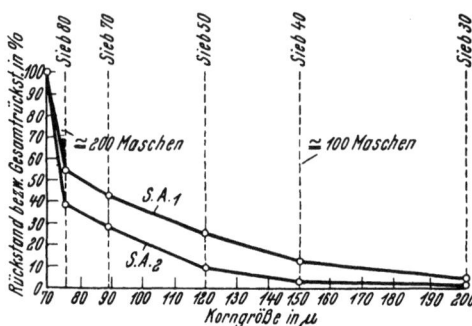

Abb. 37. Graphische Darstellung von Siebanalysen.

2. Die Schlämmanalyse.

An die Stelle der Siebanalyse kann eine Klassierung durch Schlämmen in Wasser treten. Weil das spez. Gewicht der Körner jedoch von Einfluß auf die Bildung der Schlämmklassen ist, entstehen bei der Schlämmanalyse keine einheitlichen Kornklassen. Trotzdem kann sie den Vorzug verdienen, wenn ein Trocknen der Probe unzweckmäßig erscheint.

Für die Ausführung der Schlämmanalyse kommen zwei Wege in Frage, nämlich die Trennung im stehenden Wasser (Dekantation) und die Trennung im aufsteigenden Wasserstrom (Stromklassierung).

Die Dekantation erscheint als der bei weitem einfachere Weg. Eine scharfe Gliederung durch sie zu erreichen, erfordert jedoch ein sorgfältiges Arbeiten; zudem ist die Ausführung recht zeitraubend, da das Abziehen von Körnern einer bestimmten Schlämmgeschwindigkeit so oft wiederholt werden muß, bis das abgehobene Wasser völlig klar ist.

Abb. 38. Schönescher Schlämmapparat.

Zur Ausführung des Dekantierungsverfahrens benutzt man hohe Standzylinder, die verschließbar sein müssen, damit man das Gefäß umkehren und schütteln kann. Nach dem Senkrechtstellen wartet man dann eine bestimmte Zeit und hebt die Trübe bis zu einer bestimmten Marke mittels Stechhebers ab. Ist der Abstand der beiden Wasserspiegel vor und nach dem Abheben bekannt, so kann durch das Verhältnis Schlämmweg zur Schlämmzeit angegeben werden, welche äußerste Schlämmgeschwindigkeit die abgehobenen Teilchen besitzen. Die Auswertung des Verfahrens wird dadurch sehr erleichtert.

Die Stromklassierung kann in einer Reihe verschiedener Einrichtungen ausgeführt werden. Bekannt geworden ist vor allem der

Schönesche Schlämmapparat, bei welchem ein Schlämmtrichter nach Abb. 38 benutzt wird und durch ein aufgesetztes Piezometer die Geschwindigkeit des aufsteigenden Wasserstromes bestimmt werden kann. Ein Nachteil dieses Apparates ist, daß er an sich für verhältnismäßig feinere Aufschlämmungen als Flotationstrüben gedacht ist und höchstens 3 Klassen in ihm gebildet werden können.

Verhältnismäßig sehr leicht und wirkungsvoll läßt sich die Schlämmanalyse auch in einem Nöbel-Apparat vornehmen, wie ihn die Abb. 39 zeigt. Er besteht aus 4 konischen Flaschen von 150, 500, 1500 und 3000 cm³ Inhalt mit einem Aufgabegefäß[1]. Häufiges Arbeiten mit diesem Apparat hat gezeigt, daß er für vergleichende Bestimmungen sehr gut benutzt werden kann und daß man ihn am vorteilhaftesten mit etwa 100 bis 200 g Probegut (bei sehr feinem Gut auch mehr) betreibt. Zuerst füllt man den Apparat ganz mit Wasser, dann gibt man die Probemenge in das Aufgabegefäß, welches dabei nur wenig gefüllt wird, und rührt gut um, stets sorgfältig vermeidend, daß Luft in den Apparat gelangt. Nachdem dann durch

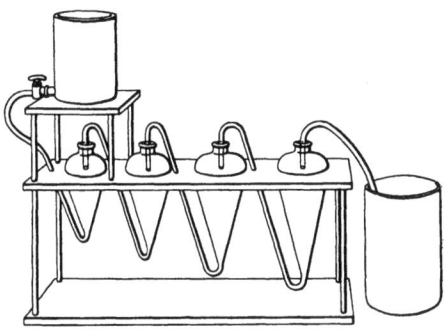

Abb. 39. Nöbel-Apparat.

weitere Zugabe von Wasser dafür gesorgt ist, daß alles Material eingeschlämmt ist, füllt man das Aufgabegefäß bis zu einem Überlauf am oberen Teil an und sorgt durch dauerndes Nachfüllen dafür, daß der Wasserstand im Aufgabegefäß der gleiche bleibt und damit auch konstante Stromverhältnisse im Apparat vorliegen. Nach etwa einer Viertelstunde ist der Überlauf der letzten Flasche klar, womit der Versuch beendet ist.

Wichtig ist, daß der Durchlauf durch den Apparat keine Unterbrechung erfährt, da sonst Verstopfungen eintreten. Um solche Störungen gegebenenfalls doch beheben zu können, empfiehlt es sich, eine Wasserstrahlsaugpumpe betriebsbereit zu halten, mit der der Apparat dann sehr schnell wieder in Tätigkeit gesetzt werden kann.

Die Auswertung der Trennung im „Nöbel" kann derart geschehen, daß mikroskopisch die mittlere Korngröße jeder Flasche festgelegt wird und darauf entweder die Berechnung des Feinheitsgrades nach Rose oder die graphische Auswertung aufgebaut wird.

---

[1] Der Apparat wird einschl. eines Filtrierstutzens von der Fa. Gebr. Döhler, Stützerbach (Thür.), zum Preise von 48 ℳ geliefert.

3. Die Windsichtanalyse.

Es ist von verschiedenen Seiten versucht worden, die Windsichtung in das Laboratorium einzuführen, um Trennungen feiner Mehle vorzunehmen[1]. Die Erfolge sind jedoch nicht derart, daß für Flotationsuntersuchungen die Anwendung dieses Verfahrens besonderen Nutzen verspricht.

IV. Die Durchführung des Schwimmversuches.
a) Zusammensetzung der Trübe, Reagenzzugabe und Anrühren.

An die Ausführung der Feinzerkleinerung und die Ermittlung der erreichten Kornfeinheit schließt sich meist unmittelbar die Einstellung der Trübe auf ein bestimmtes Verhältnis Wasser zu Erz an. Für den Versuch wird man dabei meist 4 Gewichtsteile Wasser auf 1 Teil Erz wählen; jedoch wird man je nach den Verhältnissen auch 5 bis 7 Teile Wasser anwenden, da dann häufig eine größere Reinheit der Erzeugnisse und bessere Beobachtungsmöglichkeit erreicht werden kann. Durch die dünnere Trübe ergibt sich zwar im allgemeinen ein höherer Reagenzverbrauch, der jedoch den Kosten nach vernachlässigt werden kann. Nur wenn es gilt, den Reagenzbedarf für den späteren Betrieb zu ermitteln, wird man dasjenige Trübeverhältnis anwenden müssen, das praktisch zur Anwendung kommen soll.

Bei Versuchen, die dazu dienen sollen, ein neues Verfahren ausfindig zu machen und noch nicht eine quantitative Auswertbarkeit bringen sollen, wird man gut daran tun, zunächst durch Dekantieren die allerfeinsten Schwebeteilchen aus der Trübe zu entfernen, da sich die Bildung der aufschwimmenden Luft-Mineralkomplexe alsdann besser beobachten läßt und auch das Aussehen der Schaumkonzentrate meist kennzeichnender wird, so daß man leichter zu übersehen vermag, wie sich das angewandte Verfahren auswirkt.

Eine nicht unwesentliche Rolle bei dem Schwimmversuch kommt dem benutzten Trübewasser zu. Soweit es sich nicht um rein theoretische Untersuchungen handelt, ist es ratsam, Wasser zu verwenden, das auch im praktischen Betriebe Verwendung finden soll; insbesondere wird man dies dann tun, wenn die Versuche dazu dienen sollen, zu ermitteln, wieviel Reagens der Betrieb benötigt. Steht solches Wasser nicht zur Verfügung, so wird man auf Grund allgemeiner, chemisch begründeter Überlegungen sich darüber schlüssig werden müssen, ob man destilliertes Wasser für die Versuche benutzen will, oder

---

[1] Pearson & Sligh: U. S. Bureau of Standards, Techn. Publ. 48; Gonell, H. W.: Zement **17**, 1786, 1819, 1848 (1928); Kasai, K.: Scient. Pap. Inst. Phys. Chem. Research Nr 242 (1930).

ob die Verwendung von Leitungswasser angängig ist. Wie wichtig diese Frage sein kann, geht daraus hervor, daß z. B. Quarz in destilliertem Wasser durch Oleinsäure nicht zum Schwimmen gebracht werden kann, während bei Leitungswasser infolge Adsorption der Ca-Ionen des Kalziumbikarbonates auf der Oberfläche des Quarzes in alkalischer Lösung eine merkliche Flotation desselben einsetzt[1]. Ein weiterer Beitrag zu dieser Frage ist bei dem Schwimmen von Apatit mittels Natriumpalmitat die Umsetzung dieses Reagenzes mit dem Kalziumbikarbonat des Leitungswassers zu unlöslichem Kalziumpalmitat, wodurch die Wirkung des Zusatzmittels geschwächt wird[2], das Verfahren als solches aber keine Änderung erfährt.

Bezüglich der Reagenszugabe ist zu bemerken, daß man beim Schwimmversuch gut daran tut, chemisch eindeutige Zusatzmittel zu verwenden. Hinsichtlich der Zahl der zugesetzten Reagenzien empfiehlt es sich, möglichste Beschränkung walten zu lassen, um dadurch besser das eigentlich wirksame Mittel erkennen zu können und unnötige Reagensaufwendungen zu vermeiden.

Auch in der Menge der angewandten Zusatzmittel gilt es, bei den Versuchen Vorsicht zu üben, da gerade bei ihnen leicht ein „Überölen" eintritt, wodurch Fehlschlüsse entstehen. Maschinelle Einrichtungen können für die Reagenszugabe natürlich nicht in Betracht kommen; ebensowenig aber eine tropfenweise Zugabe aus den Originalflaschen. Man wird vielmehr gut tun, die fraglichen Reagenzien verdünnt bereit zu halten. Dies ist verhältnismäßig einfach bei Säuren und in Wasser leicht löslichen Substanzen, die dann in Büretten eingefüllt und so bequem in meßbarer Menge zugesetzt werden können. Für in Wasser nicht lösliche Flotationsöle empfiehlt sich, sie entweder in Wasser durch starkes Umrühren zu dispergieren und dann die Dispersion für den Versuch zu benutzen oder sie in besondere Tropfenflaschen mit aufgesteckten Gummihütchen, die ein leichtes tropfenweises Zugeben ermöglichen, umzufüllen. Es hat sich als praktisch erwiesen, solche Tropfenflaschen von je etwa 100 cm³ Inhalt in besonderen Gestellen zu etwa 10 bis 16 Flaschen bereit zu halten. Die Bestimmung des Tropfengewichtes hat durch Auswiegen von etwa 100 Tropfen zu erfolgen. Kommt bei Versuchen die Zugabe größerer Mengen Flotationsöl in Frage, so bietet auch die Verwendung von kleinen tarierten Pipetten von 1 bis 5 cm³ Inhalt mit Gummihütchen Vorteile.

Auf die Reagenszugabe sollte auch im Laboratorium ebenso wie im Betriebe stets eine Vorbehandlung folgen. Verzichtet man hierauf,

---

[1] Talmud, D. u. N. M. Lubman: Flotation und p_H, II. Kolloid-Z. 50, 159/62 (1930).

[2] Luyken, W. u. E. Bierbrauer: Gewinnung von Apatit aus Schlichabfällen durch Schwimmaufbereitung. Mitt. Eisenforsch. 10, 317/21 (1928).

so wird man leicht von Täuschungen im Kreise herumgeführt werden und eine erfolgreiche Beendigung der Untersuchungen nur in den seltensten Fällen erreichen können. Bei pneumatisch wirkenden Geräten wird man außerdem meist völlig ungenügendes Aufschäumen feststellen und dadurch zum Überölen verleitet werden.

Besondere Sorgfalt erfordert das Vorbehandeln bei den schwer löslichen Reagenzien, und es empfiehlt sich hier, ein kräftiges Schlagen oder Durchschütteln der Trübe anzuwenden. Es wird bei Besprechung der einzelnen Laboratoriums-Schwimmapparate noch darauf eingegangen werden, inwieweit diese selbst für die Arbeit des Anrührens geeignet sind. Muß das Anrühren vor dem eigentlichen Schwimmversuch durchgeführt werden, so kommt, falls das Reagens schwer löslich ist, in Frage, die Trübe in eine größere verschlossene Flasche einzufüllen und diese auf einem Schüttelapparat festzuschnallen und eine bestimmte Zeit durchzuschütteln. Sind die Reagenzien dagegen leicht löslich, so läßt sich das Anrühren auch in der Weise durchführen, daß die Trübe in eine größere enghalsige Flasche eingefüllt wird und in dieser eine Zeitlang auf einer Rollbank — etwa wie sie für die losen Stabmühlen oben erwähnt wurde — umläuft. Hält man die Trübemengen im Verhältnis zum Flascheninhalt klein, so wird man davon absehen können, die Flasche während des Treibens auf der Rollbank zu verschließen. Neuere Untersuchungen haben außerdem nachgewiesen, daß man die Vorbehandlung besser in dicker Trübe ausführt als in dünner.

Mit einem mechanisch betriebenen Rührwerk versehene Anrührgefäße wird man im Laboratorium im allgemeinen entbehren können. Soweit sie doch gewünscht werden, bereitet ihre Anfertigung keine Schwierigkeiten. Sie können auch von einer Reihe von Firmen bezogen werden.

b) Die für Schwimmversuche geeigneten Geräte und Maschinen.

In der Frühzeit der Entwicklung der Schwimmaufbereitung mag manche gute und richtige Erkenntnis durch Versuche im Reagensglas gewonnen worden sein. Daß dieses aber heute noch als ein brauchbares Hilfsmittel in Frage kommen könne, muß im allgemeinen verneint werden, weil es unmöglich ist, bei den geringen Gewichtsmengen des Reagensglasversuches eine geeignete Bemessung der Reagenzien zu bewirken und ihre befriedigende Verteilung durch Schütteln mit der Hand zu erreichen. Bei den sehr empfindlichen Prozessen, wie sie heute meist im Mittelpunkt des Interesses stehen und bei theoretischen Untersuchungen wird man daher auch kaum die allerersten Untersuchungen im Reagensglas vornehmen, sondern sofort zu solchen Geräten greifen, die trotz kleiner Versuchsmengen den Vorgang der Flotation besser und vollkommener auszuführen gestatten.

Über die Mengen, die man bei Versuchen im allgemeinen verarbeiten sollte, läßt sich sagen, daß man — insbesondere wenn es sich um Untersuchungen zur Theorie handelt — bereits mit Mengen von etwa 30 g ab durchaus zuverlässige Ergebnisse erhalten kann, wobei man allerdings mindestens 2 Parallelversuche ausführen wird, um irgendwelche Zufälligkeiten auszuscheiden.

Handelt es sich dagegen um die Ausbildung eines bestimmten Verfahrens, so wird man schon mit Rücksicht auf die Übereinstimmung der Probemenge mit dem künftig zu verarbeitenden Erz vorziehen, bald zur Einsetzung größerer Erzmengen zu kommen. Von den Sonderfällen abgesehen, in denen es sich um das Aufschwimmen von Edelmetallen handelt, wird man aber auch schon mit Mengen von 100 g bis 2 kg durchaus brauchbare Ergebnisse erhalten und das Verfahren in jeder Hinsicht eingehend durchprüfen können. Mit großer Bestimmtheit wird man alsdann erwarten dürfen, daß anschließende Großversuche die erzielten Ergebnisse bestätigen oder auch bei unmittelbarer Überführung in den Betrieb Erfolge erzielt werden.

Es ist bekannt, daß man in der Praxis zur Erzeugung des Schaumes entweder Rührwerke oder Gebläseluft verwendet. Beide Arbeitsweisen kehren auch bei den Laboratoriumsapparaten wieder. Es soll jedoch davon abgesehen werden, sie bei der nachfolgenden Besprechung in diese zwei Gruppen zu unterteilen, vielmehr sollen sie im folgenden in der ungefähren Folge ihrer Einsatzmengen beschrieben werden.

Als eine Einrichtung, die ebenso billig zu beschaffen wie zuverlässig in der Handhabung ist und außerdem eine außerordentlich gute Beobachtungsmöglichkeit bietet, kann die Verwendung eines Meßzylinders aus Glas, in dem die Schaumerzeugung mit einem Stößer bewirkt wird, empfohlen werden. Je nach der Größe des benutzten Zylinders von ½ bis 2 l Inhalt kann etwa 50 bis 200 g Erz verarbeitet werden. Der Stößer besteht aus einem dünnen Stab, der am unteren Ende eine durchlöcherte Scheibe trägt und oben in einem Handgriff endet. Der Durchmesser der Scheibe muß etwa 5 bis 10 mm kleiner sein als der lichte Querschnitt des Meßzylinders. Es empfiehlt sich, den Stößer aus rostfreiem Stahl anzufertigen, um irgendwelche störenden Einflüsse, wie sie beispielsweise bei Verwendung von Messing erfolgen können, auszuschließen.

Das Arbeiten in dem Meßzylinder vollzieht sich derart, daß nach dem Einfüllen der Erztrübe die Reagenzien zugesetzt werden; alsdann wird der Stößer, um zunächst ein „Anrühren" zu erhalten, im unteren Teil des Zylinders auf und ab bewegt. In diesem Falle kann also das Anrühren im Gerät selbst in jedem beliebigen Ausmaße ausgeführt werden. Danach wird der Stößer höher hinaufgezogen, so daß er Luft in die Trübe hineinschlägt, die unter der Wirkung des Stoßes sehr weitgehend zerteilt werden kann, so daß eine äußerst kräftige Schaumwirkung erreicht wird. Besonders vorteilhaft ist, daß nach dem Stoßen sowohl der Schaum als auch die im Aufschwimmen begriffenen Erz-Luftkomplexe mit der Lupe eingehend untersucht werden können. Da ein Schaumaustrag nicht stattfindet, kann man jede Änderung in den Zusatzmitteln vornehmen und die Wirkung derselben auf die ursprüngliche Trübe untersuchen.

Soll der erzeugte Schaum dagegen abgezogen werden, so verfährt man derart, daß man mittels eines an einer Wasserstrahlpumpe an-

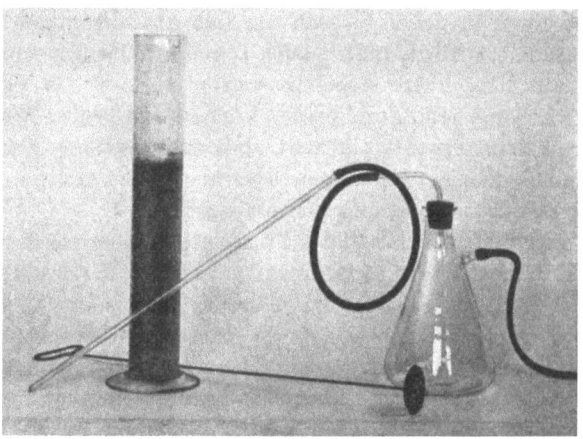

Abb. 40. Meßzylinder mit Stößer, Glasrohr und Saugflasche.

geschlossenen Glasrohres den Schaum aus dem Meßzylinder in eine zwischengeschaltete Saugflasche abzieht (vgl. Abb. 40). Der Vorgang kann natürlich wiederholt werden, so daß mehrere Konzentrate bzw. Mittelprodukte hintereinander gezogen werden können. Gerade diese Verhältnisse machen die Anwendung von Meßzylinder und Stößer auch dann sehr vorteilhaft, wenn aus Versuchen mit größeren Mengen ein Mittelgut zurückgeblieben ist, das auf die in ihm noch vorhandenen Trennungsmöglichkeiten untersucht werden soll. Es braucht wohl kaum noch erwähnt zu werden, daß die vorbeschriebene Versuchsanordnung neben einer sauberen Trennung eine gute quantitative und qualitative Auswertung des Anreicherungsergebnisses gestattet. Auch die Beschaffungskosten für die Apparatur sind sehr niedrig.

Als eine weitere, rein mit Gebläseluft zu betreibende Einrichtung sei der Gröndal- oder Callow-Laboratoriumsapparat genannt, wie ihn die Abb. 41 in einer Sonderausführung wiedergibt. Wie aus ihr zu ersehen ist, wurde das Gerät für eigene Untersuchungen so eingerichtet, daß es jederzeit leicht auseinandergenommen werden kann. Die Dichtung des Glasrohres gegen die Schaumaustraghaube und den unteren Teil für die Luftzuführung und Luftverteilung wird durch Gummiringe erreicht.

In der normalen Größe von 60 mm lichter Rohrweite und 500 mm Länge des Glasrohres sind die Apparate zur Trennung von etwa 150 bis 200 g Erz geeignet. Ohne Schwierigkeiten befürchten zu müssen, kann das einzelne Gerät aber auch etwa auf den zweifachen Inhalt gebracht werden, wodurch sich die Trübeeinsatzmenge ebenfalls vermehren läßt.

Für die Erzeugung der Gebläseluft reicht, falls ein Maschinengebläse nicht zur Verfügung steht, ein Wasserstrahlgebläse aus. Allerdings kann besonders in letzterem Falle das Anrühren nicht im Apparat selbst vorgenommen werden, sondern muß, soweit es sich nicht um sehr leicht lösliche Reagenzien handelt, bereits vor dem eigentlichen Schwimmversuch ausgeführt werden.

Einen besonders wichtigen Teil des Gerätes stellt die Bodenplatte dar, durch die die Gebläseluft möglichst über den ganzen lichten Querschnitt des Glasrohres gleichmäßig und fein verteilt austreten muß, damit keine toten Zonen entstehen, in denen sich das Erz dem Trennungsvorgang entziehen kann. Siebe lassen die Luft zu leicht durchtreten, so daß sich grobe Blasen bilden, die für eine gute Flotationswirkung ungeeignet sind. Günstiger ist es, die Luft durch Leinen hindurchtreten zu lassen. Als noch vorteilhafter wurde jedoch die Verwendung von Glasfilterplatten erkannt, die eingelegt eine sehr feine und gleichmäßige Verteilung der Luftblasen herbeiführen. Sie können in jeder passenden Größe und mit verschmolzenem Rand bei Durchtrittsöffnungen von 100 μ (Porenweite Gl) vom Jenaer Glaswerk in Jena bezogen werden.

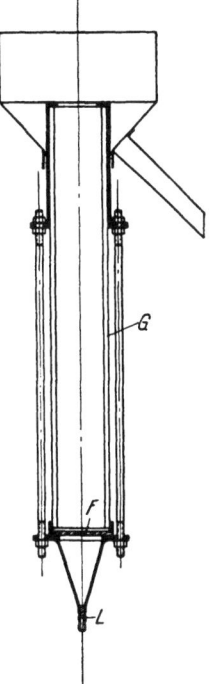

Abb. 41. Zerlegbarer Laboratoriumsapparat für Druckluftbetrieb.

Den Anlaß zur Einführung dieser Glassinterplatten gab eine andere Apparatur, die von L. Kraeber im Eisenforschungs-Institut zusammengestellt und bei theoretischen Untersuchungen mit Vorteil benutzt wurde[1]. Wie die Abb. 42 zeigt, besteht sie, ähnlich dem Callow-Apparat, aus einer Glasröhre. Auf diese ist unten eine Jenaer Glasfilternutsche, durch die die Luft eingeblasen wird, aufgeschliffen. Der dadurch ent-

---

[1] Mitt. Eisenforsch. 12, 345 (1930).

standene Apparat ist von 50 zu 50 cm³ mit Marken versehen, so daß der jeweilige Inhalt leicht abgelesen werden kann.

Die verarbeitbare Erzmenge ist hauptsächlich abhängig von der Größe der Filternutschen, die mit Durchmessern von 10 bis 120 mm geliefert werden. Es zeigte sich, daß bei einem Apparat von 400 cm³ Inhalt mit einer lichten Weite der Nutsche von etwa 30 mm noch bis zu 30 g Erz mit guter Auswertbarkeit des Ergebnisses flotiert werden können. Das Anrühren ist ähnlich wie beim Gröndal-Apparat zweckmäßig vorher vorzunehmen, alsdann ist aber die Schaumerzeugung sehr gut.

Zum Auffangen und Austragen des Schaumes ist oben auf die Glasröhre eine Rinne aus Messingblech aufgesetzt, die eine Gummieinlage besitzt, wodurch ein dichter Abschluß zwischen der Röhre und dem Austragblech erreicht wird. Für das Auffangen der Berge muß der Apparat ebenso wie der Callow-Laboratoriums-Apparat umgekehrt werden, wobei man das vollständige Entfernen der Berge dadurch leicht erreichen kann, daß man durch die Glasfilterplatte Wasser unter Druck eintreten läßt. Wie der Callow-Apparat kann auch das Gerät nach Kraeber mit einem Wasserstrahlgebläse betrieben werden, so daß die Beschaffung auch dieser Einrichtung nur unwesentliche Ausgaben verursacht.

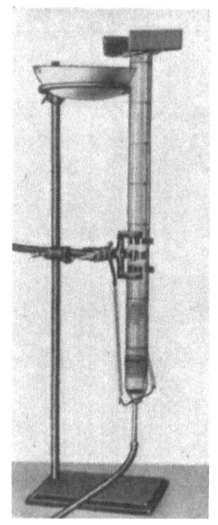

Abb. 42. Pneumatischer Flotationsapparat nach Kraeber.

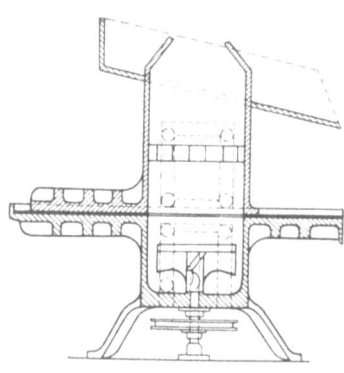

Abb. 43. Slide-Maschine.

Dieser Vorteil, den auch die beiden vorher genannten Apparaturen besitzen und der bei allen dreien mit einer sehr guten Beobachtungsfähigkeit des Flotationsvorganges verknüpft ist, macht sie ganz besonders sowohl für Forschungs- als auch für Unterrichtszwecke geeignet. In solchen Fällen, wo bei den Versuchen künstliches Licht mit herangezogen werden muß, empfiehlt es sich, kräftige Tageslichtlampen zu benutzen, da dadurch das Erkennen der Mineralien sehr erleichtert wird.

Von den Laboratoriums-Rührwerksmaschinen sei zunächst die Slide-Maschine genannt, die von T. J. Hoover angegeben worden ist und eine verhältnismäßig große Verbreitung gefunden hat. Abb. 43

gibt einen senkrechten Schnitt durch das gußeiserne Gehäuse dieser Maschine. Er zeigt, daß sie aus einem unteren Teil mit der Rührspindel besteht und dem oberen Teil, der einen Rost und eine Schaumaustragrinne trägt. Außerdem hat der obere Teil eine zungenartige Verlängerung, mit der der untere Teil dicht abgeschlossen werden kann, so daß zuerst eine Rührperiode durchgeführt werden kann. Erst danach wird die in der Abbildung wiedergegebene Stellung angewandt, mehr Wasser und gegebenenfalls weitere Reagenzien zugegeben und auf einen Schaumaustrag hingearbeitet. Den Umfang der Schaumbildung kann man durch einen Hahn regeln, der das selbsttätige Ansaugen von Luft durch das Rührwerk drosselt. Der Rost, welcher in den ersten Maschinen noch ganz fehlte, ist von großer Wichtigkeit und muß recht eng gewählt werden, so daß oberhalb von ihm in einer beruhigten Zone ein ungestörtes Aufschwimmen der Luft-Mineral-Komplexe erfolgen kann. Für die Entleerung und den Bergeaustrag ist an der Maschine ein besonderer Hahn angebracht. Um die Berge schnell und restlos auszutragen, empfiehlt es sich, den Rührer in Umlauf zu halten und einige Male frisches Wasser nachzufüllen.

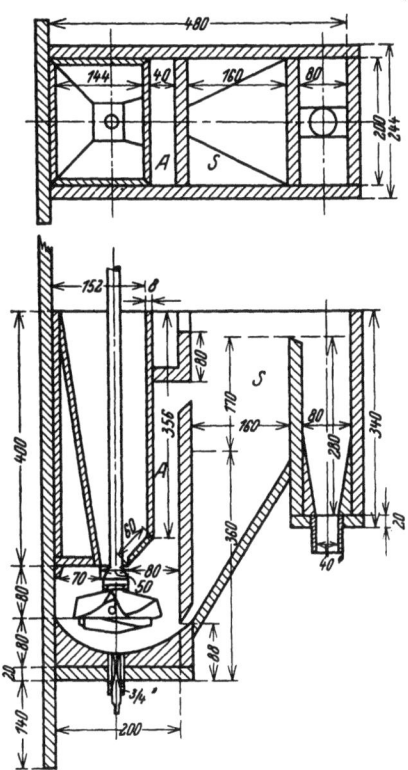

Abb. 44. Sonderausführung einer Flotationsmaschine nach dem System der Minerals-Separation-Apparate.

Die Maschine gestattet den Einsatz von 400 bis 500 g Erz. Die Rührspindel von 100 mm ⌀ macht 1100 bis 1300 Umdrehungen und hat einen Kraftbedarf von ¼ PS. Der Preis der Maschine stellt sich ohne Motor auf ungefähr 400 ℳ.

Unter den Maschinen, die erheblich größere Erzmengen zu verarbeiten gestatten, aber doch noch als reine Laboratoriumsapparate anzusprechen sind, haben die sogenannten Minerals-Separation-Apparate die größte Bedeutung. Sie stellen eine einzelne Zelle einer betriebsmäßigen Apparatur der Minerals Separation Ltd., London, dar. Ihr wichtigster Betriebsteil ist eine Rührkammer, in der durch einen Rührer eine lebhafte Agitation und Schaumerzeugung bewirkt wird.

Der erzeugte Schaum tritt dann in einen unmittelbar angebauten Spitzkasten über. Hier bildet sich der austragfähige Schaum, während die mitgerissenen unhaltigen Teile absinken und im Kreislauf wieder dem Rührer zugeführt werden. Die Größenverhältnisse von Rührkammer zum Spitzkasten werden etwa wie 1,65 bis 1,8 zu 1 gehalten.

Diese Apparate, die meist aus Holz gearbeitet, überall leicht hergestellt werden konnten, haben mit der Zeit mancherlei Abweichungen und Sonderausführungen erlebt. Besonders hervorzuheben ist die Unterscheidung zwischen einem „Unterluftapparat", der durch den Rührer

Abb. 45. Gesamtansicht einer Versuchsschwimmeinrichtung im Eisenforschungs-Institut.

Luft anzusaugen vermag, und einem „Standardapparat", bei dem die Luft ausschließlich von oben eingeschlagen wird. Während der letztere Apparat für die Flotation von Kohle bevorzugt wird, dient die Unterluftmaschine in erster Linie der Erzanreicherung.

Auch die Größenverhältnisse dieser Apparate sind sehr verschieden; meist weisen sie einen Gesamtinhalt von 4 bis 6 l auf und ermöglichen damit die Verarbeitung von 1 bis 1,5 kg Erz. Für das Aufbereitungslaboratorium des Eisenforschungs-Institutes wurde nach eigenen Entwürfen ein entsprechendes Gerät für etwa 10 l Inhalt und eine Aufnahmefähigkeit von etwa 2,5 kg Erz gebaut. Abb. 44 gibt 2 Schnittzeichnungen des aus Holz gefertigten Gerätes wieder. Wie daraus zu ersehen ist, kann der Apparat mit Unterluft arbeiten. In der Rührkammer ist ferner eine schmale Abteilung A abgetrennt, durch welche die agitierte Trübe

Die für Schwimmversuche geeigneten Geräte und Maschinen. 89

leicht in den Spitzkasten S übertreten kann. Es hat sich gezeigt, daß diese Ausführungsart sehr befriedigt und insbesondere einen guten Kreislauf der Trübe herbeiführt.

Abb. 45 zeigt noch eine Ansicht des gleichen Apparates, wobei auch die Art des Antriebes von einer horizontal gelagerten Welle zu erkennen ist. Rechts neben dem Apparat ist eine Wasserstrahlsaug- und Gebläsepumpe zu erkennen, die zum Abnutschen des Schaumes dient. Weiter zeigt Abb. 45 eine Slide-Maschine, eine Rollbank sowie zwischen dieser und der Slide-Maschine den Motor der gemeinsamen Antriebswelle.

In Amerika hat man in den letzten Jahren die entsprechenden Apparate in sehr vollkommener Weise ausgestaltet. Abbildung 46 zeigt ein solches Gerät für 5 l Inhalt, das nicht nur fahrbar ist, sondern auch Seitenwände aus Glas aufweist und einen besonderen Rührer (Bauart Ruth) besitzt. Die Rührwelle ist hohl, so daß hierdurch Luft oder Gas eingeführt werden kann.

Der Umstand, daß bei Versuchen häufig nur sehr kleine Versuchsmengen zur Verfügung stehen und beim „patient trial" auch selbst größere Probemengen sehr leicht vertan werden können, wenn nicht bei den einzelnen Versuchen kleine Einsatzmengen angewandt werden, hat zum Teil die Veranlassung gegeben, die Minerals-Separation-Apparate sehr klein zu bauen[1], so daß selbst 50 g in ihnen getrennt werden

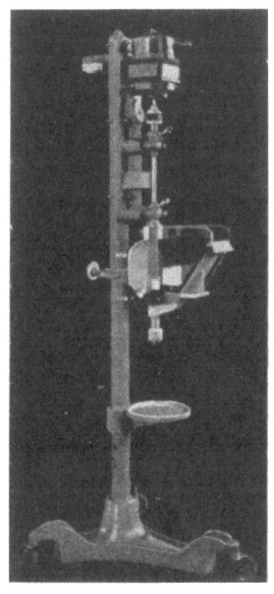

Abb. 46.
Fahrbare Versuchseinrichtung für Schwimmaufbereitung der Ruth Company, Denver (Col.).

können. Zweifellos lassen sich derartig kleine Mengen aber sehr viel leichter und bequemer in dem Meßzylinder mit Stößer oder pneumatisch in der oben erwähnten Glasröhre mit Glasfilternutsche verarbeiten.

Von amerikanischen Rührwerksmaschinen seien noch die Denver Sub A (Fahrenwald) und die Standard-Laboratoriumsmaschine der Ruth Comp. erwähnt.

Die erstere Maschine wird gebaut von der Denver Equipment Co. und gestattet einen jeweiligen Einsatz von 2 kg Erz. Sie umfaßt eine Rührkammer und einen Spitzkasten für die Schaumreinigung. Durch

---

[1] Gates, J. F. u. L. K. Jakobsen: Engg. Min. J. 119, 771/2 (1925); ref. Metall Erz 22, 493/4 (1925).

ein Mantelrohr, welches im unteren Teil um die Rührwelle gelegt ist, kann jedes beliebige Gas bis zum Rührer und dadurch weiter in den Prozeß eingeführt werden.

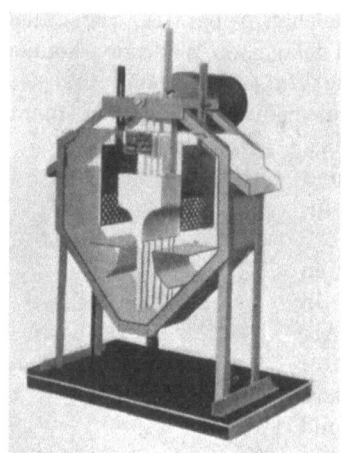

Abb. 47. Pneumatische Versuchseinrichtung (Forrester Type) der Ruth Company, Denver (Col.).

Die Ruth Co. liefert für Laboratoriumszwecke eine rein pneumatisch arbeitende Vorrichtung, wie sie die Abb. 47 zeigt. Sie wird mit angebautem Motor, Gebläse und Windkessel geliefert. Die Arbeitsweise der Maschine läßt sich aus der Abbildung genügend erkennen.

Es sei endlich noch erwähnt, daß von der General Engineering Company in Salt Lake City, Utah, eine vollständig geschlossene Laboratoriums-Versuchsanlage, bestehend aus selbsttätiger Erzaufgabe, Kugelmühle, Reagensaufgabevorrichtung, Klassierer, Vor- und Reichschäumer, Motor und Gebläse, gebaut wird. Sie dürfte vorwiegend für solche Betriebe Bedeutung haben, die auf gekaufte Erze angewiesen sind oder mit sehr stark wechselndem Haufwerk rechnen müssen.

c) Die Gewinnung der beim Versuch erhaltenen Flotationserzeugnisse und die Versuchsauswertung.

Die Versuchsauswertung erstreckt sich auf die Ermittlung des Anreicherungserfolges, den Reagensbedarf und die wirtschaftliche Bedeutung des angewandten Verfahrens. Der Reagensbedarf je t Durchsatz läßt sich leicht aus dem Reagensverbrauch des Versuches umrechnen. Wichtig ist, daß bei Wiedergabe von Versuchen sowohl die benutzten Reagenzien als auch die einzelnen Reagensmengen angegeben werden. Es empfiehlt sich außerdem, Art und Dauer des Anrührens sowie die Anzahl und Dauer der Schaumperioden aufzuführen. Hieran anzuschließen sind dann Angaben über Gewicht und Gehalt der Erzeugnisse. Eine weitere wünschenswerte Ergänzung über die Versuchsbedingungen bildet die Angabe der Wasserstoffzahl sowie der Verdickung und Temperatur der Trübe.

Auf den Angaben über Gewicht und Gehalt der Erzeugnisse baut sich die Erfolgsermittlung auf. Die quantitative Bestimmung der kleinen Mengen, die im Laboratoriumsversuch im allgemeinen verwandt werden, macht ein sorgfältiges Abscheiden und Auffangen der einzelnen Fraktionen erforderlich. Für das Konzentrat wie auch für das Mittelgut

Die Versuchsauswertung.

empfiehlt sich das Auffangen in einer Nutsche, da man auf diese Weise am schnellsten in den Besitz dieser Fraktionen gelangt, sowie sie trocknen und auswiegen kann. Die Anwendung der Nutschen bietet auch den Vorteil, daß man sich stets durch Augenschein ein Bild von der Menge und Güte des erzeugten Schaumkonzentrates machen kann. Nicht empfehlenswert ist es dagegen, das Schaumgut mit Wasser anzulängen, um dadurch den Schaum zu zerstören und dann nach dem Absetzen das überstehende Wasser abzugießen, weil immer noch Körner schwimmen werden (Filmflotation), die beim Abgießen in Verlust geraten würden.

Die getrockneten Proben werden sodann ausgewogen und das Gewicht — falls der Versuch ausgewertet werden soll — mindestens mit einer Genauigkeit von $1/1000$ bestimmt. Hierfür empfiehlt sich die Benutzung von Präzisionswaagen geeigneter Tragkraft mit einer hohen Empfindlichkeit. Notwendig ist, daß alle Fraktionen, wie Konzentrat, Mittelgut und Berge gewogen werden, so daß man auch über die beim Versuch entstandenen Verluste unterrichtet ist. Bei der Auswertung ist die rückgewogene Menge als Aufgabemenge zu betrachten, wie auch der Ausgangsgehalt für die Auswertung der Einzelfraktionen aus den Analysen und Mengenanteilen zu errechnen ist. Tut man dies nicht und setzt, wie es häufig in England geschieht, die Durchschnittsanalyse in die Erfolgsrechnung ein, so ergeben sich beispielsweise für das Metallausbringen Werte bis zu 120%, die keinen Maßstab zur Beurteilung mehr abgeben. Damit ist natürlich noch nicht gesagt, daß man darauf verzichten soll, auch den Durchschnittsgehalt in der Ausgangsprobe analytisch zu bestimmen. Vielmehr ist dies zu empfehlen, weil man damit eine Kontrolle der Versuchsergebnisse erhält.

Der Bestimmung des Aufbereitungserfolges aus den festgestellten Mengen und Analysen ist in den letzten Jahren vermehrte Aufmerksamkeit geschenkt worden, insbesondere weil der Vergleich verschiedener Aufbereitungsergebnisse nur unter bestimmten Bedingungen möglich ist, aber auch aus dem Verlangen, Ertragsberechnungen aufstellen zu können.

Veranlaßt durch mehrere Veröffentlichungen der Verfasser zu diesem Gegenstand hat die Gesellschaft deutscher Metallhütten- und Bergleute in ihrem zuständigen Fachausschuß eine Einigung über die für die Ermittlung des Aufbereitungserfolges wichtigen Begriffe herbeigeführt[1]. Es erscheint angebracht, hier kurz auf die Hauptbegriffe einzugehen.

Auf Grund der gefaßten Beschlüsse bezeichnet man den Metallgehalt des Aufgabeerzes mit a, den des Konzentrates mit c und den der Berge mit b, ferner die verarbeitete Menge Roherz mit q_a und die

---

[1] Metall Erz 25, 77/82 (1928).

erzeugten Mengen an Konzentrat mit q_c und an Bergen mit q_b. Aus diesen Werten leiten sich folgende Begriffe ab:

1. „Gewichtsausbringen" (v), welches das Verhältnis von Konzentratmenge zur Roherzmenge in Prozent angibt.

2. „Metallausbringen" (m), welches das Verhältnis der im Konzentrat nutzbar gemachten Metallmenge zu der im Roherz vorhandenen Metallmenge in Prozent angibt.

Es ist leicht zu verstehen, daß der Wert 100% — Metallausbringen die „Metallverluste" angibt. Da man diese Verluste gering zu halten wünschte, hat man früher stets in der Höhe des Metallausbringens ein Maß für die Güte einer beliebigen Trennung oder einer Aufbereitung gesehen. Da es aber leicht ist, ein hohes Metallausbringen zu erreichen, wenn nur wenig Berge abgestoßen werden und deswegen mit dem Metallausbringen noch gar nichts über die Entfernung des Unhaltigen aus dem Konzentrat ausgesagt ist, so ist als Maß für den Aufbereitungserfolg der „Trennungsgrad" (η) angenommen worden. Für diesen Wert lassen sich verschiedene Ableitungen und Formeln angeben, von denen hier die gebracht sei, nach welcher der Trennungsgrad als das Verhältnis der erreichten Anreicherungsleistung zur erreichbaren Anreicherungsleistung aufgefaßt ist. Die erstere ist gegeben durch die Differenz von Metall- und Gewichtsausbringen der ausgeführten Trennung und die letztere durch die Differenz von maximalem Metallausbringen und idealem Gewichtsausbringen. Wird das letztere mit v_opt bezeichnet, so ergibt sich folgende Formel:

3. „Trennungsgrad" $(\eta) = \dfrac{m-v}{100-v_\text{opt}} \cdot 100$.

Das vollständige oder ideale Gewichtsausbringen errechnet sich aus dem Gehalt des Roherzes a und dem mineralogischen Höchstgehalt des anzureichernden Erzminerals r nach der Formel $v_\text{opt} = \dfrac{a \cdot 100}{r}$. So ist z. B. bei einem bleiglanzhaltigen Erz mit 2% Pb, da der theoretische Höchstgehalt des Bleiglanzes an Blei 86,6% beträgt, das vollständige Gewichtsausbringen $v_\text{opt} = \dfrac{2 \cdot 100}{86,6} = 2,31\%$.

Der wesentliche Unterschied zwischen Metallausbringen und Trennungsgrad ist der, daß durch den letzteren nicht nur über die Ausnutzung der eingesetzten Metallmenge eine Angabe gemacht wird, sondern gleichzeitig über die Anreicherung, d. h. die Entfernung des Unhaltigen aus den Konzentraten.

Eine außerordentlich wichtige Frage ist noch, für welches Gewichtsausbringen bzw. für welchen Metallgehalt im Konzentrat der Vergleich der Trennungsergebnisse durchgeführt werden soll. Es ist allgemein bekannt, daß bei steigendem Gewichtsausbringen der Konzentratgehalt abnimmt, und es ist zunächst fraglich, wie dieser Wechsel auf den Wert des Trennungsgrades einwirkt. Um diese Verhältnisse klar zu machen, empfiehlt es sich, die graphische Darstellung zu benutzen.

Zunächst bringt die Abb. 48 eine Darstellung der sogenannten Anreicherungskurven. Sie geben schematisch einen bestimmten Anreicherungsverlauf wieder. Die mit I bezeichnete Kurve ist die Grund- oder Differentialkurve. Sie gibt den Metallgehalt jeder einzelnen Schicht an, den diese bei einem bestimmten Anreicherungsverfahren — beispielsweise einer Trennung nach dem spez. Gewicht — annimmt. Diese Kurve bildet die Grundlage für die Konstruktion der Kurven II und III, die durch Integrierung aus ihr erhalten werden. Kurve II gibt für jedes beliebige Gewichtausbringen den zugehörigen Konzentratgehalt an und Kurve III ebenso den Metallgehalt der Berge für jedes beliebige Gewichtsausbringen. Die Abbildung gibt ferner noch durch eine strichpunktierte Linie den Metallgehalt a der Aufgabe an. Die oberhalb dieser Linie gestrichelte Fläche gibt die bei dem angenommenen Anreicherungsverlauf erzielte Anreicherungsleistung wieder. Diese ist abgeschlossen, wenn die Kurve I die Linie des Haufwerkgehaltes a schneidet. Also muß auch für dieses Gewichtsausbringen der Trennungsgrad den höchsten Wert erreichen.

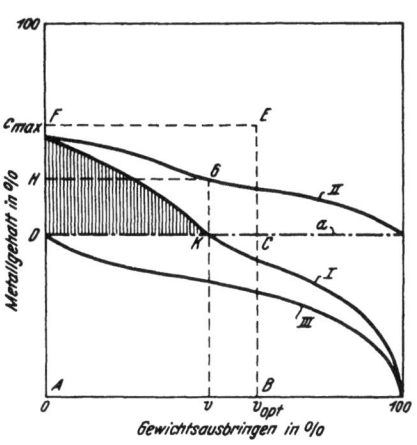

Abb. 48. Anreicherungskurven für die Erzaufbereitung.

Es sei noch darauf hingewiesen, daß die gleiche Abb. 48 den im Trennungsgrad liegenden Vergleich der erreichten Anreicherungsleistung mit der erreichbaren schaubildlich zur Darstellung bringt. Die gestrichelte Fläche entspricht der erreichten Leistung; sie ist gleichzeitig inhaltsgleich dem Rechteck $DKGH$, was sich aus der Konstruktion der Anreicherungskurven ergibt. Die erreichbare Leistung wird ferner dargestellt durch das Rechteck $DCEF$ mit der Basis v_{opt} und der Höhe $c_{max} - a$, wobei unter c_{max} wieder der mineralogische Höchstgehalt des anzureichernden Erzminerals verstanden ist. Das Verhältnis der beiden genannten Rechtecke bildet den Trennungsgrad.

In der Abb. 49 ist weiter eine Darstellung des kurvenmäßigen Verlaufes der Werte des Metallausbringens, des Trennungsgrades sowie der Differenz Metallausbringen weniger Gewichtsausbringen gegeben. Diesem Diagramm liegt ein Erz mit 30% Metall zugrunde. Für das anzureichernde Mineral ist ein theoretischer Höchstgehalt von 70% Metall angenommen, womit sich das ideale Gewichtsausbringen v_{opt} auf 42,87% stellt.

Die drei im Nullpunkt des Koordinatensystems beginnenden Kurven m, η und $m-v$ zeigen nun einen bemerkenswerten Verlauf. Von besonderer Wichtigkeit ist, daß die Kurve des Trennungsgrades einen maximalen Wert erreicht, der bei dem gleichen Gewichtsausbringen liegt, bei dem die Kurve I die Linie a des Durchschnittsgehaltes schneidet. Für den Vergleich mit Hilfe des Trennungsgrades ist es also von Wichtigkeit, seinen maximalen Wert zu bestimmen, da nur dieser als Vergleichsmaßstab dienen kann. Um sich nun jederzeit auch bei Flotationsuntersuchungen sichere Vergleichsgrundlagen zu verschaffen, wird man stets darauf bedacht sein müssen, derart zu arbeiten, daß man aus den Gehalten von Mittelprodukten erkennen kann, ob die Trennung richtig beendet war und damit der errechnete Wert des Trennungsgrades für Vergleichszwecke benutzbar ist. Es ist also etwa in der Weise zu verfahren, daß nach dem Aufschwimmen des größten Teiles des reinen Erzes kleinere Mengen von Mittelgut getrennt in den Schaum gezogen und für sich auf den Metallgehalt geprüft werden. Auf Grund dieser Bestimmungen ist dann zu entscheiden, wie weit das Mittelgut zum Konzentrat oder zu den Bergen gerechnet werden muß. Ist sein Gehalt höher als der Aufgabegehalt, so ist die Anreicherungsleistung noch nicht erschöpft gewesen, und der Trennungsgrad steigt mithin noch an, wenn das Mittelgut zum Konzentrat hinzugerechnet wird.

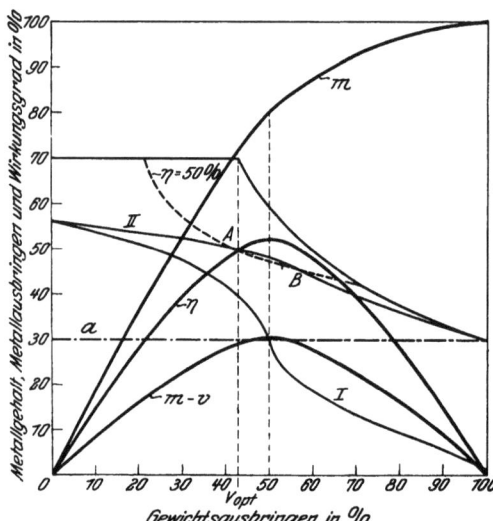

Abb. 49. Verlauf der Kurven des Metallausbringens des Trennungsgrades und der Differenz $m-v$.

Daß das Metallausbringen für Vergleiche ungeeignet ist, zeigt der Verlauf der Kurve m. Soweit man nur das Gewichtsausbringen hoch wählt, kann man leicht ein hohes Metallausbringen erreichen. Über die Güte der Trennung aber wird damit fast nichts ausgesagt.

Die Abb. 48 und 49 geben die Anordnung der Anreicherungskurven wieder, wie sie in der Erzaufbereitung üblich geworden ist und auch der

Die Versuchsauswertung. 95

allgemein üblichen Darstellungsweise entspricht. In der Kohlenaufbereitung hatte man schon früher als in der Erzaufbereitung von sogenannten Waschkurven Gebrauch gemacht, wobei man eine Anordnung wählte, wie sie Abb. 50 erkennen läßt. Bei ihr sind in Anlehnung an die Gliederung der Kohle durch einen Setzvorgang die Gewichtsmengen auf der Ordinate aufgetragen, während die Aschengehalte auf der Abszisse aufgetragen sind. Im übrigen ist die Bedeutung der Kurvenzüge I, II und III die gleiche wie bei den Erzanreicherungskurven.

Es sei endlich noch ein zahlenmäßiges Auswertungsbeispiel aus der Schwimmaufbereitung gegeben. Handelt es sich doch gerade hier manchmal um recht geringe Anreicherungsunterschiede, die nicht so leicht das bessere Ergebnis erkennen lassen und deswegen eine besonders gute Auswertung erforderlich machen.

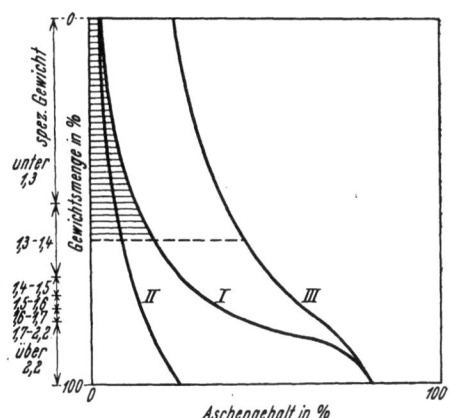

Abb. 50. Kohlenwaschkurven.

Die Zahlentafel 7 gibt zwei Versuche wieder, die zur Gewinnung von Apatit auf flotativem Wege aus einem apatithaltigen Erzabfall vorgenommen wurden. Es waren bei den beiden Trennungen verschiedene Reagenzien zur Anwendung gebracht, und es mußte deshalb die bessere Trennung ermittelt werden. Würde man sich dabei auf das Phosphorausbringen stützen, so wäre der Versuch I der bessere, da sich bei ihm das Phosphorausbringen auf 91,22% gegenüber 91,01% bei

Zahlentafel 7.
Vergleich von Trennungsversuchen eines phosphorhaltigen Erzabfalles.

Versuch	Aufgabe % P	Konzentrat % P	Berge % P	Gewichtsausbringen auf Konzentrat %	Phosphorausbringen %	Trennungsgrad %
I	1,85	12,5	0,185	13,5	91,22	86,63
II	1,78	13,5	0,18	12,0	91,01	87,68

Versuch II stellt. Vergleicht man aber die Gehalte von Konzentrat und Bergen, so fällt auf, daß im zweiten Falle sowohl ein reicheres Konzentrat als auch ärmere Berge erzeugt wurden als im Falle I. Damit wird recht deutlich auf eine bessere Leistung hingewiesen, wenn auch die Menge des erzeugten Konzentrates beim Versuch II geringer ist, als bei der Trennung I. Vergleicht man nun die Werte des Trennungsgrades, so ergibt sich, daß der Versuch *II* in der Tat der bessere ist und daß also der Vergleich über das Phosphorausbringen zu falschen Schlußfolgerungen geführt hätte.

Noch ganz kurz sei auf die **wirtschaftliche Auswertung** eines Anreicherungsergebnisses eingegangen[1]. Zunächst wird man hierfür den Wert des erhaltenen Konzentrates *V* je t ermitteln, wobei man die gültige Verkaufsformel oder einen Kaufvertrag zugrunde zu legen hat. Alsdann ergibt sich der **Erlös *E* je t Roherz** unter Berücksichtigung des zugehörigen Gewichtsausbringens:

$$E = \frac{V \cdot v}{100}.$$

Gewinn oder Verlust ergeben sich aus der Differenz des Erlöses und der Gestehungskosten *S* gleichfalls je t Roherz berechnet:

$$x = E - S.$$

Die Gestehungskosten setzen sich zusammen aus den Gewinnungskosten und Aufbereitungskosten je t Roherz. Über die absolute Höhe des Wertes *S* lassen sich allgemein gültige Zahlenangaben nicht machen, sie müssen vielmehr von Fall zu Fall ermittelt werden. Es sei noch erwähnt, daß der wirtschaftliche Erfolg auch durch einen wirtschaftlichen Wirkungsgrad erfaßt werden kann[2].

V. Untersuchungen besonderer Art.

a) Messung der Oberflächenspannung.

Im theoretischen Teil ist die Bedeutung der Grenzflächenerscheinungen für die Flotation bereits eingehend dargestellt. Für die Schaumbildung spielt vor allem die Oberflächenspannung der Trübe eine maßgebende Rolle, so daß sich bei Laboratoriumsuntersuchungen häufig die Aufgabe ergibt, die Oberflächenspannung von Flüssigkeiten zu messen. Bei Lösungen und Emulsionen von oberflächenaktiven Stoffen, d. h. solchen Stoffen, die an der Grenzschicht Luft-Wasser angereichert werden und dabei die Oberflächenspannung des Wassers erniedrigen, besteht eine gesetzmäßige Abhängigkeit der Oberflächenspannung von der Konzentration. Da außerordentlich geringe Mengen schon genügen, um große meßbare Unterschiede in der Oberflächenspannung hervorzurufen, so bieten diese Bestimmungsmethoden außerdem ein geeignetes Mittel, Konzentrationsänderungen, die auf direktem analytischen Wege nicht erfaßt werden können, nachzuweisen — eine Mög-

---

[1] Eingehendere Behandlung findet sich im Schrifttum: Luyken u. Bierbrauer: Metall Erz **23**, 249/61 (1926).

[2] Luyken, W.: Mitt. Eisenforsch. **9**, 1/12 (1927); Bierbrauer, E.: Glückauf **63**, 149/59, 194/201 (1927).

lichkeit, die gerade für die Feststellung adsorptiver Vorgänge gelegentlich vorteilhaft sein kann.

Zum Verständnis des Begriffes der Oberflächenspannung seien einige kurze Bemerkungen vorausgeschickt, während im übrigen auf die eingehenden Darstellungen in den bekannten Lehr- und Handbüchern der Physik und Kolloidchemie verwiesen werden muß.

Zur Vergrößerung der Oberfläche einer Flüssigkeit muß eine Arbeit geleistet werden, gerade als ob die Oberfläche selbst ihrer Vergrößerung einen Widerstand entgegensetzte. Es besteht also eine gewisse Ähnlichkeit mit einer elastischen Membran. Den Widerstand, den die Flüssigkeitsoberfläche einer Ausdehnung entgegensetzt, bezeichnet man als Oberflächenspannung. Sie wird gemessen durch eine Kraft, welche auf die Längeneinheit einer beliebigen, auf der Flüssigkeitsoberfläche gelegenen Linie wirkt. Die Richtung dieser Kraft ist senkrecht zu dieser Linie und tangential zur Flüssigkeitsoberfläche. Sie wird gemessen im C.-G.-S.-System als dyn/cm[1] und meist mit dem Buchstaben σ bezeichnet. Die Kraft K, welche in der bezeichneten Weise auf eine Linie von der Länge l wirkt, ist gleich

$$K = \sigma \cdot l \text{ dyn/cm}.$$

Die Oberflächenspannung nimmt proportional der Temperatur ab. Infolge dieser Abhängigkeit müssen daher Vergleichsmessungen immer auf eine bestimmte Temperatur bezogen werden. Für die Messung der Oberflächenspannung sind eine ganze Reihe von Verfahren vorgeschlagen, von denen hier nur diejenigen beschrieben werden, die nach den Erfahrungen der Verfasser für laboratoriumsmäßige Flotationsuntersuchungen besonders geeignet sind.

1. Das Verfahren der kapillaren Steighöhe.

Wird eine zylindrische Röhre vom Radius r in eine Flüssigkeit gebracht, von der sie benetzt wird, so steigt diese in dem Rohr hoch, und zwar ist die Höhe h dem Radius oder dem Durchmesser umgekehrt proportional. Oberflächenspannung und Gewicht der Flüssigkeitssäule (s = spez. Gewicht) stehen im Gleichgewicht, für das folgende Gleichung gilt:

$$h \cdot r^2 \cdot \pi \cdot s = \sigma \cdot 2 r \cdot \pi,$$

woraus folgt:

$$\sigma = \frac{h \cdot r \cdot s}{2}.$$

An sich geht in dieser Gleichung noch der cos des Randwinkels ein, der aber fortfällt, wenn man dafür sorgt, daß das Kapillarrohr vor der Messung mit der zu untersuchenden Flüssigkeit gut benetzt wird.

---

[1] 1 g = 981 dyn.

Eine zweckmäßige Anordnung ist die von Röntgen und Schneider[1], die in der Abb. 51 dargestellt ist.

Die mit einer Teilung versehene Kapillare wird durch einen Gummistopfen in eine die Untersuchungsflüssigkeit enthaltende Flasche geführt. Durch den Stopfen dieser Flasche geht ein zweites Rohr, durch das Luft eingeblasen werden kann, um die Flüssigkeit in der Kapillaren zu bewegen. Dadurch wird die Oberfläche des Meniskus erneuert und auch gleichzeitig eine gute Benetzung ermöglicht. Auf die Kapillare ist ein kleines Wasserbad gesetzt, und zwar in einer solchen Höhe, daß der Meniskus in dieses Wasserbad zu liegen kommt. Durch den Kühler läßt man Wasser von bestimmter Temperatur laufen, wodurch man die Möglichkeit hat, geringe Schwankungen in der Temperatur auszugleichen.

2. Tropfenmethode.

Dieses Verfahren beruht auf der Tatsache, daß ein an einer horizontalen Kreisfläche gebildeter Tropfen abreißt, wenn sein Gewicht gleich dem Produkt aus der Oberflächenspannung und dem Umfang der Tropfenbasis geworden ist. Ein besonders bequemes Verfahren ist die Tropfenzählmethode, bei der nicht unmittelbar das Gewicht der abfallenden Tropfen, sondern die Tropfenzahl eines bestimmten, aus einer Kapillaren ausfließenden Flüssigkeitsvolumens bestimmt wird. Als eine sehr einfache und zuverlässige Vorrichtung ist das Stalagmometer nach Traube[2] zu empfehlen, das in der Abb. 52 wiedergegeben ist.

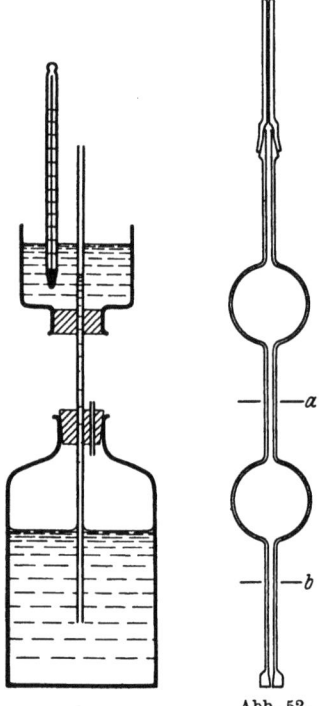

Abb. 51. Steighöhenmethode nach Röntgen-Schneider.

Abb. 52. Stalagmometer nach Traube.

Der Apparat besteht aus einem mit zwei kugelförmigen Erweiterungen versehenen Glasrohr, das sich unten zu einer Kapillaren verengt und auf dessen geschliffenes oberes Ende eine Kapillare aufgesetzt wird. Der Apparat wird so in ein Stativ gespannt, daß die kreisförmige Abtropffläche horizontal steht. Die zu untersuchende Flüssigkeit wird in den Glasapparat durch die untere Kapillare hineingesogen, bis das Rohr etwa bis zur halben oberen Kugel gefüllt ist. Dann wird die ab-

---

[1] Ostwald-Luther: Physiko-chemische Messungen, 4. Aufl., S. 273. Leipzig.
[2] Kolloid-Z. 34, 383/4 (1923).

nehmbare Kapillare aufgesetzt. Sobald der Meniskus der abtropfenden Flüssigkeit die Marke a erreicht hat, beginnt man mit dem Zählen der Tropfen und führt dies solange durch, bis der Meniskus bei der Marke b angelangt ist. Eine besondere Gradeinteilung ermöglicht noch die Messung halber Tropfen. Dem Apparat sind aufsetzbare Kapillarrohre beigegeben, die es infolge verschiedener Länge ermöglichen, die Abtropfgeschwindigkeit zu verändern.

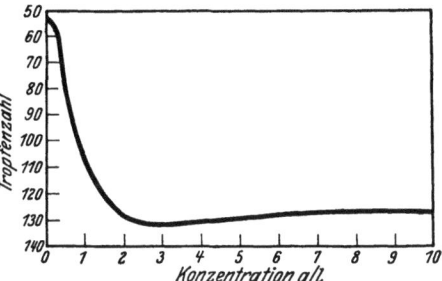

Abb. 53. Tropfenzahl wäßriger Palmitatlösung in Abhängigkeit von der Konzentration (nach Luyken-Bierbrauer).

Der Apparat eignet sich vor allem für relative Messungen. Je größer die gemessene Tropfenzahl ist, um so kleiner ist die Oberflächenspannung. Das Schaubild der Abb. 53 zeigt beispielsweise die Tropfenzahlen für wäßrige Natriumpalmitatlösungen mit steigender Konzentration.

Eine ebenfalls sehr brauchbare Tropfapparatur gibt H. Junker[1] an. Es handelt sich hierbei um eine Abänderung der Tropfröhre nach Wo. Ostwald[2]. Die Abb. 54 zeigt die Einzelheiten dieses Apparates.

Die eigentliche Tropfröhre k ist mit einem Dreiwegehahn d verbunden, auf dessen oberem Schenkel eine Kapillare l sitzt. Die Verbindung ist durch kurze Gummischlauchstücke 1—2 hergestellt. Zum Schutz gegen Beschädigung und Verunreinigung ist die Kapillare mit einem Reagensglas überdeckt, in dem ein kleines Loch eingeblasen ist. Sämtliche Teile sind fest an einem Stativ montiert.

Der Anschlußstutzen g des Dreiwegehahnes wird durch einen Gummischlauch mit einer Wasserstrahl- oder einer Saugpumpe verbunden. Zur Messung wird die zu untersuchende Flüssigkeit aus einem darunter gehaltenen Gefäß in die Tropfröhre bis zu einem guten Stück über die Marke m eingesaugt. Durch eine entsprechende Drehung des Dreiwegehahnes wird dann die Tropfröhre mit der Kapillaren verbunden, und nunmehr beginnt die Flüssigkeit langsam abzutropfen. Es ist zweckmäßig, die Flüssigkeit gleichmäßig ablaufen zu lassen, bis der Meniskus

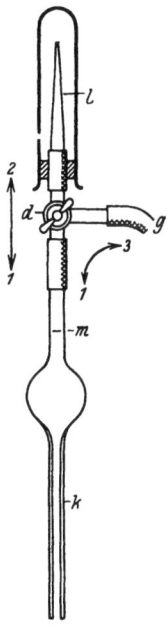

Abb. 54. Tropfröhre nach Wo. Ostwald (modifiziert von H. Junker).

---

[1] Junker, H.: Fehlerquellen und Ungenauigkeiten bei Oberflächenspannungsmessungen mittels der Tropfapparate. Kolloid-Z. 52, 231/9 (1930).
[2] Ostwald, Wo.: Kleines Praktikum der Kolloidchemie.

gerade auf die Höhe der Marke m gefallen ist. Dies erreicht man dadurch, daß man das saubere Auffanggefäß für die abfallenden Tropfen mit seiner Wand schief an die Kante der Abtropffläche hält. In dem Augenblick, wo der Meniskus die Marke erreicht, wird das Gläschen unten weggezogen. Auf diese Weise erreicht man, daß die Bildung des ersten Tropfens dann anfängt, wenn die Flüssigkeit die Marke passiert. Die Zählung beginnt somit immer mit einem ganzen Tropfen und wird genauer, als wenn man das Passieren der Marke durch die Flüssigkeit oben und gleichzeitig den abfallenden Tropfen beobachten soll. Unterhalb der Kugel ist keine Marke angebracht. Man läßt die Tropfröhre einfach auslaufen. Die letzte, an der Abtropffläche hängenbleibende Flüssigkeitsmenge wird nach Zehnteltropfen abgeschätzt, was bei einiger Übung sehr leicht möglich ist. Eine Abschätzung auf Vierteltropfen genügt aber vollauf, da die Genauigkeit des Apparates an sich nicht größer ist.

Diese von Junker angegebene Arbeitsweise läßt sich auch auf das Stalagmometer nach Traube übertragen. Bei beiden Apparaten ist darauf zu achten, daß man die Röhre nach dem Eintauchen in die zu untersuchende Flüssigkeit, nachdem man hochgesaugt hat und ehe die Tropfenzählung beginnt, außen mit einem Stückchen Zellstoff abwischt, ohne dabei die Abtropffläche zu berühren.

Für die Auswertung der Ergebnisse nach der Tropfenzählmethode ist zu berücksichtigen, daß die Tropfenzahlen rein relative Werte darstellen, da sie für jede Temperatur und vor allem für jeden Apparat andere sind. Vergleichbar sind daher nur solche Zahlen, die unter gleichen Bedingungen ermittelt werden.

3. Methode des maximalen Bläschendruckes.

Das Verfahren beruht darauf, daß der Druck gemessen wird, der gerade ausreicht, eine Luftblase durch ein in eine Flüssigkeitssäule ragendes Kapillarrohr in der Flüssigkeit zum Aufsteigen zu bringen.

Eine an sich kompliziertere, in der Handhabung aber äußerst einfache und schnell arbeitende Apparatur ist das in der Abb. 55 wiedergegebene Kapillarimeter nach Dr. Cassel[1].

Der Apparat besteht aus zwei Teilen, die durch Schliffe und Bajonettverschluß miteinander verbunden werden:

1. Dem flaschenförmigen zur Aufnahme der zu untersuchenden Flüssigkeitsprobe dienenden Meßgefäß A, in dessen Boden die Kapillardüse a einmündet.

2. Aus dem zur Ablesung eingerichteten, an einem Holzstativ befestigten Wassermanometer.

---

[1] Zu beziehen durch Ströhlein & Co., G. m. b. H., Düsseldorf.

Im Kapillargefäß wird vom Manometer aus ein Unterdruck hergestellt. Durch die von Flüssigkeit überdeckte Düse perlt dann die angesaugte Luft solange auf, bis der Kapillardruck des austretenden Bläschens, vermehrt um den hydrostatischen Druck der darüber lastenden Flüssigkeit, dem Druckunterschied zwischen dem Innern des Gefäßes und der Außenluft die Waage hält. Dieser Kapillardruck ist der gesuchten Oberflächenspannung direkt und dem Durchmesser der Düsenöffnung umgekehrt proportional.

Der Apparat gestattet also eine relative Messung der Oberflächenspannung durch Messung des am Manometer abzulesenden Kapillardruckes.

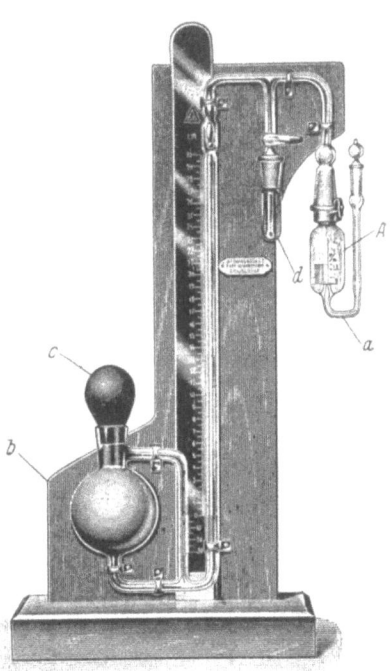

Abb. 55. Kapillarimeter nach Dr. Cassel.

Die Handhabung im einzelnen geschieht in der Weise, daß das U-förmige Manometerrohr von der trichterförmigen Erweiterung b aus bis zur mittleren Höhe mit reinem oder durch Fluoreszin gefärbten Wasser gefüllt wird. Darauf wird die Trichteröffnung mit dem Gummistopfen des Druckballes c luftdicht abgeschlossen. In das Ventilfläschchen d wird nun etwa 1 cm³ Quecksilber hineingegeben. Damit ist der Apparat für den Versuch vorbereitet. Nunmehr wird die zu untersuchende Flüssigkeit bis zu einer eingeätzten Marke in das Kapillargefäß eingefüllt und letzteres an das Manometer durch Bajonettverschluß angesetzt. Durch Druck auf den Gummiball wird die Manometerfüllung in dem zum Kapillargefäß führenden Schenkel hochgedrückt. Die über der gehobenen Wassersäule komprimierte Luft entweicht dabei durch das Quecksilberventil. Beim Zurücksinken der Wassersäule wird frische Luft durch die Kapillardüse angesaugt, und es steigen im Kapillargefäß Bläschen hoch.

Nachdem das Aufperlen zum Stillstand gekommen ist, kann man unter Eliminierung des hydrostatischen Druckes der im Kapillargefäß befindlichen Flüssigkeit am Manometer unmittelbar den der Oberflächenspannung proportionalen Kapillardruck ablesen.

Zur Umrechnung auf absolute Werte der Oberflächenspannung muß der Proportionalitätsfaktor durch Eichung der Apparatur mit einer Flüssigkeit von bekannter Oberflächenspannung bestimmt werden.

Zweckmäßig nimmt man für solche Eichungen reines Wasser, das nach Landolt-Börnstein-Roth[1] folgende Werte bei den verschiedenen Temperaturen aufweist:

°C	10	11	12	13	14	15	16	17	18	19	20
dyn/cm	74,01	73,86	73,70	73,56	73,41	73,26	73,11	72,96	72,82	72,66	72,53

°C	21	22	23	24	25	26	27	28	29	30
dyn/cm	72,37	72,22	72,08	71,93	71,78	71,63	71,48	71,33	71,18	71,03

Ganz allgemein ist zu den Versuchen zur Messung der Oberflächenspannung zu sagen, daß peinlichste Sauberkeit die unbedingte Voraussetzung zur Erzielung einwandfreier und reproduzierbarer Werte ist.

b) Die Wasserstoffionenkonzentration und ihre Messung.

1. Begriff und Wesen.

In jeder wäßrigen Lösung, gleichgültig ob es sich um reines Wasser, Salz, Säure, Base oder eine Flotationstrübe handelt, sind gleichzeitig Wasserstoffionen (H·) und Hydroxylionen (OH') enthalten. Das Produkt ihrer Konzentrationen ist stets eine konstante Größe:

$$[\text{H}\cdot] \cdot [\text{OH}'] = K_w = 10^{-14} \text{ (bei } 22^\circ \text{ C)}\,[2].$$

In dieser Gleichung bedeuten die eckigen Klammern Konzentration ausgedrückt in Mol pro Liter. Eine Vermehrung der einen Ionenart führt gemäß dieser Gleichung zwangsläufig zu einer entsprechenden Verminderung der anderen Ionenart. Infolge dieser gesetzmäßigen Abhängigkeit besteht daher die Möglichkeit, die Azidität bzw. die Alkalität einer Lösung durch Angabe der Konzentration einer Ionenart auszudrücken, und zwar ist man übereingekommen, die Konzentration der Wasserstoffionen als Grundlage zu wählen.

Da das Wassermolekül aus einem H·- und einem OH'-Ion besteht, so müssen in reinem Wasser gleich viele Wasserstoffionen wie Hydroxylionen als Dissoziationsprodukte vorhanden sein. Für die neutrale Reaktion ergibt sich daher folgende Gleichung:

$$[\text{H}\cdot] = [\text{OH}'] = \sqrt{10^{-14}} = 10^{-7}.$$

Die saure Reaktion wird durch Überwiegen der Wasserstoffionen hervorgerufen, so daß für die Azidität folgendes gilt:

$$[\text{H}\cdot] > 10^{-7}.$$

Entsprechend gilt für die Alkalität oder für die basische Reaktion:

$$[\text{H}\cdot] < 10^{-7}.$$

---

[1] Phys.-chem. Tabellen, 5. Aufl. Berlin: Julius Springer 1923.
[2] Es sei daran erinnert, daß $10^{-14} = \dfrac{1}{10^{14}}$.

Die Wasserstoffionenkonzentration [H'] beträgt beispielsweise in einer 0,01 n-Salzsäure $0,95 \cdot 10^{-2}$, d. h. sie ist rund 100000 mal so groß wie in reinem Wasser. In einer 0,01 n-Natronlauge ist [H'] dagegen $7,6 \cdot 10^{-13}$, also außerordentlich klein. In Anbetracht der sehr großen Unterschiede genügt es, für die ungefähre Kennzeichnung des Säure- bzw. des Alkalitätsgrades einer Lösung die ganzen Zehnerpotenzen des betreffenden Wertes der Wasserstoffionenkonzentration anzugeben. Einen mathematisch exakten Ausdruck für die Wasserstoffionenkonzentration bietet in diesem Sinne der dekadische Logarithmus der Konzentration, dessen negativen Wert man als **Wasserstoffexponent** oder als **Wasserstoffzahl** heute ganz allgemein als Meßzahl eingeführt hat. Für diese Wasserstoffzahl hat man das Symbol „p_H" gewählt:

$$p_H = -\log[H^\cdot]$$
$$[H^\cdot] = 10^{-p_H}.$$

In dieser Bezeichnungsweise würde also die Gleichung für das Ionenprodukt des Wassers lauten:

$$p_H + p_{OH} = p_{K_w} = 14.$$

Es ergeben sich auf Grund dieser mathematischen Bezeichnungsweise folgende Werte:

für die neutrale Reaktion $p_H = p_{OH} = 7$
„ „ saure „ $p_H < p_{OH} < 7$ (0—7)
„ „ alkalische „ $p_H > p_{OH} > 7$ (7—14).

Die Kennzeichnung des Grades der Azidität bzw. Alkalität durch die Wasserstoffzahl gibt die Möglichkeit, die wenig scharf umrissenen Begriffe wie „schwach sauer", „stark alkalisch" usw. durch exakte Zahlenwerte zu ersetzen, wie nachstehende Gegenüberstellung zeigt:

Starke Säuren und starke Basen sind praktisch vollständig dissoziiert. So ist Salzsäure vollständig in Wasserstoffionen und Chlorionen zerfallen. Eine molare Salzsäure enthält das Molekulargewicht der Verbindung HCl, also 36,5 g HCl im

p_H	Reaktion
0—3	stark sauer
4—7	schwach sauer
7	neutral
7—10	schwach alkalisch
11—14	stark alkalisch

Liter Wasser. Daraus bilden sich durch die Dissoziation 1 g Wasserstoffionen und 35,5 g Chlorionen. Eine n/1-HCl würde daher bei völliger Ionisierung gerade 1 g Wasserstoffionen liefern, eine n/10-HCl nur den 10. Teil usw. Es ergibt sich somit für die Salzsäure eine einfache Umrechnung ihrer Konzentration in p_H, wie die folgende Aufstellung zeigt:

n/1 -HCl = 1 g — Äquivalent H-Ion; $H^\cdot = 10^0$; $p_H = 0$
n/10 -HCl = 0,1 g — Äquivalent H-Ion; $H^\cdot = 10^{-1}$; $p_H = 1$
n/100 -HCl = 0,01 g — Äquivalent H-Ion, $H^\cdot = 10^{-2}$; $p_H = 2$
n/1000-HCl = 0,001 g — Äquivalent H-Ion; $H^\cdot = 10^{-3}$; $p_H = 3$

In gleicher Weise läßt sich eine solche Rechnung für Natronlauge vornehmen. Aus dieser Umrechnung läßt sich aber außerdem ersehen, wie durch geringe Zusätze oder Lauge zu reinem Wasser sich der p_H-Wert des letzteren in starkem Maße verändert. Diese Nachgiebigkeit, wie man die Stärke der p_H-Änderung eines Systems bei dem Zufügen von Säure oder Lauge nennt, ist aber bei sogenannten **gepufferten Lösungen** nahezu aufgehoben oder doch wenigstens wesentlich verringert.

Die Eigenschaft der Pufferung kommt vor allen Dingen Gemischen von schwachen Säuren oder Basen mit ihren Alkalisalzen zu. Diese Puffermischungen, auch Regulatoren genannt, dienen zur Herstellung von wohldefinierten widerstandsfähigen p_H-Lösungen. Es sei erwähnt, daß die Flotationstrüben zum großen Teil gepufferte Lösungen darstellen.

2. Meßmethoden.

Für die Ermittlung der Wasserstoffionenkonzentration gibt es zwei Verfahren:

1. die elektrometrische oder potentiometrische Methode,
2. die kolorimetrische Methode.

Auf die theoretischen Grundlagen kann hier nicht näher eingegangen werden, und es sei auf die entsprechende Fachliteratur verwiesen[1].

Für technologische Zwecke eignen sich am besten die kolorimetrischen Meßverfahren, da sie in ihrer Handhabung äußerst einfach sind und bei Beachtung bestimmter Bedingungen auch die Prüfung in einer normalen, also nicht gefilterten Erztrübe gestatten. Da es sich bei diesen Methoden meist um Farbvergleiche handelt, beträgt ihre Genauigkeit infolge der subjektiven Fehlermöglichkeit 0,1 bis 0,2 p_H-Einheiten gegenüber 0,01 p_H der mit der elektrometrischen Methode erzielbaren Genauigkeit. Auf der anderen Seite reagieren die Indikatorverfahren nicht so empfindlich auf gelöste und suspendierte Stoffe, die als sogenannte Elektrodengifte die elektrometrische Messung fälschen können und in jeder Flotationstrübe vorhanden sind. Da zudem für die meisten praktischen Ansprüche die Genauigkeit der kolorimetrischen Bestimmung ausreichend ist, so läßt sich diese Methode gerade für die Untersuchung von Flotationstrüben empfehlen. Trotzdem kann aber in Anbetracht der bestechend einfachen Handhabung nicht genügend betont werden, daß nur dann einwandfreie Messungen zu erwarten sind, wenn alle Fehlermöglichkeiten, worauf später im einzelnen noch eingegangen werden soll, berücksichtigt werden. Nur unter dieser Voraussetzung sind die folgenden Verfahren sowohl für das Laboratorium als auch

---

[1] Z. B. Mislowitzer, E.: Die Bestimmung der Wasserstoffionenkonzentration von Flüssigkeiten. Berlin: Julius Springer 1928. Kolthoff, J. M.: Der Gebrauch der Farbindikatoren. Berlin: Julius Springer 1926.

für den praktischen Betrieb geeignete Methoden zur Bestimmung der Wasserstoffzahl.

Die kolorimetrische Methode arbeitet mit Indikatoren, die bei einer bestimmten Wasserstoffionenkonzentration eine Aufhellung oder einen Umschlag ihrer ursprünglichen Farbe zeigen. Da bei verschiedenen Indikatoren der Umschlag bei verschiedenen p_H-Werten eintritt, so lassen sich Indikatorreihen aufstellen, die den gesamten Konzentrationsbereich der Wasserstoff- bzw. Hydroxylionen umspannen. Eine der heute vielfach benutzten Reihen zeigt die nachfolgende Indikatorenliste von Clark und Lubs, die dem bereits zitierten Buche von Mislowitzer entnommen ist:

Chemischer Name	Gewöhnlicher Name	Konzentration %	Farbwechsel	p_H-Gebiet
Thymolsulfophthalein (saures Gebiet)	Thymolblau	0,04	rot-gelb	1,2—2,8
Tetrabromphenolsulfophthalein	Bromphenolblau	0,04	gelb-blau	3,0—4,6
O-Carboxylbenzolazodimethylanilin	Methylrot	0,02	rot-gelb	4,4—6,0
Dibromorthokresolsulfophthalein	Bromkresolpurpur	0,04	gelb-purpur	5,2—6,8
Dibromthymolsulfophthalein	Bromthymolblau	0,04	gelb-blau	6 —7,8
Phenolsulfophthalein	Phenolrot	0,02	gelb-rot	6,8—8,4
O-Kresolsulfophthalein	Kresolrot	0,02	gelb-rot	7,2—8,8
Thymolsulfophthalein	Thymolblau	0,04	gelb-blau	8,0—9,6
O-Kresolphthalein	Kresolphthalein	0,02	farblos-rot	8,2—9,8

Aus dieser Tabelle geht hervor, daß jeder Indikator eine ganz bestimmte Umschlagszone hat, und nur in diesem Intervall kann er für kolorimetrische Messungen benutzt werden. Hat man daher für die ungefähre Größe des in einer Lösung zu ermittelnden p_H-Wertes keinen Anhaltspunkt, so muß man durch einige Vorproben bestimmen, in welches Intervall die Wasserstoffzahl fällt. Zu diesem Zwecke versetzt man die Lösung zunächst mit einem Indikator, dessen Umschlagsgebiet den Neutralpunkt überschreitet. Bei Verwendung der Indikatoren von Clark und Lubs würde man also Bromthymolblau wählen, dessen Umschlagsgebiet bei 6 bis 7,8 p_H liegt. Würde man beispielsweise eine rein gelbe Färbung erhalten, so ist damit erwiesen, daß man es mit einer sauren Lösung zu tun hat, deren p_H bei 6 oder unter 6 liegt. Denn auch alle Werte unter 6 zeigen bei Zusatz von Bromthymolblau gelbe Färbung. Blaue Färbung würde dagegen anzeigen, daß die zu untersuchende Flüssigkeit alkalisch reagiert und der p_H-Wert bei 7,8 oder oberhalb von 7,8 liegt. Würde sich dagegen eine Übergangsfarbe von gelb und blau (gelbgrün — grün — blaugrün) zeigen, so ist damit schon erwiesen, daß der p_H-Wert zwischen 6 und 7,8 liegt. In den beiden ersten Fällen, die also eine klare Entscheidung über saure oder basische Reaktion erbracht haben, setzt man die Vorproben in der Weise fort, daß man neue Flüssigkeitsmengen mit benachbarten Indikatoren versetzt und die Reihe soweit in der alkalischen oder sauren Richtung prüft, bis ein Indikator in der Lösung eine Mischfarbe erzeugt. Auf diese Weise läßt sich das in Frage kommende Intervall bzw. der für die nunmehr folgende Feinmessung zu verwendende Indikator bestimmen. Hat man z. B. ermittelt, daß bei Zusatz von Bromphenolblau eine Übergangsfarbe eintritt, so liegt die Wasserstoffzahl zwischen 3 und 4,6, und es ist nun die Aufgabe, innerhalb dieses Bereiches die der betreffenden Übergangsfarbe entsprechende Wasserstoffzahl zu finden.

Das kann auf verschiedene Weise geschehen. Es lassen sich Pufferlösungen mit fein abgestuften Wasserstoffzahlen herstellen, die, mit Indikatoren versetzt, eine ihrer bekannten Wasserstoffzahl entsprechende Färbung zeigen und als Vergleichslösung dienen können. Unter der Voraussetzung einer sorgfältigen Herstellung dieser Pufferlösung, deren zeitweilige Nachprüfung auf elektrometrischem Wege empfehlenswert ist, läßt sich die auf diesen Vergleichen beruhende Feinmessung sehr genau durchführen. Allerdings gilt noch die Einschränkung, daß die zu untersuchende Flüssigkeit möglichst klar ist, also wenig Eigenfärbung oder Trübung zeigt. In neuerer Zeit sind Verfahren bekannt geworden, die auf solche Vergleichslösungen verzichten und statt dessen gedruckte Farbtafeln oder farbige Gläser für den Vergleich verwenden. Die Genauigkeit dieser letzten Methode hängt naturgemäß von der tonrichtigen Wiedergabe der Umschlags- und Übergangsfarben der einzelnen Indikatoren ab. Außerdem kommen für die Untersuchung von Flotationstrüben auch hier nur solche Verfahren in Betracht, bei denen der Einfluß einer Eigenfärbung oder Trübung weitgehend ausgeschaltet ist. Wegen ihrer Einfachheit und einer für die Zwecke der Flotation hinlänglichen Zuverlässigkeit sollen im folgenden einige Verfahren genauer besprochen werden.

Der Hellige-Komparator.

Die zu untersuchende Flüssigkeit wird in zwei viereckige, dem Apparat beigegebene Küvetten gebracht und in der einen Küvette mit einer bestimmten Menge des durch Vorproben ermittelten Indikators versetzt. Darauf werden beide Küvetten in den in der Abb. 56 dargestellten Komparator[1] gesteckt, mit dessen Hilfe auf einer zu dem verwendeten Indikator gehörigen drehbaren Farbscheibe diejenige Farbe ermittelt wird, die sich mit der Farbe der mit dem Indikator versetzten Flüssigkeit deckt. Die Farbscheiben haben eine Anzahl

---

[1] Erhältlich bei F. Hellige & Co., Freiburg i. Breisgau.

Farbfenster, deren Abstufung 0,2 p_H-Einheiten beträgt. Hinter dem jeweiligen Farbfenster steht im Blickfeld die Küvette mit der Untersuchungslösung ohne Indikator, so daß Eigenfarbe und Trübung bis zum gewissen Grade durch diese Anordnung berücksichtigt werden. Man sieht also zwei Farbfelder, das der Farbscheibe und das der mit Indikator versetzten Lösung, die durch Einschalten eines Prismas nebeneinander zu liegen kommen und damit einen genauen Vergleich ermöglichen. Bei vollkommener Deckung der Farbtöne ist die auf der Farbscheibe abzulesende Zahl die p_H-Zahl der untersuchten Flüssigkeit. Bei dichten Trüben empfiehlt es sich, die Flüssigkeit vor der Messung

Abb. 56. Hellige-Komparator.

zu verdünnen, um genauere Ablesungen zu erzielen. Allerdings ist durch einen kleinen Versuch mit verschiedenen Verdünnungen zunächst zu prüfen, ob die Trübe stark genug gepuffert ist, daß sie eine Aufhellung durch Zusatz von destilliertem Wasser ohne Beeinträchtigung des Meßergebnisses zuläßt.

Die Tüpfelmethode.

Diese Methode ist in erster Linie für die Untersuchung von Flüssigkeiten mit starker Eigenfärbung oder Trübung geschaffen worden und beruht darauf, daß die Eigenfarbe der zu prüfenden Flüssigkeit durch möglichst verminderte Schichtdicke zum Verschwinden gebracht wird. Das läßt sich beispielsweise dadurch erreichen, daß die Flüssigkeit in flache napfförmige Vertiefungen auf eine Porzellanplatte gebracht und mit dem Indikator versetzt wird. In der flachen Randzone tritt dann die durch den Indikator erzeugte Färbung in sehr feiner Form hervor. Die Auffindung der betreffenden Wasserstoffzahl ist dann entweder durch Vergleich mit Pufferlösungen möglich oder mit Hilfe von Farbtafeln, wie sie von Dr. Tödt ausgearbeitet worden sind. Die Abb. 57 zeigt eine kleine transportable Tüpfelapparatur nach

Dr. Tödt[1], die außer einigen Indikatoren eine Porzellanplatte und Tüpfelpipetten enthält. Außerdem gehören zwei Farbtafeln für den Meßbereich von $p_H = 2{,}8$ bis $p_H = 9{,}6$ dazu.

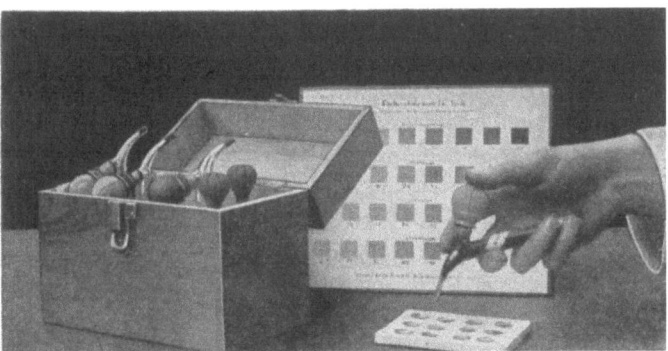

Abb. 57. Tüpfelapparatur nach Dr. Tödt.

Da man bei dieser Methode mit sehr geringen Flüssigkeitsmengen arbeitet, so kann bei schlecht gepufferten Lösungen durch Aufnahme von Kohlensäure aus der Luft die Wasserstoffionenkonzentration sich sehr stark während der Messung ändern. Es empfiehlt sich daher in solchen Fällen, mehr Flüssigkeit zu nehmen. Bei Beachtung dieses Umstandes vermag diese Methode jedoch brauchbare Ergebnisse zu liefern.

Folienkolorimeter von Wulff.

Ein ausgezeichnetes Mittel zur Bestimmung der Wasserstoffzahl in schlammigen, kolloiden oder trüben Lösungen bietet das Folienkolorimeter von Wulff[2]. Bei diesem Verfahren werden durchsichtige Folien aus Zellulose verwendet, denen Indikatorlösung einverleibt ist. Gegenüber den bekannten Reagenzpapieren besitzen diese Membrane den Vorzug, ganz glatt zu sein und den Indikator fester zu adsorbieren als Papier. Diese Folien werden in die zu untersuchende Lösung eingetaucht, und der Vergleich des Farbumschlages mit einer Farbskala ergibt die p_H-Zahl der Lösung. Gerade bei sehr schlammigen Trüben ist diese Methode empfehlenswert. Die Genauigkeit läßt sich mit etwa 0,1 p_H-Einheiten angeben.

E. Der Betrieb der Schwimmaufbereitung.

Der Betrieb der Schwimmaufbereitung gliedert sich in die vier Teile: Zerkleinerung, Herstellung der flotationsfertigen Trübe, die eigentliche

---

[1] Zu beziehen durch Ströhlein & Co., Düsseldorf.
[2] Hersteller: Firma F. & M. Lautenschläger, München, Lindwurmstr. 29/31.

Flotation und die Weiterverarbeitung der erhaltenen Flotationskonzentrate. Wie diese verschiedenen Arbeitsgebiete im Betriebe aufeinander folgen, so sollen sie auch im folgenden nacheinander einer Behandlung unterzogen werden.

I. Das Zerkleinern des Rohgutes für die Schwimmaufbereitung.

a) Der Umfang der Zerkleinerung.

Die Flotation kann nur wirksam werden, wenn das ihr zugeführte Gut eine solche Kornfeinheit besitzt, daß die Luft- bzw. Gasblasen in der Lage sind, die zu gewinnenden Körner zum Aufschwimmen zu bringen. Es hat sich gezeigt, daß diese obere Korngrenze für Erze bei etwa 0,2 mm liegt, während Kohlen beispielsweise noch bei einer Korngröße von 2 bis 3 mm verarbeitet werden können. Es ergibt sich daraus in der Regel die Notwendigkeit, das anzureichernde Gut für die Zwecke der Flotation zu zerkleinern, es sei denn, daß es einem Aufbereitungsbetriebe entstammt, in dem es bereits eine ausreichende Kornfeinheit erlangt hatte.

Neben der Erreichung eines genügend feinen Kornes steht aber meist die Aufgabe, das zu verarbeitende Gut aufzuschließen, d. h. die im Erz oder den Kohlen miteinander verwachsenen Bestandteile möglichst vollständig voneinander zu lösen, damit eine wirkungsvolle Trennung möglich wird. Dieser Gesichtspunkt des Aufschlusses tritt nur dann zurück, wenn das Erz grob verwachsen ist. In diesem Falle ist es so grob wie möglich der Flotation zuzuführen, um an Zerkleinerungskosten zu sparen und die weitere Verarbeitung der fertigen Produkte zu erleichtern. In einem solchen Falle werden aber sogar Überlegungen am Platze sein, ob nicht andere Verfahren, wie beispielsweise die Schwerkraftaufbereitung, den Vorzug größerer Wirtschaftlichkeit besitzen. Liegt dagegen der Aufschluß bei der Größe des flotationsfähigen Kornes, so schalten andere Verfahren der Anreicherung meist aus und es ist durch Versuch festzustellen, bei welchem Feinheitsgrad der beste Anreicherungserfolg erzielt wird.

Wie für die Flotation aber eine obere Korngrenze besteht, die nicht überschritten werden darf, so besteht auch eine untere Teilchengröße, die nicht unterschritten werden darf, wenn nicht Störungen und Mißerfolge eintreten sollen. Ein genaues Maß für diese untere Teilchengröße läßt sich nicht angeben. Sie ist aber ungefähr gegeben durch das Sedimentationsvermögen. Mehr oder weniger beständige Schlämme können nicht flotiert werden, weil die unhaltigen Teile nicht genügend schnell absinken. Dazu kommt, daß solche Schlämme u. U. wahllos vom Schaum aufgenommen werden und sich Mißstände ergeben, auf

110   Der Betrieb der Schwimmaufbereitung.

die bereits im theoretischen Teil hingewiesen worden ist. Ihre Ursache liegt in den kapillaren Eigenschaften kolloidfeiner Stoffe, die wenig spezifischer Art sind und daher Trennungen außerordentlich erschweren.

Als ein Vorteil des gröberen Kornes ist auch noch zu erwähnen, daß es in einer verhältnismäßig dickeren Trübe verarbeitet werden kann als feines Gut. Der Reagensverbrauch wird also geringer und die Durchsatzleistung der Maschinen höher sein. Anderseits soll sich gezeigt haben, daß eine Trübe, die keine feinen Schlämme enthält, nicht so leicht flotiert wie eine Trübe, die auch ein feineres schlammartiges Korn umfaßt. Dabei dürfte es sich aber nicht um Schlammpartikel von kolloider Größenordnung gehandelt haben.

Es ist schon bei Besprechung der Prüfsiebungen für Laboratoriumszwecke darauf hingewiesen worden, daß im praktischen Betriebe die Kornfeinheit meist in Maschen angegeben wird. Diesen Angaben über Maschenzahlen liegt vornehmlich die Siebskala nach Tyler zugrunde, deren Siebskalenkoeffizient $\sqrt{2} = 1{,}414$ ist und deren Basis ein Sieb 200 mit einer lichten Maschenweite von 0,0029 engl. Zoll bzw. 0,074 mm ist. Es ergeben sich daraus die folgenden Siebe:

Maschen	Lichte Maschenweite		Maschen	Lichte Maschenweite	
	engl. Zoll	mm		engl. Zoll	mm
(2¹/₂)	(0,312)	(7,92)	(24)	(0,028)	(0,70)
3	0,263	6,68	28	0,023	0,59
(3¹/₂)	(0,221)	(5,61)	(32)	(0,020)	(0,50)
4	0,185	4,70	35	0,016	0,42
(5)	(0,156)	(3,96)	(42)	(0,014)	(0,35)
6	0,131	3,33	48	0,0116	0,30
(7)	(0,110)	(2,79)	(60)	(0,0097)	(0,25)
8	0,093	2,36	65	0,0082	0,21
(9)	(0,078)	(1,98)	(80)	(0,0069)	(0,18)
10	0,065	1,65	100	0,0058	0,15
(12)	(0,055)	(1,40)	(115)	(0,0049)	(0,12)
14	0,046	1,17	150	0,0041	0,10
(16)	(0,039)	(0,99)	(170)	(0,0035)	(0,088)
20	0,033	0,83	200	0,0029	0,074

In letzter Zeit findet man auch häufig Angaben über 230, 270 und 325 Maschen. Diese Angaben beziehen sich auf die Siebskala des Bureau of Standards (Basis 1 mm; Siebskalenkoeffizient $\sqrt{2}$ und $\sqrt[4]{2}$) und entsprechen linearen Maschenweiten von 0,062, 0,053 und 0,044 mm.

Die folgenden beiden Siebanalysen, deren Werte auf der Tylerschen Skala aufgebaut sind, geben ein Bild von der Kornfeinheit in praktisch verarbeiteten Flotationstrüben. Ein verhältnismäßig grobes Gut wird in der Netta-Aufbereitung[1] verarbeitet, wie die folgende Siebanalyse zeigt:

---

[1] Sansom, F. M.: U. S. Bureau of Mines J. C. 6342 (1930).

Der Umfang der Zerkleinerung.

```
            über    48 Maschen liegen   2,51%  der Menge
zwischen 48 und 65     „         „       8,21%   „     „
   „     65  „  100    „         „      16,15%   „     „
   „    100  „  200    „         „      35,37%   „     „
         unter 200     „         „      37,76%   „     „
                              zus.     100,00%
```

Demgegenüber weist die folgende Siebanalyse der United Verde Copper Co. Flotationsanlage[1] eine sehr fein zerkleinerte Trübe nach:

```
            über   65 Maschen liegen   0,8%  der Menge
zwischen 65  und 100   „         „     5,6%   „     „
   „    100  „   150   „         „    10,0%   „     „
   „    150  „   200   „         „     9,8%   „     „
         unter 200     „         „    73,8%   „     „
                              zus.   100,0%
```

Aber auch diese Siebanalyse stellt noch nicht den äußersten Grad der Zerkleinerung dar, da teilweise Gut mit über 80% an Korn unter 200 Maschen verarbeitet wird.

Einen sehr wichtigen Punkt stellen bei der Zerkleinerung die mit ihr verbundenen Kosten dar, die mit zunehmender Feinmahlung recht beträchtlich anwachsen. Bekanntlich ist nach Rittinger die zu leistende Zerkleinerungsarbeit proportional der Oberflächenzunahme. Um daher eine bestimmte Gewichtsmenge von groben Körnern auf beispielsweise die Hälfte ihrer Korngröße zu zerkleinern, ist eine geringere Energie aufzuwenden, als wenn bei gleichem Gewicht feinere Körner mit dem gleichen Zerkleinerungsgrad vermahlen werden sollen. Daraus geht hervor, daß der Arbeitsaufwand für die Feinmahlung wesentlich größer als für die Grobzerkleinerung ist.

An einem der Praxis entnommenen Beispiel soll kurz der Anteil der Zerkleinerung sowohl am Kraftbedarf als auch an den Kosten eine Flotationsanlage[2], die ein Kupferkies-Pyrit-haltiges Haufwerk verarbeitet, zur Darstellung gebracht werden. Abb. 58 läßt erkennen,

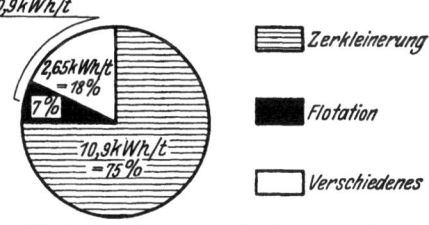

Abb. 58. Verteilung des Kraftverbrauches je t Roherz in der Aufbereitungsanlage der Phelps Dodge Corp. in den ersten 5 Monaten 1928 nach W. B. Cramer.

wie sich der Kraftverbrauch innerhalb der Anlage verteilt, während Abb. 59 die Verteilung der Kosten nachweist. Beide Abbildungen zeigen in sehr anschaulicher Weise die Bedeutung der Zerkleinerungsarbeit.

Man ist daher schon seit langem nachdrücklich bemüht, die Zerkleinerung so weit wie möglich einzuschränken, d. h. jede Entstehung

---

[1] Kuzell, C. R. u. L. M. Barker: U. S. Bureau of Mines J. C. 6343 (1930).
[2] Cramer, W. B.: Engg. Min. J. 126, 675/7 (1928).

von Unterkorn zu vermeiden, um dadurch Ersparnisse zu erzielen. Da meist die Gangart von größerer Härte ist, ihre Zerkleinerung also besonderen Arbeitsaufwand erfordert, ergibt sich die Möglichkeit der Ersparnis, wenn die Gangart weniger weitgehend zerkleinert wird als das Erz. Es kommt hinzu, daß ein derart beschaffenes Aufgabegut günstige Vorbedingungen für die Flotation besitzt, da die groben unhaltigen Teile schnell absinken werden. Welche Wege man in dieser Hinsicht eingeschlagen hat, wird weiter unten noch gezeigt werden.

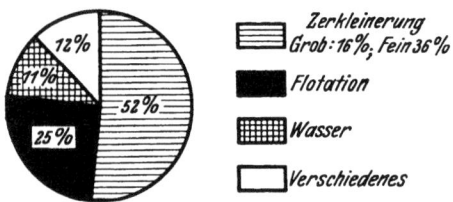

Abb. 59. Verteilung der Aufbereitungskosten in der Aufbereitungsanlage der Phelps Dodge Corp. in den ersten 5 Monaten 1928 nach W. B. Cramer.

Einen besonderen Weg hat Fahrenwald[1] angegeben, wie die Zerkleinerung eingeschränkt werden kann. Er besteht darin, die Flotation mit einer Klassierung und Herdaufbereitung zusammenzuschließen, wie dies die folgende Abb. 60 zeigt.

Dem Prinzip der „all flotation", d. h. einem Verfahren, bei dem das ganze Haufwerk unmittelbar auf Flotationsfeinheit gemahlen und anschließend flotiert wird, steht hier also eine Betriebsweise gegenüber, bei der den Schwimmapparaten eine grobe Flotationstrübe zugeführt wird, aus der sie nur das feine und aufgeschlossene Erz herausheben sollen. Die Abgänge werden dann durch einen Klassierapparat in fertigen Bergeüberlauf und Sand zerlegt. Der letztere wird weiter auf dem Herde in Konzentrat, Verwachsenes und Berge getrennt. Erst das hier erhaltene Verwachsene wird weiter aufgeschlossen. Es ist leicht einzusehen, daß diese Arbeitsweise nur da am Platze ist, wo das Ausgangsgut so gutmütig ist, daß auf dem Herde verhältnismäßig viel und reiches Konzentrat erzeugt werden kann.

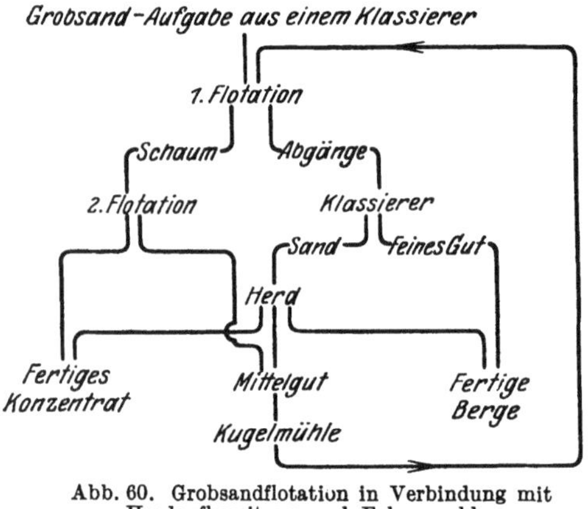

Abb. 60. Grobsandflotation in Verbindung mit Herdaufbereitung nach Fahrenwald.

Sieht man von diesem besonderen Verfahren ab, welches bei Anwendung von Flotation die Verarbeitung eines übernormal großen

---

[1] U. S. Bureau Mines Serial 2921 (1929).

Kornes ermöglicht, so ergeben sich für den Umfang der Zerkleinerung folgende Anhaltspunkte: Das gröbere Korn muß so fein sein, daß es zum Aufschwimmen gebracht und im Schaum gehalten werden kann. Überfeines, gewissermaßen totgemahlenes Korn muß vermieden werden, da es technische Schwierigkeiten bereitet. Welcher Feinheitsgrad zwischen diesen beiden Grenzfällen für den Betrieb der günstigste und vorteilhafteste ist, richtet sich nach dem Verwachsungsgrad auf der einen, und den Zerkleinerungskosten auf der anderen Seite.

b) Die Stellung der Schwimmaufbereitung zu den anderen Aufbereitungsverfahren.

Eine Frage von großer Wichtigkeit ist die nach dem eigentlichen Anwendungsbereich der Schwimmaufbereitung und ihrer Abgrenzung gegenüber den übrigen Aufbereitungsverfahren. Da diese Frage so innig mit der Verwachsung der Erze und ihrem Aufschluß durch die Zerkleinerung zusammenhängt, soll sie an dieser Stelle behandelt werden.

Einen Anhalt gibt die geschichtliche Entwicklung, die mit der Trennung von bleizinkhaltigen feinen Haldenerzen ihren Anfang genommen hat. Kein anderes Verfahren war bis dahin in der Lage, Bleiglanz und Zinkblende enthaltende Feinerze zu scheiden und somit ist dieses Gebiet der Flotation insbesondere vorbehalten geblieben. Jedoch war die Trennung von fein verwachsenem Bleiglanz mit Zinkblende nicht die einzige, die die älteren Verfahren nicht ermöglichen konnten; es seien hier weiter noch genannt die Trennung von Oxyden des Bleies und Zinkes, von Kupferkies und Pyrit, von Kupferkies und Molybdänglanz, von Kupferkies und Magnetit, Kupferkies und Zinkblende, sowie die Abscheidung von Magnesit, Flußspat, Apatit aus ihren Mineralvergesellschaftungen. In diesen und noch anderen Fällen konnte die Flotation die Trennung bewirken und sich dadurch den unbedingten Vorrang vor den anderen Verfahren verschaffen.

Noch ein anderes Gebiet ist der Schwimmaufbereitung im wesentlichen vorbehalten. Es ist das der Schlämme, die durch die Verarbeitung von Haufwerk in Aufbereitungsanlagen entstanden sind und ein mehr oder weniger wertloses Abfallerzeugnis dieser Betriebe darstellen. Die Verfahren der Schwerkraftaufbereitung und auch die elektromagnetische Trennung vermögen diesem feinen Gut nicht mehr beizukommen. Für die Flotation bedeutete aber die Feinheit dieses Gutes gerade eine Voraussetzung ihrer Wirksamkeit, so daß ihr auch auf dem Gebiete der Schlämme kein Wettbewerb entgegentritt. Vielmehr ist die Schwimmaufbereitung zu einem sehr erwünschten Hilfsmittel geworden, um auch den in Teichschlämmen älterer Anlagen verbliebenen Metallgehalt noch nutzbar zu machen.

Doch noch ein weiteres, sehr umfangreiches Gebiet ist der Schwimmaufbereitung vorbehalten in den Erzen, die derart fein verwachsen sind, daß ihr Aufschluß durchweg erst bei einer Korngröße erreicht wird, die innerhalb der Flotationsfeinheit liegt. Hier mußte sich das System der „all flotation" entwickeln, da die Zerkleinerung nicht zu umgehen war. Es zeigte sich dann, daß solche Schwimmanlagen einen sehr klaren und übersichtlichen Aufbau erhielten. Zudem konnten infolge der Gleichförmigkeit des Verarbeitungsvorganges verhältnismäßig große Maschineneinheiten angesetzt werden, deren große Durchsatzleistungen die wirtschaftliche Seite günstig gestalteten. Dieser Vorteil ließ sich bei verschiedenen Anlagen dadurch besonders weitgehend ausnutzen, daß verhältnismäßig große Erzmengen sicher nachgewiesen waren. Da die Größe der Anlage wiederum in starkem Maße die Kosten beeinflußt, so mußte sich mithin das Ergebnis solcher Anlagen als günstig erweisen.

Als ein Beispiel dieser Art seien die Aufbereitungen der Moctezuma Copper Co. und der Copper Queen Branch genannt, die infolge der feinen Verwachsung der Kupferkies-Pyriterze auf Herden keine völlig befriedigende Anreicherung hatten erzielen können und durch Übergang zur ausschließlichen Flotation eine wesentliche Verbesserung der Trennungsergebnisse erreichten. Die Zahlentafel 8 gibt eine Übersicht

Zahlentafel 8. Betriebsergebnisse einer Anlage mit teilweiser Herdaufbereitung und ausschließlicher Flotation.

	1923	1925	1927
Gehalt der Konzentrate . . . . % Cu	10,53 (1924)	13,58	18,07
Kupferausbringen . . . . %	90,60	91,02	90,85
Davon Kupferausbringen auf Herden . . . . %	25,97	0,59	0
Und Kupferausbringen in der Flotation . . . %	64,63	90,43	90,85
Aufbereitungskosten . . . . $/t Roherz	0,864	0,658	0,560
Verbrauch an Flotationsreagenzien . . . . g/t	404	95	86
Kraftverbrauch . . . . kWh/t Roherz	15,21 (1924)	14,75	14,49
Davon für Flotation . . . . kWh/t	3,35 (1924)	2,87	0,91
Und für Zerkleinerung . . . . kWh/t	9,76	9,74	10,94
Zahl der Beschäftigten je Tag	—	157,8	140,7
Leistung je Mann und Schicht . . . . . . t	—	21,33	23,22

über die Veränderung der Betriebsergebnisse, wie sie in den Jahren 1923 bis 1927 durch die Umstellung nach Angabe von Cramer[1] erreicht wurde.

Die Erfolge, die mit der alleinigen Anwendung der Schwimmerei erzielt wurden, führten dazu, daß man z. T. ihre Anwendung auch dort

---

[1] Cramer, W. B.: a. a. O.

Stellung der Schwimmaufbereitung zu den anderen Aufbereitungsverfahren. 115

für angebracht hielt, wo der Verwachsungsgrad der Erze verhältnismäßig günstig war. Zweifellos ist diese Überlegung nicht gerechtfertigt, was wohl einzusehen ist, wenn man an die Bedeutung der Zerkleinerungskosten innerhalb einer Flotationsanlage denkt, wie sie bereits durch die Abb. 58 und 59 veranschaulicht wurden. Ob der Flotation ein anderes Verfahren, wie Handscheidung oder naßmechanische Trennung vorauszugehen hat, kann vielmehr in jedem einzelnen Falle nur durch eine genaue Durchrechnung ermittelt werden. Es ist zu prüfen, ob der Gesamterlös für die aus einer Tonne Roherz erzeugten Konzentrate einer gemischten Anlage nach Abzug der gesamten Aufbereitungskosten je t Durchsatz größer ist, als diese Differenz dann ist, wenn ausschließlich Flotation Anwendung findet. Je nach den Verhältnissen müssen außerdem die Frachtraten berücksichtigt werden.

In vielen Fällen grobverwachsener Erze und auch bei fast allen Kohlen dürfte die Durchrechnung ergeben, daß die gemischte Anlage insbesondere dann vorteilhafter ist, wenn auf die Stückigkeit der Konzentrate wie bei Eisenerzen und Kohlen großer Wert zu legen ist und für feinkörnige Konzentrate besondere Stückigmachungskosten entstehen. Gerade in diesen Fällen wirken sich die Zerkleinerungskosten der Schwimmerei unwirtschaftlich aus. Auch bei Metallkonzentraten hat man lange die Feinheit der Flotationsprodukte als wertmindernd angesehen, jedoch haben sich die Hütten inzwischen weitgehend auf diese Verhältnisse eingestellt.

Erwähnt sei noch, daß neben der rein wirtschaftlichen Seite noch einige Gründe für die Anwendung der ausschließlichen Flotation auch bei gutmütigen Erzen sprechen können. Es sind dies die größere Einfachheit der Anlage, die damit verbesserte Kontrollmöglichkeit sowie die größere Anpassungsfähigkeit. Da ferner das Metallausbringen in der Flotation meist höher ist, als bei anderen Verfahren, können u. U. auch volkswirtschaftliche Gründe für ihre Anwendung sprechen.

Wie aber bereits erwähnt, steht bei der Frage nach dem geeigneten Verfahren die wirtschaftliche Durchrechnung im Mittelpunkt der Überlegungen. Es dürfte daher eine allgemeine Übersicht der gesamten Aufbereitungskosten interessieren, deren Werte sich auf einer Reihe betriebener Anlagen gründen. Diese Übersicht, die drei verschiedene Systeme bei verschiedenen Durchsatzleistungen miteinander vergleicht, ist in Zahlentafel 9 gegeben. Die Gesamtaufbereitungskosten einer naßmechanischen Anlage je t Durchsatz bei einer Durchsatzleistung von 15 t/24 h sind gleich 100% gesetzt und danach die Kosten der anderen Anlagen in Prozenten angegeben.

Der mit dieser Übersicht gegebene Vergleich läßt zunächst erkennen, daß die Aufbereitungskosten bei naßmechanischer Trennung und einfacher Flotation (Gewinnung nur eines Konzentrates) nicht

8*

Zahlentafel 9. Vergleich der gesamten Aufbereitungskosten
verschiedener Aufbereitungsverfahren.

Verfahren	Gesamtaufbereitungskosten bei Durchsatzleistungen von						
	15 t/24 h	50 t/24 h	150 t/24 h	500 t/24 h	1500 t/24 h	5000 t/24 h	15000 t/24 h
Naßmechanische Trennung	100%	75%	45%	37,5%	30%	25%	—
Flotation mit Erzeugung eines Konzentrates	87,5%	62,5%	50%	45%	35%	25%	20%
Flotation mit Erzeugung von 2 Konzentraten	125%	95%	75%	65%	55%	40%	30%

wesentlich verschieden sind. Bei sehr kleinen Anlagen ist die Schwimmerei sogar billiger, offenbar infolge der größeren Einheitlichkeit der maschinellen Ausrüstung, dagegen stellt sich bei mittelgroßen Anlagen die naßmechanische Aufbereitung billiger, was insbesondere auf die Einschränkung der Zerkleinerungskosten zurückzuführen sein dürfte. Natürlich kann diese Übersicht nicht mehr als einen ganz allgemeinen Anhalt geben und darf demgemäß nicht als alleinige Unterlage bei einer vergleichenden Durchrechnung dienen.

c) Die Vor- und Grobzerkleinerung.

Während an die Feinmahlung von der Schwimmaufbereitung in technischer Hinsicht ganz besondere Anforderungen gestellt werden, gilt dies weniger für die Vor- und Grobzerkleinerung. Eine gewisse Eigenart erhalten sie in der Flotation zwar dadurch, daß ihnen im Gegensatz zu der stufenweisen Zerkleinerung der naßmechanischen Aufbereitung die Aufgabe zufällt, die Korngröße unmittelbar möglichst stark herunterzubringen. Dadurch erhalten diejenigen Maschinen einen Vorzug, die einen großen Zerkleinerungsgrad aufweisen, d. h. bei denen das Verhältnis des Durchmessers des aufgegebenen Kornes zu dem Durchmesser des zerkleinerten Kornes möglichst groß ist. Da die anwendbaren Maschinen gleichzeitig in der Lage sein müssen, sehr große Stücke zu fassen, um die Hand- und Schießarbeit an großen Stücken weitgehend einzuschränken, ergeben sich für die Vorzerkleinerung als geeignete Maschinen in erster Linie die Backen- und Kreiselbrecher.

Der Backenbrecher — vielfach auch Steinbrecher genannt —, aus Gußeisen oder Stahlguß hergestellt, hat eine feste und eine bewegte Brechbacke, zwischen deren Rippen das Gut gebrochen wird. In den größten Ausführungsformen vermögen die Brecher Brocken bis zu 3 m³ Größe aufzunehmen, während man auf der anderen Seite Korn unter 40—50 mm nicht mehr dem Steinbrecher aufgeben wird. Die Zahlentafel 10 gibt eine Zusammenstellung von Anhaltswerten verschiedener Baugrößen dieser Brecher, wobei gleichzeitig Angaben

Die Vor- und Grobzerkleinerung.

Zahlentafel 10. Anhaltswerte über Backenbrecher.

	Maul-weite lang mm	Maul-weite breit mm	Spalt-weite mm	Gewicht bei Stahl-guß-rahmen t	Bau-höhe mm	Durchsatz-leistung t/h	Kraft-bedarf kW	Zer-kleine-rungs-grad
Große Sonder-ausführung .	2100	1500	250	200	4200	800—1000	200	
Größe 6 . .	900	600	150	25	1900	200—250	50	5—6
Größe 1 . .	450	275	40	6	1400	12—16	15	
Kleine Sonder-ausführung .	200	120	25	0,9	800	1,2—2	2,5	

über Durchsatzleistung, Kraftbedarf und Zerkleinerungsgrad gemacht sind. Die in der Tabelle aufgeführte kleine Sonderausführung kommt ausschließlich für Versuchsbetriebe und Laboratorien in Frage. Als besondere Eigenart der Brecher ist zu bemerken, daß das in ihnen gebrochene Gut teilweise 10 bis 20% Überkorn mit bis zu 50% größerem Durchmesser enthält, als der Spaltweite entspricht. Bei der beweglichen Brechbacke ist der Vorschub verstellbar; für hartes Erz ist er kleiner zu wählen als für weicheres Material. Der Brechbackenverschleiß hängt von der Härte der Aufgabe ab und kann bei Hartguß im Mittel zu 0,05 bis 0,1 kg je t Durchsatz angenommen werden.

Die Steinbrecher haben den Vorzug großer Betriebssicherheit, jedoch muß je nach der Art der Aufgabe mit Verstopfungen gerechnet werden. Günstig ist die geringe Bauhöhe.

Der Kreiselbrecher — ebenso wie der Steinbrecher ein für Hartzerkleinerung und die Verarbeitung großer Stücke geeignetes Gerät — besteht aus einer mit Brechkonus versehenen Spindel, die innerhalb eines Brechmantels eine kreisförmig pendelnde Bewegung ausführt und durch die dadurch verursachte Erweiterung und Verengerung des Brechspaltes das Aufgabegut zerquetscht. Infolge der gleichmäßigen Arbeitsweise der Spindel hat der Rundbrecher bei gleicher Durchsatzleistung wie ein Backenbrecher geringeres Gewicht und auch bei gleichem spezifischen Mahlwiderstand des Aufgabegutes einen um 10 bis 20% geringeren Kraftbedarf je t Durchsatz. Auch die Fundamentierung kann leichter ausgeführt werden. Ein Nachteil ist die größere Bauhöhe und die schwierigere Auswechselung von Ersatzteilen.

Das Anwendungsgebiet der Rundbrecher liegt hauptsächlich bei großen Durchsatzmengen und dort, wo an die gleichmäßige Körnung des zerkleinerten Gutes höhere Anforderungen gestellt werden.

Die Zahlentafel 11 gibt eine Zusammenstellung von Anhaltswerten über Kreiselbrecher.

Das Bemühen, den Zerkleinerungsgrad der Maschinen zu erhöhen, hat in den letzten Jahren in Amerika zur Entwicklung eines besonderen

Kegelbrechers, nämlich des Symons „cone crusher" geführt. Abb. 61 gibt eine Schnittzeichnung dieses Brechers.

Zahlentafel 11. Anhaltswerte über Kreiselbrecher.

	Durchmesser der Brechöffnung mm	Durchmesser verarbeitbarer Stücke mm	Gewicht t	Umdrehungen der Spindel n/min	Bauhöhe mm	Durchsatzleistung t/h	Kraftbedarf kW	Zerkleinerungsgrad
Größere Ausführungsform	1450	400—800	40	110	4500	150—200	60	4—8
Kleinere Ausführungsform	850	150—400	10	140	2200	60—90	25	4—8

Die Abb. 61 zeigt die Spindel mit der kegelartigen Brechbacke a, die auf dem Lager b aufliegt. Durch den Exzenter c erhält die Spindel eine kreisförmige, pendelnde Bewegung und quetscht damit das im Brechmaul nachrutschende Gut gegen den feststehenden Brechmantel g. Da das zu zerkleinernde Gut zwischen Brechmantel und Brechkegel einen verhältnismäßig langen, sich stark verengenden Weg zurückzulegen hat, gelingt die starke Erniedrigung des Korndurchmessers.

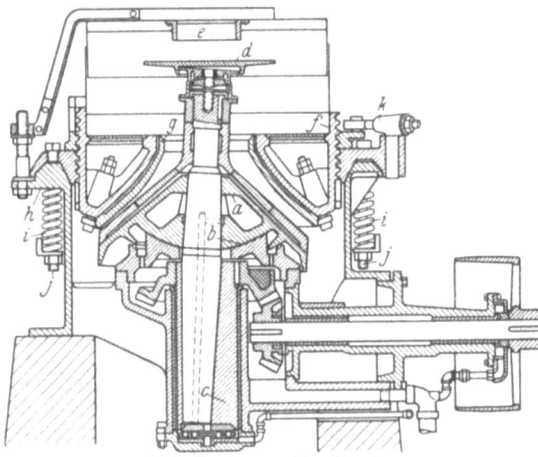

Abb. 61. Symons-Kegelbrecher.

Die Aufgabe erfolgt durch die Öffnung e auf den mit der Spindel verbundenen Teller d, durch den eine gleichmäßige Verteilung der Aufgabe erreicht wird. Der Oberteil der Maschine ist durch Bolzen k gehalten und kann auf verschiedene Höhen eingestellt werden. Nach unten hin ist er durch die Bolzen j mit Federn i gehalten, so daß ein Ausweichen bei Hineingelangen von Eisenstücken möglich ist.

Nach Angabe von Robie[1] hat ein auf der Chino-Aufbereitung laufender Kegelbrecher Bauart Symons von 2,10 m Dmr. des Kegelbrechers und 60 t Gewicht bei einem Zerkleinerungsgrad von etwa 15 (250 zu 16 mm) eine Stundendurchsatzleistung von 300 t, wobei der Kraftverbrauch

---

[1] Engg. Min. J. 126, 783 (1928).

Die Vor- und Grobzerkleinerung.

100 kW betrug. Als ein Vorzug muß die geringe Bauhöhe und die Unempfindlichkeit des Brechers gegen Eisenteile gelten.

Insbesondere aus diesem letzteren Grunde hat die Bedeutung der Scheiben- oder Diskusbrecher, die sowohl als horizontal wie auch als vertikal arbeitende Maschinen gebaut werden, nachgelassen.

Die weitgehende Zerkleinerung, welche die neuzeitlichen Brecher bereits erreichen, hat die Verwendung von Grobwalzwerken, denen früher fast ausschließlich die Arbeit des Schrotens zufiel, ziemlich stark eingeschränkt, während gleichzeitig die Kugelmühlen ein immer größeres Korn aufzunehmen vermochten, so daß damit die Bedeutung der Walzenmühlen eine Einschränkung erfahren hat, wenn andererseits auch ihre Verwendung noch eine recht ausgedehnte ist.

Die Walzenmühlen nehmen im allgemeinen ein Korn von unter 50 mm auf und sollten auf nicht mehr als 2 mm zerkleinern. Ihr Zerkleinerungsgrad beträgt etwa 4, so daß meist mehrere Walzwerke hintereinander zu stellen sind. Die eigentlichen Arbeitswalzen bestehen aus dem Kern und dem auswechselbaren, meist aus Stahlguß hergestellten Walzenmantel. Bei sehr hartem Erz wird auch Hartstahl verwendet. Abgenutzte Walzenmäntel geben viel Überkorn, so daß es notwendig ist, die Walzenoberflächen beizuschleifen. Neuerdings werden für diesen Zweck besondere Schleifvorrichtungen geliefert, die unmittelbar an der Walzenmühle befestigt werden können und die Schleifarbeit ausführen, während die Mühle in Betrieb ist.

Während die Grobwalzwerke im allgemeinen trocken arbeiten, werden die Feinwalzwerke auch naß beschickt. Diese haben außerdem größere Umdrehungsgeschwindigkeiten als die Grobwalzwerke.

Eine Zusammenstellung von Anhaltswerten über Walzenmühlen gibt die Zahlentafel 12.

Zahlentafel 12. Anhaltswerte für Walzenmühlen.

	Walzendurchmesser mm	Walzenbreite mm	Umdrehungen der Walzen u/min	Bauhöhe mm	Gewicht kg	Durchsatzleistung t/h	Kraftbedarf kW	Zerkleinerungsgrad
Große Ausführung	950	350	40	1600	13000	10,0	9	3—4
Mittl. Ausführung	700	300	50	1400	6300	8,0	6	
Kleine Ausführung	400	250	65	800	1250	3,2	3	

Als eine Sonderausführung seien die Walzenmühlen mit Gleitrahmen des Krupp-Grusonwerkes in Magdeburg genannt, bei denen eine Walze in dem gabelförmigen Gleitrahmen gelagert ist, so daß ein schiefes Ausweichen unmöglich ist.

d) Die Feinzerkleinerung.

Für die Feinzerkleinerung des gebrochenen Gutes werden in den meisten Betrieben, bei denen es sich um hartes Gestein handelt, Kugel- oder Stabmühlen und weiterhin Rohrmühlen verwandt. Die ersteren können ein Gut von etwa 60 bis 100 mm verarbeiten, das sie im allgemeinen zu feinen Sanden und Mehlen verarbeiten. Die letzte Feinmahlung auf die von der Flotation gewünschte Feinheit wird z. T. auch in Rohrmühlen durchgeführt. Die Kugelmühlen sind bei großem

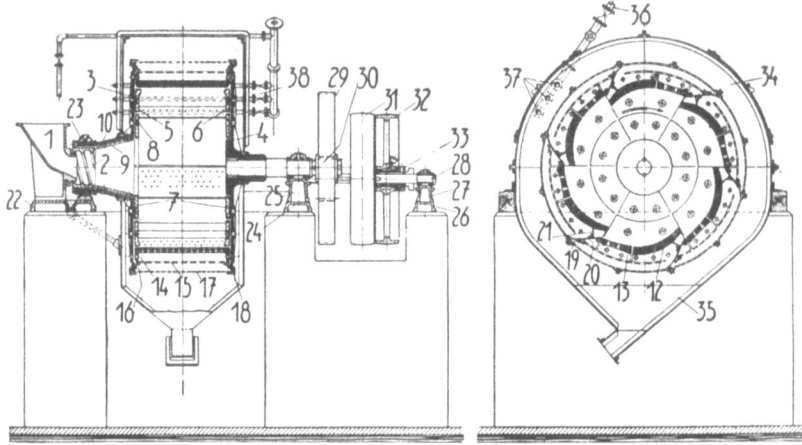

Abb. 62. Naßkugelmühle der Fried. Krupp-Grusonwerk A.-G.
Bestandteile der Naß-Siebkugelmühlen.

1 Einlauftrichter
2 Einsatzbuchse
3 Seitenwand mit Einlaufnabe — Einlaufseite
4 Seitenwand mit hinterer Nabe und Wellenstumpf — Antriebseite
5 Äußere Seitenplatten — Einlaufseite
6 Äußere Seitenplatten — Antriebseite
7 Innere Seitenplatten — Einlauf- und Antriebseite
8 Seitenplattenschrauben
9 Beplattung zum Einlauf
10 Beplattungsschrauben
11 Ganze Mahlplatten bei großen Mühlen (nicht abgebildet)
12 Buckelteil ⎫ der Mahlplatten
13 Gelochter Teil ⎬ für kleine Mühlen
14 Flanschenschrauben
15 Vorsieb
16 Vorsiebschrauben
17 Feinsiebe (Rahmen mit Gewebe)
18 Siebrahmenschrauben
19 Rückleitschaufeln
20 Schaufelschrauben
21 Rücklaufsieb
22 Trichtersohlplatte
23 Halslager
24 Sohlplatte zum Lager — Antriebseite
25 Lager — Antriebseite
26 Sohlplatte zum Vorgelegelager
27 Vorgelegelager
28 Vorgelegewelle
29 Zahnrad
30 Ritzel
31 Feste Riemenscheibe
32 Lose Riemenscheibe mit Scheibenbuchse
33 Klemmleerbuchse
34 Gehäuse-Oberteil
35 Gehäuse-Unterteil
36 Zuführungsrohr für Frischwasser
37 Brausen
38 Ventile

Durchmesser verhältnismäßig kurz gebaut, während die Rohrmühlen etwa 4 bis 8mal so lang wie ihr Durchmesser sind.

In den Kugelmühlen kann die Zerkleinerung naß oder trocken durchgeführt werden, jedoch erfolgt sie für Zwecke der Schwimmerei fast immer naß, wobei sehr häufig auch schon Reagenzien zugeführt werden, um diesen eine lange Einwirkungszeit und gute Verteilung zu verschaffen. Die Mahlkörper sind fast immer Stahlkugeln, seltener Flintsteine. Die Drehzahl ist abhängig vom Durchmesser. Die Wahl der wirkungsvollsten Drehgeschwindigkeit ist von großer Bedeutung, da die Kugeln möglichst durch den mittleren Teil der Mühle frei abfallen müssen, um eine gute Zerkleinerungsarbeit zu leisten.

Zu unterscheiden sind zwei voneinander in der Wirkungsweise ziemlich stark abweichende Arten von Kugelmühlen, nämlich die Siebkugelmühlen und die Überlaufkugelmühlen. Die erstere Bauart hat am Umfang der runden Trommel ein Sieb, welches durch eine Panzerung geschützt ist und nur solche Körner durchläßt, die eine der Sieböffnung entsprechende Korngröße erreicht haben. Die Abb. 62 zeigt im Schnitt eine Naßkugelmühle der Fa. Krupp-Grusonwerk A.-G., Magdeburg. Der Trommelmantel setzt sich aus 6 stufenförmig übereinandergreifenden zweiteiligen Mahlplatten zusammen. Sie sind an dem dem Aufprall der Kugeln ausgesetzten Ende verstärkt und an dem anderen Ende gelocht. Das zerkleinerte Gut fällt zunächst auf ein Vorsieb und erst der Durchfall dieses Siebes auf das äußere zylindrische Feinsieb. Durch besondere Rückleitschaufeln fällt das ungenügend zerkleinerte Gut wieder in den Mahlraum zurück. Das die Mahltrommel umgebende Gehäuse aus Eisenblech oder Holz endet nach unten in einen Ablaufstutzen zur Abführung der Erztrübe.

Zahlentafel 13 gibt einige Anhaltswerte über die verschiedenen Baugrößen dieser Mühle.

Zahlentafel 13. Anhaltswerte über Naßkugelmühlen.

	Durchmesser der Mahltrommel mm	Breite der Mahltrommel mm	Umdrehungen min	Gewicht der Mühle einschl. Mahlkugeln t	Kraftbedarf PS	Zulässige Stückgröße des aufzugebenden Erzes mm	Durchsatzleistung t/h	Wasserverbrauch m³/t Erz	Zerkleinerungsgrad
Große Ausführung..	2700	1400	21	19,0	40	120×150	4,0		
Mittl. Ausführung..	2260	1200	25	12,8	22	80 × 90	2,2	4—6	20—80
Kleine Ausführung..	1400	980	33	5,1	6	50 × 60	0,75		
Labormühle	660	320	36	0,7	0,75	—	—	—	—

Bei den in dieser Zahlentafel angegebenen Werten über die Durchsatzleistung ist zu berücksichtigen, daß diese nicht nur von der Art und Härte des zu zerkleinernden Gutes, sondern auch von der Lochung des Siebes abhängig ist. Diese wird meist 1 bis ½ mm betragen.

Ein Leistungsbeispiel dürfte zur Ergänzung am Platze sein: Ein Bleizinkerz unter 50 mm wurde auf 0,8 mm vermahlen in einer Mühle von 1900 mm Dmr. und 1015 mm Breite bei 18 PS Kraftverbrauch und 9 t Kugelgewicht. Dabei betrug die Leistung 2 t/h.

Die Verwendung der Naßkugelmühle überschneidet die der Walzenmühlen; auf der anderen Seite werden sie häufig in Verbindung mit Naßrohrmühlen benutzt, wobei das Vormahlen bis auf ca. ½ mm von der Siebkugelmühle und das fertige Feinmahlen von der Rohrmühle übernommen wird.

Die im allgemeinen benutzten Stahlkugeln haben meist Durchmesser von 100 oder 125 mm; wirkungsvoll ist eine Mischung von abgeschliffenen Kugeln mit solchen von vollem Gewicht, jedoch sind zu klein gewordene Kugeln auszuscheiden.

Als Gegenstück zu der Siebkugelmühle sei die **Hardinge-Mühle**[1] genannt, die eine **Überlaufmühle** ist. Abb. 63 zeigt die Mühle im Schnitt und läßt erkennen, daß sie doppelt konische Ausbildung besitzt mit einer verhältnismäßig kurzen zylindrischen Zone zwischen den Konussen. Diese Form führt dazu, daß sich die größeren Kugeln vornehmlich in dem weitesten Teil der Mühle sammeln, wo das eingetragene, noch grobe Gut große Fallhöhe und hohes Gewicht der Kugeln verlangt, während das bereits zerkleinerte Gut dann im engeren Teil von den kleineren Kugeln weiter bearbeitet wird. Die Mühle ist in Hohlzapfen gelagert, wodurch sich Eintrag und Austrag leicht bewirken lassen. Ein konisches Sieb sorgt an der Austragseite dafür, daß keine Kugeln oder sehr grobes Korn ausgetragen werden. Als Mahlkörper werden sowohl Stahlkugeln wie auch Flintsteine benutzt. Im ersteren Falle kann das aufgegebene Korn bis 75 mm Korngröße besitzen und im anderen Falle nicht über 20 mm. Zerkleinert werden kann bis auf 200 Maschen, so daß diese Mühlen auch häufig die fertige Feinmahlung für die Zwecke der Flotation zu übernehmen haben.

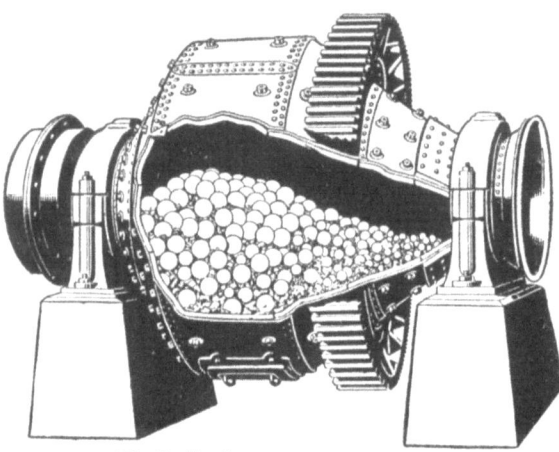

Abb. 63. Hardinges konische Kugelmühle.

Zahlentafel 14 gibt einen Überblick über die Baugrößen, Leistung u. a. m. dieser Mühlenart.

Der vorgenannten Mühle unmittelbar vergleichbar ist die vom Grusonwerk gebaute sieblose **Trommelmühle** mit Stahlkugelfüllung. Diese Mühle besitzt im Hohlzapfen auf der Eintragseite ein Schneckengewinde, wodurch das Gut in den Mahlraum geführt wird. Dieser selbst

---

[1] Die in Amerika entwickelte Mühle wird in Deutschland von der Firma Westfalia-Dinnendahl-Gröppel, Bochum, gebaut.

Die Feinzerkleinerung. 123

ist entweder mit glatten Mahlplatten (hauptsächlich bei Stabfüllung), mit gewellten oder mit stufenförmig ausgebildeten Mahlplatten versehen. Außerdem werden zur Ausfütterung des Trommelmantels auch profilierte Hartstahl-Futterbalken benutzt. Das fertige Gut verläßt die Mühle durch einen hohlen Austragzapfen, der mit einer Austragbüchse und konischem Siebkorb versehen ist.

Zahlentafel 14. Anhaltswerte für die Hardinge-Mühle.

	Durchmesser der Mühle mm	Länge des Mahlgehäuses mm	Gesamtlänge mm	Gewicht einschl. Panzerung kg	Gewicht der Stahlkugelfüllung kg	Kraftbedarf PS	Durchsatzleistung bei 40 mm zu 8 Masch. t/h	Durchsatzleistung bei 8 Maschen zu 200 Maschen t/h	Zerkleinerungsgrad
Große Ausführung ..	2438	1219	5114	22500	17000	170	24	15	
Mittl. Ausführung ..	1828	558	3660	10000	5500	45	6	3	10—20
Labormühle	609	203	1357	510	270	1—2	0,25	0,10	

Eine wesentlich stärker vorzerkleinerte Aufgabe als die Kugelmühlen verlangen die Stabmühlen. Es sind dies zylindrische Mühlen, in denen Stahlstäbe (mit etwa 0,8 bis 1,0% C) als Mahlkörper Verwendung finden. Im allgemeinen wird ihre Aufgabe nicht größer als 3 bis 12 mm sein. Soll das Endprodukt sehr viel feiner als 0,5 mm sein, so dürften die Stabmühlen nicht so wirtschaftlich arbeiten als die nachfolgend beschriebenen Rohrmühlen. Ihr Vorzug ist, daß sie ein gleichmäßiger gekörntes Gut liefern als beispielsweise Walzen- oder Kugelmühlen, doch ist dieser Umstand für die Flotation im allgemeinen von geringerer Bedeutung als etwa für die Herdaufbereitung.

Die Firma Krupp-Grusonwerk A.-G. gibt für eine von ihr gelieferte Rohrmühle mit Stabfüllung folgendes Leistungsbeispiel:

Größe der Mühle . . . . 1550 × 3000 mm
Aufgabegut . . . . . . sulfidisches Zinkerz
Aufgabekorngröße . . . unter 20 mm (50% über 5 mm)
Austrag . . . . 3% über 100 Maschen
Durchsatz . . . . 10 t/h
Kraftbedarf . . . . . . 80 PS
Gewicht der leeren Mühle 17,5 t
Gewicht der Stabfüllung 10,0 t

Als Vertreter der Stabmühlen seien ferner die Marcy-Mühle[1] und die Marathon-Mühle[2] genannt. Glockemeier hat für die letztere eine Siebanalyse sowohl des Aufgabegutes als auch des Austrages gegeben, wie sie die Zahlentafel 15 wiedergibt.

---

[1] Taggart: Handbook of ore dressing, S. 414.
[2] Glockemeier, G.: Metall Erz **19**, 285/97 (1922).

Hinsichtlich der Stäbe sei noch erwähnt, daß diese einen Durchmesser von 100 bis 40 mm besitzen. Bei einer Abnutzung auf etwa 15 mm müssen sie entfernt werden, da sie sich dann leicht biegen und dadurch die Zerkleinerungsarbeit sehr stark behindern.

Zahlentafel 15. Siebanalyse einer Stabmühle.

Maschen (Tyler)	Aufgabe		Austrag	
	%	addierte %	%	addierte %
+ 3	4,85	4,85	—	—
+ 4	16,30	21,15	—	—
+ 6	11,33	32,48	0,26	0,26
+ 8	12,41	44,89	2,61	2,87
+ 14	36,30	81,19	27,60	30,47
+ 20	11,20	92,39	18,31	48,78
+ 28	3,88	96,27	12,16	60,94
+ 35	1,62	97,89	8,85	69,79
+ 48	0,64	98,53	5,33	75,12
+ 65	0,34	98,87	4,26	79,38
+ 100	0,24	99,11	3,84	83,22
+ 150	0,06	99,17	1,87	85,09
+ 200	0,17	99,34	4,11	89,20
− 200	0,66	100,00	10,80	100,00

Die Rohrmühlen, denen die Aufgabe zufällt, das zu zerkleinernde Gut für die Schwimmaufbereitung fertig zu mahlen, sind wie die sieblosen Kugelmühlen Überlaufmühlen, die stets naß betrieben werden. Ein- und Austrag erfolgen durch Hohlzapfen, jedoch befindet sich auf der Austragseite ein grobes Sieb, welches insbesondere die Mahlkörper selbst zurückzuhalten hat. Der eigentliche Mahlraum besteht aus einem starken zylindrischen Blechrohr, das innen mit auswechselbaren Stahlplatten versehen ist. Früher bestand das Innenfutter teilweise auch aus Flintsteinen[1], jedoch ist man wegen der Notwendigkeit des öfteren Auswechselns hiervon abgekommen.

Am Rand in Südafrika hat sich besonders das „El Oro"-Futter eingeführt, welches aus keilförmigen Eisenstäben besteht. Zwischen diesen klemmen sich die als Mahlkörper verwendeten Flintsteine von selbst fest, so daß sich eine aus vorstehenden Flintsteinköpfen bestehende rauhe und widerstandsfähige Auskleidung des Mahlraumes ergibt.

Als Mahlkörper dienen Stahlkugeln oder bei nicht zu hartem Gut Flintsteine, die dauernd ergänzt werden. Der Verbrauch an Mahlkörpern ist sehr unterschiedlich, da er von der Härte des zu zerkleinernden Gutes und von der Feinheit des fertigen Produktes abhängig ist. Als Anhaltswert sei angegeben 1 kg/t bei Stahlkugeln, 1,5 bis 2 kg/t bei Flintsteinen; der Verschleiß an Mahlplatten durch Kugeln beträgt etwa 0,5 kg/t.

Auch über die Leistung der Rohrmühlen lassen sich nur unbestimmte Angaben machen, da sie von mehreren Bedingungen abhängig sind,

---

[1] Glockemeier, G.: Metall Erz **19**, 285/97 (1922).

Die Feinzerkleinerung. 125

unter denen die Härte des Erzes und die verlangte Feinheit des Fertigutes an erster Stelle stehen. Außerdem ist Größe, Art und Menge der Mahlkörper von großer Bedeutung, wie auch der Wassergehalt der Trübe, der allgemein auf 2 Teile fest zu 1 Teil Wasser eingestellt wird, jedoch auch bis auf 3 Teile zu 1 Teil Wasser zurückgeht. Im Mittel mag als Leistung der Rohrmühlen angenommen werden 60 bis 140 kg/PSh, wobei im fertigen Gut etwa 75 Teile unter 200 Maschen liegen.

Die Mahlfeinheit kann während des Betriebes durch Änderung der Menge der Aufgabe geregelt werden. Soll sie — wie es fast stets verlangt wird — sehr gleichmäßig sein, so ist es notwendig, die Aufgabemenge durch besondere Speisevorrichtungen festzulegen.

Die Zahlentafeln 16a und 16b geben weiter Angaben über Naßrohrmühlen, wobei sich die erstere auf Mühlen mit Stahlkugeln und die Zahlentafel 16b auf Mühlen mit Flintsteinen als Mahlkörper bezieht.

Zahlentafel 16a.
Anhaltswerte für Rohrmühlen mit Stahlkugeln als Mahlkörper.

	Lichter Durchmesser ohne Platten	Länge	Umdrehungen	Kraftbedarf	Gewicht ohne Mahlkugeln	Gewicht der Mahlkugeln	Durchsatzleistung bei Zerkleinerung von 8 auf 100 Maschen	Zerkleinerungsgrad
	mm	mm	min	PS	t	t	t/h	
Größere Ausführung ..	1550	7000	26	210	28,0	21,0	3—4	12—16
Mittlere Ausführung ..	1240	6000	30	100	17,5	11,2	1,5—2	12—16

Zahlentafel 16b.
Anhaltswerte für Rohrmühlen mit Flintsteinen als Mahlkörper.

	Lichter Durchmesser ohne Platten	Länge	Umdrehungen	Kraftbedarf	Gewicht ohne Mahlkugeln	Gewicht der Mahlkugeln	Durchsatzleistung bei Zerkleinerung von 8 auf 100 Maschen	Zerkleinerungsgrad
	mm	mm	mm	PS	t	t	t/h	
Größere Ausführungsform	1550	8000	26	100	20,1	9,0	2—3	12—16
Mittlere Ausführungsform	1240	6000	30	45	13,3	4,3	1—1,5	12—16

Über die Anordnung der Zerkleinerungsmaschinen zueinander ist folgendes zu sagen: Die Verwendung vieler Maschinen hintereinander hat theoretisch den Vorteil, daß jede Maschine auf diejenige Kornklasse angesetzt werden kann, auf deren Zerkleinerung die Eigenart dieser Maschine am besten zugeschnitten ist. Es ist jedoch vorzuziehen, die Zerkleinerungsarbeit auf wenige Maschinenarten zu zerteilen, da dann größere Einheiten Verwendung finden können, die Anlage übersichtlicher wird und auch u. U. ein Wiederhochführen des

Gutes vermieden werden kann. Aus diesen Gründen wird dort, wo das Haufwerk unmittelbar auf Flotationsfeinheit zu bringen ist, meist eine Folge von 3 Maschinen angewandt, und zwar folgende:

1. Steinbrecher, auch Kreiselbrecher.
↓
2. Siebkugelmühle, auch Symons-Kegelbrecher, Walzenmühle, Hardinge- oder Trommelmühle.
↓
3. Rohrmühle, auch Hardinge-Flintmühle.

Neben dieser häufigen Dreigliederung kommt aber neuerdings unter Verzicht auf die Rohrmühle eine Folge von 2 Maschinen, wie auch in selteneren Fällen eine solche von 4 zur Anwendung. Im letzteren Falle ist es meist ein Grobwalzwerk, welches hinter den Steinbrecher geschaltet ist. Eine Beschränkung auf 2 Maschinen ist in erster Linie abhängig davon, daß das Haufwerk verhältnismäßig kleinstückig angeliefert wird, so daß es unmittelbar einer Siebkugelmühle oder dgl. aufgegeben werden kann.

Der Antrieb der Zerkleinerungsmaschinen erfolgt vorwiegend durch Einzelantrieb. Dies hat insbesondere bei den schweren Maschinen den Vorteil, daß über ihnen leicht Hebevorrichtungen angebracht werden können, wodurch das Auswechseln der z. T. sehr schweren Ersatzteile ganz wesentlich erleichtert wird.

e) Die Anwendung mechanischer Klassierer in der Feinzerkleinerung.

Die großen Mengen, die in den letzten Jahren für die Schwimmaufbereitung zu zerkleinern waren, sowie die hohen Kosten, die hierdurch verursacht wurden, gaben Veranlassung, nach Mitteln zu ihrer Einschränkung zu suchen. Als außerordentlich wirkungsvoll haben sich in dieser Hinsicht Klassierapparate mit mechanischem Austrag erwiesen. Sie finden bei der Naßvermahlung im geschlossenen Kreislauf mit den Mühlen Verwendung. Das bedeutet, daß der Austrag der Mühlen im Apparat in fertig gemahlenes Gut und Gröbe zerlegt wird, von denen die letztere wieder der Mühle zugeführt wird. Das Material wird also schneller durch die Mühle geführt und ein schädliches und unwirtschaftliches Übermahlen vermieden. Gleichzeitig wird unerwünschtes Überkorn vermieden, da der Klassierapparat dieses abtrennt und der Mühle wieder zuführt. Die im Kreislauf herumgeführte Menge macht häufig ein Mehrfaches der eigentlichen Aufgabemenge der Mühle aus, ohne daß aber die Durchsatzleistung der Mühle zu sinken braucht, weil das Gut entsprechend schnell durch die Mühle hindurchläuft. Die Verbindung zwischen Mühle und Klassierer wird dadurch so innig, daß sie gewissermaßen zu einer Einheit zusammenwachsen.

Die Anwendung mechanischer Klassierer in der Feinzerkleinerung.

Abb. 64 zeigt einen Längsschnitt durch einen Rechenklassierer des Grusonwerkes. In den Trog a mündet bei b der Trübeeinlauf, der in seiner Höhe verstellbar ist. Die feinen Schlämme fließen bei c über ein in seiner Höhe ebenfalls verstellbares Überlaufwehr ab. Die Sande fallen

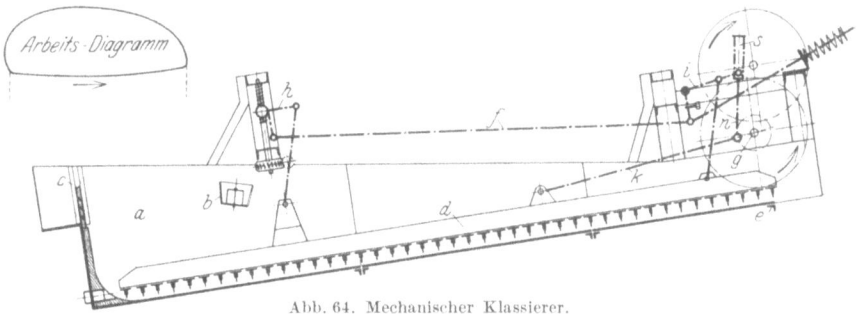

Abb. 64. Mechanischer Klassierer.

entsprechend ihrer höheren Sedimentationsgeschwindigkeit auf den schrägen Boden des Troges und werden hier durch den Rechen d nach dem Sandaustrag e zu gefördert, indem der Rechen nicht nur eine hin-

Abb. 65. Doppelklassierer des Grusonwerkes.

und hergehende Bewegung ausführt, sondern auch beim Zurückgehen über das Material hinaus aufgehoben wird. Diese Bewegungen werden dem Rechen d über die Kurbelstange k, die Kurbel g, die Stoßstange n, die Schlitzführung s sowie die beiden Winkelhebel i und h, die durch die Zugstange f miteinander verbunden sind, erteilt. In der Abb. 64 ist oben links noch das Arbeitsdiagramm des Rechens angegeben.

Nach der Zahl der in einem Troge arbeitenden Rechen unterscheidet man Simplex, Duplex und Triplex-Apparate. Die Neigung des Klassiererbodens beträgt etwa 55 : 100. Die Rechen führen durchschnittlich 26 Hübe in der Minute aus. Die üblichen Troglängen liegen zwischen 3 und 7 m bei Breiten von 0,4 bis 2,1 m. Bei Troglängen von 8 bis 10 m und mehr leisten die Klassierer u. U. auch als Entwässerungsapparate gute Dienste. Abb. 65 zeigt eine Ansicht eines Doppelklassierers des Grusonwerkes von 1400 mm Trogbreite und 4500 mm Troglänge.

Über die ungefähre Leistung der Klassierer in Verbindung mit Trommelmühlen gibt nachstehende Zusammenstellung Aufschluß.

Größe der Mühle mm	Größe des Aufgabegutes mm	Überlauf des Klassierers Siebfeinheit in Maschen pro lfd. Zoll	Ungefähre Leistung des Klassiererüberlaufs in t/24 h	Klassierergröße mm
a) Grobvermahlung				
1250 × 1000	40	45	30	700 × 4600
1250 × 1000		60	26	700 × 4600
1250 × 1250	40	45	40	700 × 4600
1250 × 1250		60	35	700 × 4600
1550 × 1300	40	45	62	700 × 4600
1550 × 1300		60	54	700 × 4600
1550 × 1500	40	45	75	700 × 4600
1550 × 1500		60	63	700 × 4600
1800 × 1500	40	45	150	1400 × 4600
1800 × 1500		60	125	1400 × 4600
1800 × 1800	40	45	180	1400 × 5000
1800 × 1800		60	150	1400 × 5000
2200 × 1800	40	45	265	1400 × 5500
2200 × 1800		60	210	1400 × 6000
2200 × 2200	40	45	300	2100 × 5500
2200 × 2200		60	230	2100 × 6500
b) Feinvermahlung				
1250 × 1000	Sieb Nr. 10 = 1,61 mm	120	43	700 × 4600
1250 × 1250	Sieb Nr. 10	120	55	700 × 5500
1550 × 1300	,, ,, 10	120	85	1400 × 4600
1550 × 1500	,, ,, 10	120	100	1400 × 4600
1800 × 1500	,, ,, 10	120	150	2100 × 6500
1800 × 1800	,, ,, 10	120	180	2100 × 6500

Den obigen Leistungsangaben (die eine ungefähre Übersicht geben) ist ein mittelhartes, quarzhaltiges Erz zugrunde gelegt. Für sehr harte Erze sind die Leistungsangaben um etwa 25% zu reduzieren. Für weiche Erze können die Leistungen 20 bis 40% erhöht werden.

Da teilweise die Beschaffenheit des Überlaufes bei den Klassierern noch nicht völlig befriedigen konnte, insbesondere soweit der Überlauf feiner als 120 Maschen sein soll, hat man diesen Klassierern noch einen

Die Anwendung mechanischer Klassierer in der Feinzerkleinerung. 129

schüsselartigen Behälter aufgesetzt, dessen Oberkante als Überlauf ausgebildet ist. Durch diese wesentliche Vergrößerung des Überlaufes arbeitet der Apparat gleichmäßiger und gibt insbesondere bei großen Austragsmengen eine günstigere Abscheidung des Feinen. Der Durchmesser der Schüsseln beträgt zwischen 1,20 und 7,50 m.

Abb. 66 zeigt diesen Klassierer mit Schüssel. Bei *1* wird die Gröbe ausgetragen, nachdem sie vorher noch durch eine Brause *4* abgespült worden ist. Der Zulauf der Trübe erfolgt bei *5* in der Mitte der Schüssel, wo auch das grobe Korn durchfällt, während das fertige Gut über den Rand der Schüssel überläuft und bei *3* den Apparat verläßt.

Abb. 66. Dorr-Klassierer mit Schüssel.

Ferner sei von den mechanischen Klassierern der Akins-Apparat genannt. Er besitzt im Gegensatz zu den bereits genannten Geräten einen halbkreisförmigen, schräg gestellten Trog, in dem sich eine Transportschnecke von gleicher Rundung dreht und das grobe Gut allmählich über den Wasserspiegel hochschraubt, so daß es getrennt von der Trübe aufgefangen werden kann. Die Bauart dieses Apparates ist einfach, auch die Raumbeanspruchung verhältnismäßig gering, jedoch ist die Trennung nicht so vollkommen, wie bei den anderen Klassierern.

Die mechanischen Klassierer haben den besonderen Vorzug, daß sie keinen Höhenverlust bedingen. Außerdem heben sie in sehr betriebssicherer Weise den Sand so weit an, daß er mit natürlichem Gefälle wieder der Mühle zufließen kann. Im Gegensatz zu den Stromapparaten mit seitlich oder aufwärts gerichtetem Wasserstrom benötigen sie auch kein Zusatzwasser oder wenigstens nur sehr geringe Mengen, während der von ihnen verlangte Krafbedarf mehrfach wieder gutgemacht wird durch Kraftersparnis im Betrieb der Mühlen. Die letztere beträgt teilweise bis 40%. Eine Wartung der Apparate ist kaum erforderlich.

Die Anordnung von Mühle und Klassierer im geschlossenen Kreislauf ergibt sich ohne weiteres. In Abb. 67 ist jedoch eine schematische Darstellung von zwei hintereinander geschalteten Mühlen, die sich jede in einem geschlossenen Kreislauf mit einem Klassierer befinden, gegeben. Es ist daraus zu ersehen, wie schon aus dem vorzerkleinerten Gut durch den 1. Klassierer sofort das Feine zum Überlauf gebracht wird. Es geht weiter zum 2. Klassierer mit Schüssel, wo es bei genügender Feinheit u. U. wieder überläuft und so unmittelbar zur Flotation geht, ohne die Mühlen zu belasten oder sogar übermahlen zu werden. Auf der anderen Seite erhalten die Mühlen nur Überkorn, dessen Zerkleinerung unbedingt erforderlich ist.

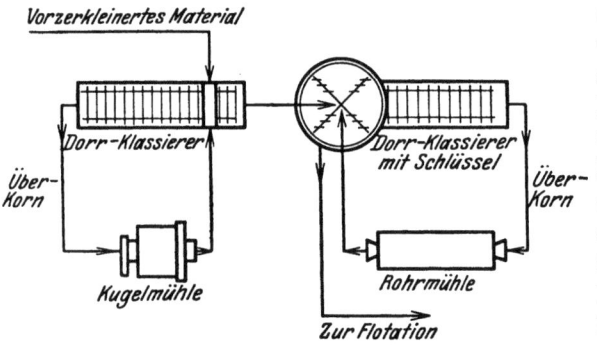

Abb. 67. Anordnung zweier Mühlen hintereinander im geschlossenen Kreislauf mit zwei Dorr-Klassierern.

Der Kraftbedarf der mechanischen Klassierer beträgt je nach der Größe der Apparate 1 bis 5 PS. Die Durchsatzleistung richtet sich abgesehen von der Größe des Klassierers nach der verlangten Feinheit des Überlaufes. Nach Bruchhold[1] stellt sie sich für die normale Baugröße des Dorr-Klassierers von 0,69 m Breite und 3,0 m Länge folgendermaßen:

Oberste Maschenzahl des Überlaufes	Trockensubstanz im Überlauf t/24 h	Trockensubstanz im Sandaustrag t/24 h	Hubzahl n/min	Neigung des Behälterbodens	Verdünnung der Trübe
48	100	350	25—30	1 : 4	3 : 1
65	75	300	20—25	1 : 4,25	3,5 : 1
100	50	250	16—20	1 : 4,5	5 : 1

Der Wirkungsgrad der mechanischen Klassierer hinsichtlich der Trennung in feines und grobes Gut ist verhältnismäßig sehr hoch. So haben die mit Schüssel versehenen Dorr-Klassierer im Überlauf nur etwa 2 bis 5% Überkorn. Der Trennungsgrad dürfte bei etwa 65 bis 75% liegen.

Als Beispiel für die Wirkung eines mechanischen Klassierers diene in Zahlentafel 17 die Gegenüberstellung von zwei Siebanalysen, von

---

[1] Bruchhold, C.: Der Flotationsprozeß, S. 96. Berlin: Julius Springer 1927.

Die Anwendung mechanischer Klassierer in der Feinzerkleinerung. 131

denen eine den Austrag einer Rohrmühle und die zweite den Überlauf eines angeschlossenen Dorr-Duplex-Klassierers[1] betrifft.

Eine eingehende Darstellung der in verschiedenen Betrieben durch die zusätzliche bzw. vermehrte Anwendung von mechanischen Klassierern erreichten Verbesserungen der Betriebsergebnisse haben Dorr und Marriott[2] gegeben. Es kann hier nur kurz auf diese Veröffentlichung hingewiesen werden, als deren Ergebnis die Verfasser die Anwendung der Klassierer in der Feinzerkleinerung so vorschlagen, wie es Abb. 68 zeigt, wobei allerdings an größere Durchsatzmengen gedacht ist.

Zahlentafel 17. Gegenüberstellung von Siebanalysen des Einlaufes und Überlaufes eines Dorr-Klassierers.

Maschen	Austrag der Rohrmühle %	Überlauf des Dorr-Klassierers %
über 8	2,1	—
8 bis 20	1,4	—
20 „ 40	8,3	—
40 „ 60	12,2	—
60 „ 80	17,2	—
80 „ 100	11,6	2,9
100 „ 200	21,1	27,5
unter 200	26,1	69,6
insgesamt:	100,0	100,0

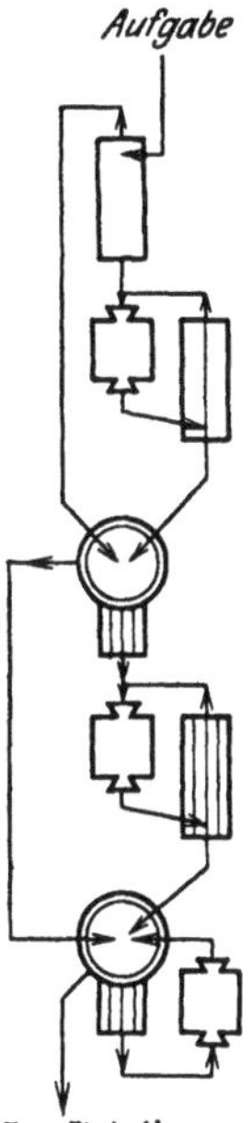

Abb. 68. Anwendung von Klassierern in der Feinzerkleinerung nach Dorr und Marriott.

Dadurch, daß die mechanischen Klassierer so eingestellt werden können, daß sie aus dem Kugelmühlenaustrag nur das flotationsfeine Material ausscheiden, haben sie heute meist die dritte Mahlstufe der Rohrmühle entbehrlich gemacht.

Es ist oben schon darauf hingewiesen worden, daß zur Minderung der Zerkleinerungskosten angestrebt werden muß, vornehmlich die wertvollen Bestandteile des Erzes auf Flotationsfeinheit zu bringen, dagegen die meist besonders harte Gangart nicht im gleichen Umfang zu zerkleinern. Es ist ein weiterer Vorteil der Klassierer, daß sie dieser Forderung entgegenkommen, indem sie die meist spez. leichtere Gangart in gröberer Körnung zum Überlauf und damit in die Flo-

Zahlentafel 18. Siebanalyse und chemische Zusammensetzung des Austrages eines Klassierers.

Maschen	Austrag des Klassierers %	Cu %	Pb %	Zn %
über 100	7	0,14	0,32	2,4
100—200	18	0,31	0,64	10,8
unter 200	75	0,52	3,02	15,4
zusammen	100	0,46	2,40	11,9

[1] Howbert u. Gray: M. S. Bureau Mines Techn. Publ. 368 (1930).
[2] Trans. Amer. Inst. Min. Met. Eng. Milling Methods 109/54 (1930).

tation bringen als das meist spez. schwerere Erz. Als Beweis diene Zahlentafel 18, die für die einzelnen Siebklassen eines Klassiererüberlaufes die Gehalte an Kupfer, Blei und Zink angibt. Die Zunahme dieser Metalle in feinstem Gut weist die geringere Zerkleinerung der Gangart nach.

Dieses Problem der **unterschiedlichen Zerkleinerung** ist auch von Banks und Johnson[1] untersucht worden. Auf Grund von Laboratoriumsuntersuchungen kommen sie zu dem Ergebnis, daß durch eine Kugelmühle eine „differentielle" Zerkleinerung erreicht wird, dagegen nicht durch eine Walzenmühle. Das von ihnen angegebene Zahlenmaterial erscheint aber nicht genügend beweiskräftig.

f) Hilfsgeräte der Zerkleinerung.

Neben den mechanischen Klassierapparaten, die teilweise mit der an sie angeschlossenen Mühle zu einer Einheit zusammenschmelzen, bedarf die Zerkleinerung noch einiger Hilfsgeräte, wie Aufgabevorrichtungen, Roste, Siebe, Pumpen und dgl., von denen die wesentlichsten im folgenden kurz behandelt werden sollen.

1. Aufgabevorrichtungen.

Die aus der Grube kommenden Förderwagen werden meist in Wippern über einem Rost entleert und das Gut, welches grobstückiger als die Spaltweite des Rostes ist, entweder von Hand zerkleinert, oder, falls die Menge dieses Materiales erheblich ist, in einem besonderen Brecher vorgebrochen. Der Durchfall des Rostes wird im allgemeinen zusammen mit dem vorgebrochenen Gut in einem Bunker aufgenommen, der die Förderung von mehreren Stunden aufzunehmen vermag, um so die Aufbereitungsanlage gegen stoßweise Belastung zu schützen. Um aus dem Bunker eine gleichmäßige Aufgabemenge weiterzugeben, verwendet man zweckmäßig besondere Aufgabevorrichtungen.

Die einfachste Art stellen die durch eine Welle mit Daumen angetriebenen Stoßrinnen dar. Sie haben den Vorteil, sehr wenig Gefällehöhe wegzunehmen, arbeiten aber anderseits bei gemischtem Gut nicht immer ganz zuverlässig.

Einen für grobes Gut geeigneten Bandaufgeber zeigt die Abb. 69. Dieser von der Excelsior Maschinenbau Gesellschaft, Stuttgart, gebaute Apparat zeichnet sich durch kräftige Bauart aus. Die Aufgabemenge kann geregelt werden durch die Umlaufgeschwindigkeit des endlosen Bandes und durch das Öffnen bzw. Schließen einer eisernen Klappe mittels eines Handrades.

---

[1] Trans. Amer. Inst. Min. Met. Eng. Milling Methods 94/108 (1930).

Hilfsgeräte der Zerkleinerung. 133

Gut bewährt hat sich auch der **Ketten-Aufgabeapparat** (Chain feeder) der Ross Screen & Feeder Company, New York. Aus Abb. 70 werden Bauart und Wirkungsweise dieses Gerätes ohne weiteres ver-

Abb. 69. Bandaufgeber der Excelsior Maschinenbau-Gesellschaft, Stuttgart.

ständlich. Es paßt sich allen vorkommenden Stückgrößen an und wird in Baugrößen geliefert, die es sowohl zum Beladen von Eisenbahnwagen als auch zum Beschicken von Mühlen oder dgl. geeignet machen.

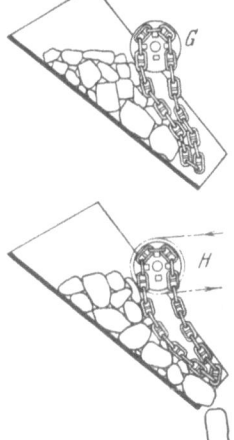
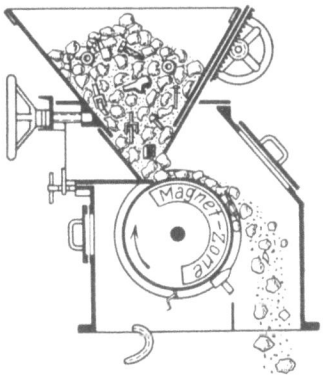

Abb. 70. Ketten-Aufgabeapparat der Ross Screen & Feeder Company, New York.

Abb. 71. Aufgabevorrichtung mit eingebauter Magnetscheidung, Bauart Ullrich.

Eine weitere Aufgabevorrichtung, die gleichzeitig durch eine eingebaute Magnetscheidung in der Lage ist, Eisenteile aus dem durchgeführten Gut auszusondern, wird vom Grusonwerk gebaut (vgl. Abb. 71). Die Durchsatzmenge kann geregelt werden durch eine mittels Handrad einstellbare Bodenplatte, außerdem ist der Aufgabetrichter noch verschiebbar angeordnet. Durch die Ausscheidung der Eisenstücke ist der Apparat dort insbesondere angebracht, wo Beschädigungen von Maschinen durch diese zu befürchten sind.

Abb. 72. Schöpfaufgabe für Kugelmühlen mit Rüssel und offenem zentralen Einlauf für zweierlei Gut.

Außer den vorgenannten Vorrichtungen sind noch Schüttelaufgeber und Austragteller zu nennen. Die letzteren eignen sich besonders für feines Gut und erlauben meist eine sehr feine Regelung der Austragsmenge, wodurch sie besonders dort am Platze sind, wo an die Genauigkeit besonders hohe Anforderungen gestellt werden.

Eine besondere Art der Aufgabevorrichtungen stellen noch die Schöpfaufgaben dar, wie sie besonders für den Betrieb der Kugel- und Rohrmühlen benutzt werden. Es ist hier zu unterscheiden zwischen solchen Bauarten, die ausschließlich einen spiralförmigen Zentraleinlauf bilden und solchen, die selbsttätig mittels eines Rüssels die Trübe aus einem Troge aufnehmen. Beides kann auch miteinander vereinigt sein, so daß gleichzeitig zweierlei Gut aufgenommen werden kann. Eine Ansicht dieser Vorrichtung zeigt Abb. 72. Der Durchgang durch die Schöpfaufgabe muß derart weit sein, daß auch Kugeln dadurch aufgegeben werden können.

2. Roste.

Für die festen Roste werden in neuerer Zeit vielfach besondere Profileisen der Firma L. Herrmann, Dresden, verwendet, um die Bildung von Überkorn und das Zusetzen des Rostes einzuschränken. Immer mehr werden die festen Roste jedoch durch die beweglichen verdrängt. Die Roste von Bergmann und Emde, bei denen glatte Roststäbe gedreht werden, und der Distl-Susky-Rost, bei dem die gedrehten Roststäbe mit kleinen Scheiben in Bogendreieckform besetzt sind, finden neuerdings weniger Anwendung, es sei denn dort, wo das Haufwerk besonders geschont werden muß. Der Gröppelsche Exzenterrost, der für Leistungen von 5 bis 100 t/h bei 30 bis 150 mm Spaltweite gebaut wird, siebt bei sehr schonender Behandlung und mit sicherer Austragung des Unterkornes. Das Grusonwerk liefert den maschenbeweglichen Klassierrost, der eine Fortentwicklung des Seltner-Rostes darstellt. Er eignet sich für jedes Haufwerk und kann gleichzeitig als Entnahmevorrichtung von Bunkern verwendet werden.

Die Abb. 73a zeigt eine Ansicht dieses Rostes, während Abb. 73b schematisch die Arbeitsweise zur Darstellung bringt. Er besitzt zwei verschiedene Roststabreihen, von denen die Stäbe *1* feststehen, während

Abb. 73a. Ansicht des maschenbeweglichen Klassierrostes des Grusonwerkes.

die dazwischen liegenden Stäbe 2 beweglich sind. Die Stabreihe *1* ist mit dem Längsträger *3* fest verbunden, während die Reihe 2 mit dem Längsträger *4* um die Hebel *5* schwingt. Die Bewegung erhält dieses bewegte Rahmensystem mittels Riemenscheibe *8*, Kurbelwelle *6* und Schubstangen *7*. Das Profil der Roststäbe ist derart gewählt, daß die Abstände der Stäbe voneinander auch während der Bewegung konstant bleiben. Außerdem tragen die Roststäbe zahnartige Vorsprünge, durch

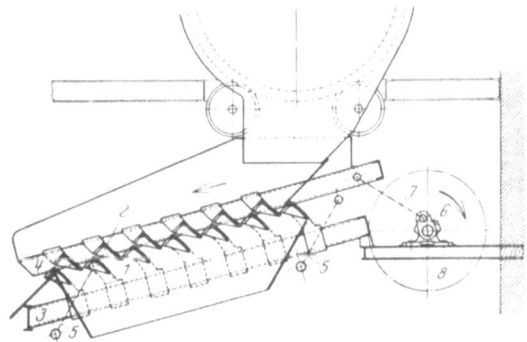

Abb. 73b. Darstellung der Arbeitsweise des maschenbeweglichen Klassierrostes.

welche die Öffnungen des Rostes Trapezform erhalten (vgl. Abb. 73a). Hierdurch sowohl wie durch die Bewegung der Roststäbe gegeneinander wird ein Zusetzen des Rostes verhindert.

Das abzuziehende Gut wird über den maschenbeweglichen Rost von Stabreihe zu Stabreihe unter ständigem Umwenden weitergerollt, so daß bei großer Betriebssicherheit ein sehr hoher Siebwirkungsgrad erzielt wird. Dabei ist es möglich, Stücke von 800 × 800 mm aufzugeben und Maschenweiten von 50 bis 200 mm anzuwenden. Die Baugrößen sind abhängig von den örtlichen Verhältnissen. Als Leistungsbeispiele seien die folgenden Angaben gemacht:

Nutzbare Siebfläche mm	Maschen- weite mm	Aufgabegut Material	Stück- größe mm	Aufgabe- menge t/h	Hub- zahl min	Kraft- bedarf PS
1600 × 2500	120	Schwerspat	0—800	180	45	etwa 5
800 × 2100	50	Tonschiefer	0—120	50	60	„ 2
1800 × 2600	150	Kalkstein	0—500	250	40	„ 8

In neuerer Zeit haben sich auch die Stangenroste in Bandform gut eingeführt, bei denen ein oder zwei endlose Stabketten um 2 bzw. 3 Umkehrrollen laufen. Abb. 74 zeigt den Stangensiebrost Patent Ross, der in Deutschland vom Grusonwerk gebaut wird. Das Hauptteil dieses Rostes ist eine Stabtrommel; über diese ist noch eine längere endlose Stabkette gelegt, deren Stäbe sich in die Lücken zwischen je zwei Trommelstäben legen und dadurch den eigentlichen Rostspalt herstellen. Unterhalb der Stabtrommel ist die lose Stabkette um eine Umlenkrolle geführt, so daß das durch die Rostspalten durchfallende Gut nach unten durch die etwa dreifach erweiterten Rostspalten leicht durchfallen kann. Das grobe Gut wird von der Trommel und Kette mitgenommen und so getrennt ausgetragen. Stücke, die sich zwischen den Roststäben etwa festklemmen sollten, werden stets durch die sich ständig wiederholende Spalterweiterung frei, so daß ein Verstopfen ausgeschlossen ist. An Stelle der üblichen runden Roststäbe können auch besondere Formstäbe Verwendung finden, so daß rechteckige oder quadratische Öffnungen statt der Rostspalten entstehen.

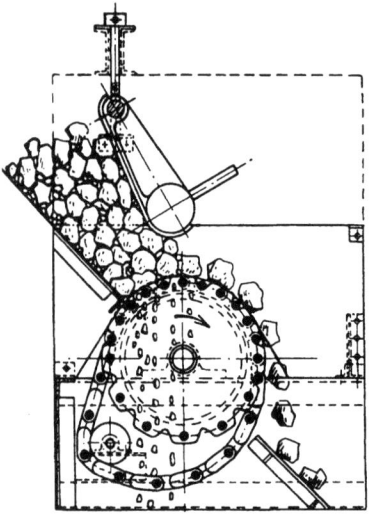

Abb. 74. Stangensiebrost, Patent Ross.

Mit Hilfe von besonderen, einstellbaren Klappverschlüssen ist es auch möglich, die Menge des Aufgabegutes zu regeln, so daß der Apparat gleichzeitig als Aufgabevorrichtung gelten und Verwendung finden kann. Weitere Vorteile sind seine große Leistung, geringer Platz- und Kraftbedarf. Die üblichen Arbeitsbreiten betragen 600, 900 und 1200 mm; die Stabtrommel macht etwa 5 Umdrehungen in der Minute. Bei der Verarbeitung eines Eisenerzes von 0 bis 300 mm Stückgröße wurden auf einem Rost von 1200 mm Arbeitsbreite und 120 mm Spaltweite etwa 150 t/h abgesiebt.

Als für die Absiebung grobstückiger Erze besonders geeignet ist von der Maschinenbauanstalt Humboldt in Köln-Kalk ein **Stückgutabscheider** entwickelt worden, wie er in der Abb. 75 wiedergegeben ist. Eine auf kräftigen Federn verlagerte und durch Exzenter angetriebene kurze Schwingrinne läuft nach vorn in einen aus Stahlgußrippen gebildeten Rost aus, dessen Spalten sich infolge der Verjüngung dieser Rippen etwas erweitern, so daß ein Hängenbleiben von Stücken sicher vermieden wird.

Abb. 75. Stückgutabscheider.

Neigt das zu verarbeitende Gut infolge lehmiger oder lettiger Beschaffenheit dazu, die Roste zuzusetzen, so ist es ratsam, Vorrichtungen zu benutzen, bei denen die Reinigung der Roste automatisch erfolgt, wie dies bei den **Selbstreiniger-Rosten** der Fall ist, bei denen die Arme von Drehkreuzen die Bildung von Ansätzen zwischen den Roststäben verhindern.

3. Siebe.

Da die Siebe in der Schwimmaufbereitung im allgemeinen geringe Anwendung finden, sollen sie hier übergangen werden mit Ausnahme der **vibrierenden Siebe**, die infolge ihrer sehr hohen Leistung besonders auch bei feinem Gut größere Aufmerksamkeit verdienen. Bruchhold[1] gibt für diese Siebe an, daß sie gegenüber den Trommelsieben eine Ersparnis an Sieboberfläche bis zu $7/8$ und an Kraft bis zu $15/16$ ergäben; an den Gesamtbetriebskosten ersparten sie bis zu $4/5$. Die Folge dieser Vorteile ist gewesen, daß die vibrierenden oder sogenannten Zittersiebe die älteren Trommel- und Bandsiebe ebenso wie die Siebrätter weitgehend verdrängt haben. Die Maschenöffnungen der Zittersiebe liegen etwa zwischen 20 und ½ mm, z. T. aber gehen sie bis auf 100 Maschen zurück. Da bei feinem Gut in der Hauptsache Körner durchfallen, die erheblich kleiner sind, als der Öffnung entspricht, ist

---

[1] Bruchhold, C.: Der Flotationsprozeß, S. 101. Berlin: Julius Springer 1927.

diese zweckmäßig um 50 bis 100% größer zu wählen, als dem gewünschten Durchfall entspricht. Die hohen Durchsatzleistungen der Zittersiebe sowie die geringen Betriebskosten und die Schärfe der Absiebung machen sie teilweise geeignet, an die Stelle mechanischer Klassierer zu treten.

Von den verschiedenen Bauarten der vibrierenden Siebe, die sich in der Hauptsache durch die Erzeugung der Zitterbewegung auf mechanische, pneumatische oder elektromagnetische Weise unterscheiden, seien hier die folgenden genannt:

Seltner-Vibratorsieb des Grusonwerkes. Bei dem Seltner-Sieb ist das elastisch verspannte Drahtgewebe in einem Gerüst stark geneigt aufgehängt, wobei die Neigung einstellbar ist. Durch ein oder auch zwei Vibrator-Rollenlager wird die Siebfläche in schnelle Schwingungen (etwa 3000 in der Minute) versetzt, indem die einzelnen Rollen einen Stößel anheben und wieder fallen lassen. Der Kraftbedarf beträgt etwa ¾ bis 1 PS.

Im Dauerbetriebe wurden für ein Vibratorsieb von 1600 × 1600 mm Siebfläche folgende Leistungen ermittelt:

Siebgut	Körnung mm	Maschenweite mm	Durchsatzleistung t/h	Unterkorn im Rohgut %
Spateisenstein mit 7% Feuchtigkeit	0—12	8	25	40
Minette	0— 5	0,5	12	80
Bauxit mit 22% Feuchtigkeit	0—50	8	40	30
Steinkohle	0—80	2,75	10	40
Zinkbleierz aus siebloser Naßkugelmühle . . .	0— 8	1,3	10	93

Die Seltner-Vibrationssiebe werden bei Bedarf auch mit zweifacher Siebbespannung geliefert, so daß es möglich ist, 3 verschiedene Kornklassen zu erhalten.

Universal-Schwingsieb, System Schieferstein. Neuerdings wird vom Grusonwerk noch ein weiteres Zittersieb geliefert, bei dem der ganze Siebkasten von einem in Kugeln laufenden Exzenter der Antriebswelle in Kreisschwingungen von 1,5 bis 2,5 mm Ausschlag versetzt wird. Die Maschine hat einen stets guten Massenausgleich und vermeidet dadurch trotz Schwingungszahlen von 1500 bis 2000 je min jede Gebäudeerschütterung. Es werden drei Baugrößen von 600 × 1500, 800 × 2000 und 1000 × 2500 mm als Ein-, Zwei- oder Dreideckersiebe hergestellt für Maschenweiten von 0,1 bis 60 mm. Der Kraftbedarf wird mit 1 bis 3 PS je nach Größe angegeben.

Über Leistungen des Universal-Schwingsiebes bei 2000 Schwingungen in der Minute und einem Ausschlag der Kurbelwelle von 1,5 mm unterrichten die folgenden Angaben:

Siebgut	Siebweise	Korngröße der Aufgabe mm	Aufgabemenge m³/h	Nutzbare Siebfläche mm	Maschenweite mm	Siebneigung Grad	Siebdurchfall m³/h
Blei-Zink-Erz	trocken	0—0,5	1,0	600 × 1500	0,2	12	0,70
Eisenerz	trocken	0—1,5	2,6	600 × 1500	1,0	14	2,30
Schwerspat	trocken	0— 3	12,2	800 × 2000	2,0	15	8,74
Zinkblende	trocken	0—10	28,0	800 × 2000	6,5	20	18,90
Spateisenstein	naß	0— 8	1,9	600 × 1500	1,5	30	0,68
Blei-Zink-Erz	trocken	0—50	160,2	1000 × 2500	25,0	20	103,56

Abb. 76 zeigt eine Ansicht dieses neuen Schwingsiebes des Grusonwerkes.

Das ,,Rekord''-Sieb der Firma W. Steinhaus & Co. in Mülheim-Ruhr. Die Schwingungen werden bei diesem Gerät durch eine

Abb. 76. Universal-Schwingsieb, System Schieferstein.

exzentrische Schwungmasse der Rotorwelle hervorgerufen und durch Federn auf die stramm gespannte Siebfläche übertragen. Diese ist im allgemeinen geneigt angeordnet, jedoch ergibt sich infolge der eigenartigen Bewegung der Siebfläche ein Vortransport des Siebrückstandes auch bei Horizontallage des Siebgewebes. Durch Umkehrung des Antriebes ergibt sich sogar eine Umkehrung der Laufrichtung, so daß die Aussiebung sehr hoch gesteigert werden kann.

Die Vibrations-Siebmaschine ,,Niagara'' der C. Haver & E. Boecker Maschinenfabrik in Oelde i. W. Auch diese Vorrichtung wird durch exzentrische Welle und ein Abfedern der erzeugten Schwingungen betrieben. Für die gleichzeitige Absiebung mehrerer Kornklassen werden Ein-, Zwei- und Dreideckersiebe gebaut; die Größe der Siebfläche schwankt zwischen 0,5 und 9 m².

Das Hum-mer-Sieb. Es ist eins der amerikanischen Siebe, das verhältnismäßig sehr weit bekannt geworden ist. Der Antrieb erfolgt elektromagnetisch durch Wechselstrom von 15 Perioden, so daß das straff gespannte Sieb von der Ankerstange 1800 Schwingungen in der Minute erhält. Durch das Aufschlagen der Ankerstange auf feste Platten wird ein scharfer Stoß erzielt. Durch Drehen eines Handrades, das auf eine Spiralfeder wirkt, kann während des Betriebes die Stärke der Schwingung eingestellt werden.

Über die Durchsatzleistung eines Hum-mer-Siebes werden folgende Angaben gemacht: bei $2,40 \times 1,50$ m Siebfläche und 4,75 mm Maschenweite wurden 100 bis 120 t Kohle in der Stunde abgesiebt. Ferner wurden von zwei hintereinandergesetzten Sieben von $1,20 \times 1,50$ m Fläche 180 t/h verarbeitet. In diesem letzteren Falle wurde ein Siebgewebe von 28,6 mm Öffnung benutzt, um ein Korn unter 19 mm zu erhalten.

Unter den amerikanischen Zittersieben seien weiter noch das Colorado Impact-Sieb, das Mitchell-Sieb, das Leahy-Sieb sowie das James-Vibratorsieb[1] genannt.

Über die Leistung eines Humboldtschen Vibrationssiebes berichtet W. Punge[2], daß diese pneumatisch arbeitende Vorrichtung bei der Absiebung von Zinkblendekorn unter 4 mm 7,5 bis 8 t/h leistete und daß, bezogen auf die Sieböffnung von 0,75 mm, der Siebwirkungsgrad etwa 94% betrug.

4. Pumpen und Hebevorrichtungen.

Das Heben von Trüben mit teils mehr, teils weniger feinkörnigem Gut bereitet Schwierigkeiten wegen des Verschleißes, der insbesondere beim Vorhandensein von Quarzsand sehr bedeutend werden kann. Da die hierfür erforderlichen Einrichtungen außerdem Kraft verbrauchen, Unterhaltungskosten verursachen, besonderen Platz beanspruchen und daneben unter Umständen noch Anlaß zu Betriebsstörungen geben, ist man soweit wie möglich darauf bedacht, künstliches oder natürliches Gefälle auszunutzen, um die besonderen Hebevorrichtungen unnötig zu machen. Soweit die Ausnutzung von Gefälle jedoch nicht möglich oder unwirtschaftlich ist, müssen Pumpen oder entsprechende Apparate benutzt werden. Unter dem Einfluß des Verschleißes sind für die Aufbereitung einige besondere Vorrichtungen entwickelt worden, auf die im folgenden eingegangen werden soll.

Für sehr geringe Förderhöhe und feinkörniges Gut eignen sich die Membranpumpen, wie sie u. a. von der Dorr-Gesellschaft, Berlin, geliefert werden. Sie werden insbesondere für das Fördern des Dickschlammes aus Dorr-Eindickern benutzt, eignen sich aber in der Ausführung der Dorrco-Saug- und Dorrco-Druckpumpe auch

---

[1] Metall Erz **25**, 429 (1928).   [2] Metall Erz **26**, 207/8 (1929).

für die sonstigen Förderzwecke der Schwimmaufbereitung, da sie sehr unempfindlich gegen Verstopfungen und auch gegen Verschleiß durch sandige Trüben sind. Die Saughöhe für die Saugpumpe beträgt etwa 4 bis 5 m und die Förderhöhe für die Druckpumpe bis zu 14 m.

Abb. 77 zeigt eine zweifache Saugpumpe mit dem Antrieb durch Exzenter.

Die Leistungen einer einfachen Saugpumpe werden für ein Erz mit 3,5 spez. Gewicht von Bruchhold folgendermaßen angegeben:

Saugrohr-Durchmesser Zoll	Umdrehungen in der Minute	Höchstleistung an Trockensubstanz t/24 b bei Feuchtigkeitsgehalten der Trüben von		
		40%	50%	66%
2	50	93	78	55
3	50	143	129	100
4	50	218	200	156

Gleichfalls sehr unempfindlich gegen Verschleiß sind die Spiralpumpen, wie sie in Deutschland von der Firma Ekof, Erz- und Kohleflotation G.m.b.H., Bochum, gebaut und in Amerika in der Ausführung der Frenierschen Pumpe geliefert werden. Die letztere ist in Abb. 78 wiedergegeben. Das spiralförmige Schöpfrad taucht bis auf 180 mm unterhalb der Achse in einen Trübetrog ein, bei einer Umdrehung nimmt seine Öffnung in der äußersten Spirale jeweils eine bestimmte Menge Trübe und Luft auf. Durch die wiederholten Umdrehungen tritt dann nach der Mitte der Spirale zu eine Verdichtung der eingeschlossenen Luftmengen ein, so daß die Trübe durch die Hohlwelle mit einer bestimmten Druckleistung gefördert wird.

Abb. 77. Zweifache Saugpumpe, Bauart Dorrco.

Die Umdrehungszahlen der Pumpen liegen zwischen 15 und 20 in der Minute. Ihre Steigerung führt nicht zu einer Leistungserhöhung, vielmehr kann diese nur erreicht werden durch Vergrößerung des Durchmessers der Spirale. Beide Ausführungsarten verlangen sehr konstante Betriebsbedingungen, arbeiten dann aber ohne Wartung und sehr zuverlässig.

Als Leistung wird angegeben für die Ekof-Pumpe: Durchmesser der Rohrspirale 1,5 bis 3,0 m, Fördermenge 4 bis 20 m³/h, Kraftbedarf 1 bis 5 PS, Förderhöhe 6 bis 12 m. Die Freniersche Pumpe fördert bei

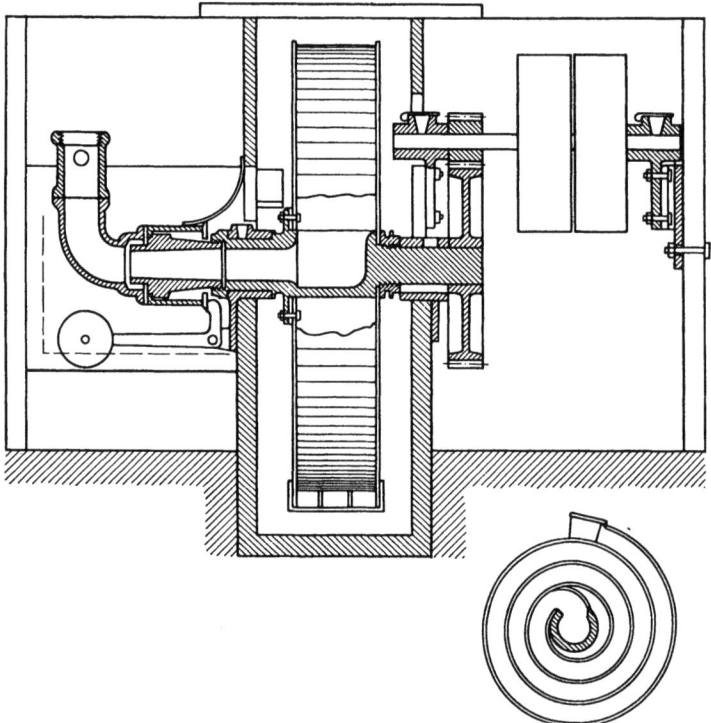

Abb. 78. Freniersche Spiralpumpe.

1,38 m ⌀ der Spirale und 0,15 m Breite etwa 0,9 m³ auf maximal 7,5 m Höhe; praktisch wird jedoch meist nur eine Förderhöhe von 5 bis 7 m gewählt werden dürfen.

Eine etwas größere Förderhöhe als die Spiralpumpen gestatten die Heberäder. Man wendet sie an entweder als ein einzelnes Rad von großem Durchmesser (etwa bis zu 20 m) oder in einer Reihe von kleineren Rädern, die übereinander angeordnet sind, eines dem anderen zuarbeiten und damit eine gewissermaßen beliebige Förderhöhe zu erreichen gestatten. Ihre Arbeitsweise besteht darin, daß der gekammerte Schöpfkranz entweder die Trübe aus einem Troge aufnimmt oder ihm diese durch ein Gerinne zugeführt wird und die einzelnen Kammern sich in der Nähe des Scheitelpunktes des Rades selbsttätig in ein anderes Gerinne bzw. den Trog des höheren Heberades entleeren.

Das einzelne Heberad von großem Durchmesser hat den Nachteil großen Platzbedarfes und hoher Anlagekosten. Auch ist die Förderleistung nicht sehr hoch, da nur verhältnismäßig geringe Umdrehungszahlen (10 bis 20) in Frage kommen. Vorzüge sind der geringe Kraftbedarf und die niedrigen Unterhaltungskosten wie auch der Umstand, daß die Trübe verhältnismäßig sehr grobkörnige Teile enthalten kann. Das Verhältnis zwischen nutzbarer Förderhöhe und Raddurchmesser stellt sich auf etwa 1 : 1,3. Bei Verwendung mehrerer kleinerer Heberäder übereinander wird der Platzbedarf zwar geringer, aber die Kraft- und Unterhaltungskosten vermehren sich, so daß man trotz ihrer guten Betriebssicherheit heute meist andere Vorrichtungen an ihrer Stelle benutzt.

Als eine weitere Hebevorrichtung sind die Druckluftwasserheber, auch vielfach als Mammutpumpen bezeichnet, zu nennen. Sie bestehen aus einem einfachen Steigrohr, das in einen Sumpf eintaucht und in welches am unteren Ende Preßluft eingeleitet wird. Durch die Verteilung der Luftblasen in der Flüssigkeit des Steigrohres verringert sich das spez. Gewicht der ansteigenden Flüssigkeit derart, daß durch den hydrostatischen Druck eine Förderleistung erreicht wird. Sie kann durch die Bewegungsenergie der Druckluft unterstützt werden. Die Förderhöhe ist insbesondere abhängig von der Eintauchtiefe des Steigrohres in einen Pumpensumpf. Das Verhältnis der reinen Förderhöhe zur Eintauchtiefe des Steigrohres schwankt zwischen 1 : 1 und 2 : 1.

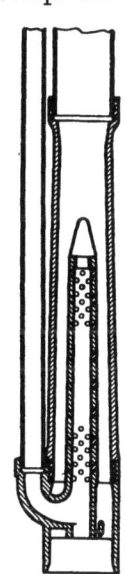

Abb. 79. Fußstück eines Druckluftwasserhebers.

In der Schaffung dieser Eintauchtiefe liegt u. U. ein bedeutender Nachteil der Druckluftheber. Weiter kann die Anlage durch die besondere Beschaffung von Druckluft belastet sein. An Vorteilen steht demgegenüber die einfache Bauart, das Fehlen beweglicher Teile und Ventile, infolgedessen große Betriebssicherheit und geringe Unterhaltungskosten, außerdem geringer Platzbedarf. Ausgeführt werden die Heber für Leistungen von 0,05 bis 70 m³/min. Der Wirkungsgrad stellt sich auf 30 bis 40%. Er ist insbesondere abhängig von der Bauart der Lufteinströmung in das Steigrohr. Abb. 79 zeigt als Beispiel das Fußstück eines Hebers der Sullivan Machinery Co., Chicago.

Durch den Zusammenbau eines Druckluftthebers mit einem Druckgefäß entsteht der Mammutbagger, wie er insbesondere von A. Borsig G. m. b. H., Berlin-Tegel, geliefert wird. Die von der Mammutpumpe mitgeförderte Luft entweicht aus dem Druckgefäß durch ein Ventil ins

Freie. Sobald dieses Gefäß mit Trübe oder Dickschlamm gefüllt ist, schließt sich das Entlüftungsventil selbsttätig. Jetzt tritt die Druckluft aus der Mammutpumpe, die mit einem Fußventil versehen ist, in das Druckgefäß und drückt dessen Inhalt durch eine Druckleitung heraus. Danach öffnet sich wieder das Entlüftungsventil des Druckkessels und die Pumpe beginnt von neuem mit der Füllung des Druckgefäßes.

Dort, wo das Druckgefäß aus einem höher gelegenen Behälter unmittelbar gefüllt werden kann, ist es natürlich auch möglich, auf die Mammutpumpe zu verzichten. In einer anderen Ausführungsart des Baggers kommt der Druckluftheber gleichfalls in Fortfall. Es sind dann meist zwei Druckgefäße vorhanden, von denen jeweils eins unter Vakuum gesetzt wird und dadurch die Trübe ansaugt.

Abb. 80. Sandkreiselpumpe mit auswechselbarem Innenfutter, Bauart Gröppel.

Die Mammutbagger eignen sich insbesondere für Dickschlamm, der unter Vermeidung von Handarbeit in geschlossenen Rohrleitungen auf große Entfernungen und beliebige Höhen gefördert werden kann.

Man ist mit Erfolg auch bemüht gewesen, Zentrifugal- oder Kreiselpumpen als Hebevorrichtungen in der Aufbereitung zu verwenden, da sie sich im allgemeinen ja wegen ihres guten Wirkungsgrades und des geringen Platzbedarfes großer Beliebtheit erfreuen. Infolge der hohen Umdrehungsgeschwindigkeiten fiel allerdings der Verschleiß sehr hoch aus, so daß besondere Bauarten zu entwickeln waren. Man half sich zunächst dadurch, daß man Reservepumpen vorrätig hielt und außerdem das Laufrad aus billigem Gußeisen herstellte.

Unter den besonderen Bauarten ist die Gröppelsche Sandkreiselpumpe zu nennen. Bei ihr wird der Verschleiß am Gehäuse durch ein auswechselbares Innenfutter aus Stahl aufgenommen.

Die Lage dieses zweiteiligen Panzers in der Pumpe ist aus Abb. 80 zu ersehen. Das Laufrad ist aus Hartguß hergestellt. Der Einlauf ist seitlich angeordnet, so daß auf dieser Seite die Stopfbüchse erspart wird. Die Abdichtung der Stahlwelle am Gehäuse geschieht durch eine Stopfbüchse und durch eine besondere Wasserkammer. Die Sandkreiselpumpen werden gebaut für Leistungen von 20 bis 170 m³/h bei Gesamtförderhöhen von 1 bis 30 m. Zahlentafel 19 gibt eine Zusammenstellung, aus der Leistung und Kraftbedarf einzelner Baugrößen zu ersehen ist.

Zahlentafel 19. Beispiele für Leistung und Kraftbedarf der Gröppelschen Sandkreiselpumpen.

	Leistung m³/h	Gesamte oder manometrische Förderhöhe m	Umdrehungen min	Kraftbedarf PS
Lichte Rohrweite 60 mm	20	5 10 20	880 1240 1750	1,25 2,00 3,6
Lichte Rohrweite 100 mm	70	5 10 20	720 1010 1430	2,8 4,75 9,5
Lichte Rohrweite 150 mm	170	5 10 20	530 740 1050	5,65 10,1 20,2

In Amerika hat die Wilfley-Zentrifugalpumpe größere Verbreitung gefunden. Sie ist dadurch ausgezeichnet, daß sie keine Stopfbüchsen besitzt, die sonst besonders leicht Anlaß zu Störungen geben.

II. Die Herstellung der flotationsfertigen Trübe.

a) Die Beschaffenheit der Trübe.

Abgesehen von dem Umfang der Zerkleinerung und der dadurch erreichten Vollkommenheit des Aufschlusses hängt die Eignung der Trübe für die Flotation noch von anderen Punkten ab. Es ist dies in erster Linie die „Verdickung" bzw. „Verdünnung" der Trübe, d. h. das Gewichtsverhältnis der festen Teile zum Wasser. Für die Wahl der richtigen Verdickung ergeben sich folgende Überlegungen. Je dicker die Trübe oder je höher der Anteil an festen Bestandteilen ist, um so höher fällt die Durchsatzleistung der Maschinen, auf die t Durchsatz bezogen, aus; auch wird an Reagenzien gespart. Ein Nachteil macht sich aber dadurch geltend, daß die Konzentrate im allgemeinen unreiner werden. Dünne Trüben geben reinere Konzentrate, aber der Verbrauch an Schwimmmitteln wird höher und die Durchsatzleistungen fallen. In der Praxis muß man sich je nach dem Gewicht, das den einzelnen Umständen beizumessen ist, entscheiden, welche Verdickung den besten Erfolg ergibt.

Das Verhältnis fest zu flüssig in Flotationstrüben ist aber gleichzeitig abhängig von der Feinheit der festen Phase, indem grobes Gut mit verhältnismäßig großer Verdickung verarbeitet werden kann, während sehr feines, schlammiges Gut bei ungenügender Anlängung leicht unreine Konzentrate herbeiführt.

Unter Beachtung dieser Verhältnisse werden in der Praxis meist folgende Verdickungen angewandt:

1. bei verhältnismäßig grobkörnigem Gut 1 Teil fest : 3 bis 4 Teilen flüssig,

2. bei normal feinem Gut (70 bis 80% unter 200 Maschen) 1 Teil fest : 4 bis 4,5 Teilen flüssig,

3. bei sehr feinem schlammigen Gut 1 Teil fest : 4,5 bis 6 Teilen flüssig.

Nur wenn sehr reiner Schaum aus einer sehr feinen Trübe erzielt werden muß und dagegen die Kosten für Schwimmittel und Verarbeitung zurücktreten, wird eine noch stärkere Verdünnung von etwa 1 : 7 (d. h. 12,5 Teile fest auf 87,5 Teile Wasser) am Platze sein.

Eine nicht wesentlich geringere Bedeutung als dem Grade der Verdickung kommt der Gleichmäßigkeit zu, mit der diese eingehalten wird. Ist die Gleichmäßigkeit der Verdickung nicht gewahrt, so läßt sich auch die Menge der Flotationsreagenzien nicht richtig einstellen und damit werden Metallverluste die Folge sein, wenn nicht gar empfindliche Betriebsstörungen auftreten werden.

Um eine strenge Einhaltung der richtigen Verdickung herbeizuführen, ist es zweckmäßig, zwischen Zerkleinerung und Flotationsmaschine eine Vorrichtung einzuschalten, die es gestattet, ein ganz bestimmtes und ständig gleichbleibendes Verdickungsverhältnis herzustellen. Die mechanischen Klassierer, wie insbesondere der Dorr-Klassierer mit Schüssel, kommen den zu stellenden Anforderungen schon sehr weit entgegen, so daß sie fast stets die fertig eingedickte Trübe zu liefern haben. An anderen Stellen bedient man sich jedoch noch besonderer Verdickungsspitzen oder, soweit es sich um größere Mengen handelt, der Eindicker. Diese letzteren Apparate, die in einem späteren Abschnitt behandelt sind, eignen sich besonders in den Fällen, wo die Trübe sehr stark verdünnt und feinkörnig ist.

Um die erzielte Verdickung laufend überwachen und entsprechend regeln zu können, werden bei kleineren Anlagen meist kleinere Schöpfproben genommen, die dann zur Trockne eingedampft werden. Es empfiehlt sich im allgemeinen nicht, die Trübedichte durch ein Baumésches Aräometer zu messen, da die Sedimentationsgeschwindigkeit der festen Teile zu groß ist. Vorzuziehen ist, eine Flasche von bestimmtem Inhalt und Gewicht mit der Trübe zu füllen und auszuwiegen, wodurch man ohne weiteres das spez. Gewicht der Trübe erhält.

Die Beschaffenheit der Trübe.

Für größere Anlagen ist als eine besondere, die Trübedichte ständig anzeigende Meßvorrichtung eine von Fahrenwald[1] angegebene Apparatur zu erwähnen, deren Bauart und Wirkungsweise durch Abb. 81 wiedergegeben wird. Ein Teil des Trübestromes tritt durch das Rohr C in den erweiterten Teil ein. Hier befindet sich ein mit einer gefärbten Flüssigkeit gefüllter Gummibehälter B, an den nach oben hin ein Glasrohr A angeschlossen ist. Der Druck der Trübe, der abhängig von ihrer Dichte ist, wirkt auf den Gummibehälter und damit auf die Flüssigkeit im Glasrohr derart ein, daß mit Hilfe eines Maßstabes ein Ablesen der Trübedichte möglich ist. Neuerdings ist auch ein die Dichte der Trübe aufschreibendes Gerät beschrieben worden[2]. Bei diesem wird der Druck einer bestimmten Trübesäule, der ja von dem spez. Gewicht der Trübe abhängig ist, durch einen sehr empfindlichen Druckmesser angezeigt.

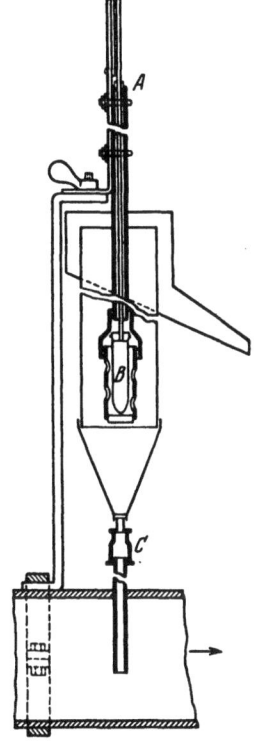

Abb. 81. Vorrichtung nach Fahrenwald zum Messen der Verdickung von Flotationstrüben.

Es erscheint natürlich sehr viel vorteilhafter, nicht nur das spez. Gewicht der Trübe zu prüfen, sondern Vorrichtungen anzuwenden, die selbsttätig die Dichte der durchgehenden Trübe regeln. Ein solcher Apparat ist auch unter der Bezeichnung **Bradley automatic density valve** von der Thyle Mach. Co., San Francisco, gebaut worden; er besteht aus einem in die Trübeleitung eingebauten etwa 10 l fassenden Gefäß, welches durch ein Gegengewicht ausgewogen ist und sich infolge biegsamer Übergangsstücke aus Gummi auf und ab bewegen kann. Erreicht die das Gefäß ausfüllende Trübe ein bestimmtes spez. Gewicht, so drückt diese das Gefäß herunter und damit wird im Boden ein Kugelventil geöffnet. Der Apparat arbeitet also selbsttätig und die gewünschte Trübedichte kann durch Regeln der Stellung des Gegengewichtes festgelegt werden. Für die Schwimmaufbereitung hat sich das Gerät jedoch scheinbar nicht durchzusetzen vermocht.

Um die Berechnung der zwischen Trübeverhältnis und spez. Gewicht bestehenden Zusammenhänge zu erleichtern, seien im folgenden einige Formeln nebst Bezeichnungen gegeben:

p sei das spez. Gewicht der Trübe,
d sei das spez. Gewicht der festen Masse,

---

[1] Engg. Min. J. 120, 536 (1925).   [2] Min. Mag. 43, 335 (1930).

R sei das Gewichtsverhältnis Wasser zur festen Masse,
S sei der Gewichtsanteil der festen Masse in %.
Dann bestehen folgende Abhängigkeiten:

$$d = \frac{p}{1 - R(p-1)} \quad (1)$$

$$p = \frac{R+1}{R + \frac{1}{d}} \quad (2)$$

$$S = \frac{100}{R+1} \quad (3)$$

$$R = \frac{d-p}{d(p-1)} = \frac{100-S}{S} \quad (4 \text{ u. } 5)$$

Einige Beispiele mögen diese Formeln erläutern: Das spez. Gewicht d eines Erzes sei 2,5; ferner sei das Gewichtsverhältnis flüssig zu fest 4 : 1; mithin ist $R = 4$. Alsdann ergibt sich das spez. Gewicht der Trübe nach Formel (2) zu:

$$p = \frac{4+1}{4 + \frac{1}{2,5}} = \mathbf{1{,}136}.$$

In einem anderen Falle beträgt die Trübedichte $p = 1{,}156$; der Anteil an festem Erz $S = 21\%$. Dann ist nach Formel (5) das Verhältnis flüssig : fest

$$R = \frac{100-21}{21} = \mathbf{3{,}76 : 1}$$

und das spez. Gewicht des Erzes

$$d = \frac{1{,}156}{1 - 3{,}76 \cdot (1{,}156 - 1)} = \mathbf{2{,}8}.$$

Da ferner zwischen dem absoluten Gewicht eines Körpers P, seinem Rauminhalt v und seinem spez. Gewicht d die Beziehung besteht $v = P : d$ oder, falls nach den obigen Ausführungen das spez. Gewicht der Trübe mit p bezeichnet wird, $v = P : p$, so nimmt im zweiten Falle 1 t Trübe ein Volumen von $v = 1 : 1{,}156 = 0{,}865$ m^3 ein.

Von nicht zu unterschätzender Bedeutung für die nachfolgende Anreicherung ist auch die **Temperatur der Trübe**. Wie groß ihr Einfluß ist, läßt sich daraus erkennen, daß in den Betrieben die Anreicherungsergebnisse in den Sommermonaten meist besser sind als im Winter. Man wird daher im allgemeinen darauf bedacht sein, in der kälteren Jahreszeit die Temperatur der Trübe nicht zu stark absinken zu lassen. Welche Aufwendungen für die künstliche Erwärmung gemacht werden dürfen, muß ein Vergleich mit den Mindererlösen aus dem Verkaufserz ergeben.

Besonders bei Zinkblende nimmt die Neigung zum Aufschwimmen mit sinkender Temperatur wesentlich ab. Bei der Deutsch-Bleischarley-Aufbereitung[1] konnten im Zinkkreislauf erst nach Einleitung von Dampf in die ersten Zellen der Minerals-Separation-Apparatur bei einer Temperatur von 30° befriedigende Ergebnisse erhalten werden. Bei der Trennung bleizinkhaltiger Erze in Tooele[2] wird in der Zinkflotation die gleiche Temperatur eingehalten. In einem anderen Falle wird aber die Zinkflotation bei normaler Temperatur durchgeführt, während man das zinkblendehaltige Bleivorkonzentrat vor der Nachreinigung auf 60° anwärmt.

In der allerletzten Zeit sind noch Laboratoriumsuntersuchungen über den Einfluß der Temperatur auf die Schwimmaufbereitung bekannt geworden[3]. Es zeigte sich bei verschiedenen Zinkblende, Kupferkies und Schwefelkies führenden Erzen eine wesentliche Beschleunigung des Schwimmvorganges durch die Erwärmung. Die günstigste Temperatur wurde zwischen 23 und 40° gefunden.

Zweifellos gibt es für jedes Schwimmverfahren eine günstigste Temperatur, bei deren Einhaltung die Ergebnisse hinsichtlich des Durchsatzes und der Anreicherung beträchtlich besser sein werden als bei niedrigerer bzw. höherer Temperatur. Man wird dieser Tatsache in der nächsten Zeit vermehrte Aufmerksamkeit entgegenbringen, und es dürfte sich dabei zeigen, daß die günstigste Temperatur nicht nur von der Erzart, sondern ebenso sehr von den benutzten Reagenzien — insbesondere vom Sammler — abhängig ist.

b) Die Flotationsreagenzien.

Betrachtet man nach den bisherigen Ausführungen die Zerkleinerung des Flotationsgutes als vollendet und die richtige Verdickung der Trübe als hergestellt, so bleibt noch die Besprechung der Anwendung der Schwimmittel im praktischen Betriebe, mit deren Hilfe ja erst die Bildung des tragenden Schaumes und damit die Anreicherung erreicht werden kann. Bevor jedoch auf die Art und die Reihenfolge sowie den günstigsten Zeitpunkt der Schwimmittelzugabe innerhalb der Verfahren eingegangen sei, soll zunächst noch eine Übersicht über die wichtigsten Flotationsreagenzien ihre Bedeutung für den praktischen Betrieb und einige ihrer besonderen Eigenschaften gegeben werden.

Wie schon im Abschnitt über die Theorie ausgeführt wurde, unterscheidet man unter den Flotationsreagenzien die folgenden Gruppen:

---

[1] Patzschke, K.: Metall Erz 27, 113/20 (1930).
[2] Keough, O. E.: Min. Metallurgy 11, 202/5 (1930).
[3] Huber-Panu, J.: Freiberg i. Sa.: E. Maukisch 1930.

1. Sammler,
2. Schäumer,
3. zusätzliche oder regulierende Reagenzien.

Es wurde auch schon darauf hingewiesen, daß einige Schwimmittel zugleich sammelnde und schäumende Wirkung besitzen, die Grenze zwischen diesen Schwimmitteln also keine scharfe ist. Die dritte Gruppe kann weiter unterteilt werden in Reagenzien, durch welche die Wasserstoffionenkonzentration der Trübe beeinflußt wird, ferner solche, die differenzierend wirken, d. h. die Trennung von Mineralien mit ähnlichem Schwimmvermögen durch ,,Drücken" und ,,Wiederbeleben" gestatten, sowie endlich solche, die die Wirkung flotationsschädlicher Stoffe in der Trübe aufheben. Wegen der Wirkungsweise dieser einzelnen Reagenzien sei auf die Ausführungen im Abschnitt über die Theorie der Schwimmaufbereitung hingewiesen.

Der hier wiedergegebenen Gliederung der Flotationsreagenzien sei die in Amerika übliche gegenübergestellt, wobei gleichzeitig die wichtigeren Vertreter der einzelnen Gruppen aufgeführt seien:

I. Schäumer (Pine-Öl, Alkohole und Amine),
II. Sammler:
  1. Öle (Steinkohlen- und Holzkohlen-Teeröle sowie Rohöl),
  2. Chemikalien (Xanthate, Thiocarbanilid, Ölsäure),
III. Säuren und Alkalien (Schwefelsäure, Natriumkarbonat und Kalk),
IV. andere anorganische Reagenzien:
  1. sulfidierende Reagenzien (Natriumsulfid),
  2. belebende Reagenzien (Kupfersulfat),
  3. drückende Reagenzien (Cyanide, Natriumsilikat, Zinksulfat),
  4. verschiedene Reagenzien (Chlorkalk),
V. Flotationsgegengifte (Kalk, Leim und Stärke).

In den Vereinigten Staaten von Amerika hat man in den letzten Jahren Erhebungen über den Verbrauch an Flotationsreagenzien gemacht, die sehr aufschlußreich sind. Es sei daher hier das Gesamtergebnis dieser Feststellungen für das Jahr 1928[1] in Zahlentafel 20 wiedergegeben. Diese Zusammenstellung gewährt einen Einblick in den Reagensverbrauch von 208 Betriebsanlagen, und zwar nicht nur nach den absoluten Mengen, sondern auch in der Verteilung auf die verschiedenen Erzarten. Eine gute Ergänzung ist weiter die Angabe des Reagensverbrauches in kg/t Roherz ebenfalls in bezug sowohl auf die verschiedenen Erzarten als auch in der Gesamtheit.

Zur Ergänzung der Zahlentafel 20 sei nachstehend noch eine Über-

---

[1] Miller u. Kidd: U. S. Bureau Mines R. J. 3004 (Juni 1930).

Die Flotationsreagenzien. 151

Zahlentafel 20. Verbrauch an Schwimmitteln in 208 amerikanischen Anlagen im Jahre 1928, auf verschiedene Erzarten verteilt, nach Miller und Kidd (berichtigt).

	Kupfererze	Kupfer-Eisenerze	Bleierze	Kupfer-Bleierze	Zinkerze	Blei-Zinkerze	Bleizink-Eisenerze	Verschiedene Erze	Insgesamt
Verarbeitete Menge t	42877504	342598	3751033	378641	2344970	2611026	677003	600434	53583209
Zahl der Betriebsanlagen	27	2	23	5	100	30	3	18	208
	A. Gesamt-Reagenzverbrauch in kg.								
I. Schäumer	3439588	38565	168476	11065	182882	154918	79899	30481	4105874
II. Sammler:									
1. Öle	750741	68126	79655	6094	72193	224283	134608	34611	1370311
2. Chemisch veränderte Öle	252235	16550	100537	12064	14693	53853	18918	1125	469975
3. Nichtölige Sammler	1054987	16602	110262	23645	122403	301559	92575	13990	1736023
III. Säuren und Alkalien:									
1. Säuren	209	5597542	46000	—	—	—	—	—	5643751
2. Alkalien	90481090	1241104	886635	562982	1144885	2961625	420959	213730	97912990
IV. Andere anorganische Reagenzien:									
1. Sulfidierende Reagenzien	978087	—	72423	37416	—	369	—	—	1088295
2. Belebende Reagenzien	—	61835	106838	—	899435	1549878	505877	5158	3129021
3. Drückende Reagenzien	705122	—	255851	92588	1497849	1414181	342923	830	4309344
Zusammen:	97662059	7040324	1826677	745854	3934320	6660666	1595759	299925	119765584
	B. Reagenzverbrauch in kg je t Erz.								
I. Schäumer	0,080	0,113	0,045	0,029	0,078	0,059	0,118	0,051	0,077
II. Sammler:									
1. Öle	0,018	0,199	0,021	0,016	0,031	0,086	0,199	0,057	0,026
2. Chemisch veränderte Öle	0,006	0,048	0,027	0,032	0,006	0,021	0,028	0,002	0,009
3. Nichtölige Sammler	0,025	0,048	0,029	0,062	0,052	0,116	0,137	0,023	0,032
III. Säuren und Alkalien:									
1. Säuren	—	16,338	0,012	—	—	—	—	—	0,105
2. Alkalien	2,112	3,620	0,236	1,490	0,489	1,135	0,622	0,356	1,825
IV. Andere anorgan. Reag.									
1. Sulfidierende Reag.	0,023	—	0,019	0,090	—	—	—	—	0,020
2. Belebende Reagenz.	—	0,180	0,028	—	0,384	0,593	0,746	0,008	0,058
3. Drückende Reagenz.	0,016	—	0,068	0,244	0,640	0,541	0,507	0,001	0,080
Zusammen:	2,280	20,546	0,486	1,963	1,680	2,551	2,357	0,498	2,232

sicht über den anteiligen Verbrauch an den verschiedenen Reagenzien in den gleichen 208 amerikanischen Anlagen gegeben:

Pine Oil	2,01%	Übertrag:	12,87%
Rohkresol	1,39%	Kalk	78,87%
Kohlenteeröle	0,85%	Natriumsulfid	0,91%
Aerofloat	0,37%	Kupfersulfat	2,61%
Äthylxanthat	1,29%	Cyanide	0,83%
Amyl- und Butylxanthat	0,09%	Natriumsilikat	1,39%
Schwefelsäure	4,71%	Zinksulfat	1,07%
Natriumcarbonat	2,16%	Andere Reagenzien	1,45%
	12,87%	Zusammen:	100,00%

Gegenüber diesen allgemeineren Angaben über die Flotationsreagenzien würde es dem Schwimmaufbereiter sicher sehr erwünscht

Zahlentafel 21. Übersicht über die wichtigsten Flotationsreagenzien.

Bezeichnung	Chemische Formel	Löslichkeit in Wasser 1:1000000	Besondere Eigenschaften bzw. Eignung	Ungefährer Preis $\mathscr{M}$/kg
A. Sammelnde Reagenzien[1].				
*Aerofloat	$(CH_3 \cdot C_6H_4)_2 \cdot HPO_2S_2$	gering	günstig bei Kupfererzen	1,50—2,30
*α-Naphthylamin	$C_{10}H_7NH_2$	1700	für Pb-Zn u. Kupfererze	1,50
*A.T.-Mischung	60% α-Naphthylamin + 40% Orthotoluidin	—	für Kupfererze	—
Holzkohlenteeröl	—	etwas löslich	für Kohlenflotation	0,15—0,25
Kalium-Äthylxanthat	$C_2H_5O \cdot CS \cdot SK$	sehr löslich		1,05
Kalium-Butylxanthat	$C_4H_9O \cdot CS \cdot SK$	,, ,,		2,10
Kalium-Amylxanthat	$C_5H_{11}O \cdot CS \cdot SK$	,, ,,	erzeugen sehr reine Konzentrate bei der Sulfidflotation	2,80
Natrium-Äthylxanthat	$C_2H_5O \cdot CS \cdot SNa$	,, ,,		1,00
Natrium-Butylxanthat	$C_4H_9O \cdot CS \cdot SNa$	,, ,,		2,00
Natrium-Amylxanthat	$C_5H_{11}O \cdot CS \cdot SNa$	,, ,,		2,58
*Natrium-Palmitat	$C_{15}H_{31} \cdot COONa$	,, ,,	heben Erdalkalimineralien	1,10
*Natrium-Oleat	$C_{17}H_{33} \cdot COONa$	,, ,,		1,60
*Ölsäure	$C_{17}H_{33} \cdot COOH$	unlöslich	für oxydische Erze, flockenbildend	0,95
*Phosokresol	—	—	ähnlich Aerofloat	1,55—1,85
Thiocarbanilid	$C_6H_5 \cdot NH \cdot CS \cdot NH \cdot C_6H_5$	—	für Sulfidflotation	1,60
*T.T.-Mischung	20% Thiocarbanilid + 80% Orthotoluidin	—	drückt Pyrit	1,60—2,00
*Braunkohlenteeröl	—	etwas löslich	geben zähe Schäume	0,20—0,30
*Steinkohlenteeröl	—	,, ,,		0,20—0,30

[1] Die mit einem * versehenen Reagenzien sind gleichzeitig Schäumer.

Die Flotationsreagenzien.

Zahlentafel 21. (Fortsetzung.)

Bezeichnung	Chemische Formel	Löslichkeit in Wasser 1:1000000	Besondere Eigenschaften bzw. Eignung	Ungefährer Preis ℳ/kg
B. Schäumer.				
Anilin	$C_6H_5 \cdot NH_2$	31000	—	—
Eukalyptusöl .	—	gering	—	—
Flotol (I. G. Farben) . . .	—	etwas löslich	ähnlich wie Pine Oil	0,60
Flotanol (I. G. Farben) . . .	—	—		—
Kresol	$CH_3 \cdot C_6H_4 \cdot OH$	31000	für Kohlenflotation	0,25
Phenol.	$C_6H_5 \cdot OH$	60000	—	—
Pine Oil	—	—	feinblasiger, wenig fester Schaum	0,75—0,93
Toluidin	$CH_3 \cdot C_6H_4 \cdot NH_2$	gering	—	1,50
Xylenol	$(CH_3)_2 \cdot C_6H_3 \cdot OH$	,,	—	—
Xylidin	$C_6H_3 \cdot (CH_3)_2 \cdot NH_2$	sehr gering	—	—
C. Zusätzliche (regulierende) Reagenzien.				
Kalziumhydroxyd . .	$Ca(OH)_2$	schwer löslich	drückt Pyrit, wirkt flockenbildend	—
Chlorkalk . . .	$CaCl(OCl) \cdot H_2O$	gering	drückt Zinkblende	0,16 (95—99%)
Cyankalium . .	KCN	leicht löslich	giftig, drückt Zinkblende und Pyrit	2,40
Cyannatrium . .	NaCN	,, ,,	giftig, drückt Zinkblende und Pyrit	2,20
Kaliumpermanganat .	$KMnO_4$	,, ,,	drücken Bleiglanz	0,80—1,10
Kaliumbichromat . .	$K_2Cr_2O_7$	,, ,,		0,80—1,00
Kupfersulfat . .	$CuSO_4 \cdot 5 H_2O$	sehr leicht löslich	wirkt belebend, bes. auf Zinkblende	0,38—0,44
Natriumcarbonat (Soda) . . .	$NaCO_3 \cdot 10 H_2O$	sehr leicht löslich	drückt Pyrit	0,20—0,25
Natriumhydroxyd . .	NaOH	leicht löslich	verhindert Flockenbildung	0,25—0,30
Natriumsulfid .	Na_2S	,, ,,	Sulfidierungsmittel, drückt Zinkblende	0,19 (60—62%)
Schwefelsäure .	H_2SO_4	sehr leicht löslich	wirkt belebend auf Pyrit	bei 66°Bé 45,— ℳ/t
Wasserglas . . .	Na_2SiO_3	löslich	wirkt drückend, verhind. Flockenbildung u. lockert d. Schaum	0,07 (38—40°Bé)
Zinksulfat . . .	$ZnSO_4 \cdot 7 H_2O$	leicht löslich	drückt Zinkblende u. Pyrit in Verbindung mit Cyanid	0,22—0,29

sein, zu den einzelnen Reagenzien eingehendere Angaben über ihre Zusammensetzung, ihre besonderen flotationstechnischen Eigenschaften, sowie vielleicht auch über ihre Preise zu erhalten. In dieser Hinsicht fehlt es aber noch sehr an Unterlagen, was auch darauf zurückzuführen ist, daß noch in großem Umfange Reagenzien unbekannter Zusammensetzung unter Verwendung von Decknamen benutzt werden, so daß die Übersicht sehr erschwert ist. Trotz dieser Schwierigkeiten ist in der Zahlentafel 21 der Versuch gemacht, eine Übersicht über die wichtigsten Flotationsreagenzien zu geben.

c) Die Zugabe der Reagenzien im Betriebe.

Für die Zugabe der Reagenzien ist es wichtig, daß sie mengenmäßig auf die zu verarbeitende Trübemenge eingestellt sein muß. Apparate, die selbsttätig eine Einstellung dieser beiden Mengen herbeiführen, sind jedoch bisher nicht entwickelt worden. Eine richtig zugemessene Reagenszugabe kann daher nur dann erreicht werden, wenn die Trübeaufgabe regelmäßig erfolgt und auf sie eine ebenso regelmäßige Reagensaufgabe eingestellt werden kann.

Abb. 82. Aufgabegerät mit Austragteller für feste Reagenzien.

Um diese regelmäßige Zugabe zu erreichen, bedient man sich verschiedener Hilfsmittel. Handelt es sich um verhältnismäßig geringe Reagensmengen und flüssige Stoffe, so benutzt man im allgemeinen Tropfvorrichtungen, wie sie etwa bei der Schmierung von Maschinen angewandt werden. Auch für feste Reagenzien kommt diese Zugabeart in Frage, soweit es möglich ist, Lösungen von ihnen herzustellen. Ist dies unmöglich, so empfiehlt es sich, diese festen Stoffe fein zu mahlen und sie mittels besonderer Vorrichtungen aufzugeben. Als Beispiel eines solchen Apparates ist in Abb. 82 ein Behälter mit Austragteller wiedergegeben. Ebenso gut lassen sich jedoch auch Aufgabewalzen, Bandaufgeber und Schüttelvorrichtungen in kleiner Ausführungsart verwenden, die alle eine sehr genaue Regelung kleiner Mengen gestatten.

Für die Aufgabe von Ölen haben sich weiter eine Reihe besonderer Vorrichtungen entwickelt, die dadurch gekennzeichnet sind, daß Walzen oder mehrere Scheiben in einen mit dem Öl gefüllten Behälter hineintauchen und durch die Umdrehung Öl mit nach oben bringen, das dann durch einstellbare Abstreifer in der gewünschten Menge abgenommen wird. Abb. 83 zeigt als Beispiel

Die Zugabe der Reagenzien im Betriebe. 155

dieser Apparate den Walzenölaufgeber für Schwimmaufbereitungen, Bauart Krupp-Gruson.

Von dieser Firma wird weiter noch ein **Scheibenbecherspeiser** gebaut, wie ihn die Abb. 84 zeigt. Die zu beiden Seiten der Scheiben aufgehängten Becher werden durch einen Anschlag gekippt, nachdem sie sich beim Eintauchen in den Hauptbehälter gefüllt haben. Der Apparat wird je nach Bedarf mit mehreren Scheiben gebaut, so daß beliebig viele Stellen mit Reagenzien versorgt werden können. Je nach den Verhältnissen werden die dem Angriff der Zusatzmittel ausgesetzten Teile auch mit Schutzmitteln umkleidet oder in nichtrostendem Stahl ausgeführt.

Abb. 83. Walzenölaufgeber des Grusonwerkes.

Die Regelung des Scheibenbecherspeisers ist in weiten Grenzen möglich durch Veränderung der Umlaufzahl sowie Vermehrung bzw. Verminderung der leicht auswechselbaren Becher.

Als eine weitere Vorrichtung sei noch der „bucket reagent feeder" der Ruth Comp., Denver, erwähnt, bei dem paarweise an einer Kette befestigte Becher sich an der höchsten Stelle des Becherwerkes entleeren, und zwar u. U. in zwei getrennte Leitungen, so daß es dann möglich ist, von einem Apparat aus auch zwei Stellen mit dem gleichen Reagens zu versorgen. Die zugehörigen Behälter fassen ungefähr 150 l, die Aufgabemenge kann eingestellt werden auf 1 bis 1000 cm³/min.

Abb. 84. Scheibenbecherspeiser, Bauart Grusonwerk, mit einer Scheibe.

Da der Flotationsprozeß um so schneller und wirkungsvoller zur Entfaltung kommen muß, je höher der Zerteilungsgrad der Luft und der Reagenzien ist, so hat man eine Zeitlang auch der Versprühung der Trübe und der Emulgierung des Öles besondere Aufmerksamkeit geschenkt. In zahlreichen Patenten (u. a. D.R.P. 294519 von G. Gröndal, D.R.P. 277847, 309088 und 311196 von A. Appelquist und E. Tyden sowie D.R.P. 328031 der M. A. Humboldt) sind entsprechende Verfahren näher angegeben worden. Von Prockat[1] ist berichtet worden, daß sich in einem Betriebe die Zerstäubung des Schwimmittels durch Druckluft günstig auf das Ausbringen ausgewirkt habe. Über die in diesem Falle benutzte Anordnung der Drucklufteinspritzung sowie den Umfang der Verbesserung der Betriebsergebnisse sind jedoch keine näheren Angaben gemacht.

Zum Schluß sei noch erwähnt, daß es sich im allgemeinen empfiehlt, für die Reagensversorgung und Verteilung eine zentrale Stelle einzurichten.

Über die Reihenfolge in der Zugabe der Schwimmittel und den günstigsten Zeitpunkt hierfür lassen sich allgemeingültige Angaben nicht machen Es darf aber nicht übersehen werden, daß in dieser Hinsicht ein richtiges oder falsches Vorgehen von entscheidender Bedeutung sein kann. Bei den einfachen Flotationsverfahren wird meist mit der Zugabe derjenigen Reagenzien begonnen, die, wie Kalk und Soda, besonders dazu dienen, die Wasserstoffionenkonzentration zu beeinflussen. Je nach den Umständen werden solche Zusätze schon bei der Zerkleinerung in den Kugel- oder Rohrmühlen gemacht Es folgt dann gewöhnlich die Zugabe des Sammlers. Auch dieser wird stellenweise — insbesondere wenn er schwer löslich ist — schon während der Zerkleinerung zugesetzt, um eine gute Verteilung in der Trübe zu erreichen. Wo besondere Einwirkgefäße mit Rührwerken vorgesehen sind, erfolgt die Zugabe der Sammler jedoch auch erst in diesen, dann z. T. gemeinsam mit dem Schäumer. In vielen Fällen jedoch, besonders wenn es sich wie bei den Xanthaten um sehr leicht lösliche Stoffe handelt, werden die Schwimmittel auch erst in der ersten Zelle des Flotationsapparates zugegeben. Da mit dem Schaum der ersten Zellen schon wesentliche Reagensmengen der Trübe verloren gehen, so empfiehlt es sich häufig, auch in den späteren Zellen Schwimmittel, und zwar insbesondere Schäumer zuzugeben, wodurch das Ausbringen häufig wesentlich verbessert werden kann.

Handelt es sich um ein unterschiedliches Schaumschwimmverfahren, so werden die drückenden Reagenzien meist vor dem Sammler beigefügt und der wiederbelebende Zusatz vor dem Schäumer der zweiten Flotation.

---

[1] Kohle Erz **27**, 191/6 u. 227/32 (1930).

Über die Reihenfolge und den Zeitpunkt der Reagenszugabe in einem praktischen Falle unterrichtet die weiter unten gegebene Beschreibung der Aufbereitungsanlage Black Hawk (vgl. S. 233).

III. Die Flotationsmaschinen und ihre Verwendung im Betriebe.

a) Die Bauart und Arbeitsweise der Flotationsmaschinen.

Wie schon aus den Abschnitten über die Geschichte und Theorie der Schwimmaufbereitung hervorgeht, sind eine große Reihe von Verfahren erprobt und wieder fallen gelassen worden, bis dann im Jahre 1905 der Minerals Separation Ltd. der mit einer sehr geringen Ölmenge — unter 0,1% der Erzmenge — arbeitende, eigentliche Schaumprozeß geschützt wurde. Die Vorteile dieser Arbeitsweise sind derart, daß man heute nur noch nach diesem Verfahren arbeitet. Es werden daher im folgenden auch nur solche Maschinen behandelt, welche für die Ausführung des Schaumschwimmverfahrens geeignet sind. Es ergeben sich aber natürlich eine Reihe von Möglichkeiten sowohl für die Schaumerzeugung als auch für die Trennung des Schaumes von der Trübe, so daß mehrere Maschinenarten unterschieden werden können. Die wichtigsten unter ihnen sind die folgenden:

1. Maschinen, bei denen durch ein Rührwerk Luft in die Trübe eingeschlagen und dadurch Schaumbildung herbeigeführt wird. Da die Welle des mechanischen Rührwerkes stehend oder liegend angeordnet sein kann, sind zwei entsprechende Ausführungsarten der Rührwerksmaschinen gegeben.

2. Maschinen, bei denen die Schaumerzeugung durch eingeblasene Druckluft erreicht wird.

3. Rührwerkmaschinen, die mit besonderer Luftzuführung versehen sind.

4. Maschinen, bei denen durch ein Vakuum die Bildung von Luftbläschen in der Trübe und damit die Schaumbildung verursacht wird.

5. Maschinen, bei welchen die Belüftung und Schaumbildung durch in die Trübe fallende Flüssigkeitsstrahlen erreicht wird (Kaskaden-Maschinen).

Im folgenden sollen die einzelnen Gruppen von Maschinen einer getrennten Behandlung unterzogen werden, dabei können wegen der außerordentlich großen Zahl der bekannt gewordenen Bauarten nur die wichtigeren berücksichtigt werden.

1. Rührwerkmaschinen.

Als wichtigster Vertreter der Rührwerkmaschinen ist der Standard-Apparat der Minerals Separation zu nennen, wie er von dieser Gesellschaft für die Ausführung des ihr patentierten Schaumschwimmverfahrens entwickelt worden ist. Abb. 85 gibt die wesentlichen Kennzeichen dieser Apparate gut wieder. Die hier gezeigte Bauart steht zur Zeit hauptsächlich für die Kohleflotation in Anwendung. Wie aus der Abbildung zu ersehen ist, wird durch den Rührer Luft in die Trübe eingeschlagen und das belüftete Gemisch tritt aus der Rührzelle in den angeschlossenen Spitzkasten über, an dessen ruhiger Oberfläche sich der beladene Schaum bildet, der dann mechanisch abgezogen wird. Die nicht aufschwimmenden Teile sinken im Spitzkasten unter und werden von dort durch den Rührer einer nachfolgenden Zelle angesaugt und hier von neuem durch eingeschlagene Luft belüftet. Da also die Luft von oben in die Trübe eintritt, kann das Absetzen des Schaumes nicht in der Rührzelle erfolgen, vielmehr ist hierzu die Anbringung des Spitzkastens unbedingt erforderlich. Es wird noch später auf einen für die Erzaufbereitung entwickelten M. S.-Apparat einzugehen sein, bei dem durch Unterluftzuführung die Absonderung des Schaumes unmittelbar in der Rührzelle möglich wird.

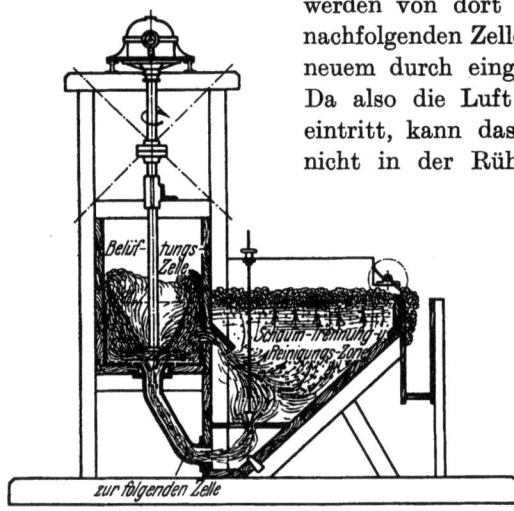

Abb. 85. Standard-Apparat der Minerals Separation (Kohle-Schwimmapparat).

Eine Maschine, von der Abb. 85 einen Schnitt durch eine Zelle wiedergibt, besteht je nach den Verhältnissen aus etwa 3 bis 18 Zellen. Der Antrieb des Rührers erfolgt entweder durch Einzelmotor oder paarweise durch einen Motor oder endlich auch durch eine gemeinsame Transmission, jedoch immer so, daß zwei benachbarte Rührwerke im entgegengesetzten Sinne gedreht werden, wodurch die Erschütterungen der Maschine stark gemindert werden. Ist kein besonderer Einwirker vorhanden, so werden auch 1 bis 2 Zellen als reine Rührzellen ohne Spitzkasten ausgebildet, so daß in der Maschine selbst das Anrühren erfolgen kann.

Über die Leistungen der Maschinen, ihren Kraft- und Raumbedarf sowie ihre Anforderung an Bedienung lassen sich keine allgemein gültige Zahlen nennen, da das Schwimmvermögen der einzelnen Kohlen verschieden ist und auch sehr verschiedene Anforderung an die Reinheit der Konzentrate gestellt werden, was natürlich auf die Leistungen von großem Einfluß ist (siehe auch S. 243 die Beschreibung der Kohleflotationsanlage Glückhilf-Friedenshoffnung).

In der Zahlentafel 22 sind einige Zahlenwerte für die beiden lieferbaren Baugrößen des M. S.-Kohle-Schwimmapparates von 460 und

Zahlentafel 22. Maße, Kraftbedarf und Durchsatzleistung des M.S.-Standard-Apparates mit Spitzkasten für Kohleflotation.

Rührerdurchmesser		Lichte Weite der Rührzelle mm	Breite einer Zelle mm	Gesamthöhe d. Maschine mm	Gesamttiefe der Maschine mm	Umdrehungszahl d. Rührers n/min	Flächenbedarf je Zelle m²	Kraftbedarf je Rührer PS	Durchsatzleistung bei 10 Zellen t/h
Zoll	mm								
18	460	700	750	3655	3370	230	2,53	3	4—8
24	610	900	1000	3900	3950	200	3,95	4,5	7—13

610 mm Rührerdurchmesser gegeben, aus denen sich ein Anhalt über die Durchsatzleistung, sowie Raum- und Kraftbedarf gewinnen läßt.

Als eine weitere reine Rührwerkmaschine sei die Ruth-Gradient-Flotationsmaschine genannt, wie sie von der The Ruth Comp., Denver (Col.), gebaut und durch Abb. 86 in einer Schnittzeichnung wiedergegeben ist. Bei dieser Apparatur wird jede Zelle als eine völlig selbständige, in sich abgeschlossene Einheit gebaut. Im Gegensatz zu den M. S.-Maschinen, die aus Holz gebaut werden, sind die Gradient-Zellen ganz aus Guß- und Spiegeleisen hergestellt. Ihre Rührkammer liegt tief und ist verhältnismäßig niedrig gehalten. An ihrem Boden befindet sich eine Schüssel, in welcher der von oben angetriebene Rührer umläuft. Dieser wirkt ähnlich einer Zentrifugalpumpe und treibt dadurch die belüftete Trübe in den hinteren, höheren Kasten der Maschine. Hier trennen sich durch zwei Überläufe Schaum und erzarme

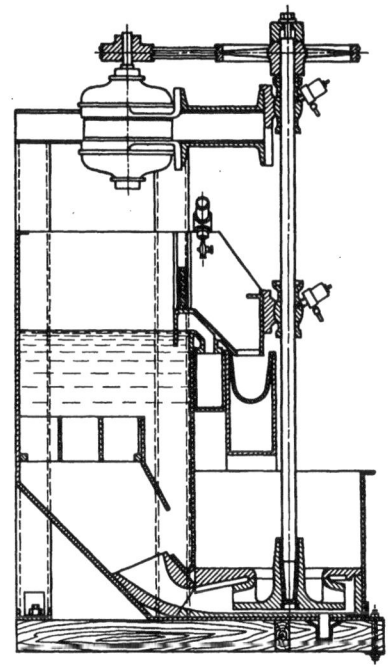

Abb. 86. Ruth-Gradient-Flotationsmaschine.

Trübe. Die Aufstellung der einzelnen Zellen erfolgt treppenartig; da der Überlauf der einzelnen Zellen wesentlich höher liegt als die Einlaufhöhe, wird die Trübe von Stufe zu Stufe höher geführt, bis sie in der höchsten Stufe erzfrei ist. Der erzeugte Schaum kann natürlich besonderen Nachreinigungszellen zugeführt werden, die dann zu einer Verlängerung der Treppe nach unten führen.

Als weitere Rührwerkmaschine sei die K. und K. (Kohlberg und Kraut)-Flotationsmaschine der Southwestern Eng. Corp., Los Angeles (Calif.), erwähnt. Ihr wesentliches Kennzeichen ist die liegende Anordnung der Rührwelle. Der Rührer selbst besteht aus einem Hohlzylinder, dessen Oberfläche aus Holz mit Vertiefungen und Längsrippen versehen ist (vgl. Abb. 87).

Abb. 87. K. u. K.-Schwimmapparat mit zweiseitigem Spitzkasten.

Die Arbeitsweise dieser Maschine, die im Gegensatz zu den bisher genannten Rührwerkmaschinen nicht aus einzelnen Zellen besteht, ergibt sich dadurch, daß der Rotor nicht ganz unter dem Trübespiegel liegt und

Zahlentafel 23.
Maße, Kraftbedarf und Durchsatzleistung der K. und K.-Maschine.

Spitzkasten	Rotor-durchmesser mm	Raumbedarf m	Durchsatz-leistung t/24 h	Kraft-bedarf PS	Um-drehungen des Rotors min
einseitig . .	460	1 × 3,3	8—10	5	225
einseitig . .	585	1,5 × 5	80—120	10	175
zweiseitig .	585	2,3 × 5	100—150	12	175

die zwischen den Leisten befindliche Luft eingeschlagen wird. Gebaut werden Maschinen mit 460 bzw. 585 mm Rotordurchmesser, teils mit Spitzkasten auf einer, teils auf beiden Seiten. Über die Leistung der Maschine berichtet Zahlentafel 23.

Ein Nachteil der K. und K.-Maschine sind die notwendigen Stopfbüchsen, die leicht zu Störungen Veranlassung geben können, ebenso das Abbrechen der Trommelleisten, die einem starken Verschleiß ausgesetzt sind.

Erwähnt sei ferner noch der insbesondere für Kohlenflotation entwickelte Kleinbentink-Apparat (Abb. 88).

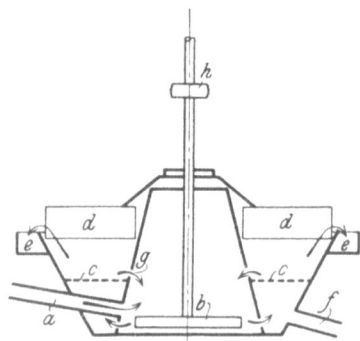

Abb. 88. Kleinbentink-Schwimmapparat.

Er besteht aus zwei ineinandergestellten Kegelstumpfmänteln. Die Trübe tritt durch a in das Innere und wird durch den Rührer b

Die Bauart und Arbeitsweise der Flotationsmaschinen.

agitiert. Durch besondere Öffnungen gelangt die belüftete Trübe durch den Rost c, es bildet sich ein Schaum, der durch die Abstreifer d in die Rinne e geleitet wird. Die arme Trübe fließt bei f ab.

Als weitere reine Rührwerkmaschinen seien noch genannt die **Parker-Maschine**, die der K. und K.-Flotationsmaschine ähnlich ist, sowie die **Hynes-Flotationsmaschine**, die einen aus vielen gelochten Scheiben gebildeten Rotor besitzt, der sich um eine liegende Welle dreht.

2. Mit Druckluft betriebene Maschinen.

Bei den mit Druckluft arbeitenden Schwimmapparaten, den sogenannten pneumatischen Flotationsmaschinen, können zwei Arten unterschieden werden, nämlich:

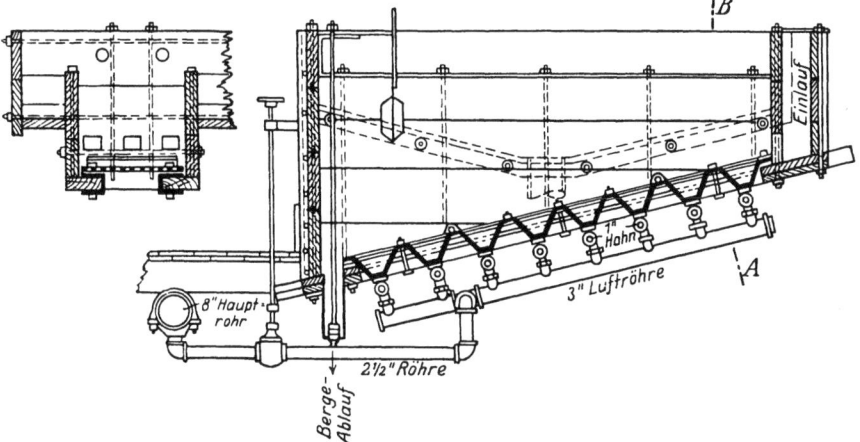

Abb. 89. Callow-Flotationsapparat.

1. solche, bei denen die Verteilung der Luft durch einen porösen Stoff erfolgt und
2. solche, bei denen die Preßluft unmittelbar durch Rohre oder Düsen in die Trübe eingeleitet wird.

Es ist das Verdienst von Callow, Maschinen der ersteren Bauart entwickelt zu haben, während die zweite Art hauptsächlich von Gröndal angegeben und von der Erz- und Kohleflotation G.m.b.H., Bochum, sowie der Southwestern Eng. Corp. weiter entwickelt worden ist.

Die pneumatischen Maschinen haben gegenüber den Rührwerkmaschinen z. T. den Vorzug geringeren Kraftbedarfes und geringeren Verschleißes. Jedoch müssen bei ihnen für die gute Mischung der Trübe mit den Reagenzien gesonderte Rühr- oder Mischgefäße vorgeschaltet werden.

Die von Callow 1914 eingeführte Unterluftmaschine ist in der Abb. 89 wiedergegeben. Wie aus ihr zu erkennen ist, besteht sie aus einer einzigen großen Zelle mit schrägem Boden, in welche auf der rechten Seite die Trübe zufließt. Von unten tritt die Luft durch ein Rohr und die Hähne in 8 Kammern ein und weiter durch das den Boden der Zelle bildende feste Filtertuch (4 Lagen Kanevas). Die Verwendung poröser Steine u. dgl. ist versucht, doch wieder aufgegeben worden, da sie sich zu leicht verstopfen. Die sich bildenden feinen Luftbläschen treffen auf die Erzteilchen, die sie mit in den Schaum nehmen, während die armen Teile unbeeinflußt über den schrägen Boden absinken und ausgetragen werden.

Der Erzschaum tritt an den beiden Längsseiten des Apparates über, wo er in Rinnen aufgefangen wird. Die Durchflußgeschwindigkeit der Trübe durch den Apparat wird durch einen Schwimmer geregelt. Über die Leistungen sind von Bruchhold folgende Angaben gemacht worden: Durchsatz an Schlämmen 15 bis 20 t/24 h oder an Sanden 75 t/24 h; Kraftverbrauch 5 bis 7 PS/t Durchsatz; Luftverbrauch 2,4 bis 3,5 m^3/min von 0,28 bis 0,35 atü je m^2 poröse Bodenfläche.

Der Callow-Apparat hat sich im allgemeinen gut bewährt, insbesondere lieferte er recht reine Konzentrate. Ein Nachteil war die leichte Verstopfung des Filtertuches und die dadurch herbeigeführten Störungen. Infolgedessen ist der Apparat fast vollkommen verdrängt worden, und zwar durch den Callow-MacIntosh-Apparat. Dieser hat die Schwierigkeiten der Verstopfung dadurch wesentlich vermindert, daß das Filtertuch über einen zylindrischen Rotor gespannt wird, in den die Luft eintritt und der gleichzeitig langsam — mit etwa 15 bis 20 Umdrehungen/min — gedreht wird. Die äußerst einfache Konstruktion der Maschine ist aus den beiden Schnittzeichnungen der Abb. 90 zu erkennen.

In den Rotor tritt die Luft durch eine Stopfbüchse mit etwa 0,2 atü ein. Zwei am Rotor angebrachte Winkeleisen sorgen dafür, daß nicht durch Ansätze in der Maschine ein stärkerer Verschleiß des Filterstoffes herbeigeführt wird.

Um Verstopfungen des Filtertuches einzuschränken, gibt man neuerdings der Druckluft Klarwasser oder schwach angesäuertes Wasser zu, wodurch die Ansätze im Tuch aufgelöst werden. Außerdem ist für ein leichtes und schnelles Auswechseln des Rotors Sorge getragen. Gebaut werden üblicherweise Apparate von 3,5, 4,5 und 5,5 m Länge, bei denen die Länge der Rotoren 3, 4 und 5 m beträgt. Der Durchmesser der Rotoren beträgt 230 mm In der Breite und Höhe mißt der Apparat 1150 mm. Die Leistung eines Normalapparates mit 3 m Rotorlänge wird mit 2 bis 5 t/h je nach den Umständen angegeben; der Kraftbedarf des Rotors zu etwa ¼ PS und einschließlich desjenigen für Preßluft zu 3 bis 4 PS. Im allgemeinen soll der Kraftbedarf 0,6 bis 0,75 kW/t durchgesetztes Gut betragen. Für den Luftverbrauch können je m^2 Flotationsfläche 2 bis 2,5 m^3/min gerechnet werden.

Die Callow-MacIntosh-Apparate haben sich in der Praxis — besonders bei der Nachreinigung von Vorkonzentraten — gut bewährt, so daß sie in vielen Betrieben in Benutzung sind (siehe auch S. 228 Beschreibung der Flotationsanlage der Deutsch-Blei-Scharley-Grube). Als Leistungsbeispiel sei die Anlage New Cornelia II[1] angeführt, bei der ein einziges System, welches 1800 t/24 h verarbeitet, aus 10 Callow-MacIntosh-Apparaten besteht (4 Vorschäumer je 5,7 m lang, 4 erste Nachschäumer und 2 zweite Nachschäumer für die Abgänge je 5,7 m lang sowie 2 × 2 Reinigerzellen für das Vorkonzentrat je 3,6 m lang). Der gesamte Kraftbedarf der Anlage stellt sich auf 17,3 kWh/t und, bezogen auf Feinzerkleinerung mit Flotation, auf 11,46 kWh/t.

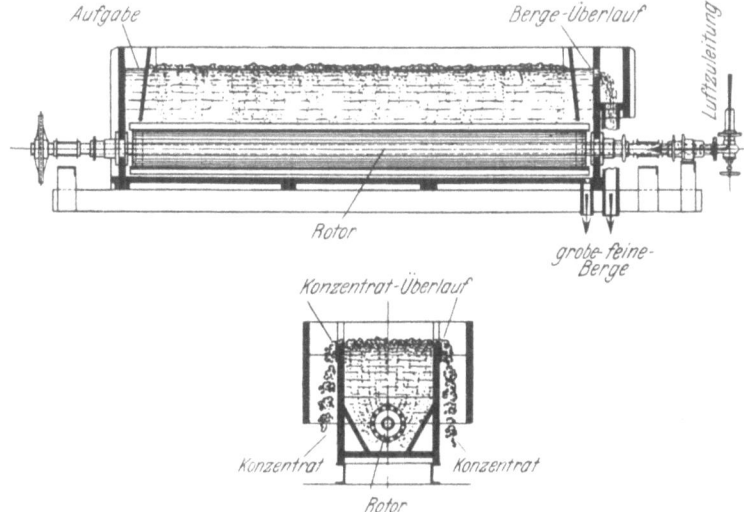

Abb. 90. Callow-Mac Intosh-Zelle.

Der Callow-Apparat ist jedoch auch von anderer Seite weiterentwickelt worden. Es sind hier die Inspiration-Maschine und die Sundt-Diaz-Maschine zu nennen.

Unter den mit unmittelbarer Einleitung von Druckluft betriebenen Maschinen ist der von der Erz- und Kohleflotation G. m. b. H., Bochum, gebaute Gröndal-Franz-Apparat zu nennen (vgl. Abb. 91 und 92). Wie die Abb. 91, die einen Längsschnitt durch die Rührzellen gibt, erkennen läßt, besteht der aus Holz aufgebaute Apparat aus einer Reihe von Zellen, in welche die Druckluftrohre B bis nahe an den Boden heranreichen und die Luft durch kugelförmige Düsen f aus Phosphor-

---

[1] Eng. Min. W. 1, 426/9 (1930).

bronze eingeblasen wird. Abb. 92 gibt ferner einen Querschnitt durch einen zweiseitig ausgebildeten Apparat. Den Rührzellen sind die Schaumkammern E vorgebaut, aus denen der Schaum über Einsatzbretter e austreten muß. Der Schaum muß also eine verhältnismäßig sehr hohe Schichthöhe erreichen, weswegen der Apparat auch die Bezeichnung Schaumsäulenapparat trägt. Der Zweck dieser Anordnung ist, daß eine gute Reinigung des Schaumes erreicht werden soll. Der Durchlauf der Trübe durch den Apparat erfolgt in der Weise, daß das bei b aus der

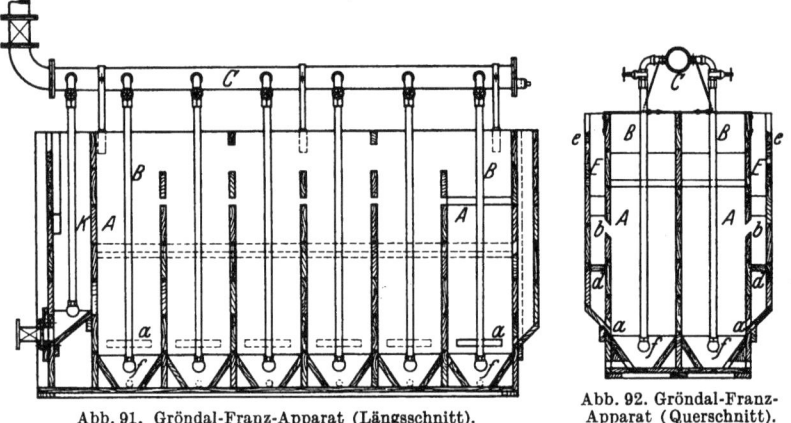

Abb. 91. Gröndal-Franz-Apparat (Längsschnitt).

Abb. 92. Gröndal-Franz-Apparat (Querschnitt).

Rührzelle austretende Schaumtrübegemisch sich in der Kammer E trennt, indem die verarmte Trübe durch schräge Führungsbretter d der Öffnung a der nächsten Zelle zufließt und hier aufs neue durchgearbeitet wird. Zum Füllen des Apparates mit Wasser vor der Inbetriebsetzung, zum Reinigen desselben sowie zum Durchspülen der Düsen zwecks Vermeidung von Verstopfungen kann mit Hilfe einer entsprechend angeschlossenen Wasserleitung durch die Druckluftleitung C auch Druckwasser durchgeleitet werden.

Über die Durchsatzleistung des Gröndal-Franz-Schwimmapparates gibt Treptow[1] für die Mitterberger Kupferkiesaufbereitung an, daß in einem aus zwölf Kammern bestehenden Gerät bei einer Höhe der Kammern von 2 m und einer lichten Weite derselben von 0,5 × 0,5 m 5 t/h durchgesetzt werden. Ein Gebläse bewirkt eine Luftverdichtung auf 0,2 atü.

Der Kraftbedarf ist im wesentlichen abhängig von der notwendigen Kammerzahl und er schwankt zwischen etwa 1,5 und 10 kWh/t Aufgabeerz. In einem besonderen Falle eines zwölfzelligen Apparates stellte sich der Kraftbedarf auf 2 PS/t Durchsatz.

---

[1] Metall Erz 21, 1/6 (1924).

Es sei weiter noch der Ekof-Flotationsapparat, Type W, besprochen. Wie die Abb. 93 erkennen läßt, ist auch dieser Apparat durch Zwischenwände in einzelne Kammern unterteilt, in welche die Düsenrohre der Preßluftleitung hineingeführt sind. Besondere Düsen sind an den Rohrenden nicht angebracht, vielmehr sind diese unten glatt abgeschnitten. Die durch die eingepreßte Luft aufwallende Trübe steigt in dem mittleren engen Raume a hoch, fällt dann in die seitlichen Kammern b, aus denen ein Teil in die spitzkastenförmigen Schaumaustragzellen gelangt, während ein anderer Teil wieder zu Boden fällt und aufs neue aufgewirbelt wird. Da sich der Schaum auf dem spitzkastenförmigen Teil der Maschine deckenartig ausbreiten kann, was hauptsächlich seiner Reinigung dienen soll, wird diese Bauart auch als Schaumdecken-Apparat im Gegensatz zum Schaumsäulen-Apparat bezeichnet. Der Trübedurchfluß durch die Maschine erfolgt von Kammer zu Kammer ausschließlich durch die Öffnung g in den Zwischenwänden.

Der Druck der Luft beträgt 0,2 bis 0,25 atü. Die

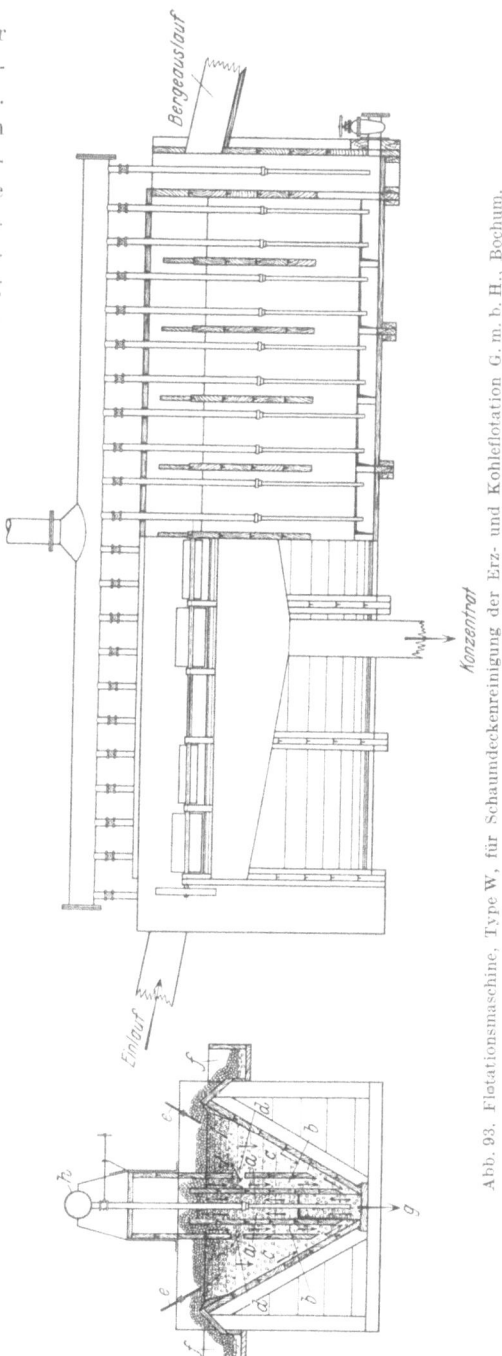

Abb. 93. Flotationsmaschine, Type W, für Schaumdeckenreinigung der Erz- und Kohleflotation G. m. b. H., Bochum.

erforderliche Luftmenge wird angegeben je Kammer bei einer Breite derselben von:

350 mm zu etwa 1,5 m³/min
500 ,, ,, ,, 2 ,,
800 ,, ,, ,, 3 ,,

Hiernach würde eine Maschine von 14 Kammern und 800 mm Kammerbreite 42 m³ Luft benötigen, was einem Kraftbedarf von 30 bis 32 PS entspricht. Da ein solcher Apparat 15 bis 20 t Kohlenschlamm verarbeiten kann, stellt sich der Kraftbedarf auf 1,6 bis 2 PS/t Durchsatz.

Nach Stillständen kann die Maschine ohne weiteres in Betrieb gesetzt werden, was als ein besonderer Vorteil anzusehen ist.

Ganz ähnlich gebaut ist eine andere, ebenfalls rein pneumatisch arbeitende, amerikanische Maschine, nämlich die Air-Flotation-Maschine der Southwestern Eng. Corp., Los Angeles. Abb. 94 gibt eine Schnittzeichnung dieser Maschine, Type H. B., wieder.

Diese Maschine wird sowohl in Holz als auch in Stahlblech ausgeführt. Die Länge einer Maschine beträgt bis zu 16 m. Die Durchsatzleistung kann je 1 m Länge zu 3 bis 8 t/h angenommen werden. Der Kraftverbrauch je t Durchsatz soll sich wesentlich

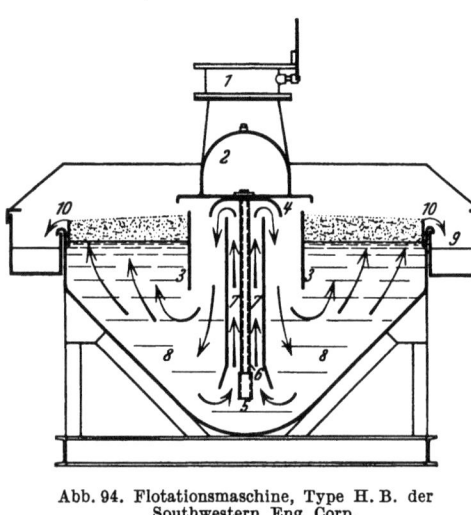

Abb. 94. Flotationsmaschine, Type H. B. der Southwestern Eng. Corp.

1 Hauptluftventil,   6 Düsenrohr,
2 Luftverteilerrohr,   7 Steigrohr,
3 Stauwände,   8 Spitzkasten,
4 Führungsblech,   9 Schaumrinne,
5 Muffe,   10 Schaumüberlauf.

günstiger stellen, als bei der K. und K.-Maschine, nämlich auf etwa 2,2 zu 4,0 PS.

Der vorgenannten Maschine nahe verwandt ist die Forrester-Zelle. Diese unterscheidet sich von ihr hauptsächlich dadurch, daß die Stauwände 3 gelocht sind und etwas tiefer in die Trübe herabreichen (vgl. auch Abb. 47 der Forrester-Versuchsmaschine).

3. Rührwerkmaschinen mit Unterluftzuführung.

Die guten Ergebnisse, die mit den rein pneumatisch arbeitenden Apparaten gemacht wurden, führten sehr bald dazu, auch solche Maschi-

Die Bauart und Arbeitsweise der Flotationsmaschinen. 167

nen zu entwickeln, bei denen neben dem Rührwerk gleichzeitig Unterluft hinzugeführt wird. Diese Unterluft, die teilweise durch entsprechende Ausbildung des Rührers angesaugt wird, kann dann durch den Rührer fein zerteilt werden. Zu dieser Gruppe von Maschinen gehört der Unterluft-Apparat der Minerals Separation, wie er in Deutschland vom Grusonwerk und der Maschinenbauanstalt Humboldt geliefert wird.

Abb. 95 zeigt einen Schnitt durch eine Zelle dieser Maschine. Die Arbeitsweise wird dadurch ohne weiteres klar. Die Luft wird mechanisch in den Apparat gedrückt und mit der Trübe durchgerührt. Oberhalb des Rührers ist ein dichter Rost angebracht, der die Wallungen der Trübe bricht, so daß sich der Schaum in einer beruhigten Zone innerhalb der Zelle bilden kann. Er wird abgestreift, während die verarmte Trübe über einen Überfall zur nächstfolgenden Zelle weitergeht.

Ähnlich den bereits früher für den M. S.-Standardapparat für Kohleflotation gegebenen Zahlenwerten über die lieferbaren Baugrößen von 18 bzw. 24 Zoll Rührerdurchmesser sind in der Zahlentafel 24 die entsprechenden Angaben für den Unterluft-Apparat gemacht. Es sei bemerkt, daß für Versuchsanlagen gleichartige

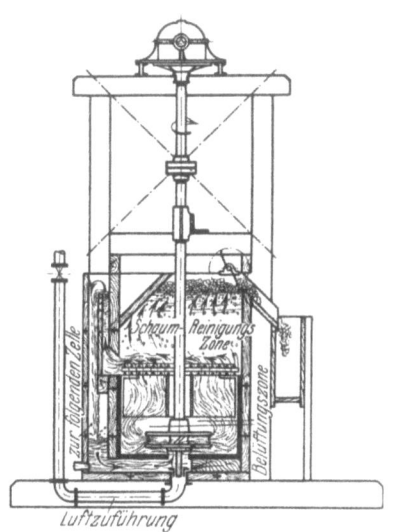

Abb. 95. Unterluft-Schwimmapparat für Erzanreicherung, System Minerals Separation.

Apparate mit 6 oder 9 Zoll Rührerdurchmesser geliefert werden können. Anstatt der üblichen Kegelradantriebe erhalten diese leichteren Maschinen einen gemeinsamen Riemenantrieb für sämtliche Rührerwellen.

Zahlentafel 24. Maße, Kraftbedarf und Durchsatzleistung der M. S.-Unterluft-Schwimmapparate.

Rührerdurchmesser		Lichte Weite der Rührzelle	Gesamtbreite einer Zelle	Gesamthöhe der Maschine	Gesamttiefe der Maschine	Umdrehungen des Rührers	Flächenbedarf je Zelle	Kraftbedarf je Rührer	Durchsatzleistung bei 10 Zellen
Zoll	mm	mm	mm	mm	mm	n/min	m²	PS	t/h
18	460	740	865	3090	2000	275	1,73	3,5	1—1,3
24	610	1000	1150	3500	2500	240	2,87	5	2—4

Eine gleichfalls mit Rührwerk und Luftzuführung arbeitende Maschine ist die Denver „Sub A" (Fahrenwald)-Maschine der Denver Equipment Co. in Denver.

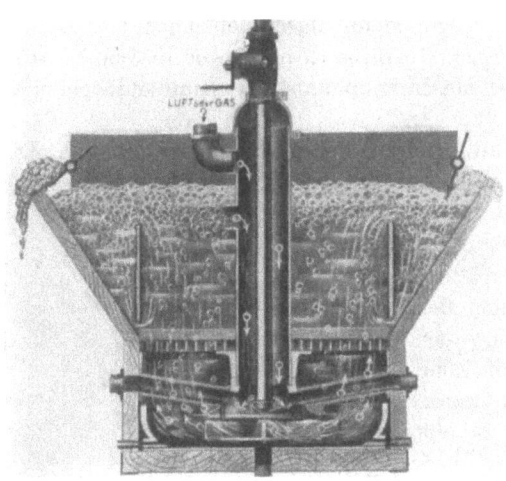

Abb. 96. Denver Sub A (Fahrenwald)-Maschine.

Abb. 96 gibt einen Schnitt durch eine Zelle dieser Maschine mit beiderseitigem Schaumaustrag. Ihr wesentliches Kennzeichen besteht darin, daß die Rührerwelle durch ein Rohr von größerem Querschnitt durchgeführt ist und daß durch dieses Rohr Luft oder Gas zugeführt werden kann. Ferner ist der Rührer noch durch einen besonderen Teller geschützt, so daß er bei Stillständen frei bleibt und die Maschine unmittelbar wieder anlaufen kann. Für die Zuführung der Trübe oder von Vorkonzentraten sind besondere Zuleitungsrohre angebracht, die auf den Rührer zuführen. Für den Durchlauf der Trübe von Zelle zu Zelle sind zwischen diesen besondere einstellbare Überlaufwehre angebracht.

Abb. 97. Keilriemenantrieb von 2 Rührerwellen der Fahrenwald-Maschine.

Die Fahrenwald-Maschine hat in Amerika vielfach Anwendung gefunden. Sie zeichnet sich durch gute Durchbildung in allen Einzelheiten aus. Der Antrieb der Rührerwellen erfolgt einzeln durch je einen Motor oder es werden auch paarweise zwei Wellen von einem Motor angetrieben. Abb. 97 zeigt einen solchen Antrieb unter Verwendung von Keilriemen.

In der Gruppe der Rührwerkmaschinen mit Unterluftzuführung ist ferner noch die Zeigler-Maschine zu nennen. Ebenso ist das Prinzip der K. und K.-Maschine auf eine Unterluftmaschine übertragen worden, nämlich die Kraut-subaeration-Maschine. Da diesen beiden Maschinen praktische Bedeutung für europäische Verhältnisse nicht beizumessen ist, soll hier nicht näher auf sie eingegangen werden.

4. Vakuum-Maschinen.

Unter den mit Unterdruck arbeitenden Maschinen hebt sich besonders der Elmoresche Vakuum-Apparat hervor, der dem Erfinder bereits 1904 geschützt wurde. Seine Beschreibung ist schon auf Seite 12 gegeben worden (vgl. auch Abb. 6). Praktische Bedeutung kommt diesem Apparat heute nur noch in der Form des Elmore-Diehl-Apparates für Kohleflotation[1] zu. Die Bauart dieses Gerätes unterscheidet sich von dem älteren Apparat hauptsächlich dadurch, daß der eigentliche Trennungsbehälter doppelkegelförmig ausgebildet ist und der Kohlenschlammtrübe durch die besondere Anordnung des Einlaufes von Druckwasser eine Wirbelung erteilt wird, die sowohl der Trennung selbst zustatten kommt, als auch die Bildung von Ansätzen verhütet. Ein Vorzug der Trennung im Vakuum ist, daß der gebildete Schaum beim Verlassen der Apparatur unter der Wirkung des äußeren Luftdruckes sofort in sich zusammenfällt.

Der Durchsatz einer Betriebseinheit wird mit 6 bis 10 t Rohkohle angegeben. Der Kraftverbrauch stellt sich verhältnismäßig niedrig und beträgt 2 bis 2½ PS bezogen auf 1 t Rohkohle.

Bei zwei im Aachener Kohlenbezirk laufenden Anlagen wird mit einer Leistung von 4 t/h ein Schlamm unter 0,3 mm verarbeitet. Dabei stellt sich das Anreicherungsergebnis folgendermaßen:

Anlage	Aschengehalte in %		
	Rohschlamm	Schaumkohle	Abgänge
I	30	7	60
II	32	5	58

5. Hydraulische Maschinen.

Unter den hydraulischen Maschinen versteht man solche Schwimmapparate, bei denen die in teils mehr teils weniger dicken Strahlen herabfallende Trübe Luft mitreißt und auf diese Weise die Belüftung erreicht wird. In Amerika werden sie als Kaskaden-Maschinen bezeichnet. Unter den dieser Gruppe angehörenden Maschinen, denen im allgemeinen nur sehr geringe Bedeutung zukommt, sei zunächst das Donaldson-Gerinne genannt. Abb. 98 gibt eine Darstellung dieser Vorrichtung. Aus einem Gerinne fließt die Trübe durch Fallrohre herab. Ähnlich den Wasserstrahlpumpen oder -gebläsen, bei denen sich unter günstigen Verhältnissen ja auch eine sehr hochgradige Verteilung der Luft im Wasser ergibt, reißt der Trübestrahl in einer trichterförmigen

---

[1] D. R. P. 518301.

Erweiterung (Injektor) Luft mit und dieses Trübe-Luftgemisch fällt in den unteren Behälter, wo sich der Schaum bildet und seitlich übertritt. Eine weitere gleichartige Durcharbeitung der Trübe kann ohne

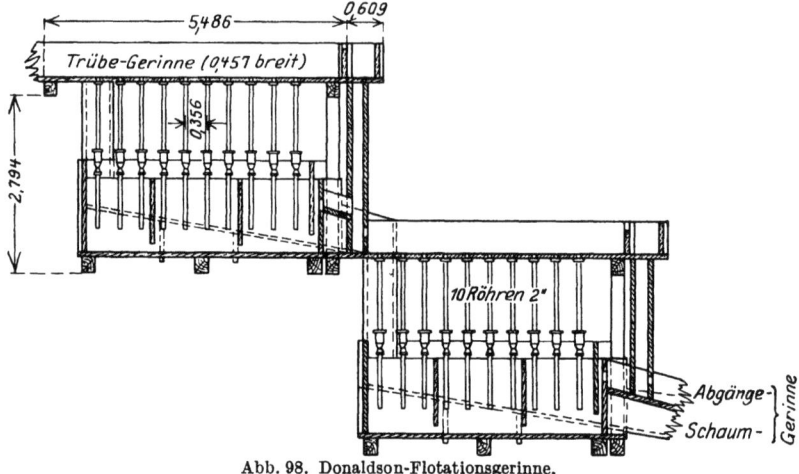

Abb. 98. Donaldson-Flotationsgerinne.

weiteres angeschlossen werden. Steht genügendes Gefälle zur Verfügung, so kommt dies der Verwendung der Maschine sehr zustatten. Andernfalls wird der Vorteil der Maschine, daß sie an sich keines Antriebes bedarf, dadurch mehr als ausgeglichen, daß die Trübe hochgepumpt werden muß. Der wesentlichste Mangel des Donaldson-Gerinnes ist der, daß es keine genügende Erschöpfung der Erztrübe erreicht, die Metallverluste also zu hoch sind.

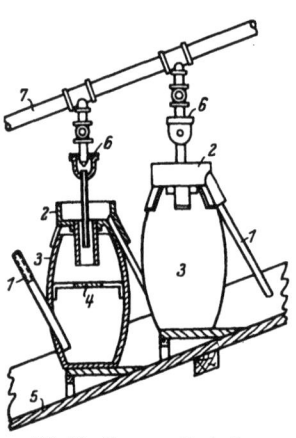

Abb. 99. Emerson-Kaskaden-Flotationsmaschine.

Als weitere hydraulische Vorrichtung soll noch die Emerson-Kaskaden-Flotationsmaschine genannt werden (vgl. Abb. 99). Wie diese Abbildung zeigt, besteht sie aus treppenförmig angeordneten, tonnenartigen Behältern 3, in die von oben durch eine Druckwasserleitung 7 und eingebaute Injektoren 6 ein Strahl eines Luft-Wassergemisches eintritt. Der dadurch gebildete Schaum tritt über den oberen Rand des Behälters aus und fließt durch das Gerinne 5, in dem die Behälter stehen, ab. Der Lauf der Trübe geht von Behälter zu Behälter durch Rohre 1.

Erwähnt seien noch kurz als weitere, zu dieser Gruppe hinzuzurechnende Kaskaden-Maschinen die von Bonnell, von Court sowie die von Seale und Shellshare.

b) Die Verwendung der Flotationsmaschinen im Betriebe.

1. Die Führung der Trübe durch mehrzellige Maschinen.

Es ist ein Nachteil vieler Anreicherungsverfahren, daß in ihnen ein sogenanntes „Mittelprodukt" erzeugt wird, das dann häufig nach weiterer Zerkleinerung einem anderen Trennungsverfahren unterworfen werden muß. Daß dagegen die Flotation bei sehr zufriedenstellender Anreicherung nur Fertigerzeugnisse liefert, liegt keineswegs nur in ihrer Arbeitsweise als solcher oder der hohen Vollkommenheit des Aufschlusses begründet, vielmehr zum großen Teil darin, daß man von einer Wiederholung des Schaumes und der Berge Gebrauch macht, wobei die leichte Beweglichkeit der Trübe natürlich von Bedeutung ist. Für die Wiederholung oder die stufenweise Anreicherung vom armen Vorkonzentrat zum hochangereicherten fertigen Schaum haben sich besonders bei den mehrzelligen Maschinen Umleitungen der Trübe und der Schäume ergeben, die von größtem Einfluß auf die Trennungsergebnisse gewesen sind. Die Anordnung bei der stufenweisen Anreicherung wird durch Abb. 100 gut veranschaulicht. Diesem Bild, in dem 5 verschiedene Fälle der Trübeführung gezeigt sind, ist als

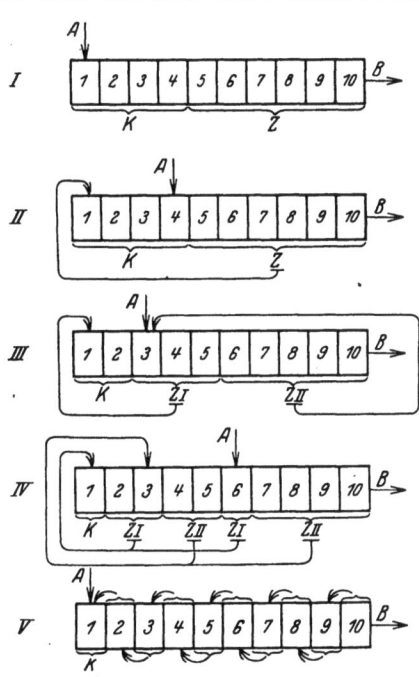

Abb. 100. Verschiedene Möglichkeiten der stufenweisen Anreicherung von Flotationsgut in mehrzelligen Flotationsapparaten.
A Aufgabe, *K* Fertigkonzentrat, *Z* Zwischengut oder Vorkonzentrat, *B* Berge.

Beispiel ein Apparat mit 10 Zellen zugrunde gelegt. Fall *I*, bei dem keine Wiederholung des Konzentrates stattfindet und das Zwischengut vielleicht wieder der Aufgabe hinzugefügt wird, entspricht der ältesten, heute wohl überall verlassenen Anordnung. Der Fall *II* zeigt schon die stufenweise Anreicherung, indem der Schaum der Zellen *5* bis *10* in den ersten Zellen *1* bis *3* nachgereinigt wird. Fertiges Konzentrat wird erzeugt sowohl von diesen Zellen *1* bis *3* als auch von der Zelle *4*, in welche die Trübe eingeleitet wurde. Einen weiteren Schritt in der stufenweisen Anreicherung zeigt der Fall *III*. Die Trübe tritt in die Zelle *3* ein. Der in dieser und den Zellen *4* und *5* erzeugte Schaum *Z I* wird in den Zellen *1* und *2* gereinigt, so daß also jedes Erzkorn zweimal aufschwimmen muß, um ins Fertigkonzentrat zu gelangen. Im Fall *III* wird aber gleichzeitig noch ein armer Schaum aus den Zellen *6* bis *10* getrennt abgezogen und zunächst einmal mit der Aufgabe wieder vereinigt. Das Gut des armen Schaumes Z II muß also mindestens dreimal aufschwimmen, wenn es in das fertige Konzentrat gelangen soll. Eine Weiterentwicklung der stufenweisen Anreicherung zeigen dann noch die Fälle *IV* und *V* der Abb. 100. Sie sind aus der Darstellung ohne weiteres verständlich.

Die Führung des Umlaufes in den Zellen wird naturgemäß durch den Charakter der Trübe und durch die Anforderungen bedingt, die an die Flotation bezüglich Reinheitsgrad der Konzentrate und Metallverluste gestellt werden. So ist der in der Abb. 100 als Fall *II* dargestellte Umlauf dann angebracht, wenn es sich um ein reicheres und schnell flotierendes Erz handelt. Die Fälle *III* und *IV* dagegen zeigen Umläufe für Erze, die längere Behandlung und intensivere Schaumreinigung erfordern (vgl. auch Stammbaum der Deutsch-Bleischarley-Grube in Abb. 118 auf S. 229).

Anstatt eines Apparates von 10 Zellen kann natürlich dieses System der Nachreinigung auch auf jede andere Zellenzahl sinngemäß angewandt werden. Für die Gesamtzahl der Zellen ist ja maßgebend, daß die aus der letzten Zelle abfließende Trübe derart verarmt ist, daß sie abgeworfen werden kann. Ohne Bedeutung ist an sich auch, ob sämtliche von der Trübe durchflossenen Zellen in einem oder auch mehreren Apparaten vereinigt sind. Das Erstere ist sehr häufig nicht der Fall, weil die Maschinen zu schwerfällig würden.

Werden zwei Maschinen benutzt, so spricht man dann je nach der Funktion der Maschinen vom Vorschäumer und dem Reiniger oder Nachreiniger für den Schaum; falls drei Einheiten zur Verwendung kommen, unterscheidet man: Vorschäumer, Nachschäumer für die Abgänge und Reichschäumer bzw. Reiniger für den Schaum. Die Trübeführung in diesem letzteren Falle entspricht dann meist dem Fall *III* der Abb. 100. Die Zellen *3* bis *5* bilden den Vorschäumer-Apparat, die Zellen *1* und *2* entsprechen dem Reichschäumer oder Reiniger und die Zellen *6* bis *10* dem Nachschäumer-Apparat. Bei Verwendung von drei Maschinen kann jedoch auch eine Anordnung gewählt werden, wie sie etwa dem Fall *IV* der Abb. 100 entspricht. In einem Vorschäumer werden ohne Nachschäumen unmittelbar fertige Berge gewonnen. Der Schaum des Vorschäumers wird dann im 1. Reiniger angereichert und erst in einem 2. Reiniger fertiges Konzentrat gemacht (vgl. den Stammbaum der Arizona-Schwimmaufbereitung auf S. 224). Um Mißverständnisse auszuschließen, vermeide man, nur den 2. Reiniger als Nachreiniger zu bezeichnen.

Für die Größenverhältnisse zwischen Vorschäumer und Reiniger ist das Gewichtsausbringen maßgebend. Jedoch wird man das Fassungsvermögen des Reinigers noch etwas größer halten, um eine ruhige Durcharbeitung des Vorkonzentrates vornehmen zu können. Die Größe des Nachschäumers muß sich dagegen nach der Zahl von Schaumerzeugungen richten, die man für erforderlich hält, um eine genügende Verarmung der Trübe zu erhalten.

2. Besondere Vorzüge der einzelnen Maschinenarten.

Es ist im vorstehenden bei der Besprechung der stufenweisen Anreicherung in der Flotation von der Verwendung mehrerer Maschinen als Vorschäumer bzw. Reiniger gesprochen worden. Es hat sich gezeigt, daß gerade in dieser Hinsicht die einzelnen Maschinenarten von unterschiedlicher Eignung sind. So sind die mit Rührwerken arbeitenden Apparate besser geeignet, sehr arme Berge abzustoßen, da sie viel Material in den Schaum bringen. Eine besonders starke Erschöpfung der Trübe wird vor allem dann erreicht, wenn der Schaum unmittelbar aus der Rührzelle abgestoßen wird und nicht mehr erst einer Schaumdeckenreinigung in einem angebauten Spitzkasten unterworfen wird. Ein verhältnismäßig sehr hohes Metallausbringen läßt sich auch in den Zellen erreichen, in welche Preßluft unmittelbar eingeblasen wird, da sich auch in diesen Apparaten eine sehr lebhafte Durcharbeitung der Trübe durchführen läßt.

Für die Erzielung einer hohen Anreicherung in den Reinigern empfiehlt sich jedoch mehr die Verwendung solcher Apparate, bei denen sich der Schaum sehr ruhig bilden kann, wie beispielsweise beim Callow-Mac Intosh-Apparat, oder sich wirkungsvoll reinigen kann, wie in den Schaumdecken- und Schaumsäulen-Apparaten.

Lassen sich hinsichtlich der Anreicherung so noch gewisse Richtlinien für die Verwendung der einzelnen Maschinen geben, so muß doch davon abgesehen werden, einen weiteren Vergleich der einzelnen Apparate etwa nach der wirtschaftlichen Seite hin zu geben, weil die vorhandenen Unterlagen hierfür nicht ausreichend sind. Es braucht wohl kaum noch erwähnt zu werden, daß neben dem Anschaffungspreis, der Durchsatzleistung, dem Kraftverbrauch und den Unterhaltungskosten die Anreicherung selbst ihre wichtige wirtschaftliche Bedeutung hat, so daß man nur von Fall zu Fall die Entscheidung zwischen den einzelnen Maschinen wird treffen können. Daß bei diesem Wettbewerb den Vakuum- und Kaskadenmaschinen kein großes Feld einzuräumen sein wird, dürfte nicht zweifelhaft sein.

3. Die Überwachung des Trennungserfolges der Flotationsmaschinen.

Bei der Überwachung der Flotation hat man zu unterscheiden zwischen der laufenden Prüfung der Anreicherungsergebnisse durch

Probenahmen und denjenigen Maßnahmen, die zur unmittelbaren Erkennung von Fehlern im Betriebe und damit zu ihrer sofortigen Abstellung führen sollen. Für die laufende Betriebsüberwachung ist es wünschenswert, nicht nur die Gehalte der Konzentrate und Berge bestimmen zu lassen, sondern auch das Flotationsgut zu analysieren, um besondere Verluste aufdecken zu können. Liegt ein Metall in zwei verschiedenen Verbindungen in einem Erz vor — beispielsweise als Sulfid und gleichzeitig als Oxyd — so kann es sich empfehlen, den Anreicherungserfolg für beide Mineralkomponenten getrennt zu ermitteln, um die

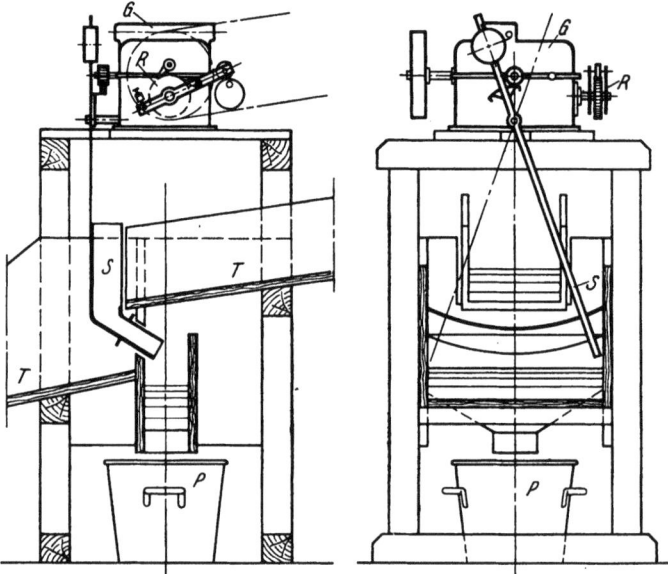

Abb. 101. Mechanischer Probenehmer mit Pendelschöpfer.

Richtung und die Bedeutung von das Verfahren abändernden Vorkehrungen übersehen zu können.

Da die Flotationsprozesse von verhältnismäßig hoher Empfindlichkeit sind, so kommt ferner allen unmittelbaren Kontrollen große Bedeutung zu. Hierzu ist an erster Stelle zu rechnen eine Übung zum richtigen Ansprechen des Schaumes der einzelnen Zellen nach seiner Farbe, Menge und Beständigkeit. In der Frühzeit der Schwimmaufbereitung hat man außerdem, um Störungen in der Anlage abzufangen, die gesamten Erzeugnisse über Herde geleitet. Später hat man Kontrollherde für die Konzentrate verwendet, weil diese mengenmäßig meist nur einen geringen Teil der Abgänge ausmachen. Die Änderung im Konzentratstreifen sollte dann ein Zeichen für die richtige oder falsche Einstellung der Schwimmerei sein. Nun ist aber zweifellos das Beurteilen des Konzentrates auf dem Herde sehr viel schwieriger, als wenn sich auf einem mit Abgängen beschickten Herde ein feiner Erzstreifen bildet, dessen Fehlen, Auftreten und Stärke ein vorzügliches Kennzeichen für die Güte des Trennungsvorganges ist. So ist der Kontrollherd für die Berge, dem nur ein Teil der fertigen Abgänge zugeführt wird, im allgemeinen empfehlenswert, wenn man neuerdings auch entsprechend der umfassenderen Beherrschung der Flotationsvorgänge auf ihn glaubt verzichten zu können.

Für die Probenahme zur laufenden Prüfung der Ergebnisse sind in der letzten Zeit besondere mechanische Probenehmer entwickelt worden. Abb. 101 zeigt einen solchen Apparat, der in erster Linie für die Probenahme aus ständig fließenden Trübeströmen gebaut ist. Erforderlich ist in einer Rinne ein Zwischengefälle von etwa 250 mm. In diesem freien Gefälle bewegt sich ein pendelnder Schöpfarm S, dessen Antrieb durch ein in einem geschlossenen Kasten G untergebrachtes Getriebe erfolgt. Die Zeitdauer der Pendelbewegung und damit die Probenahme kann durch ein leicht verstellbares Klinkengetriebe R innerhalb Grenzen von 5 bis 30 Minuten geregelt werden. Die jeweils erhaltenen Proben fließen aus dem Schöpfarm in ein bereit gestelltes Gefäß P. Probenehmer dieser Art werden vom Grusonwerk geliefert.

IV. Die Weiterverarbeitung der Flotationskonzentrate.

Ältere Versuche, die durch die Flotation erhaltenen Schäume noch weiter anzureichern, sind heute völlig überholt, nachdem es gelungen ist, die Verfahren und die technische Seite der Schwimmerei derart auszubilden, daß durchaus befriedigende Anreicherungen erzielt werden. Die Weiterverarbeitung der Konzentrate innerhalb der Schwimmaufbereitung umfaßt daher nur ihre Niederschlagung aus dem Schaum sowie ihre Entwässerung zum versandfertigen Erzeugnis. Zunächst war für die Betriebe die Handhabung der gewonnenen voluminösen, schlammigen Schaummasse nicht einfach. Man half sich mit flachen Absetzbecken, die teils unmittelbar beheizt wurden, teils mit Dampfröhren am Boden des Beckens versehen waren. Die so erzielte Entwässerung war zwar befriedigend, aber die Kosten unverhältnismäßig hoch und dazu der Durchsatz gering, so daß derartige Arbeitsweisen überall verlassen worden sind.

Da Herde recht gute Schaumbrecher sind und auch eine befriedigende Entwässerung der Konzentrate auf ihnen möglich war, so hat man in der Weiterverarbeitung teils von Herden Gebrauch gemacht, zumal dort, wo nach dem Umbau einer naßmechanischen Anlage noch geeignete Herde zur Verfügung standen. Inzwischen ist aber auch diese Arbeitsweise wieder verlassen worden, da die Abgänge dieser Herde wieder verarbeitet werden mußten, wodurch sich eine zu große Mehrbelastung der Flotationsmaschinen ergab.

Als überholt hat auch die Entwässerung der Schaumkonzentrate in Schüttelkippern oder dgl. zu gelten, da die Verluste bei diesen Apparaten sehr ins Gewicht fallen. Außerdem erfordern sie verhältnismäßig zu hohe Ausgaben für Bedienung und Instandsetzung.

a) Die Eindickung des Schaumes.

Der Weg vom Schaum zum versandfähigen Konzentrat wird heute fast allgemein in 2 Stufen zurückgelegt, und zwar wird der Schaum zunächst eingedickt auf etwa 1 Teil fest zu 1 Teil flüssig und danach einer Filterung unterworfen, bei der ein Feuchtigkeitsgehalt von etwa 9 bis 18% erreicht wird. In beiden Fällen vermag man die erzeugten Abwässer so rein zu gestalten, daß sie entweder wieder benutzt oder unmittelbar abgeleitet werden können, ohne daß Verluste entstehen oder eine Schädigung öffentlicher Gewässer zu befürchten ist.

Für die erste Arbeitsstufe stehen meist die ununterbrochen arbeitenden Eindicker in Anwendung. Es sind dies runde Behälter aus Eisenblech, Holz oder auch Beton, auf deren flachem oder schwach konischem Boden ein Krählwerk umläuft, welches den abgesetzten, verdickten Schlamm durch eine Öffnung im mittleren tiefsten Teil des Behälters abführt. Der Zulauf der Trübe erfolgt in der Mitte des Behälters, während der Überlauf des geklärten Wassers an seinem äußeren Umfang erfolgt. Abb. 102 zeigt einen solchen Eindicker, dessen Arbeitsweise leicht verständlich ist. Die Neigung des Bodens nach der Mitte beträgt etwa 1 : 20. Die Umdrehungsgeschwindigkeit wird so bemessen, daß die Krählarme an ihrem äußeren Ende eine Geschwindigkeit von etwa 0,07 m/sec besitzen. Meist kann das Krählwerk auch angehoben werden, um ein Festsitzen infolge von Stillständen zu verhüten.

Abb. 102. Eindicker.
1 Eintrag der Trübe, *2* Dickschlamm-Austrag, *3* Überlauf der klaren Flüssigkeit.

Da die Eindicker noch einen verhältnismäßig großen Platz beanspruchen, ist man in den letzten Jahren dazu übergegangen, mehrere Eindicker übereinander zu setzen. Es entstehen so die Mehrkammer-

Eindicker, bei denen jede Abteilung annähernd die Leistung eines einzelnen Apparates von gleichem Durchmesser hat. Da die Höhe der Eindicker ja gering ist, bleiben auch die mehrkammerigen Apparate noch verhältnismäßig niedrig.

Die sehr großen Mengen von Schlämmen, die bei einzelnen Anlagen einzudicken waren, haben noch eine andere technische Ausbildung der Eindicker hervorgerufen. Sie besteht darin, daß das Krählwerk nicht mehr zentral angetrieben wird, vielmehr erfolgt der Antrieb vom Rande des Eindickers durch einen besonderen mit dem Hauptkrählarm umlaufenden Antriebwagen. Abb. 103 zeigt ein solches Krählwerk, welches

Abb. 103. Dorr-Eindicker mit Randantrieb.

stark verstrebt ist und in einer drehbaren zentralen Säule abgestützt ist. Eindicker dieser Art sind bis zu 100 m Dmr. gebaut worden. In einem Falle einer amerikanischen Kupfererzaufbereitung ist der Durchmesser 65 m, die Durchsatzleistung auf feste Substanz bezogen 3000 t/24 h = 125 t/h. Da die Fläche des Eindickers 3317 m² beträgt, so werden je m² Oberfläche $\frac{125}{3317} = 0{,}038$ t/h Trockenmasse abgesetzt. Umgerechnet bedeutet das, daß auf 1 t in einer Stunde abzusetzendes Gut 26,5 m² Absetzfläche vorhanden sind. Der Kraftbedarf dieses Eindickers beträgt dabei nur etwa 3 PS. Für kleine Behälter stellt er sich auf etwa ½ PS; für solche bis 15 m Dmr. auf 1½ PS und steigt für solche bis 35 m auf etwa 2½ PS. Die Aufwendungen für Bedienung und Reparaturen sind äußerst gering.

Einige Leistungsbeispiele für Eindicker sind in der Zahlentafel 25 zusammengestellt.

Zahlentafel 25. Leistungsbeispiele für Eindicker.

	Betriebsanlagen		
	Phelps Dodge Morenci	Chino Cons. Copper Co.	Inspiration
Art der verarbeiteten Trübe	Flotationskonzentrat	Flotationskonzentrat	Flotationsaufgabe
Durchmesser und Tiefe des Behälters . . . . m	11,8 × 3	14,6 × 6,1	61 × 5,2
Kraftbedarf . . . . PS	1,25	2	2,5
Dauer einer Umdrehung des Krählwerkes . . . . min	3	11	45
Geschwindigkeit des Krählwerkes am Umfang . . . . m/min	12,4	4,2	4,3
Verarbeitete Trockenmasse . t/24 h	30	150	3500
Feinheit der Trockenmasse . . . . . % < 200 Maschen	90,5	91,3	89
Verhältnis fest zu flüssig in der Aufgabe	1:24	1:18 bis 1:9	1:5,3
Verhältnis fest zu flüssig im Dickschlamm	1:2,2	1:1	1:3,2
Verhältnis fest zu flüssig im Überlauf	fast rein	1:99	fast rein
Behälteroberfläche je t Trockenmasse in 24 h . . . . m²	3,6	1,1	0,84
Wiedergewinnung an Wasser im Überlauf . . . .%	90,7	92,9	39,7

Wohl der größte bisher zur Aufstellung gelangte Eindicker verarbeitet Bergeabgänge und hat einen Durchmesser von 99 m. Er steht in Miami und hat täglich 18000 t Trockenmasse auf 50% Wasser herunterzubringen, wobei er gleichzeitig einen völlig klaren, an Reagenzien reichen Überlauf zur Wiederbenutzung an die Aufbereitung zurückgibt[1].

Die Leistung der Eindicker hängt in erster Linie von der Absetzgeschwindigkeit ab; diese ist wieder ihrerseits bedingt durch die Kornfeinheit und das spez. Gewicht der festen Substanz. Auch die Temperatur ist von Einfluß, indem ihre Erhöhung eine Leistungssteigerung bedeutet. Durch Zusätze, wie z. B. Kalk, die eine Flockenbildung herbeiführen, kann fast stets eine günstige Einwirkung ausgeübt werden. Die Menge der Zusätze ist meist sehr gering; über ein praktisches Beispiel ist von J. Traube[2] berichtet worden.

Für die Berechnung der Eindickbehälter ist jedoch nicht nur die freie Absetzgeschwindigkeit von Bedeutung, sondern es muß auch die Verdünnung der Trübe, die Eindickung im Dickschlamm und die zulässige Verunreinigung des Überlaufs berücksichtigt werden. Es bedarf daher genauer Versuche mit einem für die späteren Verhältnisse verbindlichen Muster, um die Berechnung des Behälters durchführen zu können.

---

[1] Anable, A.: Eng. Min. J. **126**, 990/1 (1928).
[2] Metall Erz **24**, 497/8 (1927).

Die Eindickung des Schaumes. 179

Es ist schon oben bei Besprechung der richtigen Verdickung der Flotationstrübe darauf hingewiesen worden, daß man sich hierfür z. T. auch der Eindicker bedient. Daneben werden sie aber noch verwandt, um Bergeabgänge als Dickschlamm auf die Halde bringen zu können und außerdem das Überlaufwasser wieder im Betriebe verwenden zu können.

Für die Förderung des Dickschlammes sind nach Möglichkeit Pumpen und Hebevorrichtungen zu benutzen, die hohe Verschleißfestigkeit besitzen. Es sei in diesem Zusammenhang auf die Ausführungen auf S. 140 hingewiesen.

Es ist ein Nachteil der Eindicker, daß sie verhältnismäßig viel Platz einnehmen. Außerdem können mit dem Überlauf Erzkörnchen wegschwimmen, so daß Metallverluste entstehen. Diesen beiden Nachteilen arbeiten die Vakuumverdicker entgegen, unter denen hier der „Genter"-Apparat besprochen werden soll.

Abb. 104 zeigt den „Genter"-Vakuumverdicker im senkrechten und waagerechten Schnitt. In einen im oberen Teil zylindrischen, unten konischen Behälter aus Beton hängen von oben 8 Rahmen mit je 16 Röhren von 100 mm Dmr. und 1,80 m Länge. Die Röhren sind mit Filterstoff überzogen und werden durch Ventile derart gesteuert, daß sie etwa 4 Minuten unter Vakuum stehen und dann 4 Sekunden unter Druck von etwa 1 atü. Während der Druckperiode tritt klares Filtrat durch den Filterstoff und löst dadurch die hier gebildeten Kuchen ab, die auf den Boden des Behälters fallen und durch ein Krählwerk als verdickter Schlamm ausgetragen werden. Der Apparat soll nicht nur bezüglich der Reinheit des Filtrates sehr befriedigen, sondern auch den Vorteil haben, daß sich der Dickschlamm sehr leicht filtrieren läßt.

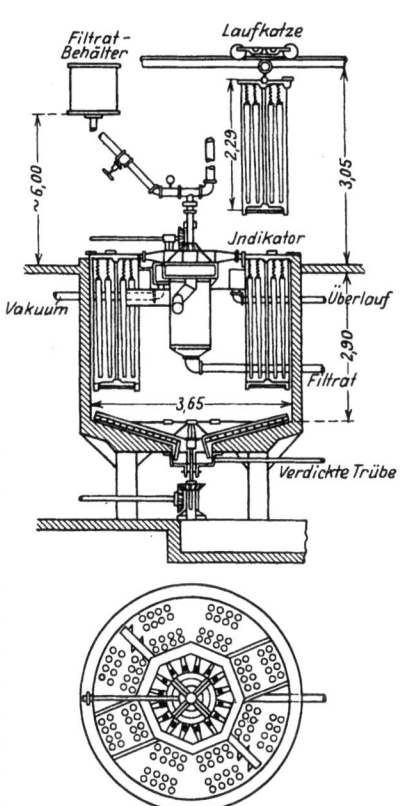

Abb. 104. Genter-Vakuumverdicker.

Über die Leistung des Genter-Eindickers wird angegeben, daß ein Behälter mit 128 Röhren etwa 20 t Flotationskonzentrat stündlich verarbeite, wobei er auf etwa 43 bis 56% Trockenmasse im Dickschlamm entwässere. Der Kraftbedarf stellt sich ohne Vakuum und Druck auf 7 PS.

12*

b) Die Entwässerung der Konzentrate.

Die zweite Stufe der Entwässerung der Konzentrate kann durch Schleudern oder Filtern bewirkt werden, jedoch hat sich in den letzten Jahren die Filterung immer mehr durchsetzen können. Sie besteht bekanntlich in der Anwendung von unterschiedlichem Druck auf die beiden Seiten eines porösen Stoffes, wobei dieser aus einem fest-flüssigen Gemenge die flüssige Phase durchtreten läßt, während er die feste Masse zurückhält. Der Filterdruck kann natürlich oder künstlich hergestellt sein. Überdruck verwendet man bei den Filterpressen, Saugdruck bei den Nutschen und Vakuumfiltern.

Die Filterleistung wird — abgesehen von dem zu filternden Gut — günstig beeinflußt durch höheren Druckunterschied und höhere Tempe-

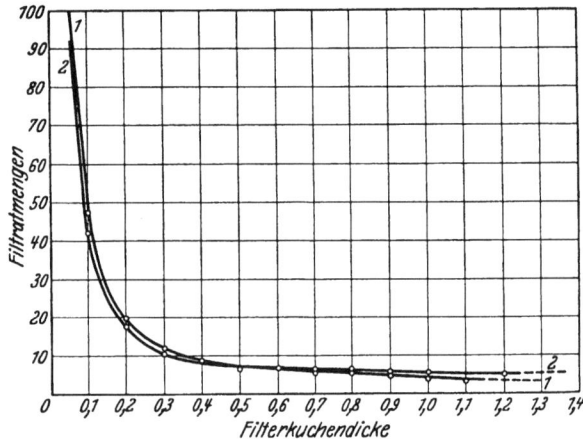

Abb. 105. Abhängigkeit zwischen Filterkuchendicke und Filtratmengen nach G. J. Young.

ratur, dagegen benachteiligt durch höheren Widerstand des Filterstoffes und des Filterkuchens. Abb. 105 zeigt insbesondere die Bedeutung der Dicke des Filterkuchens auf die Leistung an Filtrat nach Untersuchungen von A. J. Young[1]. Die Kurve 1 entspricht der Filtratleistung während der Erzeugung eines Filterkuchens aus einer Trübe und Kurve 2 den nach Bildung des Kuchens erhaltenen Filtratmengen aus Klarwasser.

Als Filtermedium dienen in der Hauptsache Baumwollgewebe, die sich durch Dauerhaftigkeit, Billigkeit, leichte Verarbeitbarkeit und Handlichkeit auszeichnen; sie eignen sich besonders auch bei alkalischen Flüssigkeiten. Seltener werden Gewebe aus Wolle verwendet; sie sind verhältnismäßig weniger empfindlich gegen schwache Säuren. Metalldrahtgewebe werden wegen der zu großen Feinheit des Kornes in Flota-

---
[1] Trans. Amer. Inst. Min. Met. Eng. **42**, 752/84 (1911).

tionskonzentraten meist nur als Unterlagen für den eigentlichen Filterstoff verwendet. Die Porosität des Filters soll in Beziehung zu der Fein-

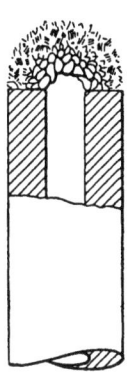

Abb. 106. Filterkuchenbildung nach Hixson, Work und Odell.

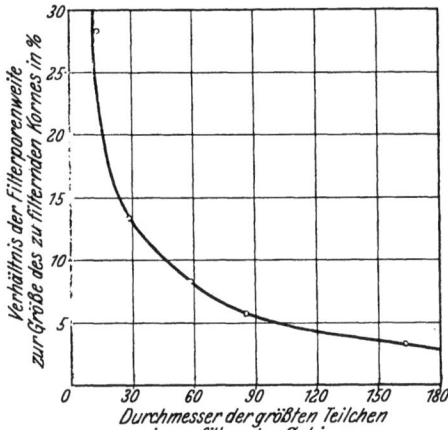

Abb. 107. Verhältnis zwischen Filterporenweite und Durchmesser der größten Körner des zu filtrierenden Gutes nach Hixson, Work und Odell.

heit des zu filternden Kornes stehen. Enthält das letztere auch etwas gröbere Teile, so können die Öffnungen des Gewebes etwas größer sein, da die gröberen Körner eine „Filterhilfe" darstellen, indem sie sich über die Poren legen und dadurch selbst zum Filtermedium werden. Die hiermit zusammenhängenden Fragen sind von Hixson, Work und Odell[1] eingehend untersucht worden. Sie haben festgestellt, daß sich, wie es die Abb. 106 zeigt, grobe Körner gewölbeartig über die Poren legen. Ferner fanden sie für die maximale Korngröße und die maximale Filteröffnung eine Abhängigkeit, wie sie aus Abb. 107 zu erkennen ist. Eine weitere Beobachtung war die, daß die Porosität des Filterkuchens um so größer war, je dicker die ge-

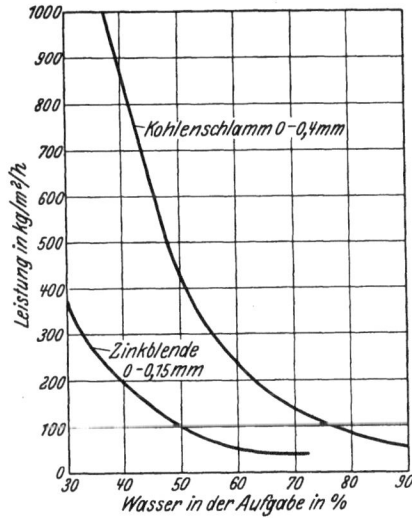

Abb. 108. Abhängigkeit der Filterleistung vom Wassergehalt in der Aufgabe.

filterte Trübe war. Sie ziehen daraus die Schlußfolgerung, daß es richtig ist, eine möglichst stark eingedickte Trübe zu filtern und daß es dann

---

[1] Trans. Amer. Inst. Min. Met. Eng. 73, 225/38 (1926).

möglich ist, die Filteröffnungen verhältnismäßig sehr groß zu wählen. Von Interesse ist auch die Abhängigkeit der Filterleistung vom Wassergehalt in der Aufgabe. Abb. 108 veranschaulicht gut diese Verhältnisse, und zwar sowohl für ein erzführendes Gut als auch für einen Kohlenschlamm.

Für die Form der Filter ist maßgebend, daß bei möglichst geringer Raumbeanspruchung die Filterfläche möglichst groß sein soll, dabei druckfest, leicht zu reinigen und leicht zu kontrollieren. Die einfachste Form ist die ebene Fläche, senkrecht in den Filterpressen und Scheibenfiltern, waagerecht in den Nutschen und Planfiltern; außerdem findet die zylindrische Filterfläche in den Trommeln vielfache Anwendung.

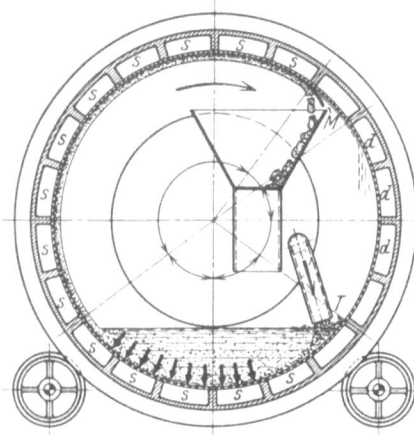

Abb. 109. Wirkungsweise eines Innenfilters.

Für die Praxis der Filterung von Flotationskonzentraten kommt fast nur den Scheiben- und Trommelfiltern Bedeutung zu. Besonders die letzteren haben sich für diese Zwecke gut eingeführt und werden von verschiedenen Firmen gebaut; so R. Wolf, Magdeburg; Westfalia-Dinnendahl-Gröppel, Bochum; Humboldt, Köln-Kalk; Imperial, Meißen; Oliver Continous Filter Co., San Francisco; Southwestern Eng. Corp., Los Angeles; G. Polysius, Dessau; Schüchtermann & Kremer-Baum AG., Dortmund u. a. m. Während die vorgenannten Werke der Filtertrommel die Trübe von außen zuführen und innerhalb der Trommel das Vakuum ansetzen, bauen die Firmen Westfalia-Dinnendahl-Gröppel, Bochum, und Dorr-Gesellschaft, Berlin, Innenfilter, bei denen die Trübe in die Filtertrommel selbst eingeleitet wird und das Vakuum zwischen dieser und einem äußeren Mantel besteht. Abb. 109 zeigt schematisch die Wirkungsweise des Gröppelschen Filters. Die mit s bezeichneten Zellen stehen unter Saugzug und die mit d bezeichneten unter Druck. Der Zulauf der Trübe erfolgt bei T und der Filterkuchen wird durch das Messer M abgelöst. Sein Austrag erfolgt durch Rutsche oder eine Schnecke. Die Leistung des Filters wird dadurch unterstützt, daß die gröbsten Körnchen zuerst absinken und auf dem Filtertuch eine gut durchlässige erste Lage bilden.

Gegenüber diesen Innenfiltern bezeichnet man die anderen Trommelfilter auch als Tauchfilter.

Als Beispiel der Trommelfilter sei das Oliver-Filter beschrieben. Wie Abb. 110 zeigt, besteht es aus der sich langsam drehenden

Die Entwässerung der Konzentrate. 183

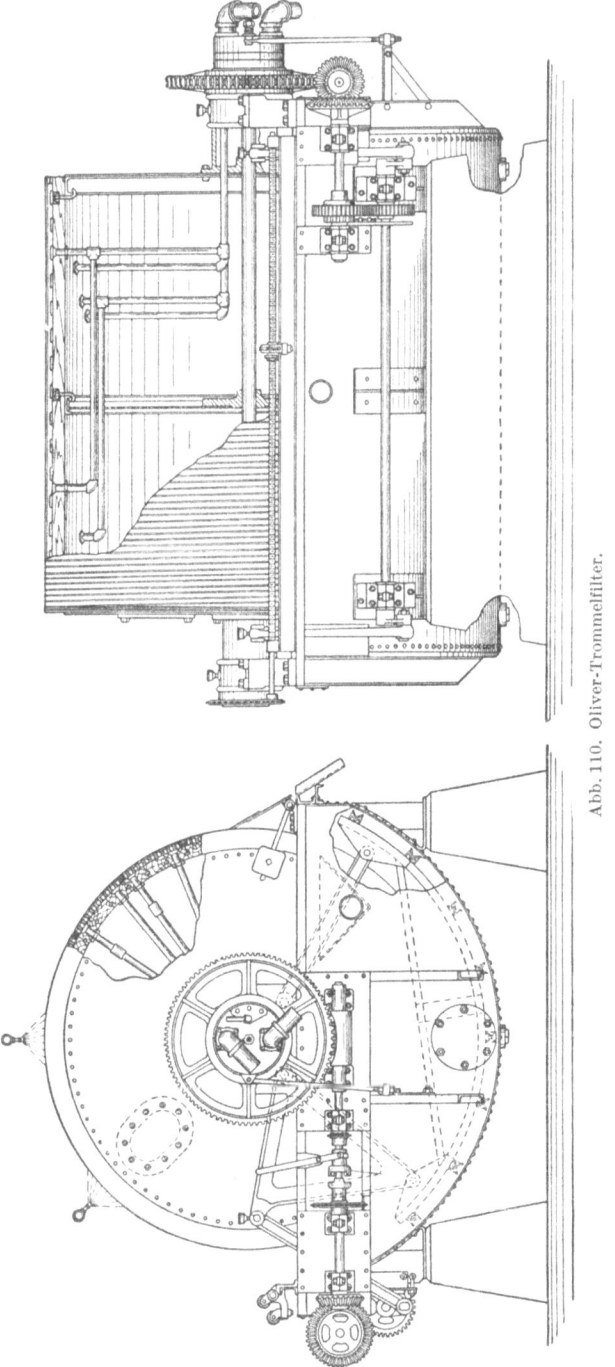

Abb. 110. Oliver-Trommelfilter.

Trommel, die in einen Schöpftrog eintaucht. Das Trommelgehäuse ist am Umfang in 8 bis 16 voneinander getrennte Abteilungen unterteilt, die durch besondere Rohre mit einem Steuerkopf verbunden sind, der die Verteilung und Höhe des Vakuums auf die einzelnen Abteilungen und den Eintritt von Preßluft in bestimmte Kammern zum Ablösen des gebildeten Filterkuchens regelt. Auf der aus einem Sieb hergestellten Außenfläche des Trommelgehäuses wird das Filtertuch aufgespannt und durch einen spiralförmig gewickelten Kupferdraht gehalten und gleichzeitig gegen Abnutzung geschützt. Während des Eintauchens der Trommel in den Trog besteht voller Saugzug, der sich nach dem Austreten allmählich vermindert, damit der Kuchen nicht zu stark austrocknet und abfällt. Solange der Kuchen mit Luft in Berührung steht, wird die eingesaugte Flüssigkeit durch den äußeren Druck herausgepreßt und fließt zu einem Sammelbehälter, von dessen Boden das Filtrat durch eine Pumpe abgezogen wird, während die über dem Filtrat befindliche Luft von der Vakuumpumpe angesaugt wird. Nähert sich die Trommel bei ihrer Drehung dem Austrage, so wird das Vakuum selbsttätig abgestellt und Preßluft eingegeben, die den Kuchen ablöst, so daß er leicht vom Schabmesser abgehoben und in die Austragrinne geführt werden kann.

Um die Trübe in beständiger Bewegung im Schöpftroge zu erhalten, ist ein pendelnder Rechen angebracht, der von der Trommelachse in eine langsame Schwingung versetzt wird. Das Vakuum wird im Mittel auf 500 mm Q.-S. gehalten. Die anzusaugende Luftmenge wird unter normalen Verhältnissen zu 0,15 bis 0,30 m^3/min je m^2 Filteroberfläche gerechnet; doch können bedeutende Abweichungen hiervon vorkommen.

Die Oliver-Filter werden in Größen von 0,9 bis 4,2 m Dmr. geliefert, wobei die Länge zwischen 0,15 und 6 m und die Filteroberfläche zwischen 0,37 und 73 m^2 wechselt. Die Leistung beträgt im Durchschnitt 3 t Flotationskonzentrat je m^2 Filterfläche in 24 h. Doch ist sie großen Schwankungen unterworfen je nach den Anforderungen, die man an den zu erreichenden Feuchtigkeitsgrad stellt, und je nach der Natur und dem Schlammgehalt der Konzentrate. Die Kuchendicke schwankt etwa zwischen 6 und 12 mm. Die Dauer einer Umdrehung der Trommel ist etwa 3 bis 4 min bei körnigem Material und 10 bis 12 min bei Gut, welches mehr Feinschlämme führt.

Unter den Trommelfiltern nimmt das der Maschinenfabrik Imperial, Meißen, insofern eine besondere Stellung ein, als bei ihm die Filterkuchen nicht durch einen messerartigen Schaber abgenommen werden, sondern durch eine verhältnismäßig dichte Reihe endloser Schnüre (normalerweise Hanfschnüre), die mit der Filtertrommel umlaufen und nur an der Abnahmestelle des Kuchens eine selbständige Schleife ausführen, wodurch dieser von der Trommel abgehoben wird. Das

Die Entwässerung der Konzentrate. 185

Schnürenband ermöglicht gleichzeitig den Transport des Kuchens nach beliebiger Stelle.

Neben den Trommelfiltern kommt den Planfiltern (Ringfilter der Maschinenbau-Anstalt Humboldt und dem Planfilter, Bauart Gröppel) für die Verarbeitung von Flotationskonzentraten geringere Bedeutung zu, so daß hier nicht näher auf sie eingegangen werden soll.

Dagegen haben neuerdings die Scheibenfilter große Beachtung gefunden, weil sie auf geringem Raum eine sehr große Filterfläche besitzen. Als Beispiel dieser Filter sei das Scheibenfilter der Maschinenfabrik Buckau R. Wolf Akt.-Ges., Magdeburg, genannt. Abb. 111 zeigt dieses stetig arbeitende Filter. Es besteht aus einer Anzahl in einem Troge a umlaufender Filterscheiben b, dem gußeisernen in Lagern c ruhenden Filterschaft d und den Steuerköpfen e. Die Filterscheiben b sind aus mehreren Sektoren zusammengesetzt, und der Innenraum des Filterschaftes d ist in eine entsprechende Anzahl von Zellen geteilt, die das Innere der Scheibensektoren mit den Steuerköpfen e verbinden. Letztere umschließen verschiedene Kammern (normal 4), welche die bei der Drehung des Schaftes an ihnen vorbeigleitenden Zellen nacheinander mit der Vakuumleitung, der Druckluft — bei entsprechender Ventileinstellung der Wasser- oder Dampfleitung — oder der Außenluft in Verbindung bringen.

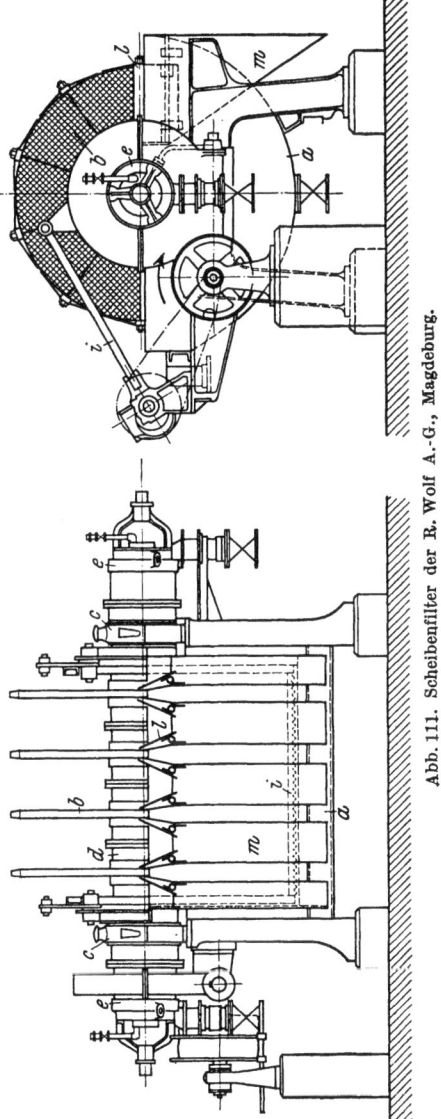

Abb. 111. Scheibenfilter der R. Wolf A.-G., Magdeburg.

Zahlentafel 26a. Leistungsbeispiele für R. Wolf Zellenfilter-Anlagen (Trommel- und Scheibenfilter).

Art des zu filternden Materiales	Feinheit der Feststoffe in der Trübe	Feststoffgehalt der Trübe g/l	Verwendete Filterapparate	Größe der Filterfläche m²	Anzahl und Abmessungen der Trommeln oder Scheiben	Filterstoff	Leistung je 1 m² Filterfläche u. Stunde Trockengewicht kg/h	Feuchtigkeitsgehalt des Filterkuchens %	Dicke des Filterkuchens mm	Umdrehungen des Filters in der Min.	Höhe des Vakuums %	Kraftbedarf der Anlage PS
Kupfererzkonzentrat flotiert	unter 100 Maschen	750	Trommelfilter	27	3 Stck. 1,4 m ⌀ 2,2 m lg.	Spezialfiltertuch	265	6—8	6	1	ca. 65	ca. 40
Flotierter Kohlenschlamm	unter 1,5 mm	330—250	Trommelfilter	12	2 Stck. 1,4 m ⌀ 1,5 m lg.	Phosphorbronzegewebe	600	26	12—15	1	60—70	ca. 32
Flotierter Kohlenschlamm	unter 1,5 mm	400	Trommelfilter	6	1 Stck. 1,4 m ⌀ 1,5 m lg.	Phosphorbronzegewebe	1250	18	25—30	1	ca. 65	ca. 16
Schwefelkies Blende flotiert	85 % unter 250 Maschen	1000	Scheibenfilter	1	1 Scheibe 925 mm ⌀	Spezialfiltertuch	730 480	8 10	ca. 15 ca. 10	1	ca. 65	ca. 5
Bleiglanz flotiert, Blende flotiert	unter 80 Maschen	500 1000	Scheibenfilter	12	6 Scheiben 1300 mm ⌀	Spezialfiltertuch	770 810	6 10	ca. 8 10—15	½	ca. 70	ca. 16

Die Entwässerung der Konzentrate. 187

In den Trog kann in Fällen, bei denen es sich um die Verarbeitung von Trüben mit leicht absitzenden Feststoffen handelt, auch ein Schwenkrührwerk i eingebaut werden. Das entwässerte Gut wird dann in der Druckzone durch Abblasen mittels Druckluft, welche durch die Steuerköpfe eingelassen wird, von den Filterscheiben entfernt und fällt über Abnehmerbleche l in die Taschen m, aus denen es nach außen abrutscht. Der Trübezulauf ist so zu regeln, daß der Filtertrog während des Betriebes stets bis zu einem Überlauf gefüllt bleibt. Bei Filterung von Material, das den Filterbelag stark verschmiert, kann dieser von Zeit zu Zeit mittels Dampf, Wasser oder Luft gereinigt werden. Dies erfolgt durch Betätigung eines hierfür vorgesehenen Ventiles.

In Amerika ist vielfach das „American"-Scheibenfilter in den Flotationsbetrieben in Benutzung; es wird mit 1 bis 9 Scheiben gebaut. Jede Scheibe kann in besonderem Schöpftroge arbeiten, so daß in einem Apparat mehrere Konzentratsorten entwässert werden können.

Zahlentafel 26a gibt einige Leistungsbeispiele für Trommel- und Scheibenfilter der Maschinenfabrik Buckau R. Wolf Akt.-Ges., Magdeburg, und Zahlentafel 26b einige Leistungsbeispiele für amerikanische Vakuum-Trommelfilter nach Taggart.

Zahlentafel 26b. Leistungsbeispiele für Vakuum-Trommelfilter.

	Betriebsanlagen	
	Ray Cons. Coppers Co.	Phelps Dodge Morenci
Durchmesser und Länge der Filtertrommel . . . . m	3,5 × 3,65	4,3 × 4,3
Nutzbare Filterfläche . . . . m²	40	57
Filterstoff	Köper	Köper
Liegezeit des Filterstoffes . . . . Monate	3	4
Durchsatzleistung des Filters . . . . t/24 h	75	30—40
Durchsatzleistung d. Filters in 24 h kg/m² Filterfläche	1750	612
Feinheit der Trockenmasse . . . % < 200 Maschen	90	94
Wassergehalt in der Aufgabe . . . . %	45	69
Wassergehalt im Filterkuchen . . . . %	21	31
Dauer einer Umdrehung der Filtertrommel . . . min	6,5	7,7
Vakuum . . . . mm Q.-S.	580	560
Kraftverbrauch für Filter, Pumpe u. Kompressor PS	—	13,5
Dicke des Filterkuchens . . . . mm	3,2	9,5

Neben der Filterung treten andere Verfahren der Entwässerung oder Trocknung für Schwimmkonzentrate völlig zurück. Bei den Schleudern liegt der Grund hierfür darin, daß bei ihnen feste Siebe Verwendung finden müssen, deren verhältnismäßig große Öffnungen zu viel festes Gut durchlassen würden. Auch Trockenöfen kommen für die Wasserentziehung aus Schaumkonzentraten im allgemeinen nicht mehr in Frage. Sie würden zwar in manchen Fällen eine Frachtersparnis ermöglichen; dem stehen aber als Nachteile die hohen Kosten der Trocknung und die Gefahr größerer Verstaubungsverluste entgegen.

F. Angewandte Schwimmaufbereitung.

Der Abschnitt über angewandte Schwimmaufbereitung behandelt das flotative Verhalten der wirtschaftlich wichtigen Mineralien, die heute üblichen praktischen Verfahren ihrer flotativen Gewinnung und soll zugleich die Probleme zeigen, deren Lösung bisher noch nicht gelungen ist. Z. T. werden außerdem noch Angaben über die üblichen Verhüttungsverfahren gemacht vor allen bei solchen Erzen, bei denen sich aus der Art der hüttenmännischen Metallgewinnung ganz bestimmte Richtlinien für die Flotation ergeben. Bei den wichtigeren Erzen werden die betreffenden Einzelabschnitte außerdem durch wirtschaftliche Angaben über Bergwerksproduktion, Preisentwicklung und Erzbewertung eingeleitet, um dem Leser in gedrängter Form wenigstens ein angenähertes Bild über die wirtschaftlichen Belange der zu flotierenden Rohstoffe zu geben. Es dürfte auch im Sinne der Erfolgsermittlung liegen, gerade solche Angaben, die sonst bei rohen Rentabilitätsermittlungen mühsam zusammengesucht werden müssen, in einer geschlossenen Darstellung vorzufinden.

I. Kupfererze.

Das wirtschaftlich wichtigste Kupfermineral ist der Kupferkies. Die in großer Menge vorkommenden oxydischen Erze sind hauptsächlich aus diesen und anderen sulfidischen Kupfererzen entstanden. Auch die Entstehung von gediegenem Kupfer, das an einzelnen Stellen, wie beispielsweise im Lakedistrikt, Coro Coro, Neumexiko und Australien in abbaufähigen Anreicherungen auftritt, wird auf primäre Erze sulfidischer Natur zurückzuführen sein. Die Kupfermineralien sind fast stets vergesellschaftet mit anderen Schwefelverbindungen oder deren Zersetzungsprodukten, so vor allem des Eisens, Bleis, Zinks, Nickels und Wismutes, woraus sich aufbereitungstechnisch außerordentlich verschiedene Gesichtspunkte für die Zugutemachung ergeben. Fast ständige Begleiter sind außerdem Gold und Silber. Für Deutschland ist von besonderem Interesse das Vorkommen der Mansfelder Mulde, das aus einem kupferführenden, bis 20% Bitumen enthaltenden Schiefer besteht.

Eine Übersicht der wichtigsten Kupfermineralien, ihrer chemischen Zusammensetzung und Eigenschaften ist in der Tabelle I im Anhang gegeben.

Die nachstehende Zahlentafel 27 zeigt die Entwicklung der bergmännischen Kupfergewinnung, ausgedrückt als Kupferinhalt der geförderten Erze in 1000 t für die europäischen und außereuropäischen Länder. Die Vereinigten Staaten von Nordamerika stehen mit rund 47% der Gesamtförderung an erster Stelle, während Deutschland nach den für 1929 bekannt gewordenen Zahlen an der Gesamterzeugung mit nur 1,3% beteiligt ist.

Kupfererze.

Zahlentafel 27. Bergwerksproduktion von Kupfer[1].

Kupferinhalt 1000 metr. t	1913	1920	1921	1922	1923	1924	1925	1926	1927	1928	1929
Spanien	44,9	22,8	31,2	27,9	33,4	26,3	48,1	49,5	49,6	54,2	58,0
Deutschland	26,8	15,3	15,6	17,5	18,2	22,8	23,8	27,2	27,7	26,8	26,0
Rußland	33,7	2,0	2,0	2,0	2,9	3,5	6,6	12,0	20,0	23,2	37,0
Jugoslavien	6,4	2,4	4,0	5,2	6,8	8,1	7,3	9,7	12,9	15,1	20,7
Großbritannien	0,4	0,1	0,1	0,1	0,1	0,1	0,1	0,1	0,2	0,1	0,1
Italien	2,1	0,4	0,6	0,7	0,9	0,9	0,8	1,5	1,6	1,5	1,6
Schweden	1,0	0,3	0,2	0,2	0,8	—	0,7	0,7	0,8	0,6	0,6
Deutsch-Österreich[2]	4,1	1,0	1,0	1,1	1,6	1,8	1,7	2,1	2,3	3,0	2,1
Norwegen	10,6	2,2	5,0	8,0	8,5	10,2	11,0	12,5	12,3	15,8	17,5
Übriges Europa	4,9	2,3	2,9	2,9	2,3	2,6	4,2	4,7	4,2	4,9	8,2
Europa	134,9	48,8	62,6	65,6	75,5	76,3	103,8	120,0	131,6	145,2	171,8
Vereinigte Staaten	555,4	548,4	229,3	431,1	650,9	741,3	759,7	789,1	763,9	828,2	908,5
Mexiko	52,8	50,5	12,3	27,1	53,4	49,1	51,3	53,8	58,7	65,5	86,6
Kanada	34,9	37,0	21,6	19,5	39,4	47,4	50,5	60,4	63,6	91,9	112,5
Kuba	3,4	7,1	7,8	10,7	10,9	11,6	11,9	11,8	14,1	17,1	14,3
Nordamerika	646,5	643,0	271,0	488,4	754,6	849,4	873,4	915,1	900,3	1002,7	1121,9
Chile	42,3	99,0	59,2	129,6	182,4	189,6	192,5	203,1	242,6	289,9	316,0
Peru	27,8	34,5	33,8	35,6	43,8	34,9	37,4	42,9	47,6	53,0	55,6
Bolivien	0,9	10,9	10,0	10,8	10,7	7,4	6,8	8,1	8,7	8,5	7,2
Argentinien	0,1	1,5	0,5	2,0	1,5	2,0	2,0	1,0	0,2	—	—
Venezuela	0,7		1,5								
Südamerika	71,8	146,2	105,0	178,0	238,4	233,9	238,7	255,1	299,1	351,4	378,8
Amerika	718,3	789,2	376,0	666,4	993,0	1083,3	1112,1	1170,2	1199,4	1354,1	1500,7
Belgisch-Kongo	7,5	19,0	30,5	43,3	57,9	85,6	89,6	80,6	89,2	112,5	137,0
Rhodesia	—	2,8	2,7	5,0	6,6	2,9	1,9	2,0	4,2	5,4	6,4
Übriges Afrika	15,8	5,4	6,8	7,4	17,4	16,8	18,4	16,5	18,3	19,8	20,9
Afrika	23,3	27,2	40,0	55,7	81,9	105,3	109,9	99,1	111,7	137,7	164,3
Asien	66,7	67,3	55,0	56,1	65,3	64,2	69,1	73,8	72,4	75,6	86,1
Australien	47,2	27,1	11,2	13,4	18,7	14,3	12,0	8,8	10,1	11,5	14,5
Produktion	990,4	959,6	544,8	857,2	1234,4	1343,4	1406,9	1471,9	1525,2	1724,1	1937,4

[1] Statistische Zusammenstellungen der Metallgesellschaft A.-G., 31, 1913, 1920—1929, Frankfurt/Main: 1930.
[2] 1913 noch für Österreich-Ungarn.

Die nachfolgende Angabe über Preise bezieht sich auf die durchschnittliche Notierung von Elektrolytkupfer an der New Yorker Börse und ist ebenso wie die Zahlentafel 27 der Bergwerksproduktion den von der Metallgesellschaft herausgegebenen statistischen Zusammenstellungen entnommen.

Jahr	ℳ je 1000 kg	Jahr	ℳ je 1000 kg
1913	1416,—	1925	1300,—
1920	1618,—	1926	1279,—
1921	1156,—	1927	1197,—
1922	1240,—	1928	1350,—
1924	1206,—	1929	1677,—
		1930	1119,— (Juni 1930)

In den meisten Fällen haben die Kupfererze nur einen geringen Kupfergehalt, der selten 5% übersteigt. Es ergibt sich daher fast stets die Notwendigkeit, die Roherze zunächst zur Entlastung der nachfolgenden Verhüttung vom tauben Gestein zu befreien. Nur wo eine Anreicherung nicht möglich ist, unterwirft man die Roherze unmittelbar der Verhüttung, und der gegebene Weg in solchen Fällen ist das Laugeverfahren. Außer der Abscheidung der Berge fällt der Aufbereitung bei komplexen Erzen noch die Aufgabe zu, die bei der Verhüttung schädlichen Beimengungen an Schwermetallmineralien aus dem Roherz zu entfernen. So sind gerade geringe Beimengungen von Blei und Zink lästige Verunreinigungen, während sie in größeren Konzentrationen zum Gegenstand der Gewinnung werden können.

Je nach Zusammensetzung und Gehalt der Erze finden im allgemeinen die folgenden Arbeitsprinzipien Anwendung.

1. Für reiche Sulfiderze (Roherz und Konzentrate): trockener Weg. Für arme Sulfiderze bis etwa 2% Cu: nasser Weg.

2. Für reiche Oxyderze: trockener Weg, der besonders einfach wird, da ein hoher Kupfergehalt die Umgehung der Konzentrationsarbeit und damit die unmittelbare Reduktion zu Schwarzkupfer gestattet.

Für arme Oxyderze: nasser Weg.

3. Für Erze mit gediegenem Kupfer: trockener Weg.

Eine einheitliche Bewertung für Kupfererze gibt es nicht. Die nachstehende Staffel[1], die den in Amerika üblichen Hüttenabzug vom Elektrolytkupferpreis angibt, vermag daher nur einen Anhalt zu geben.

Kupfergehalt %	Hüttenabzug je kg Kupfer in ℳ	
1,5—5	0,463	
5—10	0,417	Vom jeweiligen Preis
10—20	0,370	für 1 kg Elektrolytkupfer.
20—30	0,324	
30	0,278	

[1] Nach A. F. Taggart: Handbook of ore dressing, S. 225. New York 1927.

Die Preisberechnung geschieht in der Weise, daß zunächst von dem naßanalytisch ermittelten Prozentgehalt an Kupfer ein Abzug von 1 bis 1,5% gemacht und der restliche Kupferinhalt der Tonne Erz oder Konzentrat nach der um den Hüttenlohnabzug verringerten Preisnotierung für Elektrolytkupfer bewertet wird.

Nach einem von Krusch[1] angegebenen Beispiel geschieht die Edelmetallbewertung etwa auf folgender Grundlage:

Gold. 95% des im Kupfererz vorhandenen Goldes werden mit 20 Doll. je Unze (ℳ 2,70 je 1 g Gold) bezahlt. Für einen Goldgehalt unter 0,03 Unzen (ungefähr 1 g) je Tonne wird keine Vergütung geleistet.

Silber. Bezahlt werden 95% des Silbergehaltes nach New Yorker Notierung. Ein Silbergehalt unter 1 Unze je Tonne Kupfererz wird vernachlässigt.

Durch Sonderklauseln, die individuell sehr verschieden sind, werden dann noch besondere Strafabzüge für Zink, Arsen und Antimon festgelegt, und außerdem sind besondere Abzüge für kleinere Verkaufsmengen vorgesehen.

Das flotative Verhalten der Kupfermineralien.

a) Gediegenes Kupfer

kann mit den in der Sulfidflotation üblichen Sammlern und Schäumern gewonnen werden. Schwefelhaltige Öle sind im allgemeinen vorzuziehen, auch kann ein Zusatz von Natriumsulfid das Kupferausbringen in den Konzentraten erhöhen. In alkalischer Trübe erzielen auch die Xanthate gute Ergebnisse, wie Versuche von Fahrenwald[2] mit Melaphyrkupfererzen vom Michigan-See gezeigt haben. Am oberen See gewinnt die Calumet und Hecla Mining Co.[3] das in ihren Erzen enthaltene gediegene Kupfer auf flotativem Wege.

b) Kupferglanz

läßt sich in hoch angereicherten Konzentraten bei gleichzeitig hohem Metallausbringen gewinnen. Die gebräuchlichsten Sammler sind Xanthate, Aerofloat bzw. Phosokresol, Thiocarbanilid und T. T.-Mischung. Gelegentlich erweist sich ein Zusatz von Natriumsulfid, Natriumsilikat oder Schwefelsäure zur Erhöhung des Ausbringens sehr nützlich. Bei Erzen, die neben Kupferglanz noch Pyrit führen, ist das übliche Verfahren, die Trübe mit Kalk alkalisch zu machen, um auf diese Weise den Pyrit zu drücken. Als drückende Reagenzien haben sich einige anorganische Sulfide, Thiosulfate, Sulfite, ferner Ferro- und Ferricyanid erwiesen.

---

[1] Krusch, P.: Die Untersuchung und Bewertung von Erzlagerstätten, 3. Aufl., S. 301. Stuttgart 1920.
[2] Eng. Min. J. 126, 58 (1928); Rep. Inv. Mines Serial Nr. 2878.
[3] Eng. Min. J. 126, 632 (1928).

c) Kupferkies

läßt sich außerordentlich leicht aufschwimmen und verlangt nur sehr geringe Mengen an Sammler und Schäumer. Kalk, Xanthat und Kiefernöl oder Flotol sind die üblichen Zusätze.

d) Buntkupferkies

verhält sich ähnlich wie Kupferkies. Infolge der leichten Verwitterung zu Malachit und Lasur ist jedoch im allgemeinen der Reagenzverbrauch größer. Aus dem gleichen Grunde empfiehlt sich ein Zusatz von Natriumsulfid oder von Schwefelsäure.

e) Kupferfahlerz

läßt sich in schwach alkalischer Trübe leicht mit Xanthat und ähnlichen Sammlern flotieren. Alkalicyanide üben auf Fahlerz eine drückende Wirkung aus und können, da diese Erze meist silberhaltig sind, große Silberverluste verursachen.

f) Rotkupfererz, Cuprit (Cu_2O mit 88% Cu)

wird hauptsächlich durch vorherige Sulfidierung gewonnen. Einen anderen Weg schlägt ein amerikanisches Patent[1] vor, und zwar soll in die Trübe der fein vermahlenen oxydischen Kupfererze Acetylen (C_2H_2) eingeleitet werden. Eine unmittelbare Flotation ist ferner mit höheren Fettsäuren als Sammlern möglich.

g) Malachit ($CuCO_3 \cdot Cu(OH)_2$ mit 71,9% Cu)

läßt sich sowohl durch sulfidierende Vorbehandlung als auch unmittelbar flotieren. Für letzteres Verfahren werden Xanthate, Merkaptane und Thiophenole, und zwar vor allem die höheren Glieder der entsprechenden homologen Reihe, also diejenigen mit größerer Kohlenwasserstoffkette benutzt. Der Verbrauch an diesen Reagenzien beträgt jedoch ein Vielfaches des in der Sulfidflotation üblichen Aufwandes. Dasselbe gilt für Kupferlasur oder Azurit ($2\ CuCO_3 \cdot Cu(OH)_2$ mit 55,2% Cu).

Die Flotation dieser Mineralien spielt vor allem in dem Kupferland Katanga[2] eine große Rolle. Hier hat die Union Minière du Haut-Katanga[3] ein Verfahren entwickelt, bei dem als Sammler ein Gemisch von Ölsäure und Palmöl im Verhältnis von 1 : 4 bis 1 : 1 der Trübe neben anderen bekannten Zusätzen, wie Wasserglas, zugegeben wird.

h) Chrysokoll

oder Kieselkupfer ($CuSiO_3$), das meist mit Malachit und Lasur zusammen vorkommt, ist außerordentlich schwer zu flotieren, und sein Auftreten

---

[1] A. P. Nr. 1706293 v. 11. Aug. 1926.   [2] Metall Erz **25**, 49/53 (1928).
[3] A. P. Nr. 1671698 Ausg. 25. Mai 1928.

in Kupfererzen kann große Verluste verursachen. Solche Mischerze sind kennzeichnend für die großen Lagerstätten Rhodesiens. Durch langjährige Versuche ist es der Minerals Separation Ltd. in London[1] gelungen, einen Prozeß zu entwickeln, bei dem auch das Kieselkupfer gewonnen wird. Der eigentlichen Flotation geht eine chemische Behandlung des feinzerkleinerten Erzes voraus, bei der dieses zunächst mit 1 bis 2% Kohle oder Koks und 0,5% Natriumchlorid in reduzierender Atmosphäre etwa eine Stunde lang bei 600 bis 700° C geglüht wird. Hierbei scheidet sich das Kupfer in metallischer Form ab und schlägt sich auf der Kohle nieder. Selbst noch aus 2 mm großen Chrysokollkörnern soll der Kupfergehalt ausgeschieden werden. Die mit Kupfer beschlagene Kohle wird dann flotativ gewonnen. Bei den Versuchen der Minerals Separation soll bei Mischerzen auf diese Weise ein Kupferausbringen von 92% erzielt worden sein. Für die praktische Erprobung dieses sogenannten „Segregation Prozesses" dürfte inzwischen auf der Grube N'Changa in Nordrhodesien eine Versuchsanlage errichtet worden sein.

II. Gemischte Kupfererze.

a) Kupferkies und Pyrit.

Die meisten sulfidischen Kupfererze sind durch eine mehr oder weniger innige Verwachsung mit Pyrit gekennzeichnet. Zur Gewinnung hoch angereicherter Kupferkonzentrate ist daher meist weitgehender Aufschluß und differentielle Abscheidung des Kupferkieses notwendig. Das heute übliche Verfahren beruht auf der verschiedenen Flotierbarkeit der beiden Sulfide in stark alkalischer Trübe, in der Pyrit sein Schwimmvermögen in starkem Maße verliert. Dieser Unterschied ist weitgehend unabhängig von der Art des Sammlers. Dem Aerofloat wird allerdings eine besonders ausgeprägte Wirkung nachgerühmt, jedoch wird die Auswahl des am besten geeigneten Sammlers — wie immer in der Flotation — durch die besondere Art des betreffenden Erzes bedingt. Es ist meist üblich, den Pyrit in die Berge gehen zu lassen. Seine Wiedergewinnung ist zwar durch einfaches Ansäuern der Trübe möglich, aber nur dort lohnend, wo sich ein geeignetes Absatzfeld für den Pyrit selbst oder seine Röstprodukte, Purpurerz und Schwefelsäure, vorfindet. Zum Alkalisieren der Trübe wird wegen seiner Billigkeit vorwiegend Kalk benutzt. Die zugesetzten Mengen sind meist sehr groß und schwanken zwischen etwa 1 und 5 kg je t Aufgabegut. Bei solchen Erzen, die gleichzeitig Gold enthalten, das unter allen Umständen mit in das Kupferkonzentrat zu ziehen ist, hat man häufiger die Erfahrung gemacht, daß durch den Kalkzusatz große Mengen des Edelmetalles in den Bergen bleiben. In solchen Fällen empfiehlt es sich

---

[1] Eng. Min. J. 128, 786 (1929); South Afr. Min. Eng. J. 39, 566 (1928).

daher, zum Alkalisieren Natronlauge oder Soda zu nehmen, die allerdings nicht in gleichem Maße den Pyrit drücken wie der Kalk. Nach Untersuchungen der Verfasser, auf die weiter unten noch näher eingegangen wird, bewährt sich bei goldführenden Kupferkies-Pyriterzen in ausgezeichneter Weise Natriumsulfit (Na_2SO_3) als pyritdrückendes Reagens.

Durch differentielle Flotation werden beispielsweise nach einer Angabe des Grusonwerkes[1] aus einem Fördererz mit 3,9% Cu und 13,2% S folgende Produkte gewonnen:

Fraktion	Cu		S	
	Gehalt in %	Ausbringen in %	Gehalt in %	Ausbringen in %
Kupferkonzentrat ...	24,7	93,4	28,6	—
Pyritkonzentrat ...	0,9	—	49,7	47,5
Berge	0,2	—	3,7	—

Die Phelps Dodge Corporation[2], die über eine größere Anzahl von Kupfergruben in Nordamerika und Mexiko verfügt, gibt für die Flotationsanlage der Grube Nacozari in Mexiko folgende Gegenüberstellung der Aufbereitungsergebnisse, die in früheren Jahren bei gemischtem Betrieb von naßmechanischer Aufbereitung und einfacher Flotation erzielt wurden, gegenüber den heute nach der Umstellung auf ausschließliche differentielle Flotation gewonnenen Ergebnissen:

		Früher	Jetzt
Aufgabe	% Cu	3,17	2,55
Konzentrat	% Cu	11,96	27,52
Berge	% Cu	0,22	0,17
Kupferausbringen	%	94,72	93,91
Eisengehalt des Konzentrates	%	32,47	28,40
Rückstandsgehalt des Konzentrates	%	18,30	8,50

Das Fördererz besteht zu etwa 7% aus Kupferkies, 10% Pyrit und 83% säureunlöslichem Rückstand. Zum Drücken des Pyrits wird in Nacozari sowie auf allen anderen Anlagen der Phelps Dodge Corporation Kalk benutzt, nachdem man festgestellt hat, daß andere Mittel, wie Soda oder Natriumcyanid, entweder zu teuer oder weniger wirkungsvoll sind. Als Sammler dient Natriumxanthat.

b) Kupferglanz, Pyrit.

Die flotative Behandlung solcher Komplexerze deckt sich weitgehend mit den für pyrithaltige Kupferkieserze üblichen Verfahren.

Bemerkenswert ist diese Mineralkombination vor allem wegen der Tatsache, daß sie das Roherz für die beiden größten Flotationsanlagen

---

[1] Katalog über Schwimmaufbereitung 2, 29a, S. 11.
[2] Eng. Min. J. 126, 678/82 (1928).

der Welt darstellt. Es sind dies die der Utah Copper Company[1] gehörigen Anlagen „Magna" und „Arthur" im Staate Utah (Vereinigte Staaten von Nordamerika). Jede dieser beiden Aufbereitungen verfügt über eine Tagesleistung von 30000 t. Die Anlagen arbeiten ausschließlich flotativ, und zwar mit einem Erz, das nur 0,9 bis 1% Kupfer enthält. Trotzdem gelingt es aber, das Kupfer mit rund 90% in einem Konzentrat auszubringen, dessen Gehalt 31 bis 32% Cu beträgt.

Die verwendeten Reagenzien sind Kalk, Cyanid, Aerofloat und Kresylsäure, wovon die beiden ersteren zum Drücken des Pyrites dienen.

Lediglich der Kalk wird in der Kugelmühle aufgegeben, während alle anderen Reagenzien in den Flotationszellen zugesetzt werden.

c) Kupferkies, Pyrit, Zinkblende.

Diese Mineralkombination stellt die differentielle Flotation vor eine sehr schwierige Aufgabe. Pyrit und Zinkblende lassen sich beide durch Alkalicyanid drücken. Es kommt dabei aber auf eine sehr feine Bemessung dieses Reagenzes an, da eine größere Menge Cyanid auch den Kupferkies abtöten kann. Unter Beachtung dieses Gesichtspunktes wird die Trübe zunächst mit Kaliumcyanid behandelt und dann der Kupferkies herausflotiert. Pyrit und Zinkblende sind durch das Cyanid am Aufschwimmen verhindert. Letztere wird nach der Kupferflotation mit Kupfersulfat aktiviert und für sich in einem Zinkkonzentrat gesammelt, während der Pyrit in die Berge geht. Es ist auf diese Weise gelungen, aus einem kanadischen Erz des Rouyan-Bezirkes[2], das 7,36% Cu, 6,53% Zn, 35,40% Fe, 18,6% Rückstand, 0,03 Unzen/t Au und 2,45 Unzen/t Ag enthielt, folgende Produkte zu gewinnen:

	Gewichtsausbringen in %	Gehalte				Metallausbringen in %			
		Cu %	Zn %	Au Unz/t	Ag Unz/t	Cu	Zn	Au	Ag
Kupferkonzentrat	28,0	23,74	3,68	0,80	7,04	93,0	16,1	75,4	76,0
Zinkkonzentrat	9,8	1,22	47,38	0,01	0,81	1,7	72,9	3,4	3,1
Zink-Mittelpr.	9,7	1,07	3,68	0,01	0,61	1,4	5,6	3,4	2,3
Berge	52,5	0,53	0,65	0,01	0,92	3,9	5,4	17,8	18,6

Die verwendeten Reagenzien sind:

2,0 kg Soda	je t Aufgabegut	0,900 kg Kupfersulfat je t Aufgabegut
0,150 „ Kaliumcyanid	„ „ „	0,150 „ Xanthat „ „ „
0,100 „ Thiocarbanilid	„ „ „	0,040 „ Pine-oil „ „ „
0,040 „ Kresylsäure	„ „ „	

[1] Weinig, A. J. u. J. A. Palmer: The Trend of Flotation. Quart. Colorado School Mines **24**, Nr. 4, 75/76 (1929).
[2] Eng. Min. J. **123**, 757/62 (1927).

d) Kupferkies und Bleiglanz.

Die Trennung dieser Vergesellschaftung stellt eine praktisch weniger häufig auftretende Aufgabe dar. Kupferkies und Bleiglanz zeigen ein weitgehend übereinstimmendes Schwimmvermögen, so daß die differentielle Flotation im allgemeinen nicht zu einer so reinen Scheidung führt, wie es beispielsweise bei komplexen Bleizinkerzen der Fall ist. Der übliche Weg geht dahin, daß zunächst in einem Sammelkonzentrat Kupferkies und Bleiglanz angereichert werden. Die weitere Trennung geschieht dann in der Weise, daß entweder der Kupferkies oder der Bleiglanz gedrückt wird.

Bei dem ersten Verfahren dient Natriumcyanid als drückendes Reagens, dessen Bemessung und Dauer der Einwirkung durch planmäßige Versuche dem jeweiligen Erzcharakter anzupassen sind. Als Beispiel seien folgende Betriebsergebnisse mitgeteilt:

	Pb %	Cu %	Rückstand
Aufgabe	6,0	1,75	—
Bleikonzentrat	51,7	2,70	21,6
Kupferkonzentrat	3,9	22,70	15,3
Berge	0,7	0,3	—

Diese Ergebnisse wurden auf Mac Intosh-Zellen erzielt, wobei zunächst folgende Reagenzien bei der Zerkleinerung zugegeben wurden:

```
2,5   kg Soda           je t Aufgabegut
0,250 ,, Kaliumcyanid   ,, ,,   ,,
1,0   ,, Zinksulfat     ,, ,,   ,,
0,05  ,, Thiocarbanilid ,, ,,   ,,
0,05  ,, Xanthat        ,, ,,   ,,
```

Das zunächst gewonnene Sammelkonzentrat wird 15 min lang mit 0,5 kg Kalk und 0,25 kg Cyanid je t behandelt und dann der Bleiglanz mit T. T-Mischung flotiert, während die Abgänge das Kupferkonzentrat bilden.

Nach einem ähnlichen Verfahren wird auf der Errington-Grube[1] Kupferkies aus einem komplexen Erz abgeschieden, das außer Blei noch Zink enthält. Auch hier wird zunächst ein Kupferbleikonzentrat erzeugt. Das Gesamtergebnis ist folgendes:

	Cu %	Pb %	Zn %	Au Unzen/t	Ag Unzen/t
Aufgabe	1,02	1,12	5,75	0,029	1,79
Kupferkonzentrat	12,61	6,55	6,53	0,17	9,84
Bleikonzentrat	2,07	35,88	7,01	0,25	15,42
Zinkkonzentrat	1,69	0,84	45,06	0,03	3,25

[1] Min. Ind. during 1928, 37, 700 (1929). New York: McGraw-Hill-Verlag.

Das Metallausbringen an Kupfer, Blei und Zink wird mit 60, 65 und 70% angegeben.

Der zweite Weg, bei dem der Bleiglanz gedrückt wird, benutzt Alkalichromate und Bichromate. Eine Lösung von 1 g Kaliumbichromat in 0,1 bis 0,15 cm³ Schwefelsäure soll eine sehr gut drückende Wirkung auf Bleiglanz ausüben und gestatten, aus einem Sammelkonzentrat Kupferkies von Bleiglanz zu trennen.

III. Bleierze.

Das häufigste Bleimineral und das wegen seiner fast ständigen Silberführung wichtigste Silbererz ist der Bleiglanz. Die außerdem noch auftretenden Mineralien Cerussit, Anglesit usw. haben bergmännisch nur eine untergeordnete Bedeutung. Als Gangart kommt hauptsächlich Quarz in Betracht, seltener Kalkstein, Dolomit und Schwerspat, von denen der letztere für die Verhüttung unangenehm ist. Die Bleierze sind nur in wenigen Fällen so rein, daß sie unmittelbar verhüttet werden können. Vielmehr sind sie meist mit anderen Metallsulfiden, vor allem Zinkblende und Kupferkies vergesellschaftet, mit denen sie z. T. innig verwachsene Verbände bilden. Diese komplexen Erze sind wesentlich erst durch die differentielle Flotation der Nutzbarmachung zugeführt worden.

Aus der statistischen Zusammenstellung in Zahlentafel 28 ist zu ersehen, daß die Bleimenge der gesamten Bleierzförderung im Jahre 1929 rund 1,66 Millionen t betrug. Der größte Produzent ist Amerika, das mit rund 63% an der gesamten Bergwerksproduktion beteiligt ist. Auf Deutschland entfällt dagegen nur ein Anteil von rund 3%, so daß der Bedarf durch Einfuhr von Rohmetall im Jahre 1929 in einer Menge von 136 800 t gedeckt werden mußte.

Auf Grund der New Yorker Bleinotierungen ergeben sich für die Jahre 1913 und 1920 bis 1930 folgende Durchschnittspreise für 1000 kg Blei:

Da die Aufbereitung meist hochangereicherte Produkte liefert, so überwiegt in der Bleigewinnung das trockene Verfahren, das im wesentlichen aus oxydierendem Rösten und nachheriger Reduktion des

Jahr	ℳ je 1000 kg	Jahr	ℳ je 1000 kg
1913	405,—	1925	835,—
1920	737,—	1926	780,—
1921	421,—	1927	625,—
1922	531,—	1928	583,—
1923	674,—	1929	633,—
1924	750,—	1930	510,—

entstandenen Bleioxydes besteht. Für arme oxydische Erze oder besonders innig verwachsene Komplexerze kommen ausnahmsweise Naßverfahren in Frage, die aber gewisse technische Schwierigkeiten bieten, da die meisten Lösungsmittel mit Blei in Wasser schwer lösliche Verbindungen

198　Angewandte Schwimmaufbereitung.

Zahlentafel 28. Bergwerksproduktion von Blei.

Bleiinhalt 1000 metr. t	1913	1920	1921	1922	1923	1924	1925	1926	1927	1928	1929
Spanien	178,8	108,7	102,0	106,7	117,2	127,3	130,1	135,9	122,0	113,3	116,3
Deutschland	80,3	38,6	37,6	33,6	23,0	30,9	35,9	46,1	49,7	50,0	52,0
Italien	26,8	21,8	14,7	15,4	19,9	21,3	28,1	29,2	30,2	31,4	29,0
Deutsch-Österreich[1]	20,6	4,1	4,8	5,0	6,2	6,5	6,5	8,2	9,3	6,0	7,5
Großbritannien	18,4	11,1	3,3	9,0	11,2	11,6	12,7	15,5	16,6	15,1	15,0
Griechenland	18,4	4,0	5,7	3,0	4,2	4,8	4,6	5,1	5,3	7,3	5,4
Frankreich	10,2	2,3	6,8	6,3	7,6	8,7	6,2	5,0	5,0	7,5	7,5
Rußland	3,3	0,3	0,3	0,3	0,3	0,7	1,0	1,3	1,2	3,5	8,5
Schweden	1,7	1,6	1,0	0,9	1,1	2,0	2,6	3,1	4,9	3,3	3,5
Tschechoslowakei und Jugoslavien	—	6,5	7,0	10,8	12,5	12,5	12,9	12,0	13,1	12,8	12,5
Übriges Europa	0,9	0,8	1,0	8,0	13,3	17,3	20,4	19,6	20,5	20,5	23,3
Europa	359,4	199,8	184,2	199,0	216,5	243,6	261,0	281,0	277,8	270,7	280,5
Türkei (asiatische)	14,0	1,0	3,0	5,4	1,5	5,1	4,8	6,2	8,1	7,1	6,6
Britisch-Indien (Burma)	10,0	26,7	33,7	39,8	45,7	52,1	49,8	57,5	70,4	83,1	84,9
Japan	3,8	4,0	3,1	3,2	3,0	2,5	3,0	3,0	3,0	4,0	3,5
Übriges Asien	1,5	1,7	2,8	2,7	2,7	3,1	5,4	7,2	2,6	2,5	2,5
Asien	29,3	33,4	42,6	51,1	52,9	62,8	63,0	73,9	84,1	96,7	97,5
Algier	10,3	7,4	6,6	8,2	11,9	11,9	13,4	14,1	19,9	14,3	12,0
Tunis	23,0	14,9	18,0	18,0	21,8	23,3	2,1	21,3	22,3	20,4	19,2
Rhodesia	0,5	14,8	18,0	20,8	11,5	6,4	3,0	3,9	6,0	4,8	1,7
Übriges Afrika	16,0	20,0	20,0	15,0	16,0	17,0	21,0	18,7	20,1	23,7	24,4
Afrika	49,8	57,1	62,6	62,0	61,2	58,6	59,5	58,0	68,3	63,2	57,3
Vereinigte Staaten	453,8	450,7	376,0	433,3	496,4	540,7	620,9	619,0	606,3	568,9	587,4
Mexiko	62,0	84,2	60,5	127,3	167,6	164,1	171,8	210,8	243,3	236,5	248,7
Kanada	17,1	16,3	30,2	42,3	50,5	79,6	115,1	128,7	141,3	153,3	147,8
Übriges Amerika	3,0	5,0	6,2	8,2	7,4	14,5	16,1	24,0	25,0	33,4	53,7
Amerika	535,9	556,2	472,9	611,1	721,9	798,9	923,9	982,5	1015,9	992,1	1037,6
Australien	254,8	13,5	63,8	132,3	143,3	155,6	183,5	176,8	194,3	172,7	185,0
Produktion	1229,2	860,0	826,1	1055,5	1195,8	1319,5	1490,9	1572,2	1640,4	1595,4	1657,9

[1] 1913 noch für Österreich-Ungarn.

eingehen. Soweit es daher nur irgendwie möglich ist, versucht man die Erze durch Aufbereitung so hoch anzureichern, daß sie auf trockenem Wege verarbeitet werden können. An die differentielle Trennung von komplexen Bleierzen werden daher aus hüttentechnischen Gründen hohe Anforderungen gestellt. Ein Zinkgehalt der Konzentrate erschwert und verteuert die Bleigewinnung außerordentlich, geht außerdem in der Schlacke in den meisten Fällen verloren. Auch die Anwesenheit von Kupfer ist unerwünscht, da es die Erzeugung eines Bleisteines bedingt, dessen Verarbeitung teuer und nicht ohne Bleiverluste durchzuführen ist.

In der Erzbewertung herrscht eine außerordentlich große Mannigfaltigkeit. Es soll hier nur eine häufiger benutzte Bewertungsformel aufgeführt werden, die gleichzeitig den sehr häufig vorhandenen Silbergehalt in den Bleierzen berücksichtigt. Diese Formel lautet:

$$V = \frac{P \cdot T}{100} + \frac{p \cdot t}{1000} - x.$$

Darin ist

V = Erzpreis für 100 kg Trockengewicht,
P = jeweiliger Metallpreis für 100 kg Blei,
T = Gehalt des Erzes an Blei in Prozent, bestimmt durch Schmelzen im eisernen Tiegel,
p = jeweiliger Mittelpreis für 1 kg Silber,
t = Silbergehalt in g je 100 kg Erz, bestimmt durch Tiegelprobe,
x = Hüttenlohnabzug. Dieser Wert zeigt je nach Gehalt und Verunreinigungen große Schwankungen und liegt zwischen 3,— und 6,— ℳ je 100 kg Erz.

Häufig werden noch bezüglich des Gehaltes an säureunlöslichem Rückstand und Zink besondere Vereinbarungen getroffen. Als obere zulässige Grenze für Zink wird vielfach 10% angegeben, wobei für jedes Prozent darüber ein bestimmter Strafabzug gemacht wird. Eine ähnliche Regelung ist für den Rückstandsgehalt getroffen, für den ebenfalls als obere Grenze 10% angesetzt wird. Ein Silbergehalt unter 15 g in 100 kg Erz wird häufig nicht angerechnet.

Das flotative Verhalten der Bleimineralien.

a) Bleiglanz

ist ähnlich wie Kupferkies außerordentlich leicht flotierbar. Es kommen auch die gleichen Reagenzien in Frage, vor allem die Xanthate, Thiocarbanilid, Aerofloat oder Phosokresol usw. Alkalische Trübe verdient im allgemeinen den Vorzug. Natriumsulfid, das bei oberflächlich oxydiertem Bleiglanz wesentlich zur Steigerung des Ausbringens beiträgt, verzögert dagegen in größeren Mengen zugesetzt das Aufschwimmen.

In der differentiellen Flotation verlangt Bleiglanz vorsichtige Dosierung in der Reagenszugabe.

Die Xanthate sind um so wirksamer, d. h. der Verbrauch bei gleicher Anreicherungsleistung ist um so kleiner, je länger die Kohlenwasserstoffkette des betreffenden Xanthates ist. Bei Versuchen mit reinem Bleiglanz hat beispielsweise Gaudin[1] die in der Abb. 112 graphisch dargestellten Ergebnisse gefunden, aus denen der Zusammenhang

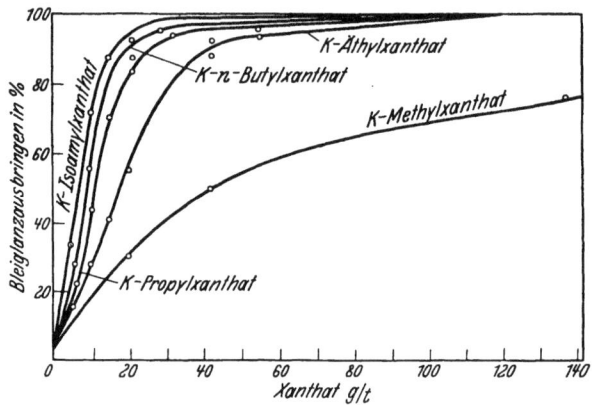

Abb. 112. Flotation von Bleiglanz mit verschiedenen Xanthaten (nach Gaudin).

zwischen Größe des Moleküls und Reagensverbrauch eindeutig hervorgeht.

Die der Abb. 112 zugrunde liegenden Versuche wurden mit 45 g Terpentinöl und 453 g Soda je t durchgeführt. Nach steigendem Gehalt an Kohlenwasserstoffen geordnet, ergibt sich für die untersuchten Xanthate folgende Reihenfolge:

Methylxanthat,   Propylxanthat,
Äthylxanthat,   Amylxanthat.

Die Kurven, die das bei der Flotation mit diesen Xanthaten erzielte Ausbringen an Bleiglanz jeweils in Abhängigkeit von den zugesetzten Mengen wiedergeben, zeigen deutlich, daß für die höheren Glieder der Xanthatreihe ein wesentlich geringerer Zusatz nötig ist als bei den niedrigeren Gliedern.

An drückenden Mitteln für Bleiglanz sind in erster Linie die Alkalichromate und Bichromate zu nennen. Eine ähnliche Wirkung zeigen auch die Manganate und Phosphate der Alkalien. Abb. 113 veranschaulicht den Einfluß von Kaliumchromat auf die Flotation von reinem Bleiglanz. Der betreffende Versuch wurde in alkalischer Trübe mit

---

[1] Bureau Mines, Utah Eng. Exper. Stat. (1928) Technical Paper 1.

Kaliumamylxanthat, also dem höchsten und wirksamsten Sammler der Xanthatreihe durchgeführt. Bei Verwendung von Xanthat mit geringerem Kohlenwasserstoffgehalt ist die drückende Wirkung noch viel durchgreifender.

Praktisch macht man jedoch von den Möglichkeiten, Bleiglanz zu drücken, nur wenig Gebrauch. Als Beispiel sei die Arbeitsweise der Sullivan-Grube[1] genannt, die bei der Nachreinigung ihrer Zinkkonzentrate Kaliumbichromat zusetzt, um ein möglichst bleifreies Zinkprodukt zu erhalten.

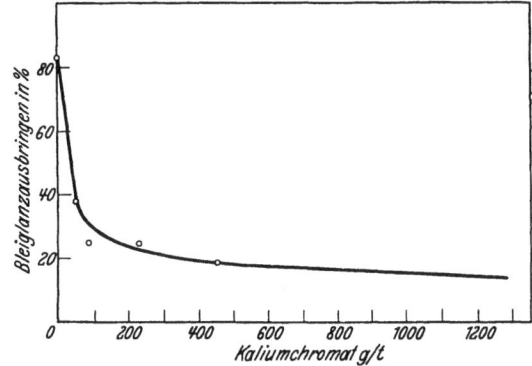

Abb. 113. Die Wirkung von Kaliumchromat auf die Flotation von Bleiglanz (nach Gaudin).

Von praktischer Bedeutung ist ferner, daß größere Kalkmengen ebenfalls eine drückende Wirkung auf Bleiglanz ausüben, so daß beim Alkalisieren mit Kalk unter Umständen unerwünschte Bleiverluste auftreten können.

b) Cerussit, Weißbleierz.

Unter den nicht sulfidischen Bleimineralien, deren Flotation praktisch in Anwendung steht, ist das Weißbleierz das wichtigste. Das übliche Verfahren sieht die vorhergehende Sulfidierung mit Natriumsulfid vor, die sich in den meisten Fällen leicht durchführen läßt. Häufig enthalten diese Erze jedoch Beimengungen, welche ebenfalls mit Natriumsulfid reagieren und dieses Reagens seinem eigentlichen Zweck entziehen. Zur Vermeidung eines größeren Reagensverbrauches empfiehlt es sich unter diesen Umständen, die Erze vorher zu waschen, wobei die schädlichen gelösten Bestandteile weggeführt werden. Eine teilweise Oxydation erschwert die Sulfidierung, indem sie eine längere Einwirkung des Natriumsulfides verlangt.

Ohne Sulfidierung läßt sich Cerussit mit Ölsäure flotieren. Allerdings ist das Ausbringen bei Anwendung von Fettsäuren meist geringer, als bei der sulfidierenden Flotation. Dabei ist ferner zu bedenken, daß die Gangart frei von Erdalkalimineralien sein muß, da diese ebenfalls mit Fettsäuren flotierbar sind.

Wulfenit verhält sich im wesentlichen wie Cerussit.

---

[1] Eng. Min. J. 124, 140 (1927).

IV. Gemischte Bleierze.
a) Bleiglanz und Zinkblende.

In der Mehrzahl der Fälle treten Bleiglanz und Zinkblende in Form komplexer Erzverbände auf. Für die Flotation ergibt sich daher die Notwendigkeit einer Differenzierung des Schwimmvermögens von Bleiglanz und Zinkblende, die praktisch fast stets in der Weise durchgeführt wird, daß die Zinkblende vorübergehend ihrer Flotierbarkeit beraubt und nach dem Ausflotieren des Bleiglanzes wieder aktiviert wird. Das heute üblichste Mittel zum Drücken der Zinkblende sind die Alkalicyanide, die meist in Verbindung mit Zinksulfat gebraucht werden, während Kupfersulfat für die Wiederbelebung der vorübergehend

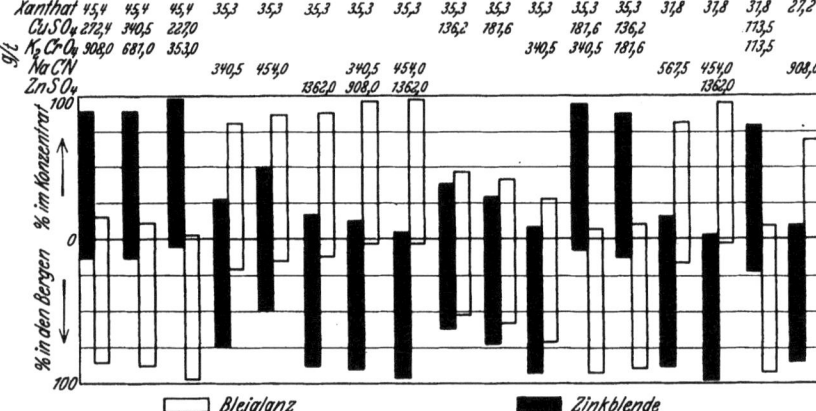

Abb. 114. Differentielle Flotation von synthetischen Bleiglanz-Zinkblende-Gemischen (nach Gaudin).

gedrückten Zinkblende benutzt wird. Auf die andere Möglichkeit, die Zinkblende dadurch zu gewinnen, daß der Bleiglanz zunächst gedrückt wird, war oben bereits hingewiesen worden. In welcher Weise die genannten Zusätze auf das Flotationsvermögen von Bleiglanz und Zinkblende einwirken, veranschaulicht das Schaubild in der Abb. 114, dem wiederum Versuche von Gaudin mit synthetischen Gemischen von Bleiglanz und Zinkblende zugrunde liegen.

Einige Ergebnisse aus amerikanischen Anlagen, bei denen mit den oben genannten drückenden und belebenden Mitteln gearbeitet wird, sind in der Zahlentafel 29 zusammengestellt. Ferner sei auf die weiter unten folgenden Beschreibungen der Anlagen Boudoukha und des Bleiberger Bergwerks Union hingewiesen (vgl. S. 225 bzw. S. 230).

Das großartigste Beispiel einer differentiellen Flotation für Bleiglanz und Zinkblende bietet die in Britisch-Kolumbien gelegene Sullivan-

Zahlentafel 29. Ergebnisse differentieller Flotation von komplexen Blei-Zinkerzen aus dem Coeur d'Alêne-Bezirk (Idaho, U. S. A.).

Anlage	Erzcharakter	Aufgabe	Metallgehalt der Flotationsprodukte		
			Bleikonzentrat	Zinkkonzentrat	Abgänge
Morning Mill (Federal Mining & Smelting Co. in Wallace.)	Bleiglanz und Zinkblende, beide silberhaltig. Gangart: Eisenspat und Quarzit.	8,7% Pb 5,4% Zn 16 % Fe 4 Unzen/t Ag 39,7% Rückstd.	63,1% Pb 8,3% Zn 4,0% Fe 26,5 Unzen/t Ag 2,0% Rückstd.	48,0% Zn 4,0% Pb 4,8 Unzen/t Ag	0,85% Pb 0,5 % Zn 0,30 Unzen/t Ag
Page Mill (Federal Mining & Smelting Co.)	Bleiglanz u. Zinkblende, beide silberhaltig. Quarzitische Gangart mit etwas Eisenspat.	6,6% Pb 2,8% Zn 2,2 Unzen/t Ag 2,2% Fe 80% Rückstand	58,0% Pb 9,5% Zn 18 Unzen/t Ag	48,0% Zn 4,0% Pb 4,8 Unzen/t Ag	0,85% Pb 0,50% Zn 0,30 Unzen/t Ag
South Mill (Bunker Hill & Sullivan Mining & Concentration Co.)	Bleiglanz u. Zinkblende, Quarz, Eisenspat u. Pyrit.	6,1% Pb 10,4% Zn	58,1% Pb 14,8% Zn	49,2% Zn 5,3% Pb	0,82% Pb 1,20% Zn
Sweeney Mill (Bunker Hill & Sullivan Mining & Concentration Co.)	Bleiglanz u. Zinkblende, Quarz und Quarzit.	7 % Pb 13,8% Zn	58,81% Pb 11,06% Zn	48,78% Zn 4,83% Pb	0,51% Pb 1,62% Zn
Hercules Mining Co. (Lohnflotation)	15 verschiedene Erze; silberhaltiger Bleiglanz u. Zinkblende, Quarz, Quarzit etwas Magnetit, Pyrit.	sehr verschieden	58—68% Pb 2—10% Zn	47—54% Zn 1—4 % Pb	0,4—1,3% Pb 0,2—0,4% Zn

Anlage[1], die zugleich die größte differentielle Flotationsanlage für komplexe Blei-Zinkerze in der Welt ist. Ihre Tagesleistung beträgt nicht weniger als 6000 t. Das Fördererz setzt sich aus Bleiglanz, Marmatit (eisenhaltiger Zinkblende), Magnetkies und Pyrit zusammen. Die Durchschnittsanalyse ergibt 11% Pb, 7,5% Zn und 38% Fe. Da die Gangart mengenmäßig nur etwa 6% ausmacht, handelt es sich um ein derbes Sulfiderz. Sein spez. Gewicht beträgt etwa 4,35. Die innige feinkristalline Verwachsung verlangt zu ihrer Aufschließung eine sehr weit getriebene Zerkleinerung. Bei der heutigen Arbeitsweise enthält die Flotationstrübe 87% unter 200 Maschen.

Aus dem Rohgut wird ein Bleikonzentrat mit 69% Pb und 4,5% Zn, ein Zinkkonzentrat mit 49% Zn und 3% Pb gewonnen. Für die Beurteilung des Zinkblendekonzentrates ist zu berücksichtigen, daß der reine Marmatit im Höchstfalle wegen seines Eisengehaltes nur 54,5% Zn enthält.

Die Reagenszugabe ist, soweit sie die drückenden und belebenden Mittel betrifft, die heute allgemein übliche, also zum Drücken Alkalicyanide, zum Teil in Verbindung mit Zinksulfat und zur Reaktivierung der Zinkblende Kupfersulfat. An Stelle der Xanthate werden aber vorwiegend Kresylsäure und Wassergasteer verwendet. Bemerkenswert ist noch die Tatsache, daß die Zinktrübe auf 30° erwärmt wird.

b) Bleiglanz, Zinkblende, Pyrit

stellen ebenfalls eine sehr häufig auftretende Mineralkombination dar. Da der Pyrit genau wie Zinkblende durch Alkalicyanid gedrückt wird, so bereitet die differentielle Flotation solcher Mineralgemische keine besonderen Schwierigkeiten. Durch Zusatz von Kalk oder überhaupt durch schärferes Alkalisieren der Zinkblendetrübe läßt sich die Differenzierung bei der Aktivierung der Zinkblende mit Kupfersulfat gegenüber Pyrit verschärfen.

c) Bleiglanz und Kupferkies.

Die flotative Behandlung dieser Mineralkombination ist bereits im Kapitel über gemischte Kupfererze (Seite 196) erörtert worden.

V. Zinkerze.

Das für die Zinkgewinnung wichtigste Erz ist die Zinkblende, die wahrscheinlich das einzige primär vorkommende Zinkmineral ist. In früherer Zeit waren noch Galmei und Kieselzinkerz von Bedeutung, während alle anderen Zinkerze, wie beispielsweise der Franklinit von New-Jersey nur örtliche Bedeutung besitzen.

---

[1] Diamond, R. W.: Ore concentration Practice of the Consolidated Mining & Smelting Co. of Canada Ltd. Trans. A. I. M. E. Salt Lake City Meeting, August 1927.

Zinkerze.

Die Zinkblende ist meist in wechselnden Mengen mit mehr oder weniger silberhaltigem Bleiglanz, ferner mit Kupferkies und Pyrit verwachsen, so daß ihre Anreicherung an die Flotation hohe Anforderungen stellt.

Eine Übersicht über die wichtigsten Zinkmineralien, ihre chemische Zusammensetzung und Eigenschaften ist in der Tabelle I im Anhang gegeben.

Aus der Zahlentafel 30 ist die Entwicklung der bergmännischen Zinkgewinnung — ausgedrückt in 1000 t Zinkinhalt — für die europäischen und außereuropäischen Länder ersichtlich. Wie in der Kupfer- und Bleierzeugung stehen auch in der Zinkgewinnung die Vereinigten Staaten von Nordamerika an der Spitze. Ihr Anteil an der Gesamtförderung beträgt heute rund 40%. Während vor dem Kriege auf Deutschland 22% entfielen, ist nach dem Verlust großer Teile des oberschlesischen und linksrheinischen Grubenbesitzes der Anteil an der Gesamtförderung auf rund 7% gesunken.

Die nachstehende Preiszahlentafel bezieht sich auf die durchschnittliche Zinknotierung der New Yorker Börse.

Die Zinkgewinnung geschieht sowohl auf trockenem, als auch auf nassem Wege. Für die Verhüttung angereicherter Zinkerzprodukte kommt bei dem gegenwärtigen Stande der Hüttentechnik noch in

Jahr	ℳ je 1000 kg	Jahr	ℳ je 100 kg
1913	523,—	1925	706,—
1920	711,—	1926	679,—
1921	431,—	1927	578,—
1922	530,—	1928	557,—
1923	611,—	1929	603,—
1924	586,—	1930	411,—

erster Linie das trockene Verfahren in Frage. Der Arbeitsgang gliedert sich in Röstung und Reduktion, wobei gerade erstere, soweit es sich um Zinkblende handelt, gewisse Schwierigkeiten bereitet. Die Zinkblende muß totgeröstet werden, d. h. ZnS muß möglichst weitgehend zu ZnO, aus dem durch Reduktion das metallische Zink gewonnen wird, umgewandelt werden. Der Grad der Abröstung hängt nicht zuletzt von der Art und Menge der Verunreinigungen ab und es hat sich gezeigt, daß gerade Blei und Kalk in dieser Beziehung ungünstig wirken. Hinsichtlich Ausbringen, Ofenleistung, Brennstoff-, Material- und Arbeitsaufwand gehört die Zinkgewinnung zu den weniger vollkommenen Hüttenprozessen. Das Ausbringen liegt im guten Durchschnitt bei etwa 86 bis 89%.

Der schwierigen Verhüttung entsprechend werden Zinkerzkonzentrate verhältnismäßig niedrig bewertet. Im allgemeinen wird von dem Zinkgehalt der Konzentrate 8% abgezogen und der Rest mit 95% des Marktpreises in Anrechnung gebracht. Dieser Betrag wird aber noch vermindert um den Schmelzabzug, der etwa 40 bis 60 ℳ

Zahlentafel 30. Bergwerksproduktion von Zink.

Zinkinhalt 1000 metr. t	1913	1920	1921	1922	1923	1924	1925	1926	1927	1928	1929
Deutschland	250,3	150,0	115,6	75,0	31,7	41,7	49,1	79,4	111,4	117,0	120,0
Spanien	66,5	28,7	17,6	21,9	38,1	41,9	48,8	53,0	47,1	43,0	52,9
Italien	63,3	39,1	27,6	40,2	52,9	58,5	69,3	71,4	85,1	84,6	68,0
Rußland	31,4	0,2	—	0,1	0,5	1,0	1,7	2,0	2,0	2,4	5,4
Schweden	17,2	16,5	10,5	14,2	15,0	17,1	18,6	21,3	24,4	14,2	30,0
Frankreich	13,0	1,7	3,6	2,5	3,0	3,0	3,4	6,0	8,0	9,5	9,6
Griechenland	10,5	2,5	1,0	1,5	1,5	1,4	1,5	6,0	6,0	3,8	4,0
Großbritannien	5,9	1,8	0,3	0,6	0,7	0,8	0,6	0,7	1,3	0,7	1,0
Polen	—	8,4	7,5	48,2	104,0	109,7	140,0	148,9	125,5	114,5	140,0
Übriges Europa	4,1	1,2	1,5	1,8	2,0	2,7	2,7	2,8	4,1	3,9	4,7
Europa	462,2	250,1	185,2	206,0	249,4	277,8	335,7	391,5	414,9	393,6	435,6
Japan	15,8	4,6	4,6	6,0	8,0	10,0	10,0	12,0	10,0	10,0	10,0
China	3,9	2,8	4,3	18,3	18,4	10,0	15,0	12,0	4,0	5,0	5,0
Indo-China	14,0	3,6	5,6	8,0	13,0	16,8	20,8	25,2	21,8	21,5	20,0
Übriges Asien	2,3	2,3	3,0	4,0	5,0	8,4	7,5	22,9	35,1	42,0	43,6
Asien	36,0	13,3	17,5	36,3	44,4	45,2	53,3	72,1	70,9	78,5	78,6
Algier	36,9	8,0	7,7	17,3	21,0	22,5	24,0	26,0	26,0	15,0	13,0
Tunis	1,9	—	3,4	2,4	4,8	5,6	7,2	9,7	7,0	5,0	5,0
Rhodesia	—	—	—	—	—	—	—	—	—	13,4	22,5
Afrika	38,8	8,0	11,1	19,7	25,8	28,1	31,2	35,7	33,0	33,4	40,5
Vereinigte Staaten	368,7	539,8	226,8	428,4	533,7	578,8	644,9	702,7	651,9	634,9	663,4
Mexiko	6,8	13,6	5,0	3,2	18,5	18,9	45,8	105,4	136,5	161,7	174,0
Kanada	4,5	19,7	26,0	29,7	31,2	44,8	50,2	68,4	75,1	83,8	89,0
Übriges Amerika	2,1	0,6	0,2	1,0	1,0	1,5	3,9	23,3	17,1	8,4	38,3
Amerika	382,1	573,7	258,0	462,3	584,4	644,0	744,8	899,8	880,6	888,8	964,7
Australien	219,7	—	141,7	198,7	145,5	109,9	141,0	153,3	174,3	149,9	150,0
Produktion	1138,8	845,1	613,5	923,0	1049,5	1105,0	1306,0	1552,4	1573,7	1544,2	1669,4

Zinkerze.

für die t Konzentrat beträgt. Bei sulfidischen Zinkerzen verlangt man einen Zinkgehalt von 50 bis 60%.

Das flotative Verhalten der Zinkmineralien.

a) Zinkblende.

Sie ist durch ein schlechtes Flotationsvermögen ausgezeichnet, so daß es kaum möglich ist, durch ausschließliche Anwendung von Sammlern und Schäumern eine gute Anreicherung zu erzielen. Im theoretischen Teil ist bereits auf diese Frage eingegangen worden. Die Hauptursache

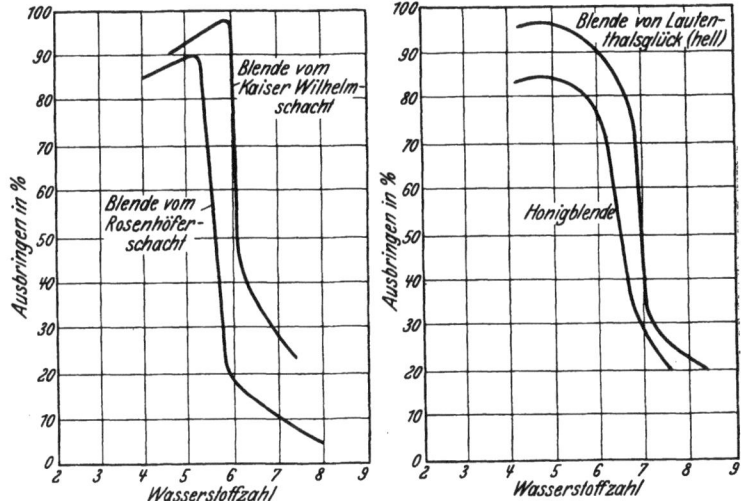

Abb. 115. Die Flotierbarkeit verschiedener Zinkblenden in Abhängigkeit von der Wasserstoffionenkonzentration der Trübe.

dürfte darin liegen, daß die bei der Einwirkung der Sammler entstehenden Oberflächenverbindungen verhältnismäßig löslich sind, so daß sich keine stabile Adsorptionsschicht bilden kann. Außerdem neigt die Zinkblende dazu, sich an der Oberfläche in das sehr schwer lösliche Zinkhydroxyd umzuwandeln, das jede weitere Reaktion mit Sammelreagenzien ausschließt. Auf diese Weise ergibt sich eine ausgeprägte Abhängigkeit des Flotationsvermögens der Zinkblende von der Wasserstoffionenkonzentration der Trübe, wie sie L. Kraeber[1] beispielsweise für verschiedene Harzer-Zinkblenden ermittelt hat.

Den Zusammenhang zwischen Flotierbarkeit und Wasserstoffzahl veranschaulicht die der erwähnten Arbeit entnommene Abb. 115. Die Darstellung bezieht sich auf Versuche, die mit T.T.-Mischung als Sammler durchgeführt wurden. Aber auch die Verwendung von Xanthat liefert

---

[1] Mitt. Eisenforsch. 12, Lief. 21, 343/52 (1930).

ganz ähnliche Ergebnisse, die dahin zusammengefaßt werden können, daß die Zinkblende im sauren Bereich flotiert, dagegen aber schon bei schwach saurer, neutraler und ganz besonders bei alkalischer Reaktion der Trübe ihr Schwimmvermögen weitgehend einbüßt.

Diese Erscheinung steht auch in voller Übereinstimmung mit der Praxis, die vielfach, soweit es sich um einfache Zinkblendeerze handelt, dieses Mineral in einer mit Schwefelsäure angesäuerten Trübe flotiert. Jedoch zieht man es im allgemeinen vor, die Zinkblende mit Kupfersulfat zu aktivieren, wobei sich die im theoretischen Teil dargestellten Vorgänge abspielen. Als Sammelreagenzien eignen sich die Xanthate, Aerofloat, Phosokresol, T.T.-Mischung usw. Eine Erwärmung der Trübe auf etwa 30 bis 40° erhöht im allgemeinen das Ausbringen.

b) Galmei

bereitet der Flotation noch Schwierigkeiten. Hochmolekulare Fettsäuren kommen als Sammler in Frage, vorausgesetzt, daß die Gangart nicht überwiegend aus Kalkspat oder anderen Erdalkalimineralien besteht.

VI. Gemischte Zinkerze.

Die in Frage kommenden Mineralgemische sind bereits in den Abschnitten über Blei- und Kupfererze behandelt worden.

VII. Golderze.

Nach der üblichen Einteilung unterscheidet man:

1. Freigold, eingesprengt in zumeist quarziger Gangmasse, mehr oder weniger vergesellschaftet mit Metallsulfiden; außerdem Seifen.

2. Vererztes Gold, wobei es an Sulfide, Arsenide und Antimonide gebunden ist. Im allgemeinen sind diese Vorkommen frei von gröberen Goldpartikelchen.

Über die sonstigen vorkommenden Goldmineralien gibt die Tabelle I im Anhang Aufschluß.

Der Gesamtwert des jährlich erzeugten Goldes beträgt etwa 1,6 Milliarden Mark, wovon mehr als die Hälfte in Transvaal gewonnen wird.

Verhüttung. Die Amalgamation und die Cyanidlaugung sind für die Goldgewinnung die üblichsten Verfahren, vor allem für die freigoldführenden Erze. Bei den komplexen goldhaltigen Schwefelerzen treten jedoch mannigfache Schwierigkeiten auf, so daß für die Anwendung der Laugeverfahren besondere Maßnahmen ergriffen werden müssen oder der trockene Weg nach vorheriger Aufbereitung des Komplexerzes beschritten werden muß. Vor Einführung der Flotation wurden die goldhaltigen Kiese naßmechanisch angereichert und als Herdschliche entweder bei der Blei- und Kupferarbeit im Schachtofen zugeschlagen oder aber bei genügend hohem Eigengehalt an Blei oder Kupfer selbst als Blei- bzw. Kupfererz verschmolzen. Bei der naßmechanischen Anreicherung entstanden aber durch Abschwemmen der feinen Goldflitter mit der wilden Flut meist sehr große Verluste, so daß das Gesamtausbringen an Gold nur sehr mäßig war.

In der Regel ist bei solchen Erzen der Goldgehalt an Pyrit gebunden. Nach Untersuchungen des Grusonwerkes[1] liegt das Gold auch bei dieser vererzten Form meist als Freigold vor, allerdings in so feiner Verteilung, daß nur bei einer sehr weit getriebenen Zerkleinerung ein Aufschluß erreicht wird. Immerhin ist es aber möglich, die befreiten Goldpartikel durch Flotation gemeinsam mit vorhandenem Bleiglanz oder Kupferkies zu gewinnen. Versuche des Grusonwerkes lassen erkennen, daß es möglich ist, auch das vererzte Gold in die für die trockene Goldgewinnung notwendigen Blei- oder Kupferprodukte zu überführen.

Eine besondere Bedeutung kommt der Flotation für die Goldgewinnung noch in anderer Hinsicht zu. Die Gegenwart sulfidischer Kupfer- und Antimonerze ist für die Cyanlaugung besonders nachteilig. Da sich diese Mineralien aber sehr leicht flotieren lassen, so besteht die Möglichkeit diese schädlichen Bestandteile vor der Laugung des Erzes herauszuschwimmen. Ein solches Verfahren wird von der Portland Mill[2] in Amerika angewandt, und zwar mit dem Erfolg, daß bei dieser Kombination von Flotation und Laugung ein Goldausbringen von 96 bis 98% erzielt wird. Das Flotationskonzentrat, das natürlich auch einen geringen Gehalt an Gold aufweist, wird einem besonderen Cyanlaugungsprozeß unterworfen, bei dem der Cyanidverbrauch das übliche Maß zwar überschreitet, aber wegen der kleinen zu behandelnden Menge nicht mehr ins Gewicht fällt. Die Flotationsabgänge, die den Hauptanteil an Gold haben, lassen sich aber nunmehr durch einfache Cyanlaugung mit normalem Verbrauch auf Gold verarbeiten.

Tellurgolderze bereiten der direkten Cyanlaugung ebenfalls große Schwierigkeiten, die sowohl in hohem Cyanidverbrauch als auch in niedrigem Ausbringen ihren Ausdruck finden. Auch hier vermag die Flotation Dienste zu leisten, da sie die Möglichkeit bietet, die leicht schwimmenden Tellurerze in einer kleinen Konzentratmenge und hochangereicherter Form aus der Haupttrübe herauszunehmen. Die von Tellurerz befreite Trübe wird in normaler Weise gelaugt, während das Flotationskonzentrat einem Sonderverfahren unterworfen wird, in dem es erst nach vorhergehender Röstung mit Cyanid ausgezogen wird.

---

[1] Metall Erz **17**, 400/3 (1929).   [2] Eng. Min. J. **124**, 181/3 (1927).

Die Flotation ist also unter den verschiedensten Umständen in der Lage, die Erze für die verschiedenen Goldgewinnungsverfahren in günstiger Weise vorzubereiten. Bei keinem anderen Metallgewinnungsprozeß ist die technische Kupplung mit der Flotation eine so enge, wie bei der Goldgewinnung. Aus diesem Grunde schien es zweckmäßig, die grundlegenden Beziehungen bereits im Kapitel über Verhüttung zu erörtern.

Zur Frage der Flotierbarkeit von Freigold, das ja immer eine Legierung von Gold, Silber und anderen Metallen darstellt, ist zu bemerken, daß die feinen Goldpartikel ein ausgezeichnetes Schwimmvermögen besitzen. Sie lassen sich mit jedem für die Metallsulfide brauchbaren Sammler flotieren und gehen bei der differentiellen Flotation komplexer Erze mit den am leichtesten schwimmbaren Sulfiden also mit Bleiglanz oder Kupferkies. Die Telluride verhalten sich in dieser Beziehung ganz ähnlich.

Bewertung. Mit Rücksicht auf den meist niedrigen Goldgehalt der Erze verzichtet man auf die sonst allgemein übliche Metallgehaltsangabe in Prozenten. In Deutschland wird der Gehalt in Gramm je Tonne (g/t) angegeben. In den Vereinigten Staaten rechnet man mit Troy-Unzen[1] je short ton (1 short ton = 907,2 kg). Auf die deutschen Gewichtseinheiten bezogen entspricht die amerikanische Angabe 34,3 g/t. Demgegenüber bezeichnet man in England und den englischen Kolonien den Goldgehalt durch Unzen je long ton (oz/lg. t. = 30,61 g/t). In der amerikanischen Literatur findet man außerdem den Goldgehalt häufig durch den entsprechenden Dollarwert angegeben (1 $/sh. t. = 1,715 g/t). Dabei wird die Unze Gold zu 20 Dollar gerechnet.

Für die Bewertung von goldhaltigen Konzentraten ist es üblich, von dem Goldgehalt zunächst 1 bis 1,5 g/t in Abzug zu bringen und den Rest mit 2,6 bis 2,7 ℳ/g zu vergüten.

VIII. Silbererze.

Bei den Silbererzen hat man wie bei den Golderzen zu unterscheiden zwischen eigentlichen Silbererzen und silberhaltigen Erzen, bei denen das Silber in irgendeiner Form mit einem Nicht-Edelmetall vergesellschaftet ist.

Für die Silbergewinnung sind die silberhaltigen Erze von weit überlegener Bedeutung. Das wichtigste Silbererz ist der fast stets silberhaltige Bleiglanz, dessen Silbergehalt zwischen 0,05 und fast 1% schwankt. Das Silber findet sich in Bleiglanz als Ag_2S vorwiegend in isomorpher Mischung, z. T. allerdings auch mechanisch beigemengt.

---

[1] Tafel, V.: Lehrbuch der Metallhüttenkunde 1, 4 (1927).

Silbererze.

Über die Silbermineralien selbst gibt die Tabelle I im Anhang nähere Auskunft.

Der Wert der gesamten jährlichen Weltproduktion an Silber beläuft sich in den letzten Jahren auf rund 600 Mill. Mark. Der Haupterzeuger ist auch heute noch das alte Silberland Mexiko, das mit etwa 40% an der Gesamterzeugung beteiligt ist. Auf die Vereinigten Staaten von Nordamerika entfallen rund 28%. Der Rest verteilt sich auf die übrigen Länder, wobei Deutschland, hauptsächlich im Mansfelder Gebiet, etwa 1,6% der Weltförderung erzeugt.

Die Preise für Silber zeigen in den letzten Jahren eine außerordentlich stark fallende Tendenz:

Verhüttung. Für die Verhüttung silberhaltiger Erze ist der Umstand maßgebend, daß das Silber meist nur in sehr geringen Mengen in den Erzen vorhanden ist. Es wird daher im allgemeinen angestrebt, den Silbergehalt auf trockenem Wege mit Hilfe eines "Sammlers" anzureichern. Für diesen Zweck eignet sich vor allem Blei, und zwar gliedert sich die Silbergewinnung dann in folgende Prozesse:

Jahr	ℳ je kg	Jahr	ℳ je kg
1913	81,—	1922	91,—
1914	74,—	1923	88,—
1915	67,—	1924	90,—
1916	89,—	1925	92,—
1917	110,—	1926	84,—
1918	131,—	1927	76,—
1919	150,—	1928	78,—
1920	136,—	1929	72,—
1921	85,—	Ende 1930	43,—

a) Herstellung eines edelmetallhaltigen Rohbleies,

b) Konzentrierung des Edelmetallgehaltes in einem Reichblei,

c) Abtreiben des Reichbleies.

Neben Blei haben auch Kupfer, Stein und Speise sammelnde Eigenschaften für Silber.

Für die nassen Verfahren kommen die Amalgamation und die Cyanlaugung in Frage. Wenn es aber nur irgend möglich ist, wendet man den trockenen Weg an. Nur dort, wo beispielsweise die Brennstoffkosten zu hoch sind, oder der Transport zu einer Bleihütte unlohnend ist, wendet man das Laugeverfahren an, wobei man heute immer mehr der Cyanlaugung den Vorzug gibt. Gegenüber der Goldgewinnung durch Cyanlaugung ist dabei zu bedenken, daß infolge des wesentlich geringeren Wertes des Silbers die Ausgangserze bedeutend reicher sein müssen. Die Kombination mit der Flotation erweist sich in vielen Fällen als außerordentlich wirksam.

Angaben über die Silberbewertung in Erzen sind bereits in dem Abschnitt über Bleierze gemacht worden, worauf an dieser Stelle verwiesen sei.

Angewandte Schwimmaufbereitung.

Das flotative Verhalten der Silbermineralien.

a) Gediegenes Silber.

Es flotiert in gleicher Weise wie Freigold. Eine leichte Behandlung mit Natriumsulfid führt dazu, daß auch gröbere Partikel in den Schaum gehoben werden. Dabei überziehen sich die Silberpartikel mit schwarzem Silbersulfid, das für die Anlagerung des Sammelreagenzes besonders gut geeignet zu sein scheint.

b) Silberglanz, Rotgültigerze, Stephanit, Polybasit und Fahlerz.

Sie flotieren alle mit den für die Sulfidflotation üblichen Sammlern. Bei den Rotgültigerzen läßt sich häufig das Metallausbringen durch Zugabe von Schwefelsäure erhöhen.

c) Hornsilber.

Es läßt sich meist in einfacher Weise mit Natriumsulfid sulfidieren und flotiert dann ebensogut wie Silberglanz.

d) Silberhaltige Metallsulfide.

Vor allem tritt Silber in Bleiglanz auf und wird mit diesem zusammen flotiert. Im übrigen geht Silber mit dem jeweiligen Sulfid, mit dem es vergesellschaftet ist.

Um silberhaltige Zinkblende zu gewinnen, wird man daher Kupfersulfat als Aktivator benützen. Tritt das Silber in Pyrit auf, so empfiehlt sich ein Zusatz von Schwefelsäure, um den Pyrit zu flotieren. Sind die silberhaltigen Metallsulfide oberflächlich verwittert, so wird in den meisten Fällen eine sulfidierende Vorbehandlung helfen.

IX. Quecksilbererze.

Die gesamte Produktion der Welt stellt einen Wert von rund 80 Millionen Mark dar. Die Haupterzeugungsländer sind Spanien und Italien, von denen Spanien allein etwa 40% und Italien 30% liefern. Der Preis für 1 kg Quecksilber schwankt zwischen 12 und 14 ℳ.

Das für die Gewinnung wichtigste Mineral ist Zinnober, das meist zusammen mit ged. Quecksilber auftritt. Andere Begleiter sind Pyrit, Markasit und zuweilen auch andere Schwefel-, ferner Arsen- und Antimonmineralien. Die Gangart besteht vielfach aus Kalkstein, Quarz, Kalkschiefer, Basalt u. a.

Wegen der leichten hüttenmännischen Gewinnbarkeit des Quecksilbers aus seinen Erzen besitzt die Flotation nur geringe Bedeutung. Die leichte Zerlegbarkeit des Zinnobers unter Abscheidung des Metalles gestattet die Anwendung eines äußerst einfachen hüttenmännischen

Prozesses, dessen Anwendung auch bei sehr niedrigen Gehalten der Roherze ohne vorherige Anreicherung wirtschaftlich möglich ist. Es genügt einfaches Rösten, entweder an der Luft oder mit Kalk und anschließende Kondensation der Dämpfe. Die für das Abdestillieren notwendige Rösttemperatur ist sehr niedrig und liegt zwischen 350 und 400°.

Das flotative Verhalten der Quecksilbermineralien.

Ged. Quecksilber ist selbst bei feiner Verteilung sehr schwierig zu flotieren, wahrscheinlich infolge einer Oxydhaut, die sich an der Oberfläche der kleinen Quecksilberkugeln bildet.

Zinnober läßt sich leicht flotieren, wenn es gelingt das Mineral aus dem Erzverband durch Zerkleinerung herauszulösen. Vielfach handelt es sich jedoch nur um Anflüge auf den Gangartmineralien, die mechanisch nicht aufgeschlossen werden können.

X. Zinnerze.

Das für die Zinngewinnung wichtigste Mineral ist der Zinnstein oder Kassiterit, der sowohl primär als „Bergzinn" auf Gängen oder Stockwerken in lithiumglimmerhaltigem Granit auftritt, als auch — infolge seines hohen spez. Gewichtes und seiner Widerstandsfähigkeit gegenüber den Einflüssen der Atmosphärilien — in Seifen vorkommt. Die Begleitmineralien des Bergzinns sind vor allem Wolframit und Molybdänglanz neben Pyrit, Arsenikalkies, Kupferkies, Scheelit, ged. Wismut und Wismutglanz. In den Seifen findet man in erster Linie Wolframit, Magnetit und Titaneisen als Begleiter des Zinnsteins.

Der Wert der jährlich geförderten Zinnmengen beträgt heute rund 800 Millionen Mark. Der Haupterzeuger ist Indien, wo in den Malaienstaaten und in Niederländisch-Indien (Banka und Billiton) allein schon über 50% der Welterzeugung gewonnen werden. An zweiter Stelle folgt Bolivien mit 20 bis 25%. Es handelt sich hier aber im Gegensatz zu den indischen Vorkommen um Bergzinn mit z. T. starken Verunreinigungen, dessen Verarbeitung heute fast ganz in englisch-amerikanischen Händen liegt.

Der Zinnmarkt ist ähnlich wie der Silbermarkt außerordentlich starken Schwankungen unterworfen, wie nebenstehende Zusammenstellung der Durchschnittspreise für die Jahre 1913 und 1919 bis 1930 zeigt:

Jahr	ℳ je kg	Jahr	ℳ je kg
1913	4,10	1924	4,60
1919	5,81	1925	5,26
1920	4,46	1926	5,88
1921	2,75	1927	5,80
1922	2,95	1928	4,66
1923	3,87	1929	4,18
		Ende 1930	2,20

Die mannigfachen Versuche, geeignete Laugungsverfahren für die Verarbeitung der Zinnerze aufzufinden, haben bisher noch keinen praktischen Erfolg gehabt. Der trockene Weg ist daher nach wie vor das ausschließliche Verfahren der Gewinnung des Zinnes aus seinen Erzen. Aber bei keinem anderen hüttenmännischen Gewinnungsprozeß hängt die Qualität des erzeugten Metalles so sehr von dem Reinheitsgrad des Ausgangserzes ab, wie gerade bei der Zinnherstellung. Die bei der Verhüttung entstehenden großen Zinnverluste führen dazu, daß an den Gehalt der Ausgangserze sehr hohe Anforderungen gestellt werden. Die mechanische Anreicherung kann dieses Verlangen nach hoher Reinheit z. T. erfüllen, da das hohe spez. Gewicht des Zinnsteines die Abtrennung von den Bergen begünstigt. Die Entfernung der sulfidischen Begleiter und anderer Beimengungen ist aber meist nur durch eine umständliche chemische Vorbehandlung in Verbindung mit naßmechanischer und magnetischer Aufbereitung durchführbar. Nur auf diese Weise ist es möglich, die spätere sehr kostspielige Raffinationsarbeit bis zu einem gewissen Grade einzuschränken.

Der Flotation würde damit als vorbereitendem Prozeß eine außerordentlich wichtige Aufgabe zufallen, die sich folgendermaßen umreißen läßt:

1. Es müssen aus den meist unter 1%-haltigen Erzen hochangereicherte Zinnkonzentrate bei hohem Zinnausbringen erzeugt werden.

2. Die schädlichen Beimengungen müssen durch die Flotation weitgehend entfernt werden. Es sind dies vor allem die Mineralverbindungen des Wolframs, Zinks, Bleies, Kupfers, Antimons und Schwefels, die bei der Reduktion störend wirken oder die Raffination ungemein erschweren. Vor allem unangenehm ist Arsen, das mit Zinn eine Speise bildet und das gewonnene Metall unverkäuflich macht.

Soweit Wolfram in Form des magnetischen Wolframits vorliegt (Fe, Mn) WO_4, wird es bisher durch Magnetscheidung abgetrennt. Die Entfernung der anderen Verunreinigungen geschieht heute allgemein durch oxydierende oder noch häufiger durch chlorierende Röstung, wodurch die einzelnen schädlichen Verbindungen entweder verflüchtigt oder in lösliche Form übergeführt werden.

Die Bewertung ist sehr verschiedenartig. Bei Konzentraten mit 55% Sn wird beispielsweise[1] nur 96% der Kursnotierung in Anrechnung gebracht, die jedoch bei 70proz. Konzentraten auf 98% ansteigt. Straffrei ist im allgemeinen Schwefel bis 1%, Eisen bis 5%, Antimon, Kupfer, Wismut bis 0,25%. An Hüttenkosten werden je nach Erzcharakter 150 bis 300 ℳ/t Konzentrat abgezogen.

---

[1] Taschenbuch f. Berg- u. Hüttenleute, 2. Aufl., S. 384. Berlin 1929.

Das flotative Verhalten des Zinnsteins.

Da der Zinnstein eigentlich das einzige Mineral ist, das für die Zinngewinnung in Frage kommt, so befaßt sich dieser Abschnitt auch ausschließlich mit diesem Mineral. Man hat lange geglaubt, daß Zinnstein ein unflotierbares Mineral darstelle. Nun haben aber Versuche verschiedener Forscher in den letzten Jahren gezeigt, daß auch Zinnstein durch eine geeignete Beeinflussung seiner Oberfläche schwimmfähig gemacht werden kann. Diese Versuche lassen sich nach folgenden Gesichtspunkten gruppieren:

1. Aufsuchen eines geeigneten Sammlers, der unmittelbar mit der Zinnsteinoberfläche reagiert und diese hydrophob und damit den Zinnstein schwimmfähig macht.

2. Vorbehandlung des Zinnsteins mit gasförmigen oder löslichen Stoffen, um auf diese Weise den Zinnstein für Sammler anlagerungsfähig zu machen.

Zu der ersten Gruppe gehören vor allem die Versuche von Vivian[1], der im Ammoniumnitrosophenylhydroxylamin, dem sogenannten Kupferron, einen Sammler fand, mit dem sich Zinnstein flotieren läßt.

Andere Forscher machten die Entdeckung, daß Ölsäure und andere hochmolekulare Fettsäuren gewisse sammelnde Wirkungen auf Zinnstein ausüben. Ein darauf aufbauendes Verfahren ist u. a. der Patino Mines Enterprises Cons. Inc.[2] patentrechtlich geschützt worden. Dieses Verfahren bezieht sich in erster Linie auf die bolivianischen Zinnerzvorkommen und umfaßt folgende Arbeitsvorgänge:

Zunächst werden die kolloiden Substanzen durch Zugabe von Wasserglas suspendiert und aus dem kristallinen Rückstand ausgewaschen. Dieser wird dann mit reinem Wasser wieder zu einer Trübe angerührt und nun werden zunächst nach Ansäuerung mit Schwefelsäure die Sulfide herausflotiert. Die Abgänge sollen nur noch Kassiterit und Gangart enthalten. Mit Hilfe von Ölsäure und einem schaumbildenden Mittel wie Kresol oder Kiefernöl soll es dann gelingen, den Zinnstein in einem Flotationsschaum zu gewinnen.

Zu der zweiten Gruppe gehören solche Verfahren, bei denen durch Einwirkung von reduzierenden Gasen auf Zinnsteinerze eine oberflächliche Reduktion zu metallischem Zinn angestrebt wird. Man glaubt, auf diese Weise eine geeignete Oberfläche für die Anlagerung von Sammelreagenzien herbeizuführen. Ein solches Verfahren ist beispielsweise der Gegenstand eines englischen Patentes[3], dem zufolge die sehr fein gepulverten Erze bei Temperaturen zwischen 300 bis 400°

---

[1] Mining Magazine 36, 348 (1927).
[2] A. P. Nr. 1737716 v. 13. Sept. 1928, ausg. 3. Dez. 1929.
[3] E. P. Nr. 292832 v. 7. Nov. 1927.

mit reduzierenden Gasen, wie Leuchtgas, Generatorgas oder dgl. behandelt und dann dem Schaum-Schwimmverfahren unterworfen werden sollen. Barnitzke[1] hat den Vorschlag gemacht, als reduzierendes Gas naszierenden Wasserstoff zu verwenden.

Von Versuchen, die Anlagerungsfähigkeit des Zinnsteins durch Behandlung mit gelösten Stoffen zu beeinflussen, seien Untersuchungen erwähnt, die die beiden Verfasser[2] im Aufbereitungslaboratorium des Eisenforschungsinstitutes im Rahmen einer bereits erwähnten theoretischen Arbeit durchgeführt haben. Dabei gelang es durch Kalk den Zinnstein an der Oberfläche so umzuwandeln, daß er zur Anlagerung von Natriumpalmitat befähigt wurde, und zwar in einem solchen Maße, daß er sich in ausgezeichneter Weise flotieren ließ. Bei Gegenwart von Gangart war es jedoch nicht möglich, hoch angereicherte Konzentrate zu erzielen.

Dieser Mangel oder die Unmöglichkeit, bei hoher Anreicherung gleichzeitig befriedigendes Zinnausbringen zu erreichen, haftet aber allen bisher bekanntgewordenen Verfahren an. Soweit die mannigfachen Bemühungen im Schrifttum ihren Niederschlag gefunden haben, ist die Schlußfolgerung berechtigt, daß das Problem der Zinnsteinflotation bisher noch keine brauchbare Lösung gefunden hat. Andererseits besteht aber nach den bisher gemachten Erkenntnissen durchaus die Hoffnung, daß durch systematische Verfolgung dieser Aufgabe das Ziel erreicht werden kann, wodurch sich der Flotation ein neues wichtiges Gebiet erschließen würde.

XI. Molybdänerze.

Die beiden wichtigsten Erze für die Molybdängewinnung sind Molybdänglanz und Wulfenit. Bei genügend feiner Zerkleinerung läßt sich Molybdänglanz mit Xanthat und anderen für die Sulfidflotation üblichen Sammlern leicht flotieren. Bei Anwesenheit von Kupferkies empfiehlt es sich, diesen zu drücken, und zwar durch Zugabe von Soda und Cyanid. Die Southwestern Engineering Corporation gibt in einem ihrer Versuchsberichte bekannt, daß auf die erwähnte Weise folgendes Ergebnis erzielt wurde:

Aufgabe   23,7 % MoS_2 und 0,43 % Cu
Konzentrat 95,21% MoS_2 und 0,069% Cu.

Dabei soll das Ausbringen an MoS_2 94,2% betragen haben.

Das großartigste Beispiel einer Flotationsanlage für Molybdänglanz bietet die Climax-Grube[3] in Kolorado in den Vereinigten Staaten, die gleichzeitig die reichste Molybdänquelle der Welt ist. Die Anlage besitzt

---

[1] Metall Erz 25, 621/4 (1928).   [2] Mitt. Eisenforsch. 11, 37/52 (1929).
[3] Eng. Min. J. 127, 476/80 (1929).

Callow-Zellen und verarbeitet täglich 1000 t Roherz. Es wird ein Metallausbringen von 90% bei einem Molybdänglanzgehalt der Konzentrate von 87% erzielt.

Wulfenit läßt sich mit Hilfe sulfidierender Vorbehandlung sehr leicht flotieren.

XII. Wolframerze.

Die beiden wichtigsten Erze sind Wolframit und Scheelit (s. Anhang Tabelle I).

Wolframit läßt sich bisher nicht flotieren.

Scheelit. Ölsäure in Verbindung mit Natriumsilikat führt zu befriedigenden Anreicherungen. In dieser Beziehung verhält sich Scheelit ($CaWO_4$) wie die später noch zu besprechenden anderen Erdalkalimineralien.

XIII. Eisenerze.

Für die Aufbereitung der Eisenerze hat die Flotation nur eine recht geringe Bedeutung. Der Wert der Eisenerze ist zu niedrig, als daß das Verfahren mit wirtschaftlichem Nutzen angewandt werden könnte. Außerdem bedingt die notwendige Feinzerkleinerung eine wesentliche Wertverminderung in allen Fällen, wo die Erzkonzentrate als Ausgangsstoff für die Roheisengewinnung dienen.

Nur in ganz wenigen Ausnahmefällen hat die Flotation eine gewisse wirtschaftliche Berechtigung, so z. B. wenn aus besonderen Mittelprodukten oder Schlammabgängen naßmechanischer oder magnetischer Eisenerzaufbereitungen außer Eisen andere Metallmineralien herausgeholt werden sollen. Unter solchen Umständen, wo also die Flotationskosten z. T. durch die Gewinnung eines oder mehrerer Nutzmineralien gedeckt werden können, kann es sich empfehlen, auch gleichzeitig das Eisenerz flotativ abzuscheiden. Solche Voraussetzungen sind häufig bei der Aufbereitung des Siegerländer-Eisenspates gegeben, wenn es sich darum handelt, etwa vorhandenen fein eingesprengten Kupferkies aus stark kupferhaltigen Zwischenprodukten oder aus kupferführenden Abgängen zu gewinnen. Es hat sich gezeigt, daß sich gerade der Eisenspat mit Hilfe von Ölsäure und anderen Fettsäuren leicht flotieren läßt. In einer von der Maschinenbauanstalt Humboldt errichteten Flotationsanlage auf der Grube „Große Burg" bei Neunkirchen im Siegerland[1] gelingt es, durch differentielle Flotation aus kupferkiesführenden Spatprodukten der naßmechanischen Wäsche sowohl ein verkäufliches Kupfer-, als auch ein absatzfähiges Spatkonzentrat zu gewinnen. Das Aufgabegut enthält im Durchschnitt rund 3% Cu, 27% Fe, 5,70% Mn und rund 20% SiO_2. Bei der Flotation entfällt ein

---

[1] Metall Erz 25, 248/56 (1928).

Kupferkonzentrat mit etwa 24% Cu bei einem Kupferausbringen von 95% und ferner ein Eisenspatkonzentrat mit rund 34% Fe bei einem Ausbringen an Eisen von 86%.

Für die Grube „Eisenhardter Tiefbau" wurde ein ähnliches Verfahren im Eisenforschungsinstitut[1] ausgearbeitet, das allerdings insofern eine Erschwerung aufweist, als das zu flotierende Gut außer Kupferkies, Eisenspat und Gangart größere Mengen an Pyrit enthält. Da als Sammler für den Eisenspat Palmkernöl, das z. T. aus der hochmolekularen Palmitinsäure besteht, benützt wurde, so mußte nach Möglichkeit vermieden werden, den Pyrit in der sonst üblichen Weise mit Kalk zu drücken. Denn der Kalk würde sich mit der Fettsäure zu sehr schwer löslichem Kalziumpalmitat umgesetzt haben, wodurch ein unerträglich hoher Verbrauch an Palmkernöl entstanden wäre.

Zum Drücken des Pyrits erwies sich Natriumsulfit in diesem Falle als äußerst wirksam, und es ließ sich damit, wie die Zahlentafel 31 zeigt, eine befriedigende differentielle Trennung von Kupferkies, Spat und Pyrit erzielen.

Zahlentafel 31. Untersuchungsergebnisse über die Trennung eines spat-, kupferkies- und pyrithaltigen Zwischenproduktes durch Flotation.

Fraktion	Gewichts- ausbringen %	Gehalte in %				Ausbringen in %			
		Fe	Mn	Cu	Rückstand	Fe	Mn	Cu	Rückstand
Kupferkonz.	25,64	31,35	0,26	23,90	0,90	23,8	2,96	95,56	1,72
Pyritkonz.	29,95	45,10	0,44	0,80	1,14	40,2	5,85	3,75	2,51
Spatkonz.	26,30	36,40	6,45	0,12	3,80	28,4	75,60	0,50	7,27
Berge	18,11	14,00	1,93	0,07	65,60	7,6	15,59	0,19	88,50
Aufgabe	100,00	33,66	2,25	6,40	13,47	100,0	100,00	100,00	100,00

Der Pyrit wurde nach dem Herausflotieren des Kupferkieses durch einfaches Ansäuern der Trübe mit Schwefelsäure gewonnen.

XIV. Manganerze.

Für die Manganerze gelten sinngemäß die Ausführungen, die im vorhergehenden Abschnitt über Eisenerze gemacht worden sind.

Die oxydischen Manganerze lassen sich sehr schlecht flotieren, vor allem wenn es sich um mulmige Eisenmanganerze etwa vom Typ der Waldalgesheimer Erze handelt. Bei derartigen Erzen wird die Flotation allein schon durch die kolloide Beschaffenheit des Erzes unmöglich gemacht.

Rhodochrosit flotiert mit Fettsäure und fettsauren Alkalisalzen.

---

[1] Mitt. Eisenforsch. 13, 121/30 (1931).

XV. Aluminiumerze.

Der Bauxit, das wichtigste Aluminiumerz, ist nach Rinne ein „im wesentlichen Eisenoxydul enthaltendes Tonerdegel". Die Massen sind also kolloidal, z. T. mit kristallinen Beimengungen, wie Hydrargillit ($Al_2O_3 \cdot 3\,H_2O$), Diaspor ($Al_2O_3 \cdot H_2O$) und mannigfachen anderen Stoffen. Diese kolloidale Struktur des Bauxites dürfte in erster Linie die Ursache sein, daß es bisher noch nicht gelungen ist, dieses Erz in einem für die Aluminiumherstellung hinreichenden Maße auf flotativem Wege zugute zu machen, d. h. Kieselsäure und Eisen in genügender Weise zu entfernen.

Gandrud und De Vaney[1] haben eingehende Versuche mit armen Bauxiten aus dem „Appalachian field" der Vereinigten Staaten Nordamerikas durchgeführt. Es ist ihnen dabei gelungen, Konzentrate zu erzielen, deren Kieselsäuregehalt etwa 10% unter dem des Roherzes liegt. Trotzdem haben diese Produkte noch 15% SiO_2 und die beiden Forscher bezweifeln auf Grund ihrer Erfahrungen, daß es möglich ist, den Kieselsäuregehalt auf das erwünschte Maß von etwa 5% herabzudrücken. Die von Gandrud und De Vaney benützten Reagenzien sind Natriumsulfid, etwa 2 kg/t Roherz, ferner Ölsäure mit einem Zusatz von Petroleum oder Maschinenöl.

XVI. Schwefelerze.

Gediegener Schwefel läßt sich durch Flotation mit allen für die Sulfidflotation üblichen Reagenzien gewinnen. Pyrit ist für die Schwefelsäureherstellung das wichtigste Schwefelerz. Die bei seiner Abröstung verbleibenden Rückstände sind als Eisenerz, sogenanntes „purple ore", verwendbar.

Das Flotationsvermögen des Pyrites ist bereits an anderen Stellen, wo er als lästiger Begleiter anderer Sulfide auftrat, ausführlich behandelt worden. Es ist infolge der leichten Oxydierbarkeit dieses Minerals nicht sehr groß. Vor allem ist der Umstand wichtig, daß Pyrit in alkalischer Trübe gedrückt wird, in saurer dagegen mit allen Sammlern der Sulfidflotation gut flotiert. Wenn er daher zum Gegenstand der Flotationsgewinnung gemacht werden soll, muß die Flotationstrübe mit Schwefelsäure angesäuert werden. Auch ein Zusatz von Natriumsulfid äußert sich wirkungsvoll.

XVII. Erdalkalimineralien.

Für die flotative Gewinnung kommen in erster Linie Apatit, Flußspat, Schwerspat und Magnesit in Frage. Als Sammler be-

---
[1] Eng. Min. J. 127, 313 (1927).

währen sich bei diesen genannten Mineralien Ölsäure und alle hochmolekularen Fettsäuren, bzw. deren wasserlöslichen Alkalisalze, wie Natriumoleat, Natriumpalmitat usw.

Es handelt sich also um solche organischen, polar-nichtpolaren Reagenzien, die mit den Erdalkalimetallen sehr schwer lösliche Verbindungen zu bilden vermögen. Allerdings wird auch Kalkspat mit diesen Sammlern gehoben, woraus sich mannigfache Schwierigkeiten ergeben können, wenn beispielsweise Schwerspat von Kalkspat begleitet wird. In vielen Fällen besteht die Möglichkeit, durch Zugabe von Wasserglas eine befriedigende Differenzierung des Schwimmvermögens zu erzielen, allerdings meist auf Kosten des Ausbringens. Zur Trennung von Flußspat von Kalkspat und Quarz schlägt ein französisches Patent[1] vor, die zerkleinerten Ausgangsstoffe nach Entfernung der Schlämme mit Ölsäure und Kresol zu flotieren. Dabei soll der Kresolzusatz das Eintreten des Kalkspates in den Schaum verhindern.

XVIII. Graphit und Kohle.

a) Graphit.

Das Schwimmvermögen des Graphites ist im allgemeinen so groß, daß zu seiner Flotation geringe Mengen eines Schäumers, wie Kiefernöl oder dgl. genügen. Auf diese Weise lassen sich ohne Zugabe von besonderen Sammlern in alkalischer Trübe hochangereicherte Konzentrate mit 70 bis 90% C bei einem Ausbringen von rund 95% erreichen. Durch wiederholte Zerkleinerung und Nachflotieren der Schaumprodukte läßt sich der Reinheitsgrad in gewünschter Weise erhöhen. Es hat sich nämlich häufig gezeigt, daß die in den Konzentraten vorhandenen Gangartpartikel meist mit Graphitschüppchen verwachsen sind, also Mittelprodukte darstellen, die einer weiteren Aufschließung bedürfen.

Amorpher Graphit, Schungit, ist dagegen schwerer zu flotieren.

b) Steinkohle.

Steinkohle flotiert im allgemeinen sehr gut, da ihre Benetzbarkeit gegenüber Ölen wesentlich größer als gegenüber Wasser ist. Neben unlöslichen Ölen lassen sich aber auch die wasserlöslichen Öle der Sulfidflotation benützen. Vor allem hat sich Xanthat als geeignet erwiesen, die Kohle weitgehend von den tonigen Aschebestandteilen zu befreien. Wie Petersen[2] nachgewiesen hat, wird Kaliumäthylxanthat in starkem Maße von der Kohle adsorbiert. Dadurch wird das Adsorptionsgleich-

---

[1] F. P. Nr. 682250 v. 24. Sept. 1929. A. Prior. 29. Sept. 1928.
[2] Kolloid-Z. 52, 174/7 (1930).

gewicht zwischen den Kohleteilchen und den Bergen — vor allem den Tonteilchen — gestört, wobei letztere in hochdisperser Form in die Trübe abgedrängt werden und mit dieser eine Suspension bilden. Die erwähnte Untersuchung bezieht sich nicht unmittelbar auf die Flotation, sondern auf ein Enttonungsverfahren, wie es von Kühlwein vorgeschlagen worden ist[1]. Dieses Verfahren beruht darauf, daß einer alkalischen Kohlenschlammtrübe Xanthat zugesetzt und diese Trübe auf Spaltsieben abgesiebt wird. Die feineren Ascheteilchen gehen durch das Sieb hindurch, während die gereinigte Kohle auf dem Sieb verbleibt. Ohne Zusatz von Xanthat ist aber die Trennungswirkung nur etwa halb so groß als nach voraufgehender Behandlung mit Xanthat. Die peptisierende Wirkung des Xanthates auf die tonigen Beimengungen muß natürlich in der Flotation eine in gleicher Weise vorteilhafte Rolle spielen. Ein Zusatz von Xanthat dürfte daher in vielen Fällen empfehlenswert sein. Im übrigen ist die Wahl der Sammler verhältnismäßig einfach. Bevorzugt werden phenol- und ammoniakhaltige Waschflüssigkeiten der Steinkohlendestillation.

Infolge des geringen spez. Gewichtes der Kohle lassen sich Körner bis zu einer Größe von 5 mm flotieren.

Um aus dem Kohlenschlamm möglichst schwefelarmen „Edelschlamm" zu erzeugen, muß der Schwimmprozeß so geführt werden, daß der fast stets vorhandene Pyrit nicht mit in den Schaum gehoben wird. Das läßt sich meist durch einfaches Alkalisieren der Trübe erreichen.

Neben der Befreiung der Kohle von Asche und Pyrit haben sich gerade in den letzten Jahren auf Grund von Untersuchungen der Gefügebestandteile der Kohle[2] noch weitere Gesichtspunkte für die Aufbereitung der Schlammkohlen ergeben. In petrographischer Hinsicht besteht die Steinkohle aus Glanzkohle, Mattkohle und Faserkohle. Jeder dieser drei Gefügebestandteile ist durch besondere Eigenschaften ausgezeichnet. Die Glanzkohle ist der eigentliche Träger der Verkokbarkeit, während größere Anteile von Mattkohle und ganz besonders von Faserkohle die Verkokung behindern oder sogar unmöglich machen. Zur Erzeugung eines gut verkokbaren Edelschlammes ist es also wichtig, daß nach Möglichkeit die Faserkohle nicht in

---

[1] Glückauf **65**, 321/7, 363/71, 395/405 (1929).
[2] Stach u. Kühlwein: Die mikroskopische Untersuchung feinkörniger Kohlenaufbereitungsprodukte im Kohlenreliefschliff. Glückauf **64**, 841/5 (1928). Winter: Mikroskopische und chemische Untersuchungen an Streifenkohlen des Ruhrbezirkes. Glückauf **64**, 653/8 (1928). Rittmeister: Eigenschaften und Gefügebestandteile der Ruhrkohlen. Glückauf **64**, 589/94, 624/37 (1928). Lehmann u. Stach: Die praktische Bedeutung der Ruhrkohlenpetrographie. Glückauf **66**, 289/99 (1930). Kühlwein u. Hock: Gefügezusammensetzung, Inkohlung und Verkokbarkeit der Steinkohle. Glückauf **66**, 389/95 (1930).

das Schaumprodukt hineingelangt. Für die Flotation ergibt sich damit die Aufgabe, die einzelnen Gefügebestandteile differentiell zu trennen, ein Problem, dessen befriedigende Lösung bisher noch keineswegs erreicht ist.

Raffiniertes Leuchtpetroleum soll 76% Glanzkohle und nur 24% Mattkohle, Phenol 20% Glanzkohle und 80% Mattkohle in den Schaum bringen[1]. Die Schwimmfähigkeit der nicht verkokbaren Faserkohle[2] wird durch geringe Mengen organischer Schutzkolloide, wie Stärke oder Leim, unterdrückt. Die bisherigen Versuche lassen erkennen, daß die differentielle Trennung der Gefügebestandteile der Kohle gute Aussichten hat. Jedoch dürften noch eingehende systematische Untersuchungen über das unterschiedliche Schwimmverhalten von Glanz-, Matt- und Faserkohle notwendig sein, um ein praktisch brauchbares Verfahren zu entwickeln. Diese Aufgabe muß um so wichtiger erscheinen, als gerade die bei der Kohlenaufbereitung anfallenden Schlämme und Staube an sich eine Anreicherung von Faserkohle zeigen, weil dieser Bestandteil sehr leicht zerreiblich ist. Kühlwein[3] schlägt unter anderem vor, die morphologische Eigenart der Faserkohle in der Weise für die Abtrennung nutzbar zu machen, daß die Spaltsiebabbrausung entweder als vorbereitende Maßnahme für die Flotationsaufgabe oder als Nachbehandlung fusitischer Flotationskonzentrate herangezogen wird.

In der Kohlenwäsche fällt der Schaumschwimmaufbereitung die Aufgabe zu, die im normalen Waschbetrieb nicht aufbereitbaren Staube und Schlämme zugute zu machen. Als untere Grenze der Waschbarkeit der Feinkohle ist im allgemeinen ein Korndurchmesser von etwa 0,3 mm anzunehmen. Über die Zweckmäßigkeit, eine flotative Schlammveredlung der Kohlenwäsche anzugliedern, können naturgemäß nur wirtschaftliche Faktoren entscheiden. Grundsätzlich wird sich aber die Flotation überall da lohnen, wo der Schlamm- und Staubanteil so groß oder der Aschengehalt so hoch ist, daß die anfallenden Mengen einer sonstigen Verwendung — beispielsweise für die Kohlenstaubfeuerung — nicht mehr zugeführt werden können. Solche Fälle liegen vor allem im sächsischen und schlesischen Kohlengebiet vor, woraus sich auch die verhältnismäßig große Verbreitung der Kohlenflotation gerade in diesen Revieren erklärt.

Die Angliederung einer Schlammflotation ergibt natürlich ein Mehrausbringen an Reinkohle, und zwar würde sich nach Untersuchungen der Versuchsanstalt der Firma Humboldt[4] in den einzelnen deutschen

---

[1] Fuel. 6, 303 (1927).
[2] J. Chem. Met. Min. Soc. South Afrika 1925, 131.
[3] Glückauf 65, 395/405 (1929). [4] Lucke, M.: Z. V. d. I. 73, 1345 (1929).

Kohlenrevieren die Erhöhung des Gesamtausbringens an gewaschener Feinkohle folgendermaßen auswirken:

                                        Mehrausbringen

Bei Ruhrfettkohlenwäschen . . . . bis zu 3 %
„ Gas- und Gasflammkohlen . . . . . . ,, ,, 10%
„ sächsischen u. schlesischen Wäschen . . ,, ,, 20%
Im Wurmrevier . . . . ,, ,, 12—15%

Einige vom Krupp-Grusonwerk mitgeteilte Ergebnisse mögen veranschaulichen, in welcher Weise es der Flotation gelingt, aus geringwertigen Schlämmen aschenarme Kokskohle oder hochwertigen Brennstoff zu erzeugen.

        Kohlenstaub aus Westfalen mit 12,6% Asche.
           Konzentrat . . . . 4,9% Asche
           Gewichtsausbringen . 87,7%
           Abgänge . . . . . . 67,3% Asche

        Kohlenschlamm aus Sachsen mit 35,1% Asche.
           Konzentrat . . . . 7,8% Asche
           Gewichtsausbringen . 65,4%
           Abgänge . . . . . . 86,6% Asche

Westfälische Kohle (Schlamm u. Staub) mit 16,5% Asche, 1,45% S.
           Konzentrat . . . . 6,2% Asche, 0,9% S
           Gewichtsausbringen . 82,9%
           Abgänge . . . . . . 66,3% Asche, 4,1% S

Das letzte Beispiel läßt erkennen, daß nicht nur der Aschengehalt erniedrigt, sondern auch der Schwefelgehalt gedrückt wird. Bei einzelnen Kohlensorten des Ruhrgebietes konnte die Entaschung bis auf 2% getrieben werden. Allgemein kann gesagt werden, daß der Aschengehalt der Feinkohle durch Schaumschwimmaufbereitung auf einen Wert gebracht werden kann, der unter jenem der besten Stückkohle des betreffenden Vorkommens liegt. Es sei auch noch auf die weiter unten folgende Beschreibung der Kohleflotationsanlage Glückhilf-Friedenshoffnung im niederschlesischen Revier hingewiesen (vgl. S. 243).

G. Besprechung von Flotationsanlagen.

Um ein möglichst klares Bild von der Anwendung der Flotation im Betriebe zu geben, erscheint es unerläßlich, einige bestehende Anlagen in ihrem gesamten Aufbau darzustellen und, soweit es die vorhandenen Unterlagen gestatten, ihre Ergebnisse zu besprechen. Die hierfür gewählten Anlagen sollen nicht nur einen möglichst vollständigen Einblick in die betriebsmäßige Schwimmaufbereitung gewähren, sondern auch die verschiedenen Verfahren, wie einfache und sortenweise Flotation

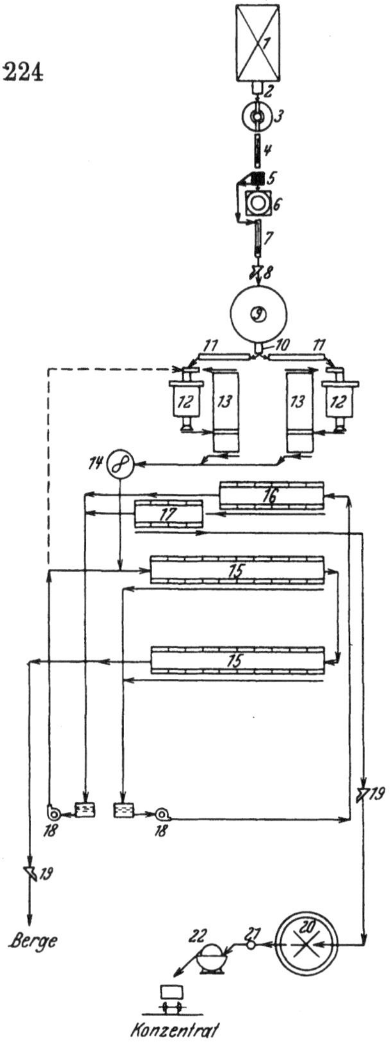

Besprechung von Flotationsanlagen.

von Erzen sowie die Verarbeitung von Kohlen zeigen. Anderseits ist aber davon abgesehen worden, auf allgemeine Fragen für die Errichtung von Aufbereitungsbetrieben, wie die Lage der Anlagen zum Schacht, zusammenfassende Verarbeitung der Förderung mehrerer Gruben in einer Zentralaufbereitung, Ausnutzung von Berghängen zur Erzielung von natürlichem Gefälle zwischen den einzelnen Maschinen u. dgl. m. einzugehen, weil dies über den Rahmen des Buches hinausgehen würde.

Den im nachfolgenden besprochenen Betriebsanlagen sei die kurze Darstellung des Stammbaumes einer Anlage vorausgeschickt, die gewissermaßen als der Normalfall einer neuzeitlichen Schwimmaufbereitung gelten kann. In ihr ist, da es sich nur um die Gewinnung von Kupferkies handelt, einfache Flotation, und zwar nach dem „all-flotation"-Prinzip angewandt. Abb. 116 zeigt diesen Stammbaum der Arizonaaufbereitung.

Folgende Punkte in der Anlage seien besonders noch hervorgehoben: Die Erzbunker *1* und *9* vermögen Stillstände in der Förderung auszugleichen und schützen die Schwimmerei vor Störungen bei kurzfristigem Aussetzen der Vorzerkleinerung. Die Zerkleinerung selbst erfolgt in 3 Stufen: Steinbrecher, Kegelbrecher und Kugelmühle. Sowohl der Kegelbrecher wie auch die Kugelmühlen werden von dem Gut, welches genügende Feinheit besitzt, entlastet durch ein Sieb vor dem Kegel-

Abb. 116. Stammbaum der Arizona-Schwimmaufbereitung (einfache Flotation).

1 Erzbunker
2 Aufgabevorrichtung
3 Steinbrecher
4 Förderband
5 Sieb
6 Kegelbrecher
7 Förderband
8 Probenehmer
9 Feinerzbunker
10 Bandaufgabe
11 zwei Förderbänder
12 zwei Kugelmühlen
13 zwei mechanische Klassierer, im Kreislauf mit den Kugelmühlen arbeitend
14 Anrührgefäß
15 zwei 10zellige pneumatische Flotationsapparate (Vorschäumer),
16 6zelliger pneumatischer Flotationsapparat für die erste Nachreinigung
17 4zelliger pneumatischer Flotationsapparat für die zweite Nachreinigung
18 zwei Kreiselpumpen,
19 zwei Probenehmer
20 Eindicker
21 Kreiselpumpe
22 Trommelfilter

brecher und durch Verbindung der Kugelmühlen mit mechanischen Klassierern. Durch Probenahme des Haufwerkes, der Konzentrate und der Berge ist die Vorbedingung für gute Betriebsüberwachung gegeben. Ein Rührtank vor den pneumatischen Flotationsmaschinen sorgt für ein gutes Anrühren von Trübe und Reagenszusätzen. Ferner ermöglicht die Schaltung der 4 Flotationsmaschinen zueinander, daß auf der einen Seite sehr arme Berge abgestoßen werden können, während die doppelte Nachreinigung zu hoch angereicherten Konzentraten führt. Endlich ermöglicht die mechanische Weiterverarbeitung der Schaumkonzentrate im Eindicker und einem Filterapparat ihre Gewinnung in versandfertiger Form unter weitgehender Ausschaltung von Bedienung.

Wenn natürlich auch nicht alle bei der Arizona-Aufbereitung getroffenen Anordnungen als schlechthin vorbildlich bezeichnet werden können — so bevorzugt man ja z. T. für die erste Schaumerzeugung Rührzellen, weil sie eine bessere Erschöpfung der Berge ermöglichen — so kann die Anlage doch als gutes Beispiel einer einfachen Nurflotationsanlage gelten.

I. Die Blei-Zinkerzflotation Boudoukha.

Unter den Anlagen, welche Bleiglanz und Zinkblende durch unterschiedliche Flotation gewinnen, sei die der Soc. des Mines de Boudoukha genannt. Diese Aufbereitung liegt in Algerien, Bezirk Constantine. Sie wurde im Jahre 1929 von der Erz- und Kohleflotation G. m. b. H., Bochum, gebaut und hat eine Tagesdurchsatzleistung von 100 t.

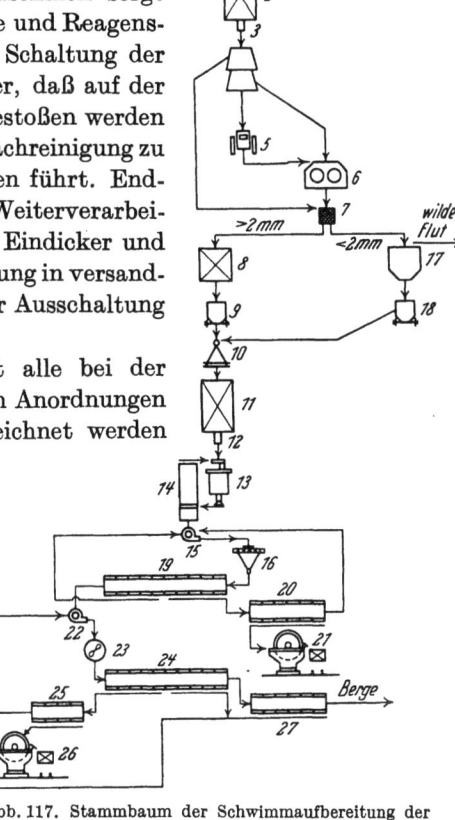

Abb. 117. Stammbaum der Schwimmaufbereitung der Mines de Boudoukha.

1 Rost
2 Bunker
3 Aufgabevorrichtung
4 Siebtrommel, 10 und 50 mm Lochung
5 Steinbrecher
6 Walzenmühle
7 Schüttelsieb, 2 mm Lochung
8 Bunker
9 Förderwagen
10 Aufzug
11 Bunker
12 Aufgabeapparat
13 Hardinge-Mühle
14 mech. Klassierer
15 Pumpe
16 Ausgleichspitze
17 Klärteich
18 Förderwagen
19 Flotationsapparat (Bleivorschäumer)
20 Bleireiniger
21 Filter
22 Pumpe
23 Rührtank
24 Zinkvorschäumer
25 Zinkreiniger
26 Filter
27 Zinknachschäumer

Das Fördererz enthält Bleiglanz, Zinkblende, Kupferkies und Pyrit, an Gangart Quarz, Kaolin und Nebengestein. Unter den Erzen sind Zinkblende und Kupferkies teilweise besonders innig verwachsen (Entmischungserscheinungen).

Im allgemeinen ist die Verwachsung sehr unregelmäßig, so daß eine ältere naßmechanische Anlage schlechte Trennungsergebnisse aufwies.

Der Stammbaum der jetzigen Anlage, die das gesamte Erz flotiert, ist in der Abb. 117 wiedergegeben.

Hervorgehoben sei, daß auch bei dieser Anlage die Zerkleinerung in 3 Stufen erfolgt. Eine Sonderheit ist die Einleitung des Grubenkleins unter 2 mm in Klärteiche, was durch die örtlichen Verhältnisse veranlaßt ist. Der tonig-lettige Schlamm reagiert nämlich stark sauer (Wasserstoffionenkonzentration 3,8) und würde die Flotation stören. Die löslichen Salze werden in einem Klärteich abgeschieden, während das zurückbleibende Korn der Feinzerkleinerung zugeführt wird. Die vorhandene Hardinge-Mühle arbeitet mit einem mechanischen Klassierer in geschlossenem Kreislauf. Die flotationsfertige Trübe wird jedoch erst in einer Ausgleichspitze gewonnen. Die eigentliche Schwimmerei besteht:

1. aus dem Bleisystem mit einem doppelseitigen Ekof-Schaumsäulenapparat als Vorschäumer und einem einseitigen Schaumdeckenapparat als Reiniger,

2. aus dem Zinksystem mit 3 doppelseitigen Ekof-Schaumdeckenapparaten, von denen einer als Vorschäumer, der zweite als Reiniger für die Konzentrate und der dritte für die Nachschäumung der Berge dient.

Die fertigen Blei- und Zinkkonzentrate werden in Saugtrommelfiltern, Bauart Gröppel, auf etwa 9% Feuchtigkeit entwässert. Über die Feinheit des Flotationsgutes gibt folgende Siebanalyse Aufschluß:

über 60 Maschen	0 %
von 60 bis 80	„	0,3%
„ 80 „ 100	„	8,4%
„ 100 „ 150	„	20,6%
„ 150 „ 200	„	9,5%
unter 200	„	61,2%

Der Anreicherungserfolg stellt sich folgendermaßen:

Bleikonzentrat	50,4 % Pb und	9,41% Zn
Zinkkonzentrat	1,12% „	„ 50,36% „
Berge . . .	Spur „	„ 1,10% „
Aufgabe . .	3% Pb und	14,23% Zn

Das Metallausbringen beträgt für Blei 91,0% und für Zink 91,1%; vom Kupfergehalt, der im Ausgang zwischen 0,5 und 2% schwankt, werden über 50% im Bleikonzentrat zugute gemacht.

Der Verbrauch an Reagenzien, bezogen auf die Tonne Ausgangserz, ist folgender:

1. für die Bleiflotation:

Xanthat	0,025 kg
Flotol	0,10 „
Ekof-Öl	0,15 „
Natriumsilikat	1,00 „
Passivierungssalz S	0,70 „
Zusammen:	1,975 kg

2 für die Zinkflotation:

Kupfersulfat	0,40 kg
Ekof-Öl 16	0,15 „
„ „ R.B.T.	0,10 „
Reagens T	0,10 „
Flotol	0,05 „
Kalk	1,50 „
Natriumsilikat	0,50 „
Zusammen:	2,80 kg

II. Die Flotationsanlage der Deutsch-Bleischarley-Grube.

a) Erzcharakter.

Das Erzvorkommen der Deutsch-Bleischarley-Grube ist eine typisch metasomatische Lagerstätte, die in jüngerer Zeit durch Verwitterungsvorgänge mannigfache und für die Aufbereitung erschwerende Mineralumwandlungen erfahren hat. Die nutzbaren Mineralien sind Bleiglanz und Zinkblende verschiedener Altersstufen mit ihren Oxydationsprodukten Zinkspat, Kieselzinkerz, Zinkblüte, ferner Anglesit und Cerussit. Die Hauptgangart ist kalzitischer Ankerit, der sogenannte Lagerdolomit, der nach Düwensee[1] mit Blei- und Zinksalzen in einer mechanisch nicht aufschließbaren Form imprägniert ist und im großen Durchschnitt ungefähr 1% Zn und 0,2% Pb enthält. Außerdem ist fast die ganze Lagerstätte mit feinverteiltem Markasit und Schwefelkies durchsetzt.

b) Gang der Aufbereitung.

Durch eine ausgedehnte Handscheidung und Klaubung, die bereits in der Grube beginnt, werden aus dem Fördererz zunächst Galmei und zinkhaltige Letten ausgehalten. Diese Produkte werden ohne weitere Anreicherung in einer Wälzanlage auf Zink- und Bleioxyd verarbeitet. Das von diesen Bestandteilen befreite Roherz wird dann durch Setzarbeit zugute gemacht. Eine eingehende Beschreibung der vom Krupp-Grusonwerk im Jahre 1925 erbauten Setzwäsche nebst Betriebsergebnissen findet sich in einem Aufsatz von Patzschke[2]. Mit Rücksicht auf die schlechten Erfahrungen, die man in Oberschlesien mit der Verarbeitung von Sanden und Schlämmen komplexer Blei-Zinkerze auf Herden gemacht hat, wurde auf der Grube Deutsch-Bleischarley von vornherein auf die Angliederung einer Herdwäsche verzichtet. Nach

---

[1] Metall Erz 26, 481/92 (1929).   [2] Metall Erz 27, 113/20 (1930).

einem nicht befriedigenden Versuch, die in der Setzwäsche anfallenden Schlämme nach dem Wälzverfahren zugute zu machen, wurde zunächst eine Versuchsflotation errichtet. Die bisher erzielten Ergebnisse haben dann schließlich dazu geführt, die Versuchsanlage zu einer Betriebsflotation mit einer Tagesleistung von 200 t auszubauen.

c) Das Flotationsgut.

Die Zusammensetzung der aus dem naßmechanischen System kommenden Schlämme ist etwa folgende: 4% Pb, 20% Zn, 8 bis 10% Fe, 16 bis 18% S, 4% Al_2O_3, 9% CaO, 6% MgO, 7% SiO_2 und 15% CO_2. Etwa 80% der Schlämme sind feiner als 250 Maschen, wobei die Hauptmenge aus fast kolloidalen Letten besteht, während nur ungefähr 20% durch Zerkleinerung des Roherzes entstandene Schlammpartikel sind. Durch diese ungewöhnliche Kornfeinheit entstehen für die Flotation ganz besonders große Schwierigkeiten und es ist verständlich, daß eingehende Versuche notwendig waren, um ein Bild über die aufbereitungstechnischen und wirtschaftlichen Möglichkeiten dieser Art der Schlammveredlung zu gewinnen. Auch hierüber gibt Patzschke in der erwähnten Arbeit ein anschauliches Bild.

d) Der Gang der Flotation.

Im folgenden soll lediglich der jetzige Zustand der Flotation geschildert werden, wie er sich auf Grund langwieriger Versuche nunmehr als zweckmäßige Lösung ergeben hat. Die Darstellung fußt im wesentlichen auf Mitteilungen des Krupp-Grusonwerkes, des Erbauers der Anlage, und auf privaten Angaben der Betriebsleitung, die in dankenswerter Weise zur Verfügung gestellt wurden.

Wie aus dem Stammbaum Abb. 118 zu ersehen ist, wird der eingedickte Schlamm der Setzwäsche durch eine Luftförderanlage einem Mischkessel zugeführt, in dem die Schwimmittel für die Bleiflotation zugesetzt werden. Dann verteilt sich die Trübe auf 2 Abteilungen, die aus je einem System von 4 Callow-Mac Intosh-Zellen für die Bleiflotation und einem Minerals Separation-Apparat mit 16 Zellen und 24″ Rührerdurchmesser für die Zinkflotation bestehen. In jedem Bleisystem arbeiten drei parallel geschaltete Mac Intosh-Zellen als Vorschäumer und erzeugen ein Rohkonzentrat, das dann auf der vierten Mac Intosh-Zelle nachgereinigt wird. Das Schaumprodukt der Nachreiniger, das fertige Bleikonzentrat, läuft in einen Eindicker und wird dann schließlich gefiltert. Der Überlauf des Eindickers wird außerdem noch in ein Absetzbecken geleitet, um fein suspendierte Bleiglanzpartikel abzufangen. Die Abgänge der Bleinachreiniger werden in einem Becken gesammelt, in den Verteilerbehälter des Bleisystems zurückgepumpt und durchlaufen dann noch einmal die Bleizellen.

Die aus den Bleivorschäumern abgehende Trübe stellt die Aufgabe für das Zinksystem dar und fließt den beiden parallel geschalteten Minerals Separation-Apparaten zu. Diese sind vom Krupp-Grusonwerk so ausgebildet, daß die Trübe zur Nachreinigung nicht zwischengehoben zu werden braucht, da die Rührer der einzelnen Zellen die Vor-

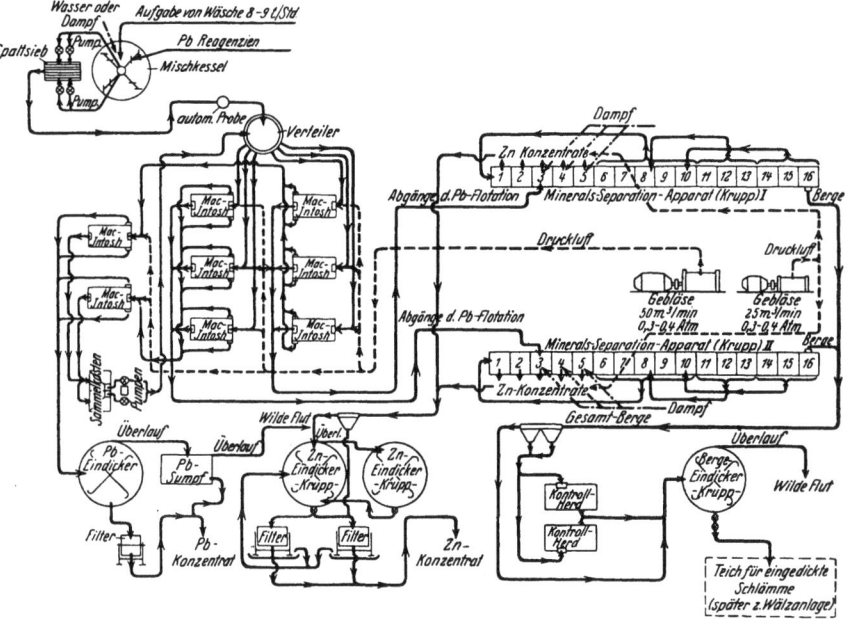

Abb. 118. Stammbaum der Blei-Zinkerzflotation der Deutsch-Bleischarley-Grube in Beuthen.

konzentrate und Mittelprodukte selbsttätig ansaugen. Wie aus dem Stammbaum in Abb. 118 ersichtlich ist, wandern die Schaumprodukte in einer dem Trübestrom entgegengesetzten Richtung, wobei auf den drei ersten Zellen der Minerals Separation-Apparate Fertigprodukte mit 58 bis 60% Zn erzeugt werden. Die anfallenden fertigen Zinkkonzentrate werden in der gleichen Art wie die Bleikonzentrate nach voraufgehender Eindickung in Wolfschen Zellenfiltern auf 8 bis 10% Feuchtigkeitsgehalt entwässert.

Die verwendeten Reagenzien sind folgende:

	Mengen in kg je t Durchsatz		je t Durchsatz Mengen in kg
Kalk	0,14	Xanthogenat	0,30
Soda	3,70	Natriumcyanid	0,03
Wasserglas	1,09	Holzteeröl	0,08
Kupfersulfat	1,19	Pine-oil	0,06

e) Ergebnisse.

Über die erzielten Ergebnisse der Schlammflotation gibt die folgende Zusammenstellung Auskunft, die die Ergebnisse der Flotation für den Monat Dezember 1930 zeigt:

Fraktion	Mengen in t	Gewichts- ausbringen in %	Metallgehalt in %		Metallaus- bringen in %	
			Zn	Pb	Zn	Pb
Zinkkonzentrat	1884,898	32,36	59,00	1,67	84,10	11,93
Bleikonzentrat	272,400	4,68	4,21	50,71	0,87	52,34
Herdblende	36,139	0,62	12,25	9,59	0,33	1,31
Berge	3632,061	62,34	5,35	2,50	14,70	34,42
Aufgabe	5825,498	100,00	22,70	4,53	100,00	100,00

Zur Beurteilung dieser Ergebnisse ist zu berücksichtigen, daß die verarbeiteten Schlämme ungefähr zur Hälfte aus primären kolloidfeinen Schlammpartikeln bestehen und nur etwa 50% in Form von Frischschlämmen, d. h. durch Zerkleinerung in der naßmechanischen Aufbereitung entstandenen Schlämmen, vorliegen. Es hat sich gezeigt, daß die Flotation der Frischschlämme wesentlich bessere Ergebnisse im Metallausbringen liefert und daß vor allem ein Zinkkonzentrat mit über 60% Zn gewonnen werden kann. Die verhältnismäßig hohen Zink- und Bleigehalte in den Bergen sind fernerhin auch darauf zurückzuführen, daß das Zink sowohl als auch das Blei in den Abgängen zu über 50% in Form oxydischer Verbindungen vorliegt.

f) Betriebskosten.

Während des Versuchsbetriebes sind die Kosten mit 2,68 ℳ je t Durchsatz im Mittel errechnet worden, davon entfallen allein auf Reagenzien rund 1,50 ℳ. Der Rest verteilt sich auf Aufgabe und Verteilung, Betriebslöhne und Instandsetzungskosten. Letztere sind für die Mac Intosh-Zellen infolge des häufigen Auswechselns der Rotorbespannung wesentlich höher als für die Minerals Separation-Apparate.

III. Die Weiterverarbeitung feinkörniger Aufbereitungserzeugnisse der Bleiberger Bergwerks-Union durch Schwimmaufbereitung.

Wie bereits mehrfach betont wurde, hat die Flotation für feine Schlämme und feinverwachsenes Zwischengut von Aufbereitungsbetrieben, bei denen das in Anwendung stehende naßmechanische Anreicherungsverfahren für die Weiterverarbeitung ungeeignet ist, besondere Bedeutung. Als Beispiel dieser Art seien die Flotationsanlagen der Bleiberger Bergwerks-Union besprochen, die als Ergänzung der auf dem Antoni- und Rudolf-Schacht bestehenden Betriebe dienen. In beiden Fällen werden der Flotation die Schlämme unter 1 mm sowie das Mittelgut der naßmechanischen Aufbereitung von 1 bis 6 mm zugeführt. Die beiden Anlagen sind von der Erz- und Kohleflotation G. m. b. H., Bochum, erbaut; diejenige auf dem Antoni-Schacht verarbeitet seit 1926 3 t/h und die auf dem Rudolf-Schacht seit 1929 4 t/h. Die Ausgangserze enthalten Bleiglanz und Zinkblende und als Gangart Flußspat.

Abb. 119 zeigt den Stammbaum der Anlage auf dem Antoni-Schacht.

Der Stammbaum der jüngeren Anlage auf dem Rudolf-Schacht unterscheidet sich von dem in der Abb. 119 wiedergegebenen in der Hauptsache dadurch, daß an Stelle der Spitze 8 ein Turborührtank von 2,2 × 2,5 m Größe aufgestellt wurde und ferner noch dadurch, daß das Zinkvorkonzentrat in

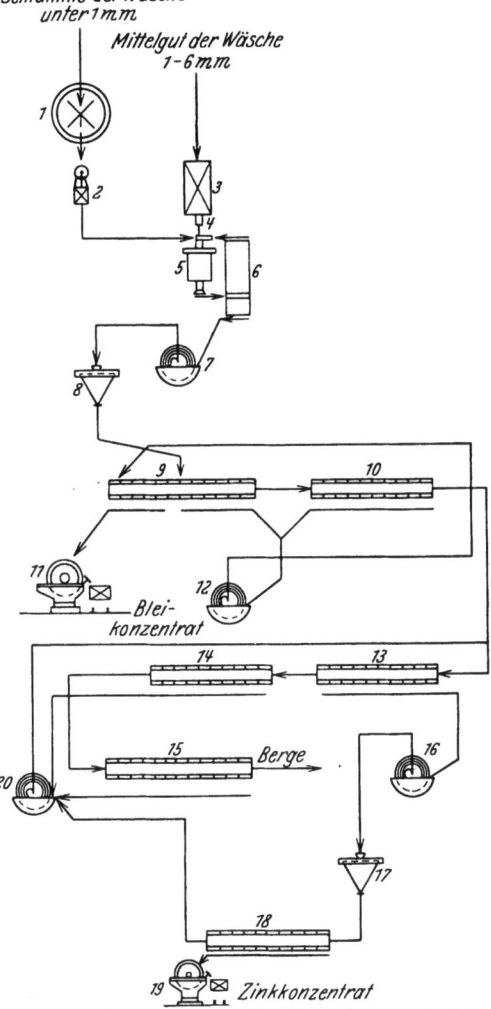

Abb. 119. Stammbaum der Flotationsanlage ,,Antoni-Schacht" der Bleiberger Bergwerks-Union.

1 Eindicker, 9,5 m ⌀
2 Membranpumpe
3 Bunker
4 Aufgabeschnecke
5 Kugelmühle
6 mechanischer Klassierer
7 Spiralpumpe
8 Spitze, 2 m ⌀
9 Flotationsapparat F.N. 12
10 Flotationsapparat F.R. 10
11 Filter 4 m²
12 Spiralpumpe
13 u. 14 Flotationsapparate F.R. 10
15 Flotationsapparat F.N. 12
16 Spiralpumpe
17 Spitze, 2 m ⌀
18 Flotationsapparat F.R. 10
19 Filter 8 m²
20 Spiralpumpe

einer Flintsteinrohrmühle weiter aufgeschlossen wird, um die Verwachsung mit Flußspat besser zu lösen.

Menge und Art der Flotationsreagenzien, welche die nachfolgende Übersicht im einzelnen angibt, sind in beiden Fällen die gleichen.

Reagens	Menge kg/t	Reagenswert ℳ/t
Flotationsöl PK	0,150	0,33
„ AA	0,060	0,06
„ Gl 10	0,050	0,04
„ Nr. 16	0,100	0,10
„ T 12	0,050	0,06
„ XN	0,050	0,11
Xanthat	0,120	0,16
Passivierungssalz N	0,230	0,40
Reagens T	0,400	0,74
Zusammen	1,210	2,00

Das Anreicherungsergebnis beider Anlagen ist in der Zahlentafel 32 wiedergegeben.

Es verdient, auf den vorzüglichen Aufbereitungserfolg, wie er sich nicht nur in den erreichten Konzentratgehalten, sondern auch im Metallausbringen ausdrückt, besonders aufmerksam gemacht zu werden.

Zahlentafel 32.
Anreicherungsergebnisse bei der Flotation blei- und zinkhaltiger Aufbereitungserzeugnisse der Bleiberger Bergwerks-Union.

Erzeugnis	Betriebsanlage Antoni-Schacht					Betriebsanlage Rudolf-Schacht				
	Pb %	Bleiausbringen %	Zn %	Zinkausbringen %	F %	Pb %	Bleiausbringen %	Zn %	Zinkausbringen %	F %
Bleikonzentrate	79,4	94,8	3,7	—	—	81,1	95,0	3,6	—	—
Zinkkonzentrate	2,7	—	60,5	92	1,0	3,2	—	58,4	81,7	0,35
Berge	0,1	—	1,4	—	—	0,2	—	1,6	—	—
Aufgabe	14,5	—	16,3	—	4,5	13,1	—	11,2	—	4,5

Zahlentafel 33. Kraftverbrauch der Flotationsbetriebe der Bleiberger Bergwerks-Union.

Gruppe	Antoni-Schacht		Rudolf-Schacht	
	Kraftbedarf der Motoren PS	Kraftverbrauch PSh/t	Kraftbedarf der Motoren PS	Kraftverbrauch PSh/t
Eindickung	5	2	5	1,25
Zerkleinerung und Klassierung	32	11	62,5	15,62
Pumpen und Becherwerke	9	3	7	1,75
Flotation	69	23	77	19,25
Filter	24	8	27	6,75
Transmissionsverluste	12	4	4,5	1,13
Zusammen	151	51	183,0	45,75

Mitgeteilt sei ferner der Kraftverbrauch, wie er sich bei den beiden Anlagen stellt. Zahlentafel 33 gibt diese Werte nach einzelnen Gruppen gegliedert. Die verhältnismäßig sehr hohen Werte erklären sich aus dem sehr geringen Durchsatz der beiden Anlagen.

IV. Die Flotationsanlage Black Hawk in Hanover, New Mexiko.

In der letzten Zeit sind verschiedene amerikanische Aufbereitungsanlagen eingehend untersucht worden. Aus dieser Reihe ist die Flotationsanlage Black Hawk ausgewählt worden, um hier an Hand des von I. L. Wright[1] gegebenen Berichtes einen Einblick in die technischen und wirtschaftlichen Verhältnisse dieses Flotationsbetriebes zu geben.

Die Anlage der Black Hawk Consolidated Mines Co. ist im Jahre 1928 von der Southwestern Engineering Corporation gebaut worden und setzt in der Stunde 6 bis 7,5 t Roherz durch. Das nötige Frischwasser liefert der in der Nähe liegende Schacht der Grube.

Die Anlage verarbeitet außer dem Erz der eigenen Grube noch das Fördergut verschiedener kleinerer Betriebe, und zwar handelt es sich um ein Bleizinkerz von etwa folgender Zusammensetzung: 2,5% Pb, 12,0% Zn, 62 g Ag/t und 0,5% Cu.

Die Metallmineralien sind Bleiglanz, Zinkblende, Kupferkies und Pyrit. Die Art der Vergesellschaftung des Silbers mit den Metallmineralien ist nicht bekannt. Pyrit tritt in etwa der gleichen Menge wie Zinkblende auf. Die Blei-, Zink- und Kupfermineralien sind grobkristallin und verlangen zu ihrem Aufschluß keine weitgetriebene Zerkleinerung. Die Gangart besteht aus Kalkspat, Hedenbergit und Granat. Der Feuchtigkeitsgehalt des Fördererzes schwankt zwischen 1 und 3%.

Der Stammbaum der Anlage ist in der Abb. 120 wiedergegeben.

Die Zerkleinerung erfolgt in 3 Stufen. Das aus der Grube kommende Erz, dessen gröbste Stücke durch den Durchmesser der Rolllöcher in der Grube bedingt und selten größer als 360 mm sind, werden über einen Rost mit 150 mm Spaltweite gestürzt. Der Rostdurchfall gelangt dabei in den unter dem Rost liegenden Bunker, der ein Fassungsvermögen von 175 t besitzt. Die auf dem Rost verbleibenden Stücke werden von Hand mit dem Hammer zerkleinert. Aus dem Bunker gelangt das Erz auf einen Backenbrecher, wo es auf 60 bis 75 mm Korndurchmesser zerkleinert wird, und fällt dann unmittelbar auf ein Förderband. Dieses Förderband ist an seinem Abwurfende mit einer Magnettrommel ausgestattet, die zur Ausscheidung von Eisenteilen dient. Das Band selbst gibt das zerkleinerte Gut über einen kleinen Rost mit

---
[1] U. S. Bureau Mines Information Circular 6359 (1930).

25 mm Spaltweite an ein Leseband weiter. Durch die Zwischenschaltung des Rostes wird ein doppelter Zweck verfolgt. Die Anordnung ist näm-

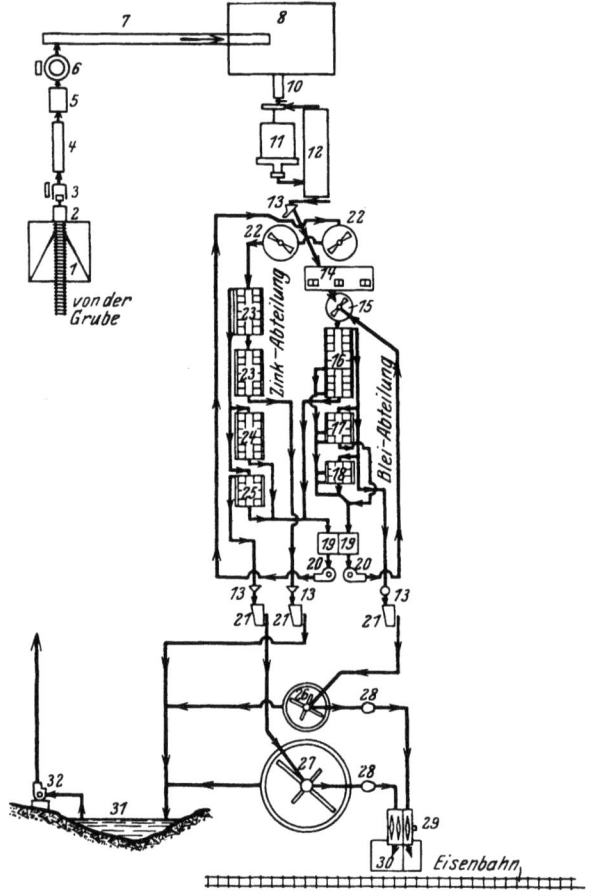

Abb. 120. Stammbaum der Flotationsanlage Black Hawk.

1 Bunker für Groberz
2 Aufgabevorrichtung
3 Backenbrecher, 380×610 mm
4 Förderband, 400 mm breit
5 Leseband, 750 mm breit
6 Symons-Brecher, 600 mm
7 Förderband, 400 mm breit
8 Feinerzbunker
10 Bandaufgabe, 400 mm breit
11 Marcy-Kugelmühle Nr. 66
12 Dorr-Klassierer, 1370×5500 mm
13 Vier Probenehmer
14 Reagenzaufgeber
15 Rührtank, 1500×1500 mm
16 MB-3012 Southwestern Luftflotationsmaschine Bleivorschäumer
17 MB-3008 Southwestern Luftflotationsmaschine Bleireiniger
18 MB-3006 Southwestern Luftflotationsmaschine Bleinachreiniger
19 Zwei Absetzbecken
20 Zwei Sandpumpen, 50 mm
21 Drei Kontrollherde, Wilfley
22 Zwei Rührtanks, [Nr. 13 1500×1500 mm
23 Zwei MB-3012 Southwestern Luftflotationsmaschinen Zinkvorschäumer
24 MB-3012 Southwestern Luftflotationsmaschinen 1. Zinkreiniger
25 MB-3008 Southwestern Luftflotationsmaschinen 2. Zinkreiniger
26 Dorr-Eindicker, 3000×2400 mm
27 Dorr-Eindicker, 6600×3000 mm
28 Zwei Dorrco-Saugpumpen, 50 mm
29 Drei Scheibenfilter, 1800 mm ⌀
30 Konzentratbunker
31 Teich für die Bergeschlämme
32 Pumpe für Rücklaufwasser

lich derart, daß das feinere Gut zuunterst auf dem Leseband zu liegen kommt, also in gewisser Weise ein schützendes Bett bildet, worauf dann die vom Rost ausgehaltenen gröberen Körner fallen. Gleichzeitig wird aber durch diese nach der Kornklasse geschichtete Lagerung das Aushalten der gröberen Bergekörner erleichtert. Es handelt sich hier um eine Anordnung, die es in einfacher Weise gestattet, ein Förderband gleichzeitig als Leseband zu betreiben. Die Handscheidung beschränkt sich auf das Auslesen reiner Berge, wodurch sich der Metallgehalt der Flotationsaufgabe erhöht, die Durchsatzleistung steigt und das Aufbereitungsergebnis besser wird.

Der Lesebandabfall wird dann nach Zerkleinerung auf 12 mm durch einen Symons-Brecher von einem Förderband in einen 175 t fassenden Bunker geschafft, an dessen Austrag eine automatische Probenahme vorgesehen ist.

Das Ergebnis der Vor- und Mittelzerkleinerung gibt die Zahlentafel 34 wieder.

Aus dem Feinerzbunker wird das Erz durch ein Förderband zur Feinmahlung einer Kugelmühle über-

Zahlentafel 34. Siebanalyse nach der Grob- und Mittelzerkleinerung.

Korngröße	Anteil in % der Aufgabe
über 6 mm	4,28
6—3 mm	29,74
über 8 Maschen — 3 mm	16,65
zwischen 8 und 20 Maschen	18,55
,, 20 ,, 40 ,,	11,33
,, 40 ,, 60 ,,	5,14
,, 60 ,, 80 ,,	2,70
,, 80 ,, 100 ,,	1,83
,, 100 ,, 200 ,,	3,82
unter 200 ,,	5,96

geben, die mit einem Dorr-Klassierer in geschlossenem Kreislauf arbeitet. Der Verbrauch an Kugelstahl beläuft sich durchschnittlich auf 650 bis 700 g/t zerkleinertes Erz, während das aus Hartmanganstahl bestehende Futter die Vermahlung von 24000 t aushält. Die umlaufende Menge ist etwa das Dreifache der Aufgabe; während die Trübe in der Kugelmühle 72% feste Bestandteile enthält, schwankt der Klassiererüberlauf zwischen 30 bis 34% Festteilen.

Bemerkenswert ist noch die Tatsache, daß durch Einbau eines größeren Klassierers die Zerkleinerungsleistung von 115 t auf 180 t/24 h anstieg und damit die gesamten Aufbereitungskosten von 8,40 ℳ auf 6,30 ℳ fielen. Die Zahlentafel 35 zeigt die Siebanalyse des Klassiererüberlaufes. Aus den gleichzeitig angegebenen Metallgehalten läßt sich gut die Wirkung unterschiedlicher Zerkleinerung erkennen.

Der Überlauf des Klassierers gelangt, wie der Stammbaum Abb. 120 zeigt, zunächst in einen Rührtank und dann in das Bleisystem. Dieses besteht aus 3 Southwestern-Unterluftmaschinen; es erfolgt eine zweimalige Nachreinigung des auf dem Vorschäumer erzeugten Bleischaumes. Auf dem Vorschäumer werden in den letzten Zellen Mittelprodukte abgetrennt, die gemeinsam mit den Abgängen der beiden Reiniger wieder dem Rührtank des Bleisystemes zugeführt werden.

Zahlentafel 35. **Siebanalyse des Überlaufes des Dorr-Klassierers und Metallverteilung bei der Flotationsanlage Black Hawk.**

Korngröße	Gewichts-anteil %	Gehalt in %			Metallausbringen %		
		Cu	Pb	Zn	Cu	Pb	Zn
über 100 Maschen	7	0,14	0,32	2,4	2,1	0,9	1,4
zwisch. 100 u. 200 Maschen	18	0,31	0,64	10,8	12,2	4,8	1,6
unter 200 Maschen	75	0,52	3,02	35,4	85,7	94,3	97,0
Insgesamt	100	0,46	2,40	11,9	100,0	100,0	100,0

Die Abgänge des Bleivorschäumers bilden die Aufgabe für das Zinksystem. Dieses gliedert sich in einen Vorschäumer, einen Nachschäumer für die Berge sowie einen ersten und einen zweiten Reiniger. Die Abgänge dieser beiden Apparate werden zusammen mit einem Teil der Schäume des Nachschäumers wieder in die Rührgefäße zurückgeführt. Die Abgänge des Nachschäumers sind fertig und gelangen nach Kontrolle auf einem Herd in den Schlammteich.

Auch die von den Nachreinigern gelieferten Blei- und Zinkkonzentrate passieren bei dieser Anlage zunächst Probenehmer und dann Kontrollherde, gelangen dann in Eindicker und werden schließlich von einem Scheibenfilter auf einen Wassergehalt von rund 10 bis 12% gebracht. Eine Scheibe dient zum Filtern des Bleikonzentrates und zwei zum Entwässern des Zinkblendekonzentrates. Die Trübedichte beträgt in den Bleivorschäumern 1:2,5 feste Bestandteile und in den Zinkzellen 1:4. Die Konzentrattrübe, welche in die Eindicker einläuft, enthält dagegen nur 5% feste Stoffe und wird vor der Filterung auf 1:1 eingedickt.

Die nachstehende Zahlentafel gibt einen Überblick über die benutzten Reagenzien, ihre Mengen und Ort der Zugabe.

Reagens	g/t Roherz	Ort der Zugabe
Thiocarbanilid	50	Kugelmühle
Soda	800	Kugelmühle
Pine oil	70	Klassiererüberlauf
Kresylsäure	50	Klassiererüberlauf
Natriumäthylxanthat	100	Bleireiniger
Natriumcyanid	300	Bleireiniger
Natriumcyanid	100	Bleinachreiniger
Zinksulfat	500	Bleireiniger
Kupfersulfat	1400	Bleiabgänge
Natriumäthylxanthat	200	Zinkrührtank
Kreosot	50	Bleiabgänge
Kalk	200	Zinkreiniger

Für die Aufgabe der Reagenzien werden ausschließlich die mechanischen Vorrichtungen der Southwestern Engineering Corporation verwendet. Soda, Kalk und Thiocarbanilid werden in fester Form zugegeben.

Die Zugabe von Kalk als drückendes Mittel für Pyrit glaubte man eine Zeitlang einstellen zu müssen, da man annahm, daß der Kalk im Rücklaufwasser die Flotation des Bleiglanzes beeinträchtige. Dieses Bedenken hat sich jedoch nicht bestätigt, vor allem, wenn Thiocarbanilid an Stelle von Xanthat im Bleisystem als Sammler benutzt wird.

Die Zahlentafel 36 gibt Anreicherungsergebnisse aus dem Jahre 1929 wieder.

Zahlentafel 36.
Anreicherungsergebnisse für September und Oktober 1929.

Fraktion	Gewichtsausbringen %	Gehalte in %				Ausbringen in %			
		Pb	Zn	Cu	Ag g/t	Pb	Zn	Cu	Ag
Aufgabe	100	1,99	9,93	0,43	38	—	—	—	—
Bleikonz.	2,8	58,37	11,57	3,68	850	81,86	—	23,45	62,95
Zinkkonz.	15,8	1,81	54,77	1,55	60	—	90,69	—	—

Die Überwachung der Flotation geschieht im wesentlichen durch ständige Beobachtung der Konzentratschäume, durch Prüfung der Produkte auf den Kontrollherden und außerdem noch durch Sicherproben. Kleine Teile der fertigen Blei- und Zinkkonzentrate sowie der fertigen Abgänge werden über Kontrollherde geleitet. Auf diese Weise läßt sich die Güte der Konzentrate in bezug auf die Gehalte an Zink, Blei und Pyrit leicht feststellen und der Betriebsleiter ist jederzeit in der Lage, den Zinkgehalt bei einiger Übung mit 1 bis 2% Genauigkeit abzuschätzen. Der für die endgültigen Berge vorgesehene Kontrollherd zeigt den Anteil der nicht flotierten Zinkblende und, was allerdings nur selten vorkommt, einen Bleiglanzstreifen. Das Auftreten eines solchen Streifens spricht dafür, daß der Arbeitsgang im Bleisystem nicht in Ordnung ist. Die Reinheit der Bleikonzentrate wird durch Behandeln einer Probe des nachgereinigten Bleischaumes im Sichertrog geprüft.

Die rechnerische Erfolgsermittlung geschieht auf Grund der üblichen Formel für 3 Fraktionen[1]. Dabei werden die Durchschnittswerte der in den 3 Schichten eines Tages ermittelten Analysenwerte zugrunde gelegt. Für die Ermittlung des jeweiligen Gewichtsausbringens und des Metallausbringens werden die Blei- und Zinkgehalte benutzt.

Die im Grobbunker vorhandenen Mengen und ebenfalls die Bestände im Feinerzbunker werden jeden Morgen um 7 Uhr geschätzt. Diese überschlägige Ermittlung ergibt unter Berücksichtigung der in den Grobbunker gestürzten neuen Erzmengen die Möglichkeit, die verarbeitete Erzmenge in den vorhergehenden 24 Stunden zu ermitteln. Mit

---

[1] Es handelt sich um eine Formel, die für drei Produkte das Gewichtsausbringen aus den Metallgehalten zu berechnen gestattet, wenn nämlich für jedes Produkt und für die Aufgabe 2 Metallgehalte bekannt sind.

Zahlentafel 37. Betriebsergebnisse für den 27. Februar 1930.

Fraktion	Gewicht t	Gehalte in %					Ausbringen in %					Wert je t Konzentrat $	Gesamtwert der Konzentrate $
		Ag g/t	Pb	Cu	Zn		Ag	Pb	Cu	Zn			
Aufgabe	125,80	200	6,5	2,51	14,2		—	—	—	—		—	—
Bleikonzentrate	20,70	1085	36,7	13,65	14,0		89,74	92,94	89,51	16,23		65,16	1348,81
Zinkkonzentrate	24,47	80	1,7	1,18	52,9		7,86	5,09	9,14	72,49		14,02	343,07
Abgänge	80,63	16,5	0,2	0,05	2,5		5,27	1,97	1,35	11,28		—	—
Insgesamt	—	—	—	—	—		102,87	100,00	100,00	100,00		—	1691,88

Zahlentafel 38. Gehalte und Werte der vollkommenen Konzentrate. Wirtschaftliches Ausbringen in %.

Fraktion	Höchstmögliches Gewicht in t	Gehalte in %			Wert je t Konzentrat $	Gesamtwert der Konzentrate $	Wirtschaftl. Ausbringen %
		Ag g/t	Pb	Cu	Zn			
Vollkommene Bleikonzentrate	20,90	1200	50,0	15,11	—	74,59	1558,93	—
Vollkommene Zinkkonzentrate	31,93	—	—	—	56,0	16,49	526,52	—
Insgesamt	—	—	—	—	—	—	2085,45	$\frac{1691,88}{2085,45} = 81,1$

Hilfe der aus der oben genannten Formel errechneten Werte für das Gewichtsausbringen läßt sich dann das erzeugte Tonnengewicht der Konzentrate ermitteln. Der Vergleich dieser Rechnungswerte mit den bei der Hütte abgewogenen Konzentratmengen schwankt um 3%. Von jeder Waggonladung der Konzentrate wird zur Bestimmung des Feuchtigkeits- und des Metallgehaltes eine Probe genommen, deren Analyse weitgehend mit den von der Hütte festgestellten Gehalten übereinstimmt.

Die Ermittlung des rein technischen Aufbereitungserfolges wird noch ergänzt durch eine Art wirtschaftlicher Erfolgsermittlung. Man hat den Begriff des wirtschaftlichen Ausbringens eingeführt, eine Wertgröße, die man erhält, wenn man den Geldwert der jeweils erzeugten Konzentrate durch den Geldwert der idealen Konzentrate dividiert. Für diese idealen Konzentrate wird 100proz. Metallausbringen und ferner ein aus der mineralogischen Zusammensetzung des Erzes geschätzter Höchstgehalt angenommen. So legt man für das „vollkommene" Zinkkonzentrat gewöhnlich 56% Zn und für das vollkommene Bleikonzentrat mit Rücksicht auf den mit dem Bleiglanz zusammen flotierenden Kupferkies etwa 60% Pb zugrunde. Das Gewichtsausbringen für diese vollkommenen Konzentrate berechnet sich in der Weise, daß der angenommene ideale Metallgehalt des vollkommenen Konzentrates durch den Metallgehalt der Aufgabe dividiert wird.

Die Verkaufswerte der vollkommenen Konzentrate und der jeweils tatsächlich erzeugten Konzentrate werden mit Hilfe der mit der Hütte vereinbarten Verkaufsformel unter Berücksichtigung der jeweils geltenden Notierung berechnet. Die Zahlentafel 37 zeigt die Betriebsergebnisse für einen bestimmten Tag aus dem Jahre 1930.

Die beiden letzten Spalten dieser Zahlentafel geben die Verkaufswerte der erzeugten Produkte sowohl je t als auch für die an diesem Tage erzeugte Konzentratmenge an. In der Zahlentafel 38 ist zur Berechnung des wirtschaftlichen Ausbringens das vollkommene Zink- und Bleikonzentrat ermittelt worden und ferner der dafür in Frage kommende Verkaufswert. Danach ergibt sich das wirtschaftliche Ausbringen zu 81,1%.

Kosten.

Die Zahlentafeln 39 und 40 geben einen Überblick über die Aufbereitungskosten, und zwar beziehen sich die Angaben auf die Monate September und Oktober 1929.

Zahlentafel 39. Zusammenstellung der Aufbereitungskosten.

	Gesamtkosten $	Kosten/t Roherz $	Kostenanteil %
Grobzerkleinerung . . .	1017,60	0,1110	7,16
Handscheidung	436,13	0,0472	3,05
Mittelzerkleinerung . . .	3276,82	0,3553	23,00
Flotation	4852,72	0,5262	33,88
Eindickung und Filterung	754,21	0,0817	5,26
Allgemeines	2256,95	0,2447	15,76
Probenahme	1027,32	0,1114	7,16
Verschiedenes	674,60	0,0731	4,73
Insgesamt	14296,35	1,5506	100,00

Zahlentafel 40. Zusammenstellung der Kosten.

	Gesamtkosten $	Kosten/t Roherz $	Anteil in %
Reagenzien	2783,78	0,3018	19,4
Kraft	3176,85	0,3445	22,2
Arbeitslöhne	4701,93	0,5098	32,9
Verschiedenes	3633,79	0,3945	25,5
Insgesamt	14296,35	1,5506	100,0

V. Arbeitsgang einer Golderz-Schwimmaufbereitung.

Die Leistung der vom Grusonwerk errichteten Aufbereitung beträgt 100 t Roherz in 24 Stunden.

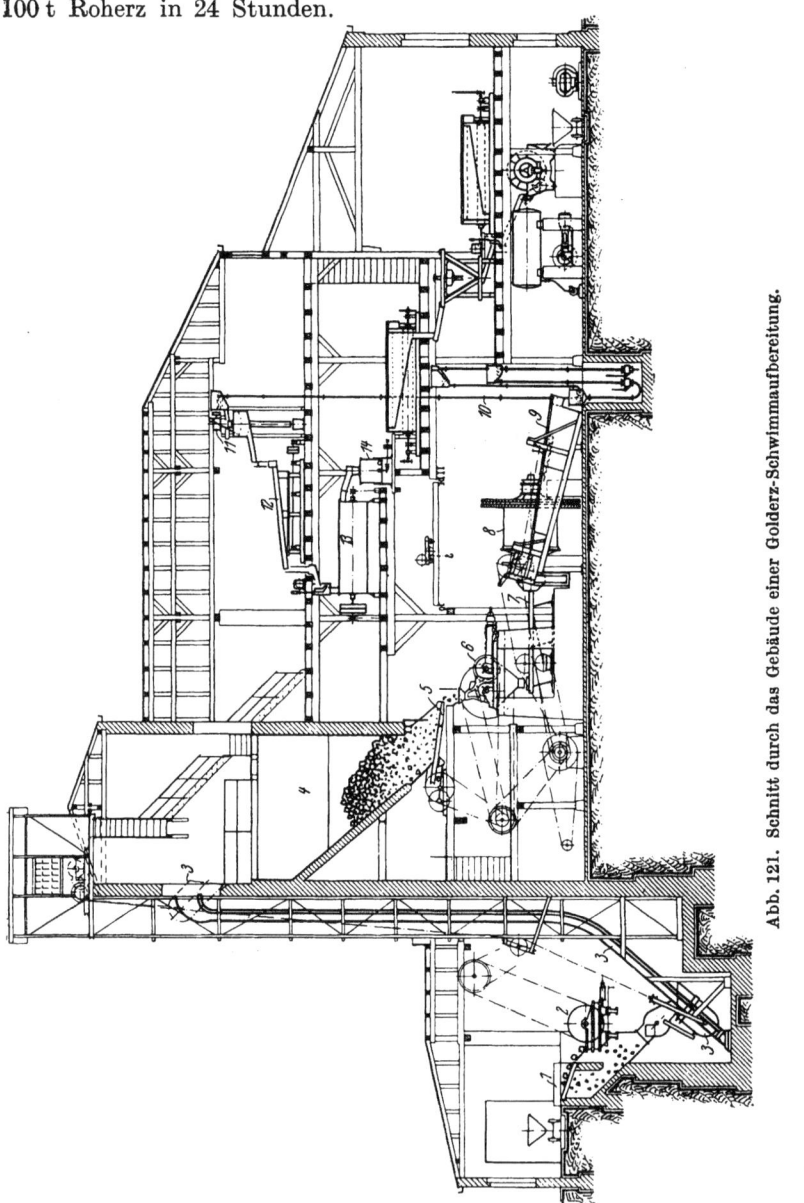

Abb. 121. Schnitt durch das Gebäude einer Golderz-Schwimmaufbereitung.

Abb. 121 zeigt einen Schnitt durch das Gebäude der Aufbereitung. Wie daraus zu ersehen ist, wird das Fördererz auf einen schräg liegenden

Rost *1* von 40 mm Spaltweite gestürzt. Das gröbere Gut gelangt zum Brecher *2* mit 400 × 230 mm Spaltweite, um ebenfalls auf unter 40 mm zerkleinert zu werden. Die Beschickung der Aufbereitungsanlage erfolgt mittels eines halb selbsttätigen Kübel-Kippaufzuges *3*, der in den Hauptbunker *4* mit etwa 100 t Fassungsvermögen entleert. Die elektrische Schaltung des Aufzuges erfordert lediglich die Einleitung der Aufwärtsbewegung des gefüllten Kübels, während das Auskippen und Rückkehren in die Ausgangslage von selbst ohne weitere Betätigung vor sich geht. Der Bunker ist ausreichend bemessen, um eine Tagesleistung für die Aufbereitung zu fassen, da die Förderung und Vorzerkleinerung in nur einer Schicht, die Aufbereitungsmaschinen jedoch durchgehend in Betrieb gehalten werden.

Unter dem Vorratsbunker ist ein Schubwagenspeiser *5* angeordnet, der die gleichmäßige Aufgabe des vorzerkleinerten Roherzes zur Aufbereitungsanlage vornimmt. Die zweite Stufe der Zerkleinerung erfolgt mittels Walzenmühle *6* und erzeugt ein Korn von etwa 12 bis 15 mm. Hierauf wird das Material mittels einer Förderrinne *7* zur Aufgabe auf die sieblose Trommelmühle *8* gefördert. Diese weist einen lichten Durchmesser von 1800 mm bei 1500 mm Trommellänge auf und arbeitet mit Stahlkugelfüllung. Im geschlossenen Kreislauf mit der Mühle ist ein Rechenklassierer *9* mit zwei Rechen geschaltet, der das für die Flotation noch nicht genügend aufgeschlossene Gut selbsttätig der Mühle wieder zuführt. Der Überlauf des Klassierers wird mittels eines dreistufigen Druckluftheberes *10* auf die oberste Bühne der Anlage gefördert und durchläuft vor der Amalgamation einen Probenehmer *11*, der die genaue Durchschnittsprobe von der aufgegebenen Roherztrübe in einstellbaren Zeitabständen entnimmt. Hierauf wird die Trübe durch Rinnen über drei mechanisch bewegte Amalgamationstische *12* verteilt, die mit versilberten Kupferplatten belegt sind und auf denen eine Amalgamierung der mitgeführten Freigoldteilchen vor sich geht. Aus der von den Amalgamationstischen ablaufenden Trübe wird wiederum mechanisch Probe genommen und hierauf diese Trübe zur Vorbereitung für das Callow-Mac Intosh-Verfahren in einen Misch- und Rührapparat *13* gegeben, in welchem eine kräftige Durchmischung durch eine Anzahl umlaufender Harteisenschläger bewirkt wird. Die derart vorbereitete Flotationsaufgabe wird sodann durch einen mechanischen Verteiler *14* zunächst auf vier Callow-Zellen mit je 3 m Rotorlänge in der Vorflotation verteilt.

Aus dem Stammbaum der Abb. 122 ist die weitere Schaltung der Schwimmzellen im einzelnen ersichtlich. Die in den vier Vorschäumerzellen *1* bis *4* erzeugten Vorkonzentrate werden in der Zelle *8* nachgewaschen und dann mit Hilfe eines Lufthebers zur zweiten Reinigung der Zelle *9* zugehoben. Das Konzentrat der letzteren gelangt über eine

Verdickungsspitze *10* und nach mechanischer Probenahme *11* zur Entwässerung auf ein Scheibenfilter *12* Wolfscher Bauart und ist danach fertig.

Die Abgänge der Zellen *1* bis *4* werden in den Zellen *5* und *6* nachgeschäumt und mittels Mammutpumpe auf die weitere Nachflotationszelle *7* gefördert. Die auf der letzteren entfallenden Abgänge sind fertig

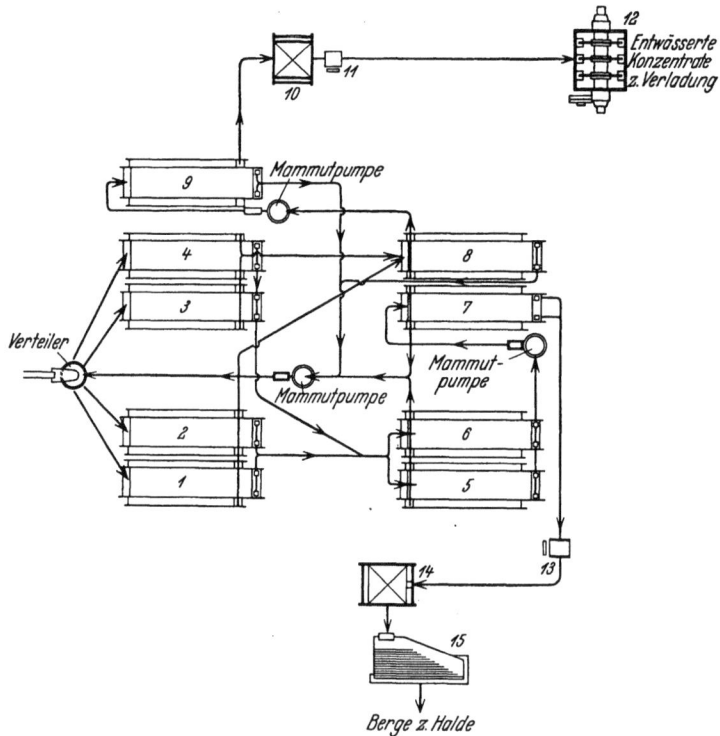

Abb. 122. Schaltung von Callow-Mac Intosh-Zellen in einer Golderz-Schwimmaufbereitung.

und durchlaufen ebenso wie die Konzentrate einen Probenehmer *13* und eine Verdickungsspitze *14*. Der Austrag dieser Verdickungsspitze wird zur laufenden Kontrolle des Schwimmverfahrens über einen Schüttelherd *15* geleitet. Durch Beobachtung des gegebenenfalls auftretenden Metallstreifens auf der Herdfläche wird die Bedienung auf eine veränderte Einstellung der Flotation hingewiesen. Die Schäume aus den Zellen *5* bis *7*, ferner die Abgänge der Konzentrat-Nachwaschzelle *9* werden zur Aufgabe zurückgeführt und aufs neue verarbeitet.

Über die Zusammensetzung des verarbeiteten Erzes ist zu sagen, daß es Bleiglanz, Zinkblende, Schwefelkies und edle Silbererze führt; Gold tritt zum Teil als Freigold auf, zum Teil ist es in den Pyriten gebunden. Der Silbergehalt verteilt sich auf die edlen Silbererze und ist ferner isomorph dem Gold beigemischt. Der Durchschnittsgehalt beträgt 9,2 g/t Au und 280 g/t Ag.

Daß in der Anlage nicht ausschließlich Flotation angewandt wird, hat seinen Grund darin, daß die Freigoldteilchen in gröberer Form vorkommen und dann infolge des hohen spez. Gewichtes des Goldes schwer zum Aufschwimmen gebracht werden können. Durch die Koppelung von Amalgamation und Flotation ist es also möglich, das Ausbringen an Gold zu erhöhen.

Die durchschnittlichen Betriebsergebnisse sind folgende: 7- bis 8fache Anreicherung des Goldes im Flotationskonzentrat bei einem Ausbringen an Gold durch Amalgamation und Flotation von 90%. Ferner beträgt die Anreicherung des Silbers das 7- bis 8fache bei 80% Silberausbringen. Die Berge enthalten im Durchschnitt noch 1 g/t Au und 52 g/t Ag.

Der Reagenzienverbrauch in der Flotation erfordert einen Aufwand von 0,50 bis 0,60 ℳ/t Durchsatz. Der Kraftverbrauch beträgt in der Vorzerkleinerung 20 PS während einer Schicht, für die übrige Aufbereitung 210 PS während 3 Schichten.

Zur Bedienung der Anlage werden für die Vorzerkleinerung ein Mann, im übrigen Teil der Aufbereitung 4 Mann und 1 Jugendlicher in 3 Schichten beschäftigt. Hierbei ist nicht eingerechnet die Aufsicht durch einen Waschmeister während einer Schicht bzw. einem Vorarbeiter in den beiden anderen Schichten.

Die Aufwendungen für Reparaturen und Verschleiß erfordern etwa 1 ℳ/t, der Verbrauch an Schmieröl u. dgl. 0,10 ℳ/t Durchsatz. Die allgemeinen Unkosten für Heizung, Beleuchtung, Laboratorium u. a. m. erfordern etwa 1 ℳ/t Durchsatz.

Die Siebanalyse des Flotationsgutes stellt sich folgendermaßen:

	Sieb	120—150	6,7%
	,,	150—200	16,1%
	,,	200—250	6,4%
unter	,,	250	70,8%
			100,0%

VI. Kohleflotationsanlage Glückhilf-Friedenshoffnung.

Von den an Zahl allmählich zunehmenden Anlagen, welche ihre Kohlenschlämme durch Flotation weiterverarbeiten, sei hier die Schwimmanlage der Niederschlesischen Bergbau A.G., Waldenburg, auf ihrer Grube Vereinigte Glückhilf und Friedenshoffnung beschrieben, die vom Grusonwerk in Magdeburg erbaut wurde. Sie erhält den in der Kohlenwäsche entstehenden Schlamm aus den Waschklärspitzen und außerdem Staub, der in der gleichen

Wäsche durch eine besondere Vorrichtung abgezogen wird. Die Schwimmanlage ist in einem 6stöckigen Gebäude, das unmittelbar an die Wäsche angesetzt ist, untergebracht. Die benutzten Flotationsmaschinen sind Minerals-Separation-Apparate von je 12 Zellen mit 24″ Rührerdurch-

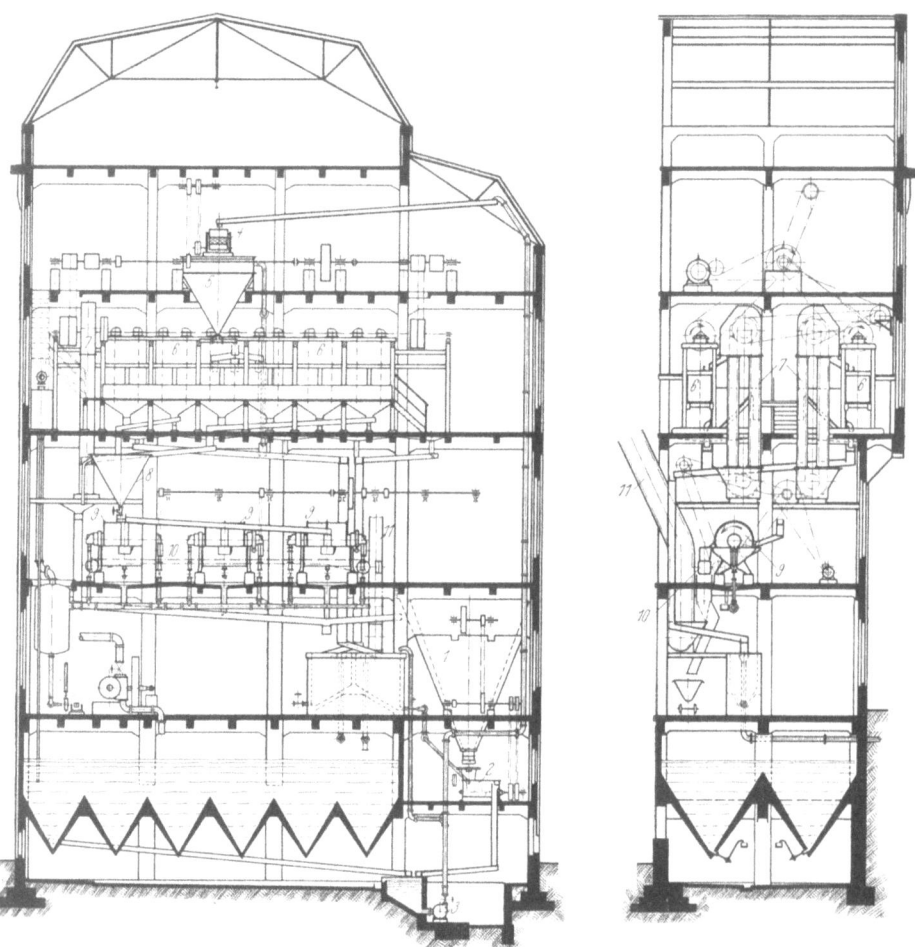

Abb. 123. Bauzeichnungen der Kohleflotationsanlage Glückhilf-Friedenshoffnung.

messer. Abb. 123 gibt 2 Schnitte durch diese Anlage. Wie aus ihnen zu ersehen ist, gestaltet sich der Arbeitsgang folgendermaßen.

Der Schlamm von den Klärspitzen der Wäsche fließt in den Sumpf einer Kreiselpumpe 3, in den weiterhin durch Zumischung von Wasser in einem Mischapparat 2 der in einem Bunker 1 aufgesammelte Staub befördert wird. Die Kreiselpumpe 3 fördert das fertige Gemisch auf ein zur Kontrolle eingeschaltetes Schüttelsieb von 1,5 mm Sieböffnung. Hierdurch werden etwaige für die Flotation ungeeignete gröbere Kohleteilchen ausgeschieden, die über eine Rutsche einer besonderen Tasche zugeführt und dort nach Bedarf abgezogen werden. Unmittelbar unterhalb des Schüttelsiebes ist ein Ausgleichtrichter *5* für die Aufgabe auf die beiden Flotationsapparate *6* angeordnet, auf welche die durch das Sieb fließende Trübe verteilt wird. Beide Apparate arbeiten derart, daß zunächst die ersten Zellen ein Vorkonzentrat erzeugen, welches mittels der Becherwerke *7* zur Nachreinigung den weiteren Zellen wieder zugeleitet wird. Die Konzentrate gelangen dann in einen Ausgleichtrichter *8* und aus diesem auf 3 Trommelfilter *9*, Bauart Wolf, auf denen sie entwässert werden. Die von den Filtern abgenommene entwässerte Kohle wird mittels Förderband *10* zu einem Becherwerk *11* geschafft. Letzteres hebt das Gut auf Förderbänder für die Verteilung über die Feinkohlentürme.

Die Leistung dieser nach dem Minerals Separation-System arbeitenden Anlage wird durch folgende Zahlen gekennzeichnet: Die Durchsatzleistung beträgt 19 bis 20 t/h; hierbei ist zu berücksichtigen, daß das aufgegebene Gut verhältnismäßig sehr feinkörnig ist. Erhalten wird aus der Aufgabe mit 28% Asche ein Konzentrat mit 5,9% Asche und Berge mit 73% Asche. Der Kraftbedarf beträgt einschließlich der Filterung, jedoch ohne Berücksichtigung der Aufgabepumpe, 170 PS. An Bedienung werden 1 Mann und ein Jugendlicher je Schicht benötigt.

Die Anwendung des Flotationsverfahrens für die Feinkohle macht die Zumischung der erhaltenen Schaumkohle zur Kokskohle möglich, wobei die Verkokungseigenschaften der letzteren bedeutend verbessert werden. Durch das Schwimmverfahren erfolgt eine Anreicherung der für die Verkokung günstigen Bestandteile Glanzkohle und Mattkohle, wohingegen der bei der Verkokung schädliche Gehalt an Faserkohle herabgesetzt wird. Man erhält auf diese Weise einen Koks von erhöhter Festigkeit. Des weiteren wird bei der Flotation der Gehalt der Kohle an Schwefel, soweit dieser als anorganischer Schwefel vorliegt, weitgehend entfernt.

Anhang.

I. Wirtschaftlich wichtige Mineralien.

Mineral	Chemische Zusammensetzung		Löslichkeit im Liter Wasser [1]		Spez. Gewicht	Härte
	Formel	%	mg	g-Mole		
Aluminium:						
Bauxit	$Al_2O_3 + aq$	50—70 Al_2O_3, 2—18 Fe, 12—40 H_2O			2,4—2,5	1—3
Diaspor	Al_2O_3, H_2O	85,0 Al_2O_3, 15,0 H_2O			3,3—3,5	6—6,5
Kryolith	Na_3AlF_6	12,85 Al			2,9	2,5—3
Antimon:						
Antimonglanz . .	Sb_2S_3	71,4 Sb, 28,6 S	1,75	$5,2 \cdot 10^{-6}$	4,6	2
Arsen:						
Arsenkies . . .	FeAsS	34,3 Fe 46 As, 19,7 S			5,9—6,2	5,5—6
Arsenikalkies . . . (Löllingit)	$FeAs_2$	27,2 Fe, 72,8 As			7,1—7,3	5—5,5
Auripigment . . .	As_2S_3	61 As, 39 S	0,52	$2,1 \cdot 10^{-6}$	3,4—3,5	1,5—2
Realgar	AsS	70,1 As, 29,9 S			3,4—3,6	1,5—2
Beryllium:						
Beryll (Smaragd) .	$Be_3Al_2Si_6O_{18}$				2,7	7,5
Chrysoberyll . . .	BeO, Al_2O_3	19,7 BeO, 80,3 Al_2O_3			3,7	8,5
Blei:						
Anglesit	$PbSO_4$	68,3 Pb	42,3	$1,39 \cdot 10^{-4}$	6,2	2—3
Bleiglanz	PbS	86,6 Pb, 13,4 S	0,29	$1,21 \cdot 10^{-6}$	7,45	2,5
Weißbleierz . . .	$PbCO_3$	77,5 Pb, 16,5 CO_2	1,1 bis 1,75	$4,15 \cdot 10^{-6}$ bis $6,55 \cdot 10^{-6}$	6,55	3—3,5

[1] Nach H. E. Boeke und W. Eitel: Grundlagen der physikalisch-chemischen Petrographie, S. 384/87. Berlin 1923.

I. Wirtschaftlich wichtige Mineralien (Fortsetzung).

Mineral	Chemische Zusammensetzung		Löslichkeit im Liter Wasser		Spez. Gewicht	Härte
	Formel	%	mg	g-Mole		
Chrom:						
Chromeisenerz (Chromit)	FeO, Cr_2O_3	64—65 Cr_2O_3			4,5—4,8	5,5
Eisen:						
Brauneisen (Limonit)	Fe_2O_3 + aq	58—66,5 Fe			3,6—4,0	1—5,5
Magneteisen (Magnetit)	Fe_3O_4	72,4 Fe			5,1	5,5—6,5
Roteisenerz (Eisenglanz, Hämatit)	Fe_2O_3	70 Fe			5,1	5,5—6,5
Spateisen	$FeCO_3$	48,3 Fe			3,7—3,9	3,5—4,5
Gold:						
Gediegenes Gold	Au	bis zu 99,7 Au, außerdem Ag, Cu usw.			17—19	2,5—3
Goldhaltiger Schwefelkies, Arsenkies, Antimonglanz usw.	wie d. Haupterz					
Calaverit (helle Tellurerze)	(Au, Ag) Te_2	39,5 Au, 3,1 Ag			9	2,5
Sylvanit (helle Tellurerze)	(Au, Ag) Te_4	24,2 Au, 13,3 Ag			7,9—8,3	2,5
Krennerit (helle Tellurerze)	(Au, Ag) Te_2	39,5 Au, 3,1 Ag			8,35	2,0
Petzit (dunkle Tellurerze)	$(Au, Ag)_2$ Te	25,4 Au, 41,8 Ag			8,17—9,4	2,0
Nagyagit (dunkle Tellurerze)	$Pb_xAu_y(Te, Sb, S)_z$	6—13 Au			6,7—7,2	1—1,5
Kobalt:						
Glanzkobalt	CoAsS	35,4 Co			6—6,4	5,5
Kobaltkies	$(CoNi)_3S_4$	14—58 Co			4,8—5,8	5,5
Speiskobalt	$CoAs_2$	28,12 Co			6,4—7,3	5,5
Kupfer:						
Atakamit	$CuCl_2$, 3 $Cu(OH)_2$	59,43 Cu			3,76	3—3,5
Buntkupfererz	Cu_3FeS_3	55,5 Cu, 28,1 S			4,9—5,2	3
Enargit	3 Cu_2S, As_2S_5	48,4 Cu, 19,0 As, 32,6 S			4,4—4,5	3
Fahlerz	4 Cu_2S, Sb_2S_3 (oder As_2S_3)	30—55 Cu			4,4—5,1	3—4
Gediegen Kupfer	Cu	bis 100 Cu			8,8—8,9	2,5—3
Kieselkupfer	$H_3CuSiO_4 \cdot H_2O$	45,23 CuO			2—2,2	2—4
Kupferglanz	Cu_2S	79,8 Cu, 20,2 S	0,49	$3,1 \cdot 10^{-6}$	5,5—5,8	2,5—3

I. Wirtschaftlich wichtige Mineralien (Fortsetzung).

Mineral	Chemische Zusammensetzung		Löslichkeit im Liter Wasser		Spez. Gewicht	Härte
	Formel	%	mg	g-Mole		
Kupfer (Forts.)						
Kupferindig . . .	CuS	66,4 Cu	0,34	$3,51 \cdot 10^{-6}$	4,6	1,5—2
Kupferkies	$CuFeS_2$	34,5 Cu, 35 S			4,1—4,3	3,5—4
Kupferlasur . . .	$2CuCO_3 \cdot Cu(OH)_2$	55,2 Cu			3,7—3,8	3,5—4
Malachit	$CuCO_3, Cu(OH)_2$	57,4 Cu			3,7—4,1	3,5—4
Rotkupfererz . . .	Cu_2O	88,8 Cu			5,7—6	3,5—4
Mangan:						
Polianit	MnO_2	63,19 Mn			4,8—5	6—6,5
Psilomelan	MnO_2, MnO (1—6% H_2O)	49—62 Mn			4,13—4,33	5—6
Pyrolusit	MnO_2	bis 63 Mn			—	2—2,5
Manganit	$Mn_2O_3 \cdot H_2O$	62,5 Mn, 10,2 H_2O			4,3—4,4	3,5—4
Molybdän:						
Molybdänglanz . .	MoS_2	bis 59,9 Mo			4,7—4,8	1—1,5
Wulfenit	$PbMoO_4$	39,27 Mo			6,7—7	3
Nickel:						
Garnierit	wasserhaltiges Nickel-Magnesiasilikat	bis 25 NiO				
Gersdorffit	NiAsS	35,4 Ni			5,2—6,2	5,5
Rotnickelkies . .	NiAs	43,9 Ni			7,3—7,7	5,5
Platin:						
Gediegen Platin . .	Legierung von Platin mit Eisen u. Platinmetallen	70—96 Pt			14—19	4—5
Sperrylith	$PtAs_2$				10,6	6,7
Quecksilber:						
Zinnober	HgS	bis 86,2 Hg	0,012	$0,054 \cdot 10^{-6}$	8—8,2	2—2,5
Schwefel:						
Anhydrit . . .	$CaSO_4$	58,84 SO_3 = 23,5 S			2,9—3	3—3,3
Gediegen Schwefel .	S	bis 100 S			2—2,1	1,5—2,5
Gips	$CaSO_4 + 2H_2O$	46,52 SO_3 = 18,6 S	2036	$1,5 \cdot 10^{-2}$	2,2—2,4	1,5—2
Magnetkies . . .	Fe_nS_n+1	38,4—40 S	4,71	$53,6 \cdot 10^{-6}$	4,5—4,6	3,5—4,5
Markasit	FeS_2	53,37 S			4,6—4,8	6—6,5
Schwefelkies . . .	FeS_2	53,37 S	4,9	$40,84 \cdot 10^{-6}$	4,9—5,2	6—6,5
Silber:						
Dunkles Rotgültigerz	Ag_3SbS_3	60,0 Ag			5,85	2,5
Gediegen Silber . .	Ag	72—99,9 Ag			10—12	2,5—3
Hornsilber	AgCl	75,2 Ag	1,53	$10,6 \cdot 10^{-6}$	5,5—5,6	1—1,5
Lichtes Rotgültigerz	Ag_3AsS_3	65,4 Ag			5,57	2,5

I. Wirtschaftlich wichtige Mineralien (Fortsetzung).

Mineral	Chemische Zusammensetzung		Löslichkeit im Liter Wasser		Spez. Gewicht	Härte
	Formel	%	mg	g-Mole		
Silber (Forts.):						
Silberhaltig: Bleiglanz, Zinkblende, Schwefelkies, Kupferglanz, Kupferkies, Arsenkies	siehe diese Mineralien, Silbergehalt verschieden					
Silberfahlerz . . .	$4(Cu_2Ag_2FeZn)S$ Sb_2S_3	32—38 Ag			4,4—5,4	3—4
Silberglanz	Ag_2S	87,1 Ag	0,14	$0,522 \cdot 10^{-6}$	7,2—7,4	2—2,5
Stephanit	Ag_5SbS_4	68,4 Ag			6,2—6,3	2—2,5
Wolfram:						
Scheelit	$CaWO_4$	80,56 WO_3			5,9—6,1	4,5—5
Wolframit	$mFeWO_4$ $+ nMnWO_4$	bis 75 WO_3			5,5—7,1	5—5,5
Zink:						
Franklinit	$(ZnMn)Fe_2O_4$	17—25 ZnO 10—16 MnO			5—5,1	6—6,5
Galmei	$ZnCO_3$	52 Zn			4,1—4,5	5
Kieselzinkerz . . .	$H_2Zn_2SiO_5$	54,2 Zn			3,3—3,5	5
Rotzinkerz	ZnO	72—80 Zn, bis 9 Mn			5,4—5,7	4—4,5
Willemit	Zn_2SiO_4	73 ZnO			4—4,2	5,5
Zinkblende	ZnS (mit Fe, Mn, Cd)	46—67 Zn, bis 19 Fe, 33 S	0,65	$6,65 \cdot 10^{-6}$	3,9—4,2	3,5—4
Zinn:						
Zinnkies	Cu_2FeSnS_4	27,6 Sn, 29,6 Cu, 13 Fe			4,3—4,5	4
Zinnstein	SnO_2	78,62 Sn			6,8—7	6—7
Nichtmetallische Mineralien:						
Apatit	$FCa_5(PO_4)_3$ bzw. $ClCa_5(PO_4)_3$	40,9 bis 42,3 P_2O_5			3,16—3,22	5
Dolomit	$CaMg(CO_3)_2$	30,42 CaO, 21,9 MgO			2,85	3,5—4
Flußspat . . .	CaF_2	51,15 Ca, 48,85 F	15,0	$0,193 \cdot 10^{-3}$	3,1—3,2	4
Graphit	C				2,15	1—2
Kalkspat . . .	$CaCO_3$	56 CaO, 44 CO_2	14,33	$14,3 \cdot 10^{-5}$	2,72	3
Magnesit . . .	$MgCO_3$	47,8 MgO, 52,2 CO_2			3,1	3—4,5
Quarz	SiO_2	46,9 Si, 53,1 O			2,65	7
Schwerspat . . .	$BaSO_4$	65,7 BaO, 34,3 SO_3	2,3	$9,9 \cdot 10^{-6}$	4,3—4,7	3—3,5

II. Umrechnungstafel für Maße und Gewichte.

Längenmaße.

1 inch = 25,4 mm
1 foot = 12 inches = 0,305 m
1 yard = 3 feet = 0,914 m

1 cm = 0,3939 inches
1 m = 3,2808 feet
1 m = 1,0936 yards

Flächenmaße.

1 square inch = 6,4515 cm^2
1 square foot = 144 square inches = 0,0929 m^2
1 square yard = 9 square feet = 0,8361 m^2

1 cm^2 = 0,155 square inches
1 m^2 = 10,7642 square feet
1 m^2 = 1,1960 square yards

Körpermaße, Raummaße, Hohlmaße.

1 cubic inch = 16,3866 cm^3
1 cubic foot = 1728 cubic inches = 28,3161 dm^3
1 cubic yard = 27 cubic feet = 0,7645 m^3
1 Register ton = 100 cubic feet = 2,8316 m^3
1 Imperial gallon = 4,5436 Liter

1 bushel = 36,349 Liter
1 Imperial quarter = 290,789 Liter

1 cm^3 = 0,0610 cubic inches
1 dm^3 = 0,0353 cubic feet
1 m^3 = 1,3079 cubic yards
1 m^3 = 0,3532 Register tons
1 Liter = 0,2201 Imperial gallons
1 Liter = 0,0275 bushels
1 Liter = 0,00344 Imperial quarters

Gewichte.

1 ounze = 28,349 g
1 ounze troy = 31,1035 g (bei Edelmetallen)
1 pound = 16 ounces = 0,4536 kg
1 long ton = 2240 pounds = 1016 kg
1 short ton = 2000 pounds = 907,2 kg

1 g = 0,0353 ounzes

1 kg = 2,2046 pounds (lbs)
1 t = 0,9842 long tons
1 t = 1,1023 short tons

Gewichte, bezogen auf andere Maße.

1 pound per foot = 1,488 kg/m
1 pound per square inch = 0,07031 kg/cm^2
1 pound per cubic foot = 16,015 kg/m^3

1 kg/m = 0,672 lbs/ft
1 kg/cm^2 = 14,223 lbs/square inch
1 kg/m^3 = 0,0624 lbs/cub. ft.

Druck.

1 pound per square inch = 0,0703 at

1 at = 14,223 lbs/square inch

Arbeit.

1 foot-pound = 0,13835 mkg
1 British Thermal Unit
1 (B.T.U.) = 107,66 mkg

1 mkg = 0,7228 ft-lbs
1 mkg = 0,00929 B.T.U.

Leistung.

1 horse power = 1,0139 PS
1 horse power = 0,7457 KW
1 horse power = 76,043 mkg/sec

1 PS = 0,9863 HP
1 KW = 1,341 HP
1 mkg/sec = 0,01315 HP

Wärme.

1 B.T.U. = 0,2521 kcal
1 B.T.U. per square inch = 0,039076 kcal/cm^2

1 B.T.U. per cubic foot = 8,90813 kcal/m^3

1 kcal = 3,968 B.T.U.
1 kcal/cm^2 = 25,59 B.T.U. per square inch
1 kcal/m^3 = 0,11225 B.T.U. per cubic foot

III. Literaturverzeichnis.

a) Bücher.

The Mineral Industry. Jahrbücher mit ausführlichen Abschnitten über Erzaufbereitung. New York: Mc Graw-Hill Book Co.

Glatzel, R.: Ein Beitrag zum Elmoreschen Extraktionsverfahren. Freiberg: Craz & Gerlach 1908.

Hoover, T. J.: Concentrating ores by flotation, 3. Aufl. London: Mining Magazine 1916.

Rickard, T. A.: Concentration by flotation. New York: J. Wiley & Sons 1921.

Vageler, P.: Die Schwimmaufbereitung der Erze. Dresden und Leipzig: Th. Steinkopf 1921.

Taggart, A. F.: Manual of flotation processes, 181 S. New York: J. Wiley & Sons 1921.

Truscott, S. J.: A textbook of ore dressing, 125 S. über Flotation. New York: Macmillan Co. 1923.

Simons, Th.: Ore dressing principles and practice, 18 S. über Flotation. New York: Mc Graw-Hill Book Co. 1924.

Richards, R. H., Ch. E. Locke u. J. L. Bray: Textbook of ore dressing, 46 S. über Flotation. New York: Mc Graw-Hill Book Co. 1925.

Miranda, E. F.: Preparación mecanica de las menas. Concentración de minerales por flotatión, 61 S. Madrid: Escuela Especial de Ingenieros de Minas 1926.

Bruchhold, C.: Der Flotationsprozeß. Berlin: Julius Springer 1927.

Taggart, A. F.: Handbook of ore dressing, 125 S. über Flotation. New York: J. Wiley & Sons 1927.

Mayer, E.: Flotation. In R. E. Liesegang: Kolloidchemische Technologie, S. 699 bis 756. Dresden u. Leipzig: Th. Steinkopf 1927.

Flotation Practice. Papers and discussions presented at meetings held at Salt Lake City, August 1927 and New York, February 1928. New York: Am. Inst. Min. Met. Eng. 1928.

Teufer, G.: Über die Schwimmaufbereitung südafrikanischer Platinerze. Leipzig: R. Noske 1928.

Chapman, W. R. u. R. A. Mott: The cleaning of coal, 43 S. über Kohlenflotation. London: Chapman & Hall Ltd. 1928.

Weinig, A. J. u. J. A. Palmer: The trend of flotation, 3. Aufl. Golden (Colorado): Colorado School of Mines 1929.

Berthelot, Ch. u. Orsel: Les minerais. Étude. Préparation mécanique. Marché. Coll. Encyclopédie minière et métallurgique, 550 S. Paris: J. B. Baillière et fils 1930.

Huber Panu, J.: Über den Einfluß der Temperatur auf die Flotation. Freiberg i. S.: E. Maukisch 1930.

Schennen, H. u. F. Jüngst: Lehrbuch der Erz- und Steinkohlen-Aufbereitung. II. Aufl. bearb. von E. Blümel. 28 S. über Flotation. Stuttgart: F. Enke 1930.

b) Aufsätze aus Zeitschriften.

1. Allgemeines, Geschichte, Wirtschaft und Statistik.

Das Elmoresche Konzentrationsverfahren. Glückauf **37**, 917/9 (1901). — The Elmore concentration process. Engg. Min. J. **71**, 691 (1901).

Mc Dermott, W.: The concentration of ores by oil. Engg. Min. J. **75**, 262/3, 292/4 (1903).

Hungtington, A. K.: Flotation processes. Engg. Min. J. **81**, 314/7 (1906).

Ingalls, W. R.: The flotation processes. Engg. Min. J. **82**, 1113/5 (1906).

Göpner, C.: Über den Flotationsprozeß. (Potter-Delprat-Verfahren.) Metallurgie 4, 522/30, 543/8 (1907).
Delprat, G. D.: Ore dressing at Broken Hill. Engg. Min. J. 83, 317/21 (1907).
Elmore, A. S.: Vacuum-flotation process for concentration. Engg. Min. J. 83, 908/9 (1907).
Ingalls, W. R.: Concentration upside down. (Verfahren von Macquisten.) Engg. Min. J. 84, 765/70 (1907).
Göpner, C.: Die Erzkonzentration nach Elmore. Metallurgie 5, 1/7, 45/50 (1908).
Linde, R.: Das Schwemmverfahren zur Erzanreicherung von Elmore. Metallurgie 5, 87/96 (1908).
Göpner, C.: Neuere Mitteilungen über die Gewinnung von Zinkkonzentraten aus den Broken Hill Tailings. Metallurgie 5, 128/30, 609/11 (1908).
Ingalls, W. R.: The improved Maquisten tube. Engg. Min. J. 84, 23 (1908).
Granigg, B.: Ein neues Aufbereitungsverfahren: Der Macquisten-Prozeß. Öst. Z. Berg-, Hüttenwes. 56, 15/7 (1908).
Stören, R.: Ore dressing by adhesion of liquid films. Engg. Min. J. 84, 839/42 (1908).
Walker, E.: The Elmore vacuum process at Dolcoath. Engg. Min. J. 84, 1103/6 (1907).
Elmore, A. S.: Der Elmore-Vakuum-Schwimmprozeß auf den Werken der Zinc Corporation in Broken Hill, Neusüdwales. Glückauf 45, 846/9 (1909).
Linde, R.: Die Elmoresche Schwemmanlage zur Erzanreicherung in Broken Hill, Australien. Metallurgie 6, 486/90 (1909).
Elmore, A. S.: Notes on various applications of the Elmore vacuum process. Engg. Min. J. 87, 1275/6 (1909).
Hoover, H. C.: Elmore process as applied by Zinc Corporation. Engg. Min. J. 88, 205/7 (1910).
Clark, D.: Horwood process for separating zinc sulphides. Engg. Min. J. 89, 460/1 (1910).
Hoover, T. J.: Oil flotation process at Broken Hill, N.S.W. Engg. Min. J. 89, 913/7 (1910).
Göpner, C.: Vakuum-Konzentration in Sulitelma. Metallurgie 7, 863/5 (1910).
Woodbridge, D. E.: The Orijarvi mine, Finland. Engg. Min. J. 91, 759/60 (1911).
Mickle, K. A.: Experiments on mineral flotation. Engg. Min. J. 92, 307/10 (1911).
Mitchell, D. P.: Flotation at Zinc Corporation Ltd. Engg. Min. J. 92, 994/7 (1911).
Holtmann, K.: Die Schwimmaufbereitungsverfahren der Grube Friedrichssegen nach System Leuschner. Glückauf 48, 388/93 (1912).
Herwegen, L.: Die Schwimmverfahren, ihre Entwicklung und Bedeutung für die Erzaufbereitung. Glückauf 48, 1185/94, 1231/42 (1912).
Wood, H. E.: Concentration of molybdenite ores. Engg. Min. J. 93, 227/8 (1912).
Moldenhauer, M.: Die Methode der Schwimmverfahren in der Erzaufbereitung. Metallurgie 9, 72/80 (1912).
Jaffé, R.: Untersuchungen über die Möglichkeit eines neuen Aufbereitungsprinzips unter Verwendung von Schäumen. Metall Erz 10, 315/26, 349/62 (1913).
Liwehr, A. E.: Die Flotationsscheidung. Öst. Z. Berg-, Hüttenwes. 62, 473/85, 510/9, 544/6 (1914).
Brouckart, F.: Le flottage des minerais. Rev. gén. scienc. pur. appl. 31, 5/7 (1920).
Mewes, W. C.: Beiträge aus der Praxis der Schwimmverfahren. Metall Erz 17, 274/81 (1920).

Simmersbach, B.: Die Aufbereitung von Erzen nach dem Schwimmverfahren. Chem.-Zg. **45**, 357/60, 383/5 (1921).
Friedemann, J.: Überblick über die wichtigsten deutschen Patente auf dem Gebiete der Schwimmaufbereitung unter besonderer Berücksichtigung der Patente der Minerals Separation Ltd. Metall Erz **18**, 429/37 (1921).
Berl, E. u. W. Vierheller: Über die Aufbereitung von Waschbergen. Z. angew. Chem. **35**, 76/7 (1922).
Arndt, K.: Zur Kenntnis der Schwimmaufbereitung. Geschichtlicher und allgemeiner Überblick. Dingler **103**, 206/8 (1922).
Simmersbach, B.: Die Entwicklung der Schwimmverfahren zur Aufbereitung von Erzen. Dingler **104**, 1/5, 13/6, 23/7 (1923).
Fischbacher, A.: La flotation des minerais métalliques. Rev. Ind. Min. **4**, 523/32 (1924).
Fahrenwald, A. W.: Neueste Fortschritte im Flotationsverfahren. Chem. Age **13**, 34/5 (1925); Bureau Mines, Serial Nr 2694.
Schranz, H.: Über Schwimmaufbereitung von Kohlen und Erzen. Kruppsche Monatshefte **6**, 57/64 (1925).
Tiedemann, H.: Aufbereitungsmethoden, insbesondere Schaumschwimmverfahren und elektroosmotische Ton- und Kaolinreinigung. Metall Erz **22**, 550/2 (1925).
Wolf, K.: Aufbereitungsmethoden, insbesondere Schaumschwimmverfahren und elektroosmotische Ton- und Kaolinreinigung. Metall Erz **22**, 474/81 (1925).
Rickard, T. A.: Notes on ancient and primitive mining and metallurgical methods. Engg. Min. J. **122**, 48/53, 451/5 (1926).
Wolf, K.: Die Bedeutung der Schwimmaufbereitung für die Gewinnung von Erz- und Kohlekonzentraten. Metallbörse **16**, 1927/8 (1926).
Vageler, P.: Moderne Erzaufbereitung. Umschau **30**, 574/8 (1926).
Locke, Ch. E.: Milling and flotation 1925. Engg. Min. J. **121**, 109/11 (1926).
Weinig, A. J. u. I. A. Palmer: The Trend of Flotation. Colorado School of Mines Quaterly, April **1926**.
Finn, W.: Über das Schaumschwimmverfahren in der Aufbereitung. Mont. Rdsch. **19**, 193/6 (1927).
Patzschke, K.: Die deutsche Schwimmaufbereitung und Amerika. Metall Erz **24**, 566/8 (1927).
Berthelot, Ch.: La séparation et la concentration des minerais par flottage. Rev. Mét. **25**, 372/96, 411/26, 496/508 (1928).
Horwood, E. J.: Development of flotation at Broken Hill. Engg. Min. J. **126**, 457/9 (1928).
Kirmse, E.: Einfluß der Flotation auf die Entwicklung der Metallurgie des Kupfers, des Bleies und des Zinkes. Metall Erz **25**, 603/10 (1928).
Salau, H. J.: Die Flotation im Rahmen der modernen Aufbereitung. Kohle Erz **25**, 498/510, 539/48 (1928).
Fourment, M.: État actuel de la métallurgie du plomb. Rev. Mét. Mém. **26**, 154/67 (1929).
Berthelot, Ch.: Historique du flottage. Rev. Mét. Mém. **26**, 364/6 (1929).
Berthelot, Ch.: Principe, organisation et résultats d'exploitation des ateliers pour la séparation et la concentration des minerais par flottage. Chim. Ind. **1929**, Numéro spécial S. 190/204.
Henderson, E. T.: Geschichte der Flotation von Broken Hill. Chem. Eng. Min. Rev. **21**, 291/4 (1929).
Madel, H.: Die Entwicklung der Aufbereitungstechnik im Jahre 1928. Metall Erz **26**, 428/40 (1929).
Charrin, V.: Aufbereitung von Mineralien durch Flotation. Science Ind. **13**, 169/70, 238/40 (1929).

Lund, K.: Züge aus der modernen Flotation. Tidskr. Kemi Bergvaesen 9, 45/50, 59/66 (1929).
Berthelot, Ch.: Principe, organisation et résultats d'exploitation des ateliers pour la séparation et la concentration des minerais par flottage. Rev. Ind. Min. 9, 189/206 (1929).
Gaudin, A. M.: Annual consumption of reagents used in flotation 1927. Engg. Min. J. 127, 999/1003 (1929).
Lord, R.: Die Entwicklung des Flotationsverfahrens. Ein geschichtlicher Überblick. Canad. Mining J. 50, 130/5, 184/5 (1929).
Ralston, O. R.: Graphic comparison of flotation results. Engg. Min. J. 128, 179/80 (1929).
Parsons, C. S.: Fünfzig Jahre Fortschritt in der Erzaufbereitung. Canad. Mining J. 50, 123/9, 181/3 (1929).
Jassjukewitsch, S. M. u. S. J. Mitrofanow: Der gegenwärtige Stand der Flotation. Russ.: Mineralnoje Ssyrje i Zwetnyje Metally 4, 271/304 (1929).
Prockat, F.: Der Schwimmittelzusatz bei der Schwimmaufbereitung von Kohle und Erzen. Kohle Erz 27, 191/6, 227/32 (1930).
Mayer, E. W.: Über pneumatische Flotationsapparate bei der Flotation von Erzen. Kohle Erz 27, 351/6 (1930).
Miller, T. H. u. R. L. Kidd: Flotation reagents 1928. U. S. Bureau Mines. R. J. 3004, June 1930.
Kraeber, L.: Die Anwendung der Flotation für die Aufbereitung von Erzen in Mitteleuropa. Techn. Blätter 1930, 661/2.
Bierbrauer, E.: Aus Praxis und Theorie der Flotation. Kohle Erz 27, 60/4, 92/8 (1930).
Glinz, K.: Wichtigere Neueinrichtungen und Arbeitsweisen im amerikanischen Erzaufbereitungswesen. Intern. Bergwirtsch. 23, 223/30 (1930).
Sulman, H. L.: The concentration of ores by flotation. Bull. Inst. Min. Metallurgy Nr 311 (August 1930), 38 S.
Day, H. L.: The Hercules custom mill. Min. Mag. 43, 122/3 (1930).

2. Theorie.

Moldenhauer, M.: Die Ausnutzung von Oberflächenenergien zur Separation der Mineralien. Kolloid-Z. 13, 229/35 (1913).
Reinders, W.: Die Verteilung eines suspendierten Pulvers oder eines kolloidgelösten Stoffes zwischen zwei Lösungsmitteln. Kolloid-Z. 13, 235/41 (1913).
Valentiner, S.: Zur Theorie der Schwimmaufbereitung. Metall Erz 11, 455/62 (1914).
Schranz, H.: Ein experimenteller Beitrag zur Kenntnis des Schwimmverfahrens. Metall Erz 11, 462/9 (1914).
Ralston, O. C.: Why do minerals float? Min. Scient. Press 111, 623 (1915).
Anderson, R. J.: The flotation of minerals. Trans. Amer. Inst. Min. Met. Eng. 55, 527/46 (1916).
Taggart, A. F. u. F. E. Beach: An explanation of the flotation process. Trans. Amer. Inst. Min. Met. Eng. 55, 547/62 (1916).
Harkins, W. D., F. H. Brown u. E. C. H. Davies: The structure of the surface of liquids and solubility as related to the work done by the attraction of two liquid surfaces as they approach each other. J. Amer. Chem. Soc. 39, 354/64 (1917).
Langmuir, J.: The constitution and fundamental properties of liquids. J. Amer. Chem. Soc. 39, 1848/1906 (1917).
Coghill, W. H. u. C. O. Anderson: On the molecular physics of ore flotation. J. phys. Chem. 22, 237/55 (1918).

Harkins, W. D.: The orientation of molecules in surfaces, surface energy, adsorption and surface catalysis. J. Amer. Chem. Soc. **42**, 700/12 (1920).
Sulman, H. L.: A contribution to the study of flotation. Trans. Amer. Inst. Min. Met. Eng. **29**, 44/204 (1920).
Freundlich, H.: Über Konzentrations- und Potentialgefälle an Grenzflächen. Z. Elektrochem. **27**, 505/11 (1921).
Traube, J.: Die Theorie der Flotation. Metall Erz **18**, 405/10 (1921).
Moses, F. G.: Surface energy and flotation. Engg. Min. J. **111**, 7/11 (1921).
Langmuir, J.: The mechanism of the surface phenomena of flotation. Gen. El. Rev. **24**, 1025 (1921).
Jarvis, R. H. u. D. W. Leeke: Surface-tension phenomena and electrostatics. Engg. Min. J. **114**, 17/8 (1922).
Jarvis, R. H. u. D. W. Leeke: Surface tension and flotations phenomena. Engg. Min. J. **114**, 321/2 (1922).
Taggart, A. F. u. A. M. Gaudin: Surface tension and adsorption phenomena in flotation. Trans. Amer. Inst. Min. Met. Eng. **1922**, 479/539.
Berl, E. u. W. Vierheller: Zur Kenntnis der Schwimmverfahren. Z. angew. Chem. **36**, 161/3 (1923).
Traube, J. u. K. Nishizawa: Adsorption und Haftdruck. Kolloid-Z. **32**, 383/92 (1923).
Fahrenwald, A. W.: Surface reactions in flotation. Trans. Amer. Inst. Min. Met. Eng. **70**, 647/739 (1924).
Berl, E. u. W. Pfannmüller: Zur Kenntnis der Schwimmverfahren I, II, III, IV. Kolloid-Z. **34**, 328/32 (1924); **35**, 34/40, 106/9, 110/1 (1924).
Traube, J.: Über Flotation und Adsorption. Metall Erz **21**, 520/2 (1924); **22**, 107 (1925).
Schäfer, W.: Über Adsorptions- und Flotationsvermögen verschiedener Mineralien. Metall Erz **21**, 401/4 (1924).
Bartsch, O.: Über Schaumsysteme. Beitrag zur Theorie des Schaumschwimmverfahrens. Kolloidchem. Beih. **20**, 50/77 (1925).
Gates, J. F. u. L. K. Jacobsen: Some flotation fundamentals and their practical application. Univ. Utah Eng. Expr. Station Bull. **16** (1925).
Bains, T. M.: Oilless flotation of minerals. Engg. Min. J. **119**, 205/6 (1925).
Bond, F. C.: Viscosity of mill solutions. Min. Metallurgy **7**, 15/16 (1926).
Tucker, E. L., J. F. Gates u. R. E. Head: Effect of cyanogen compounds on the flotability of pure sulfide minerals. Min. Metallurgy **7**, 126/9 (1926).
Tucker, E. L., R. E. Head u. J. F. Gates: Effect of cyanogen compounds on flotability of pure sulfide minerals I u. II. Trans. Amer. Inst. Min. Met. Eng. **73**, 354/80 (1926).
Trillat, J. J.: Die modernen Theorien der Schmierung. Science Ind. **11**, 83/9 (1927).
Hahn, A. W.: Obviating the harmful effect of soluble salts in flotation. Engg. Min. J. **123**, 449 (1927).
Gaudin, A. M.: The „why" of flotation. Engg. Min. J. **124**, 1045/51 (1927).
Die Oxydation von Zinkblende und Bleiglanz und ihr Einfluß auf die Schwimmaufbereitung. Metall Erz **24**, 509/10 (1927).
Bruchhold, C.: Ein Versuch zur Erklärung der Vorgänge in der Flotation mittels des osmotischen und Lösungsdruckes. Metall Erz **25**, 610/8 (1928).
Traube, J.: Über Flotation. Metall Erz **25**, 618/21 (1928).
Gaudin, A. M., H. Glover, M. S. Hanson u. C. W. Orr: Flotation fundamentals, part I. Utah Eng. Exp. Stat. Tech. Paper **1928**, 1/101.
Kellermann, K. u. E. Peetz: Über Adsorptionsvorgänge beim Schwimmaufbereitungsprozeß. Kolloid-Z. **44**, 296/308 (1928).
Gaudin, A. M.: Control of flotation. Engg. Min. J. **125**, 417/9 (1928).

Schneiderhöhn, H.: Welche Anforderungen sind an Mineralien zu stellen, die zu Aufbereitungsversuchen verwandt werden? Metall Erz **25**, 493/504 (1928).
Seebohm, H. Ch.: Die Flotationsmittel. Metall Erz **25**, 505/12 (1928).
Gaudin, A. M. u. P. M. Sorensen: Fundamentals of flotation II. Utah Eng. Exp. Stat. Tech. Paper **1928**, Nr 4.
Gaudin, A. M. u. J. S. Martin: Fundamentals of flotation III. Utah Eng. Exp. Stat. Tech. Paper **1928**, Nr 5.
Liesegang, E.: Oberflächenerscheinungen an feinen und groben Stoffen. Z. V. d. I. **72**, 219/20 (1928).
Hentze, W.: Schwimmfähigkeit der Mineralien und ihre zur Schwimmaufbereitung erforderlichen Zusätze. Kohle Erz **25**, 427/36 (1928).
Peetz, E.: Über den Einfluß der Adsorption im Schwimmaufbereitungsverfahren. Metall Erz **25**, 494/9 (1928).
Schön, R.: Die Schwimmaufbereitung als Arbeitsfeld der Chemie. Österr. Chem.-Z. **32**, 53/6 (1929).
Kellermann, K.: Die Kolloidchemie der Flotation. Metall Erz **26**, 193/7 (1929).
Luyken, W. u. E. Bierbrauer: Untersuchungen zur Theorie der Flotation. Mitt. Eisenforsch. **11**, 37/52 (1929).
Kellermann, K.: Kolloidtechnische Sammelreferate. VII. Flotation. Kolloid-Z. **47**, 268/78 (1929).
Bierbrauer, E.: Benetzbarkeit und Adsorption in ihrer Bedeutung für Flotationsvorgänge. Z. techn. Phys. **10**, 139/41 (1929).
Taylor, N. W. u. H. B. Bull: A study of the effect of certain cations on the flotation of galena. J. phys. Chem. **33**, 641/55 (1929).
Bull, H. B.: The electrostatics of flotation. J. phys. Chem. **33**, 656/8 (1929).
Ince, C. R.: A study of differential flotation. Amer. Inst. Min. Met. Engs. Techn. Publ. **195** (1929).
Taggart, A. F., T. C. Taylor u. C. R. Ince: Experiments with flotation reagents. Amer. Inst. Min. Met. Engs. Techn. Publ. **204** (1929).
Gieser, H. S.: Research as a flotation tool. Engg. Min. J. **128**, 465/6 (1929).
Finkey, J.: Über die Theorie des Schwimmverfahrens. Mitt. berg-hüttenm. Abt. Hochschule Sopron **1929**, 49/70.
Gaudin, A. M.: The influence of hydrogen-ion concentration on recovery in simple flotation systems. Min. Metallurgy **10**, 19/20 (1929).
Talmud, D.: Flotation und p_H. I. Kolloid-Z. **48**, 165 (1929).
Mörtsell, S.: Nyare teorier och undersökningar rörande flotation. Tekn. Tidskr. **60** (1930); Bergsvetenskap S. 1/6 u. 12/6.
Bierbrauer, E.: Aus Praxis und Theorie der Flotation. Kohle Erz **27**, 91/8 (1930).
Talmud, D. u. N. M. Lubman: Flotation und p_H. II. Kolloid-Z. **50**, 159/62 (1930).
Talmud, D. u. N. M. Lubman: Flotation und elektrische Ladung von Niederschlägen. Kolloid-Z. **50**, 163/4 (1930).
Valentiner, S. Physikalische Probleme im Aufbereitungswesen des Bergbaues. Naturw. **18**, 174/81 (1930).
Prockat, F. u. H. Kirchberg: Die Wasserstoffzahl der Schwimmtrübe in ihrem Einfluß auf Ausbringen und Anreicherung bei sulfidischen Kupfererzen. Metall Erz **27**, 122/6 (1930).
Petersen, W.: Die Adsorption von Xanthogenaten an Kohlenschlämmen. Kolloid-Z. **52**, 174/7 (1930).
Kellermann, K. u. E. Bender: Grundlagen der Flotation mit Xanthogenaten I. Kolloid-Z. **52**, 240/3 (1930).
Taggart, A. F., T. C. Taylor u. A. F. Knoll: Chemical reactions in flotation. Trans. Amer. Inst. Min. Met. Eng. Milling methods **1930**, 217/60.

Ralston, O. C., L. Klein, C. R. King, T. F. Mitchell, O. E. Young, F. H. Miller u. L. M. Barker: Reducing and oxidising agents and lime consumption in flotation pulp. Trans. Amer. Inst. Min. Met. Eng. Milling methods 1930, 369/88; auch Techn. Publ. 224 (1929).

Berl, E. u. B. Schmitt: Über Benetzungsphänomene an Zinkblende und Bleiglanz. Kolloid-Z. 52, 333/41 (1930).

Buchanan, G. H.: Chemical tools of flotation. Min. Metallurgy 11, 565/70 (1930).

3. Laboratorium.

Ralston, O. C. u. G. L. Allen: Testing ores for the flotation process. Min. Scient. Press 112, 8/13, 44/9 (1916).

Gross, W.: Ausschäumen sulfidischer Erze im Laboratorium. Metall Erz 18, 483/6 (1921).

Gross, W.: Vergleichende Versuche zur Schwimmaufbereitung eines Graphits. Z. angew. Chem. 35, 681/2 (1922).

Winter, H.: Die mikroskopische Untersuchung der Kohle im auffallenden Licht. Braunkohle 23, 605/13 (1924).

Gates, J. F. u. L. K. Jacobsen: Development and operation of a 50-gram flotation machine. Engg. Min. J. 119, 771/2 (1925).

Schneiderhöhn, H.: Die Anwendung der mineralogisch-petrographischen Untersuchungsverfahren im Berg-, Aufbereitungs- und Hüttenwesen. Glückauf 62, 1509/12 (1926).

Budd, M.: Ore dressing laboratory. Colorado School Min. Mag. (Februar 1927).

Something new in laboratory flotation. (Beschreibung des Ruth-Apparates.) Min. Metallurgy 9, 205 (1928).

Holman, B. W.: Flotation separation tests. Min Mag. 39, 151/61 (1928).

Roger, E.: Vorlesungsversuche für allgemeine Chemie (Kupferseideprozeß und Flotation). J. chem. Education 5, 96/8 (1928).

Quittkat, G.: Untersuchungen über die Aufbereitungsmöglichkeiten der edlen Silbererze sowie der komplexen Blei-Zinkerze der Grube „Alte Hoffnung Gottes" zu Klein-Voigtsberg i. Sa. Metall Erz 25, 1/7, 32/9 (1928).

Quittkat, G.: Die Bedeutung der Erzmikroskopie für die Aufbereitung. Metall Erz 26, 509/14 (1929).

Gross, J., S. R. Zimmerley u. A. Probert: A method for the sizing of ore by elutriation. Bureau Min. Reports of Investigation Serial 1929, Nr 295.

Fahrenwald, A. W. u. C. Thom: Coarse sand flotation classification and table concentration. U. S. Bureau Mines R. J. Serial 2921 (1929).

Prokat, F. u. H. Kirchberg: Die Bestimmung der Wasserstoffzahl in Erztrüben. Metall Erz 27, 120/1 (1930).

Leaver, E. S. u. J. A. Woolf: Retreatment of Mother Lode carbonaceous slime tails. U. S. Bureau Mines R. J. 2998 (1930).

Junker, H.: Fehlerquellen und Ungenauigkeiten bei Oberflächenspannungsmessungen mittels der Tropfapparate. Kolloid-Z. 52, 231/9 (1930).

Traube, J.: Bemerkungen über die Tropfmethode zur Messung der Oberflächenspannung und Grenzflächenspannung. Kolloid-Z. 53, 300/3 (1930).

4. Betriebsflotation.

a) Sulfidische und gediegene Metalle führende Erze.

Macco, A.: Die ersten Gröndal-Schwimmaufbereitungen in Deutschland. Metall Erz 18, 197/201 (1921).

Lewis, R. S.: Silver King Coalition's new mill. Engg. Min. J. 116, 369/73 (1923).

Mayer, E. W. u. R. Schön: Mitteilungen über die Betriebsergebnisse einer Bleierz-Flotationsanlage in Haufenreit (Steiermark). Metall Erz 20, 385/8 (1923).

Young, G. J.: Selective flotation of a complex zink-lead ore. Engg. Min. J. **116**, 453/6 (1923).
Payne, H. M.: Selective flotation a feature at the Magistral-Ameca plant. Engg. Min. J. **116**, 1105/8 (1923).
Hall, R. G.: Development of treatment methods for complex ores. Engg. Min. J. **117**, 440/5 (1924).
Treptow, E.: Das Schwimmverfahren von Gröndal-Franz der Ekof, angewendet auf die Mittelprodukte der Mitterberger Kupferkiesaufbereitung. Metall Erz **21**, 1/6 (1924).
Macdonald, W. T.: Selective flotation at Nacozari. Engg. Min. J. **118**, 445/54 (1924).
Doerner, H. A.: Floating and leaching copper-molybdenum ores. Engg. Min. J. **119**, 925/6 (1925).
Keyes, H. E.: Differential flotation of copper and iron sulphides. Engg. Min. J. **120**, 135/6 (1925).
Glatzel, R.: Die Nutzbarmachung der Schwimmaufbereitung für Fahlerze der Gewerkschaft Gottesgabe, Aurora und Seifenroth, Roth (Kreis Biedenkopf), nach dem Verfahren Gröndal-Dr. Franz. Metall Erz **22**, 1/11 (1925).
Scotti, H. v.: Die Schwimmaufbereitungsanlage auf der Grube Bergwerkswohlfahrt der Berginspektion Grund im Harz. Metall Erz **22**, 195/9 (1925).
Robie, E. H.: Selective flotation at Timber Butte (Pb-Zn-Ag-Erze). Engg. Min. J. **120**, 685/9 (1925).
Handy, R. S.: Pulp-density indicator useful in flotation work. Chem. Met. Engg. **19**, 77 (1926); Engg. Min. J. **120**, 536 (1925).
Robie, E. H.: Selective lead-zinc flotation at Sunnyside. Engg. Min. J. **121**, 757/62 (1926).
Ellis, E. W.: Solving a problem in silver-lead ore concentration (Coeur d'Alène). Engg. Min. J. **122**, 815/6 (1926).
Ludwig, M.: Die bisherigen Versuche zur Aufbereitung des Kupferschiefers. Metall Erz **23**, 146/9 (1926).
Wagemann, K.: Einige Grundlagen und wesentliche Gesichtspunkte zur Frage einer günstigeren Verarbeitung Mansfeldscher Minern unter besonderer Berücksichtigung eines Aufbereitungsprozesses. Metall Erz **23**, 149/54 (1926).
Rose, E. H.: A new study of grinding efficiency and its relation to flotation practice. Engg. Min. J. **122**, 331/8 (1926).
Zeigler, W. L.: Concentrating lead-silver ore at Hecla Mine. Engg. Min. J. **122**, 444/50 (1926).
Parsons, A. B.: Selective flotation at Parral (Silberbergbaudistrikt Mexikos). Engg. Min. J. **122**, 644/8 (1926).
Lanning, J. E.: United Verde's new concentrator. Engg. Min. J. **122**, 976/80 (1926).
Hubell, A. H.: Pecos mine: A new zinc-lead project. Engg. Min. J. **122**, 1004/12 (1926).
Parsons, A. B.: Selective flotation of copper-iron ore at the Eustis mine, Quebec. Engg. Min. J. **123**, 84/8 (1927).
Parsons, C. S.: Selective flotation. Engg. Min. J. **123**, 757/62 (1927).
Poole, H. W.: Effects of bichromate in flotation at the Sullivan mill. Engg. Min. J. **124**, 140/1 (1927).
Booth, L. E.: Modifying reagents in selective flotation. Engg. Min. J. **124**, 141 (1927).
Tippett, J. M.: Flotation of a gold ore in a cyanide solution. Engg. Min. J. **124**, 181/3 (1927).
Gieser, H. S.: Mining and milling on Santa Catalina island. Engg. Min. J. **124**, 245/7 (1927).

Gieser, H. S.: Improving flotation results at the Rising Star. (Komplexe Zinkerze mit viel Pyrit.) Engg. Min. J. **124**, 289/90 (1927).
Flotation practice at the Sullivan mill. Engg. Min. J. **124**, 537/9 (1927).
Bernewitz, H. W. v.: Flotation in the treatment of gold and silver ores: a review. Engg. Min. J. **124**, 611/4, 655/7 (1927).
Lemke, C. A.: Difficulties met in differential flotation. Min. Metallurgy **8**, 183/4 (1927).
Diamond, R. W.: Flotation reagents at the Sullivan mill. Min. Metallurgy **8**, 336/7 (1927).
Dalen, O.: Der Flotationsprozeß, seine Anwendung und Bedeutung in Amerika. Tidskr. Kemi Bergvesen **7**, 110/3 (1927).
Parsons, A. B.: Selective flotation as applied to Canadian ores. Canad. Min. J. **48**, 468/74 (1927).
Shimmin, J. T.: Dewatering concentrates at Chino. Engg. Min. J. **124**, 726/9 (1927).
Grumbrecht, A.: Über den gegenwärtigen Stand der selektiven Flotation. Metall Erz **24**, 557/66 (1927).
Howe, J. L.: Ein neues Verfahren zur Aufbereitung südafrikanischer Platinerze. Science **68**, 488 (1928).
Kuntz, J.: Das Kupferbergwerk El Teniente der Braden Copper Co. Ltd., Rancagna (Chile). Metall Erz **25**, 25/32 (1928).
Egeberg, F. P.: Moderne selektive Flotation. Tidskr. Kemi Bergvesen **8**, 53/6, 75/81 (1928).
Dalen, O.: Einige Bemerkungen über die moderne Flotationspraxis in den Vereinigten Staaten. Tidskr. Kemi Bergvesen **8**, 138/9 (1928).
Gaudin, A. M.: Control of flotation. Engg. Min. J. **125**, 417/9 (1928).
Robie, E. H.: Mining, milling and smelting at Superior, Arizona. Engg. Min. J. **125**, 932/5 (1928).
Hydrogen-Ion control as applied to flotation. Engg. Min. J. **125**, 1024 (1928).
Fahrenwald, A. W.: Xanthate and pine oil float native copper in amygdaloid ores. Engg. Min. J. **126**, 58/9 (1928).
Robie, E. H.: The international smelter and the Miami Copper concentrator. Engg. Min. J. **126**, 96/8 (1928).
Robie, E. H.: Impressions of the Ray Copper concentrator. Engg. Min. J. **126**, 133/6 (1928).
Duggan, E. J.: Flotation and leaching at Kennecott (Alaska). Engg. Min. J. **126**, 1008/15 (1928).
Godard, J. S.: Die Konzentration der Erze des westlichen Quebec. Bull. Amer. Zinc Inst. **11**, Nr 11—12. Nov./Dez. (1928).
Holman, B. W.: Notes on flotation practice in Canada. Min. Mag. **38**, 21/7 (1928).
Parsons, A. B.: Selective flotation applied to Canadian ores. Canad. Min. J. **49**, 1014/7 (1928).
Controlling reagents in flotation. Engg. Min. J. **126**, 836/7 (1928).
Geisler, K. W.: Neuere ununterbrochen arbeitende Filter für schlammige Massen. Z. V. d. I. **72**, 1089/92 (1928).
Keiser, H. D.: Flotation equipment of the Combined Metals Reduction Company. Engg. Min. J. **126**, 253/5 (1928).
Robie, E. H.: The Morenci concentrator of the Phelps Dodge Corporation. Engg. Min. J. **126**, 290/4 (1928).
Egeberg, F. P.: Moderne selektiv flotasjon. Tidskr. Kemi Bergvesen **8**, 75/81 (1928).
Cramer, W. B.: Concentration trends. Engg. Min. J. **126**, 675/7 (1928).
Mac Donald, W. T.: Selective flotation. Engg. Min. J. **126**, 678/82 (1928).

Keiser, H. D.: Results of remodeling a flotation mill at the Silver King Coalition plant. Engg. Min. J. **126**, 748/50 (1928).
Robie, E. H.: Notes on the Chino concentrator. Engg. Min. J. **126**, 782/4 (1928).
Keiser, H. D.: New developments in flotation practice. Engg. Min. J. **126**, 791/3 (1928).
James, A.: The 1928 Christmas letter. Engg. Min. J. **126**, 970/5 (1928).
Anable, A.: Some recent metallurgical developments. Engg. Min. J. **126**, 990/1 (1928).
Dwight, A. S.: Metallurgical treatment of flotation concentrates. Trans. Amer. Inst. Min. Met. Eng. **76**, 527/36 (1928).
Quittkat, G.: Neuerungen in der Golderzaufbereitung, insbesondere durch Einführung des Schwimmverfahrens. Metall Erz **26**, 400/3 (1929).
Coulter, W. J.: Mining molybdenum ore at Climax, Colorado. Engg. Min. J. **127**, 394/400 (1929).
Coulter, W. J.: Crushing and concentrating molybdenum ore at Climax, Colorado. Engg. Min. J. **127**, 476/80 (1929).
Page, W. C.: Roan Antelope pilot plant test work gives excellent results. Engg. Min. J. **127**, 520/3 (1929).
Selective flotation in Spain. Engg. Min. J. **127**, 640/2 (1929).
Vogel, F.: Aufbereitung von armen Kupfererzen durch Laugung oder Flotation. Metallbörse **19**, 537/8, 705/6 (1929).
Sabin, A. B.: The Lucky Tigre concentrator. Min. Metallurgy **10**, 415/7 (1929).
Hazen, H. L.: Recovering sulphur from a Nevada surface deposit. Engg. Min. J. **127**, 830/1 (1929).
Parsons, C. S.: Selektive Flotation von Blei-Zinkerzen in Kanada. Chem. Eng. Mining Rev. **21**, 158/61 (1929).
Heberlein, C. A.: Combined leaching-flotation treatment of mixed copper ores. Engg. Min. J. **128**, 60 (1929).
Robjohns, H. T.: Die Flotation der Kupfersulfide in der Gegenwart von primärem Schlamm. Chem. Eng. Mining Rev. **21**, 379/80 (1929).
Young, A. B. u. W. J. McKenna: Selective flotation of lead-zinc ores at Tooele, Utah. Engg. Min. J. **128**, 291/4 (1929).
Morrow, B. S.: Both copper and zinc ores treated by selective flotation. Engg. Min. J. **128**, 295/300 (1929).
Mörtsell, S.: Selective flotation in Orijärvi (Finnland). Tekn. Tidskr. **59**, 15/6 (1929).
Tully, Ch. W.: Copper Queen concentrating operations. Engg. Min. J. **128**, 583/5 (1929).
De Vaney, F. D. u. C. W. Ambler: Reaction of metallic iron and copper sulphate in the flotation of sphalerite. U. S. Bureau Mines R. J. **2970** (1929).
Flotation of gold ore in Continental Europe. Engg. Min. J. **128**, 774/5 (1929).
Pirlot, F. J.: Préparation mécanique des minerais. Rev. Univ. Min. Mét. **72**, 137/40 (1929).
Baroch, Ch. T.: Flotation, roasting and electrolytic problems in the development of a copper extraction process. Engg. Min. J. **128**, 845/6 (1929).
Prentice, T. K.: Die Gewinnung von Platinkonzentraten aus Transvaalerzen. J. chem. metall. min. Soc. South Africa **29**, 269/83 (1929).
Petersen, W.: Die Wirkung der Schlämme bei der Flotation. Metallbörse **19**, 1714/5 (1929).
Petersen, W.: Differentielle Flotation. Metallbörse **19**, 1769/70, 1826/8, 1882/3, 1937/8 (1929).
Bruchhold, C.: Auswählende Schwimmaufbereitung von Erzen in Mexiko. Z. V. d. I. **73**, 1440/2 (1929).

Banks, L. M. u. G. A. Johnson: Differential grinding applied to tailing retreatment. Amer. Inst. Min. Met. Eng. Techn. Publ. **1929**, Nr 217.
Ralston, O. C., C. R. King u. F. X. Tartaron: Copper sulfate as flotation activator for sphalerite. Amer. Inst. Min. Met. Eng. Techn. Publ. **1929**, Nr 247.
Ralston, O. C. u. W. C. Hunter: Activation of sphalerite for flotation. Amer. Inst. Min. Met. Eng. Techn. Publ. **1929**, Nr 248.
Garms: Operations at the Hayden Concentrator. Min. Congr. J. **16**, 186/92 (1930).
Traylor, H. R.: The Allenby Concentrator, Brit. Col. Min. Mag. **40**, 56 (1930).
Tye, A. T.: Milling methods and costs at the concentrator of the Cananea Consolidated Copper Co., Cananea, Sonora, Mexico. U. S. Bureau Mines J. C. **6261** (1930).
Wainwright, W. E.: Metallurgical practice at the Broken Hill South. Engg. Min. World **1**, 187/8 (1930).
Heden, E. C. B.: Lake George — another new Australien lead-zinc mine. Engg. Min. World **1**, 414/6 (1930).
Byler, R. E.: Milling practice at Fresnillo. Min. Mag. **42**, 137/47 (1930).
Young, G. J.: Improuvements at New Cornelia II. Engg. Min. World **1**, 426/9 (1930).
Gardner, R. D.: Milling methods and costs at the Harmony Mines, Baker, Idaho. U. S. Bureau Mines J. C. **6285** (1930).
Patzschke, K.: Die Aufbereitung der Deutsch-Bleischarley-Grube. Metall Erz **27**, 113/20 (1930).
Salau, H. J.: Die Verarbeitung der Blei-Zinkerze der Ssadon-Bergwerke in der Aufbereitungsanlage Misur bei Alagir im Kaukasus. Metall Erz **27**, 281/5 (1930).
Rose, J. H. u. J. C. McNabb: Milling methods and costs at the concentrator of the Magma Copper Co., Superior, Arizona. U. S. Bureau Mines J. C. **6319** (1930).
Sansom, F. W.: Milling practice at the Netta Mine of the Eagle Picher Lead Co., at Picher, Oklahoma. U. S. Bureau Mines J. C. **6342** (1930).
Kuzell, C. R. u. L. M. Barker: Milling methods and costs at the concentrator of the United Verde Copper Co., Clarkdale, Arizona. U. S. Bureau Mines J. C. **6343** (1930).
Crabtree, E. H.: Milling practice at the White Bird Concentrator, Canam Metals Corporation, Picher, Oklahoma. U. S. Bureau Mines J. C. **6353** (1930).
Benedict, C. H.: Methods and costs of treatment at the Calumet and Hecla Reclamation plant. U. S. Bureau Mines J. C. **6357** (1930).
Rose, E. H. u. W. B. Cramer: Milling methods and costs at the Nacozari concentrator of the Phelps Dodge Corp., Nacozari, Sonora, Mexico. U. S. Bureau Mines J. C. **6358** (1930).
Wright, J. L.: Milling methods and costs at the Black Hawk Concentrator, Hanover, New Mexico. U. S. Bureau Mines J. C. **6359** (1930).
Mac Donald, W. T.: Selective flotation mill at Copper Cliff. Engg. Min. World **1**, 015/22 (1930).
The new Cornelia Mill at Ajo, Arizona. Min. Metallurgy **11**, 437/8 (1930).
Benedict, H. C.: Milling methode and cost at the Conglomerate Mill of the Calumet and Hecla Consolidated Copper Co. U. S. Bureau Mines J. C. **6364** (1930).
Strachan, C. B.: Milling methods of the American Zinc Co. of Tennessee, Mascot Tennessee. U. S. Bureau Mines J. C. **6379** (1930).
Börner, H.: Anwendung eines Nachklassierungsverfahrens auf Flotationsabgänge zur Verbesserung des Aufbereitungserfolges. Metall Erz **27**, 654/9 (1930).
Faerber: Die Schwimmaufbereitungsanlage von Oued Oudina. Metallbörse **20**, 1377/8 (1930).
Stockes, R. O.: A new concentrator at Rio Tinto. Min. Mag. **43**, 329/36 (1930).

Lewers, H. M.: Flotation of lead-zinc at Tybo Nevada. Engg. Min. World **1**, 656/8 (1930).
Huttl, J. B.: United Verde Extension's new concentrator at Clemenceau. Engg. Min. World **1**, 661/2 (1930).
Allen, G. L.: Milling practice at San Francisco Mines of Mexico, Ltd. Amer. Inst. Min. Met. Eng. Techn. Publ. **1930**, Nr 371.
Keough, O. E.: Metallurgical control at the Tooele concentrator. Min. Metallurgy **11**, 202/5 (1930).

b) Nichtsulfidische Mineralien (ausgenommen Kohle und Graphit).

Lee, O.: Flotation of limestone from siliceous gangue. J. Frankl. Inst. **202**, 108/9 (1926).
Duling, J. F.: Tabling and floating a carbonate lead ore. Engg. Min. J. **124**, 204/7 (1927).
Madel, H.: Fortschritte in der Flotation oxydischer Erze und Gangartmineralien. Metall Erz **24**, 568/71 (1927).
Vivian, A. C.: An application of froth flotation to oxide ores. Min. Mag. **37**, 153/60 (1927).
Varley, T.: The flotation of oxidised ores. U. S. Bureau Mines, Serial 2811 (1927).
Varley, T.: The flotation of oxidised ores. Min. J. **158**, 728/30, 762/4 (1927).
Luyken, W. u. E. Bierbrauer: Gewinnung von Apatit aus Schlichabfällen durch Schwimmaufbereitung. Mitt. Eisenforsch. **10**, 317/21 (1928).
Barnitzke, J. E.: Vorläufige Mitteilung über ein neues Verfahren der Flotation von oxydischen Erzen. Metall Erz **25**, 621/4 (1928).
Luyken, W. u. E. Bierbrauer: Gewinnung von Apatit aus Schlichabfällen durch Schwimmaufbereitung. Arch. Eisenhüttenwes. **2**, 355/9 (1928).
Kroll, F.: Kupferland Katanga. Metall Erz **25**, 49/53 (1928).
Miessner, H.: Die Kupfererzaufbereitung der Grube „Große Burg" bei Neunkirchen (Siegerland). Metall Erz **25**, 248/56 (1928).
Bird, F. A.: Fundamentals in the flotation of sulphidized oxidized ores. Engg. Min. J. **125**, 652/4 (1928).
Lawrence, H. M. u. F. D. De Vaney: Flotation of low-grade phosphate ores. Engg. Min. J. **125**, 1058/9 (1928).
Coghill, W. H. u. O. W. Greeman: Flotation of fluorspar ores for acid spar. U. S. Bureau Mines R. J. Serial **2877** (1928).
Wigton, G. H.: Oxidized ore flotation at Chief Consolidated Mill. Min. Metallurgy **9**, 541/2 (1928).
Conditioning reagents in flotation of high-silica bauxite. Engg. Min. J. **126**, 212 (1928).
Rhodochrosite and quartz separated by flotation. Engg. Min. J. **126**, 905 (1928).
De Vaney, F. D. u. W. H. Coghill: Preliminary ore dressing tests to recover manganese in rhodochrosite ores. U. S. Bureau Mines R. J. Serial **2902** (1928).
Seebohm, H. Ch.: Die Flotation der oxydischen Erze und der anorganischen Nichterze. Kohle Erz **25**, 753/62 (1928).
Christmann, L. J. u. S. A. Falconer: Testing reagents for the flotation of carbonate lead-silver ores. Engg. Min. J. **127**, 951/3 (1929).
Aufbereitung von Blei- und Zinkkarbonaterzen. Metallbörse **19**, 1938/9 (1929).
Callow, J. M.: The mill and smelter of Mount Isa. Min. Mag. **41**, 336/7 (1929).
Konzentration geringwertiger Phosphaterze durch Flotation. Canad. Min. J. **50**, 96 (1929).
Gandrud, B. W. u. F. D. De Vaney: Applying flotation to treatment of low-grade bauxite ores. Engg. Min. J. **127**, 313 (1929).
De Vaney, F. D. u. J. B. Clemmer: Floating of carbonate and oxide manganese ores. Engg. Min. J. **128**, 506/8 (1929).

Letcher, O.: Minerals separation devises process for mixed copper ores. Engg. Min. J. **128**, 786 (1929).
Wigton, G. H.: Milling methods and costs at the concentrator of the Chief Consolidated Mining Co., Eureka, Utah. U. S. Bureau Mines J. C. **6320** (1930).
Gerth, G.: Beitrag zur Flotation nichtsulfidischer Mineralien. Metall Erz **27**, 527/9 (1930).
Monks, A. J. u. N. L. Weiss: Concentration of oxidized lead ores at San Diego Mill, Cia. Minera Asarco. Min. Metallurgy **11**, 455/8 (1930).

5. Kohle- und Graphitflotation.

Broadbridge, W.: Froth flotation as applied to the preparation of coal for coking and briquetting. Iron Coal Trades Rev. **103**, 473/4 (1921).
Jones, F. B.: The froth flotation of coal. Proc. South Wales Inst. Engg. **37**, 331/68 (1921).
Jones, F. B.: The froth flotation of coal. Iron Coal Trades Rev. **103**, 472/3 (1921).
Nelson, R.: Recent developments in coal cleaning processes. Iron Coal Trades Rev. **103**, 10 (1921).
Wüster, R.: Ausländische Versuche und Erfahrungen mit dem Schwimmverfahren für Kohle der Minerals Separation Ltd. Glückauf **58**, 6/13 (1922).
Thau, A.: Kohlenveredelung, insbesondere zur Herstellung von aschearmem Koks. St. u. E. **42**, 1153/8, 1242/9 (1922).
Tupholme, C. H. S.: Can expel water from wet slack by oils and pressure; much ash leaves the coal with the water. Coal Age **24**, 277/8 (1923).
Wüster, R.: Die Schwimmaufbereitung von Kohle nach dem Verfahren von Gröndal-Franz auf der Zeche Mont Cenis. Glückauf **60**, 19/23 (1924).
Das Vakuum-Schwimmverfahren für die Reinigung der Kohle. Koppers Mitteilungen **5**, 179/98 (1923).
Wüster, R.: Neuere Erfahrungen mit dem Rhéo-Kohlenwaschverfahren, der Kohlenschlammveredelung und der Schwimmaufbereitung für Kohle. Arch. Wärmewirtsch. **5**, 249/50 (1924).
Schäfer, O.: Die Anwendung des Schwimmverfahrens zur Aufbereitung von Kohle. St. u. E. **45**, 1/7, 44/51 (1925).
Berthelot, Ch.: Le lavage du charbon par flottage, son but, ses avantages, son mode d'application. Bull. Soc. d'Enc. **124**, 15/52 (1925).
Domke, K. u. C. Behrisch: Aufbereitungsversuche mit Markasiteinlagerungen eines mitteldeutschen Braunkohlenflözes. Braunkohle **23**, 1005/9 (1925).
Groß, W.: Aufbereitung von Steinkohlen auf Grund physikalischer Eigenschaften ihrer Gemengteile, dargestellt nach dem gegenwärtigen Stande der Technik. Glückauf **61**, 917/24 (1925).
Karlik, R.: Die Aufbereitung von Steinkohle durch Waschen unter Zugrundelegung von Waschkurven. Mont. Rdsch. **17**, 247/53, 284/90 (1925).
Czermak, A.: Neuzeitliche Gesichtspunkte für die Aufbereitung und Verwertung von Feinkohle. Berg-Hüttenm. Jahrb. Leoben **1925**, 1/24.
Reinhardt, K.: Untersuchung der Feinkohlen und Regeln für ihre wirtschaftliche Aufbereitung. Glückauf **62**, 485/96, 521/8 (1926); Z. V. d. I. **70**, 521/7, 603/8, 664/8 (1926).
Berthelot, Ch.: Le lavage du charbon par flottage. Chimie Industrie **1927**, Numéro spécial S. 334/53.
Faber, A.: Der gegenwärtige Stand der Kohleveredelung und ihre weiteren Aussichten. Wärme **50**, 148/52 (1927).
Mory, B.: Die Entfernung der Aschenbestandteile aus ungarischer Braunkohle durch Flotation. Szénkisérleti Közlemények **2**, 126/33 (1927).

Berthet, E.: Lavage par flottage des charbons; influence des chlorures alcalins apporté par l'eau sur la stabilité de l'écume. Chimie Industrie **19** (1928); Sonder-Nr. S. 217.

Hubler, W. G.: Concentrating graphite in Southern California. Engg. Min. J. **125**, 1059/60 (1928).

Neugirg, S.: Neue erfolgreiche Wege zur Aufbereitung von bayrischem Graphit. Metall Erz **24**, 571/4 (1927).

Parsons, C. S.: The concentration of flake graphite ores. Canad. Min. J. **49**, 778/81 (1928).

Chapman, W. R.: The cleaning of small coal. Coll. Guard. **137**, 1373/4 (1928).

Lucke, M.: Höhere Leistungen an gewaschener Feinkohle bei Schwimmaufbereitung der Schlammkohle. Z. V. d. I. **73**, 1345/9 (1929).

Black Donald: Graphite operating new hydroelectric plant and concentrator. Engg. Min. J. **128**, 368 (1929).

Wilkins, E. G.: Selective flotation on a lead-zinc-graphite ore. Min. Mag. **42**, 349/52 (1930).

6. Reagenzien.

Varley, T.: Consumption of reagents used in flotation 1924. U. S. Bureau Mines Serial **2709** (1925).

Leaver, E. S. u. H. M. Lawrence: Barium polysulphide in sulphidizing oxidized ores for flotation. U. S. Bureau Mines Serial **2698** (1925).

Henderson, C. T.: The proper use of lime to alkalize mill circuits. Engg. Min. J. **120**, 1016 (1925).

Varley, T.: Consumption of reagents used in flotation 1925. Engg. Min. J. **122**, 868/9 (1926); U. S. Bureau Mines Serial **2777**, Oct. 1926.

Gieser, H. S.: Flotation reagents and practice. Engg. Min. J. **123**, 842/6 (1927).

Williams, J. C.: Organic flotation reagents. Engg. Min. J. **124**, 456/8 (1927).

Ruggles, G. H. u. H. F. Adams: Results with xanthate at Inspiration. Min. Metallurgy **8**, 337/9 (1927).

Stein, S. E.: Lime in flotation. Engg. Min. J. **125**, 487/9 (1928).

Varley, T.: Consumption of reagents used in flotation 1926. U. S. Bureau Mines Serial **2852**, Jan. 1928.

Seebohm, H. Ch.: Die Flotationsmittel. Metall Erz **25**, 505/12 (1928).

Taggart, A. F.: Flotation reagents. Min. Metallurgy **9**, 257/60 (1928).

Jertschikowski, G. O.: Flotationsreagenzien. Mineralnoje Ssyrje i Zwetnyje Metally **4**, 258/66 (1929).

McKay, N. H.: Soluble salts as flotation reagents. Engg. Min. J. **128**, 920/1 (1929).

Gaudin, A. M.: Consumption of reagents used in flotation 1927. U. S. Bureau Mines Serial **2931**, May 1929.

Taggart, A. F., T. C. Taylor u. C. R. Ince: Experiments with flotation reagents. Amer. Inst. Min. Met. Eng. Techn. Publ. **1929**, Nr 204.

Petersen, W.: Wirkung und Zusammensetzung der Flotationsreagenzien. Metallbörse **19**, 1322/3, 1380/1, 1434/6, 1490/1 (1929).

Landolt, G. L., E. G. Hill u. A. Lowy: Flotation research on the relative activity of the various constituents of crude cresilic acid. Engg. Min. World **1**, 250/1 (1930).

Miller, T. H. u. R. L. Kidd: Flotation reagents 1928. U. S. Bureau Mines R. J. **3004**, June 1930.

Mayer, E. W.: Über Flotationschemikalien I. u. II. Chem.-Z. **54**, 229/30, 250/1 (1930).

Badescu, E. u. F. Prockat: Untersuchungen über die Wirkungsweise verschiedener Xanthate bei reinen Kupferkieserzen. Kohle Erz **27**, 625/8 (1930).

IV. Englisch-Deutsches Fachwörterverzeichnis.

acid, Säure
— circuit, saures Verfahren
acidify, to, ansäuern
activate, to, aktivieren, beleben
acid sludge, saurer Rückstand der Petroleumraffination
adhesion, Adhäsion
aerating compartment, Durchlüftungskammer
aerial tramway, Seilbahn
aero-float, Di-Kresol-Dithiophosphorsäure
affinity, Affinität
agglomeration, Agglomeration
agitation, kräftiges Umrühren
air bubble, Luftblase
— dried, lufttrocken
— elutriator, Windsichter
— lift, Druckluftwasserheber, Mammutpumpe
aldol, Oxybutylaldehyd $CH_3 \cdot CH(OH) \cdot CH_2(CHO)$
alternating-current, Wechselstrom
alkali, Alkali
amalgamation, Amalgamation
amber, Bernstein
amount of energy needed, Kraftbedarf
ampere turns, Amperewindungen
amphibole, Hornblende
analysis, Analyse
anglesite, Anglesit
anhydrite, Anhydrit
aniline, Anilin [lust
annealing loss, Glühveranthracite, Anthrazit
apatite, Apatit
apron feeder, Bandaufgabe
— conveyor, Bandförderer
argentite, Argentit, Glaserz

armorite, mit Gummi armierte Stahlplatte
arsenic, Arsen
arsenopyrite, Arsenkies, Arsenopyrit
asbestos, Asbest
ash, Asche [raffin
asphaltic base, Rohpaassay (head-), Gehalt (Aufgabegehalt)
—, to, Probe nehmen
atacamite, Atakamit
A.-T. mixture, A.-T.-Mischung, Sammler, bestehend aus:
60% = α-Naphtylamin
40% = Orthotoluidin
augite, Augit
automatic feeder, selbsttätige Eintragvorrichtung

balata belt, Gurtförderer
ball-bearing, Kugellager
ball mill, Kugelmühle
barret Nr. 4 oil, Steinkohlenteerkreosot
— Nr. 634 oil, Buchenholzkreosot
barite, Baryt, Schwerspat
barren, erzfrei, taub
bar screen, Siebrost, Stangenrost
batch (-mill), periodisch arbeitend (-e Mühle), (Einsatzmühle)
batea, Sichertrog
bearing, Lager (Zapfenlager)
belt, Treibriemen
— concentrator, Planenherd
— conveyor, Förderband, Transportband
— drive, Riemenantrieb
beryl, Beryll
bin, Behälter, Bunker, Silo
binder, Bindemittel
biotite, Biotit
black ash, Bariumsulfid BaS
bleach, Chlorkalk

blanket, Decke (Gewebe für pneumatische Flotationsmaschinen)
blende, Zinkblende
blower, Gebläse
bolting machine, Sichtmaschine (Graphitaufbereitung)
bone ore, Bohnerz
— phosphate, Phosphorit
bonus, Gutschrift
bornite, Bornit, Buntkupferkies
bottom bed, Setzbett
bowl classifier, Klassierer (Dorr) mit Eindickschüssel
box, Klärbecken [sten
— classifier, Spitzkabreak, to, brechen
breaking, Grobzerkleinerung
briquetting plant, Brikettierungsanlage
bubble, air-, Luftblase
— column, Schaumsäule
bucket elevator, Becherwerk, Eimerkettenbagger
bulk, Hauptmasse
— concentrate, Bauschkonzentrat
burn, to, brennen
by-product, Nebenprodukt

cage, Förderkorb
calcine, to, brennen, rösten
calcite, Calcit, Kalkspat
calorimetric value, Heizwert
canvas, Kanevas, Segeltuch
capacity, Durchsatzleistung, Leistung, Fassungsvermögen
carbon dioxide, Kohlensäure
— monoxide, Kohlenoxyd

carbonate ore of lead, Bleikarbonat [säure
carbonic acid, Kohlen-
car tilter, Wagenkipper
cassiterite, Zinnstein
caustic soda, Ätznatron NaOH
— potash, Ätzkali KOH
cell, Zelle
cement (petrolastic), Schweröl der Petroleumraffination
centrifugal separation, Zentrifugalaufbereitung
centrifuge, Zentrifuge
cerussite, Cerussit, Weißbleierz
chalcocite, Kupferglanz
chalcopyrite, Chalkopyrit, Kupferkies
challenge feeder, regulierbare Aufgabevorrichtung
charge, to, aufgeben
— pipe, Austragrohr
charging apparatus, Aufgabevorrichtung
Chilean mill, Kollergang
chromite, Chromit
cinnabar, Zinnober
city gas, Leuchtgas
clarifier, Klärapparat, Klärbehälter, Klärgefäß
classification, Trennung nach der Gleichfälligkeit = Stromklassierung
classifier, Klassierer
cleaner, Nachreiniger
clodded, klumpig
clog, to, verstopfen
closed circuit, geschlossener Kreislauf
cloth, wire-, Tuch, Drahtgewebe
coal, Kohle
coalesce, to, koagulieren, zusammenballen
coalescence, Zusammenballung
coalgas, Steinkohlengas
coal tar, Kohlenteer

coal washing, coal washery, Kohlenwäsche
coarse product, Grobkorn
cobaltite, Glanzkobalt
cobbing, Vorscheidung (mit leichtem Scheidecock, Hahn [hammer)
coke, Koks
coking coal, Kokskohle
collecting reagent, Sammler
collector, Sammler
colliery, Kohlenbergwerk
colloids, Kolloide
combination, Verbindung
combustible, Brennstoff
comminute, to, pulvern, zerreiben
comminution, Feinmahlung
compressed air, Druckluft
cone crusher, Kegelbrecher
% concentration, Gewichtsausbringen
concentration plant, Aufbereitungsanlage
— ratio, Einengungsverhältnis
concentrator, Aufbereitungsanlage
conditioning time, Vorbehandlungszeit
construction costs, Anlagekosten
consumption, Verbrauch
contact angle, Berührungswinkel, Randwinkel
content, Gehalt
continuous current, Gleichstrom
control switch, Regulierventil
conveyor, Bandförderer
corundum, Korund
costs of erecting, Anlagekosten
— of production, Gestehungskosten
country rock, Nebengestein

crank, Kurbel
crew, Belegschaft
creosotes, schwere Teeröle des Steinkohlen- und Holzteers
cresylic acid, Rohkresol $C_6H_4 \cdot CH_3 \cdot OH$
crowded settling, Absetzen in dichter Packlage der Körner
crude oil, Rohöl
— ore, Roherz
crusher, Brecher, Steinbrecher
crushing, Grob- und Mittelzerkleinerung
— rolls, Walzwerk
cryolite, Kryolith
cupferron, Kupferron, Ammoniumsalz des Nitrosophenylhydroxylamins
cuprite, Cuprit
current, Strom
curve, Kurve
cutter, Probenehmer
cyanid, Alkalisalz der Cyanwasserstoffsäure
cyanidation, Zyanlaugung
cyclone, Zyklon
cylindrical trommel, zylindrisches Trommelsieb

dam, Damm
deposit of ore, Erzlager
depreciation, Abschreibung
depress, to, drücken
desulferizing, Entschwefelung
develop, to, aufschließen
dewatering, Entwässerung
diameter, Durchmesser
diamond, Diamant
die, Pochsohle
direct current, Gleichstrom
discharge, Austrag, austragen
disintegrator, Desintegrator

disc crusher, Scheibenmühle
— filter, Scheibenfilter
dispersed, dispers
disseminated, fein verwachsen
distributing board, Stelltafel
distributor, Verteiler
dolomite, Dolomit
Dorr thickener, Dorr-Eindicker
drag belt, Kratzband
— classifier, Rechenklassierer
dragover, Rechenaustrag (Grobaustrag des Rechenklassierers)
dredger, dredging-machine, Bagger
driving pulley, Antriebsscheibe
drop, to, niederschlagen
drum filter, Trommelfilter
— washer, Waschtrommel
drying cylinder, Trockentrommel
dump, Halde, Teich
—, to, entladen
dust, Staub

earthy, erdig
easily wetted, leicht benetzbar
eccentric grizzly, Exzenterrost
edge runner, Kollergang
efficiency of screening, Siebwirkungsgrad
electrostatic separation, elektrostatische Aufbereitung
— separator, elektrostatischer Scheider
elevator, Aufzug
elutriation, Läuterung, Abschlämmung, Schlämmanalyse
emery, Schmirgel
empirical, empirisch
end-bump table, Langstoßherd

enrichment, Anreicherung
— ratio, Anreicherungsverhältnis
equal falling, gleichfällig
— settling, gleichfällig
etch, to, ätzen
expenses, working-, Betriebskosten

falling velocity, Fallgeschwindigkeit
fan, Gebläse [werk
feed, Aufgabegut, Hauf-
—, to, beschicken
— apron, Aufgabeband
feeder, Aufgabevorrichtung, Eintragvorrichtung
fieldspar, Feldspat
film flotation, Filmprozeß der Schwimmaufbereitung
— sizer, Herd, nach der Korngröße trennend
filter, Filter
— cloth, Filtertuch
fineness of grinding, Mahlfeinheit
fines, Feines
fit, to, ausrüsten, versehen mit
flat schedule, Staffelformel
float, to, flotieren
floating, Schwimmaufbereitung
flocculate, flocken
flotation, Schwimmaufbereitung
flow sheet, Stammbaum
flue dust, Gichtstaub
flux, Flußmittel
frame, Rahmen, Gestell, Herd
franklinite, Franklinit
free settling, absetzen durch freien Fall im Wasser
friable, zerreiblich
froth, Schaum
frother, Schäumer
froth flotation, Schaumschwimmaufbereitung

frothing agent, Schäumer
fuel, Brennstoff
— oil, Heizöl
fumol, Schäumer unbekannter Zusammensetzung

galena, Bleiglanz
gangue, Gangart
garnet, Granat
gasoline, Gasolin, Petroleumäther
gear, Zahnrad
geared drive, Zahnradgetriebe
genasco oils, Genascoöle, Schäumer unbekannter Zusammensetzung (hauptsächlich Kiefernöl)
generator, Generator
generatorgas, Generatorgas
glow, to, glühen
glue, Leim
goose-neck siphon, Schwanenhalsrohr
grained, körnig
granular, körnig
granulate, to, granulieren
graphite, Graphit
gravel, Sand, Kies
gravity, spezifisches Gewicht
grease table, Fettherd
grid, Gitter, Rost
grinding, Feinzerkleinerung
grizzly, Rost
groove, Rille
gypsum, Gips
gyratory crusher, Kreiselbrecher

hand dressing, Handscheidung
hardness, Härte
hard wood creosote, Hartholzkreosot, hauptsächlich Buchenholzkreosot
head, heads, Aufgabe-Ende, Aufgabegut

head-assay, Durchschnittsgehalt (vom Aufgabegut)
heap, Haufen
heavy spar, Schwerspat
hematite, Eisenglanz, Hämatit, Roteisenerz, Specularit
high grade ore, reiches Erz
hindered settling, absetzen im Wasser im beengten Raum
hopper, Trichter, Aufgabevorrichtung
horse-shoe magnet, Hufeisenmagnet
hutch, -product, durchgesetztes Gut
hydraulic classifier, Stromapparat
hydrocloric acid, Salzsäure
hydrogen, Wasserstoff
— sulphide, Schwefelwasserstoff

ilmenite, Ilmenit, Titaneisenerz
impeller, Propeller, Rührer
inch (in.) (= 2,54 cm), Zoll
included grain, verwachsenes Korn
interface, Grenzschicht
intermittent table, Vollherd
insoluble, Rückstand
iron ore, Eisenerz

jarmor pine oil, geschwefeltes Kiefernöl
jaw crusher, Backenbrecher
jig, Setzmaschine
—, to, setzen
— discharging into the hutch, Bettsetzmaschine

kali-alkaline, Kalilauge
kaolinite, Kaolin
kerosene, Leuchtöl, Paraffinöl

kiln, rotary-, Drehrohrofen
laboratory equipment, Laboratoriumseinrichtung
launder, Rinne, Trog
layer, Schicht, Lage
leach, to, auslaugen, lauleak, Leck, Loch [gen
lead, Blei
— -ore, Bleierz
— -works, Bleihütte
length of stroke, Hubhöhe
lewis tar, Steinkohlenteerprodukt unbekannter Zusammensetzung
light lubricating oil, leichtes Schmieröl
lime, Kalk
limonite, Brauneisen, Limonit
line shaft, Antriebswelle
liner, Futter
lip, Überlaufkante
liquid, Flüssigkeit
load, to, verladen
locked test, Reihenversuch (zur Aufarbeitung vom Mittelprodukt)
log washer, Logwäscher
losses, Verluste
lump ore, Stückerz

magnesite, Magnesit
magnet, Magnet
magnetic iron ore, Magnetit
— pyrite, Magnetkies
— pulley, Magnettrommel
— separation, magnetische Aufbereitung
magnetism, Magnetismus
malachite, Malachit
manganate, Manganat
manganese ore, Manganerz
marcasite, Markasit
material to be ground, Mahlgut
meal, Mehl
megascopically, makroskopisch

melting costs, Verhüttungskosten
— point, Schmelzpunkt
mercury, Quecksilber
mesh, Masche
metallic luster, Metallglanz
— sulfide, Metallsulfid
metallurgical efficiency, Trennungsgrad
— microscope, Metallmikroskop
mica, Glimmer
microscope, Mikroskop
microscopic research, mikroskopische Untersuchung
middlings, Mittelgut, Mittel-Zwischenprodukt
mill, Aufbereitungsanlage, Mühle
milling expenses, Aufbereitungskosten
miscible, mischbar
mixing machine, Mischmaschine
moisture, Feuchtigkeit
molybdenite, Molybdänglanz
mortar, Mörser
Murex process, Murex-Verfahren
muscovite, Muscovit

native (copper), gediegen (Kupfer)
nozzle, Ausflußschnauze
number of revolution, Umdrehungszahl

oil flotation, oil buoyancy flotation, Ölaufbereitung
oleic acid, Ölsäure
opening space, Siebweite
ore, Erz [tung
— dressing, Erzaufbereiorthotoluidine, Orthotoluidin $C_6H_4 \cdot CH_3 \cdot NH_2$
oscillating table, Schüttelherd
oscillation, Schwingung
ounze (oz) = 31,1035 g bei Edelmetallen, Unze, Feinunze

output, Förderung, Leistung
overflow, Überlauf
overload, to, überladen
oversize, Überkorn
oxide mineral, oxydisches Mineral

palm oil, Palmöl
pan, Sichertrog
parafin oil, Petroleum
P. E. flotation oil, Petroleumderivat (Sammler)
penalty, Strafabzug
pendulum mill, Pendelmühle
percentage of opening, freie Sieböffnung
percussion jig, Stauchsetzmaschine
— table, Stoßherd
permeability, Permeabilität
pick, to, auslesen, klauben
—, to — out underground, aushalten in der Grube
picking belt, Leseband
— table, Klaubetisch
pig iron, Roheisen
pile, Haufen
pine-oil, Kiefernholzöl
pipe line, Rohrleitung
piston jig, Kolbensetzmaschine
pivot, Zapfen
plant, concentration-, Aufbereitungsanlage
plaster of Paris, Gips
plate filter, Zellenfilter
platinum, Platin
pneumatic separation, Windaufbereitung
— stamp, pneumatisches Pochwerk
pointed tube, Spitzlutte
polish, to, polieren
polished section, Anpond, Teich [schliff
potassium xanthate, Kaliumxanthat $C_2H_5 \cdot O \cdot CS \cdot SK$

precipitate, Niederschlag
press, Presse
pressure filter, Druckfilter
producer gas, Generatorgas
protective colloid, Schutzkolloid
proustite, Proustit
psilomelane, Psilomelan
puddling machine, Läuterpfanne
pug mill, Schlägermühle
pulp, Erztrübe
pulsation, Schwingung
pulverize, to, pulvern
punched-plate screen, Siebblech
push conveyor, Schüttelrinne
purple ore, Kiesabbrände Purpurerz
pyrargyrite, Pyrargyrit
pyridine, Pyridin C_5H_5N
pyrite, Pyrit, Schwefelkies
pyromorphite, Braunbleierz, Grünbleierz, Pyromorphit
pyrrhotite, Magnetkies, Magnetopyrit

quartz, Quarz
quarry, Steinbruch
quotation, Preisnotierung, auch Umrechnungsziffer bei der Erzbewertung

ragging, Bettsetzen
rake, Abstreicher
rate per hour, Stundenlohn
ratio, Verhältnis
— of concentration, Einengungsverhältnis
reagent, Reagens
realgar, Realgar
recleaner cell, Nachreinigungszelle
reconstructed oils, geschwefelte Öle
recovery, Metallausbringen
reduce, to, reduzieren

reduction, Reduktion
— ratio, Zerkleinerungsgrad von Zerkl.-Maschinen
refuse, Abfall, Abgänge
reject, to, wegwerfen
rejects, Abgänge, Berge
repair, Reparatur
research work, Forschungsversuch
residue, Rückstand
resin, Harzderivate
resistance furnace, Widerstandsofen
revolution, Umdrehung
revolving filter, Trommelfilter
— screen, Trommelsieb
— table, drehender Rundherd
rhodonite, Rhodonit
riddle, Rätter
riffled surface table, Rillenherd
ring roll mill, Ringwalzenmühle
roast, to, rösten
roaster, Röstofen
roasting furnace, Röstofen
rock salt, Steinsalz
rod mill, Stabmühle
roll feeder, Speisewalze
rolls, Walzenmühle
rosin blende, Honigblende
rotary kiln, Drehofen
rougher, Vorschäumer
round buddle, Rundherd
— table, Rundherd
rubber, Gummi
run, Versuch
— of mine, Fördererz
rust, Rost (Röstprodukt)
rutile, Rutil

salt, Salz
sample, Muster, Probe
sampler, Probenehmer
sand, Sand
— preparing, Formsandaufbereitung
— wheel, Heberad
scaffolding, Baugerüst

scales, Waage
scavenger flotation-machine, Nachschäumer-Apparat
scheelite, Scheelit
schedule, Verkaufsformel
schist, Schiefer
scoop, Schaufel, Schöpfvorrichtung
scraper, Abstreicher, Schrapper
scrap-lead, Bleiabfall
screen, Sieb
— limiting-, obere Siebgrenze
— retaining-, untere Siebgrenze
— analyse, Siebanalyse
— aperture, Maschenweite, Siebweite
— scale, Siebskala
— size, Korngröße
— sized material, klassiertes Gut
— sizing, Siebklassierung
screw conveyor, Transportschnecke
— spiral conveyor, Förderschnecke
scrub, to, schrubben, reinigen
seam, Flöz
sediment, Niederschlag
separate, to, scheiden
separation, Scheidung, Separation
separator, Scheider
settler, Klärbecken, Klärbehälter
settlings, Niederschlag
shaft, Förderschacht
shake, to, schütteln
shaker, Rätter, Rüttelsieb
shaking pan conveyor, Schüttelrinne
— pan feeder, Schüttelaufgabe
— screen, Rüttelsieb
— table, Schüttelherd
shale, Schiefer
— oil, Schieferöl
shasting, Transmission
shovel, Schaufel

shift, Schicht
side-bump table, Querstoßherd
siderite, Eisenspat, Siderit, Spateisenstein
sieve, Sieb
—, to, sieben
— ratio, Koeffizient der Siebskala
silica, silicic acid, Kieselsäure
silo, Behälter, Bunker, Silo
sink- and- float test, Schwimm- und Sinkprobe
sinter, Sintergut
—, to, sintern
sintering pan, Sinterpfanne
size, Korngröße
— of grains, Korngröße
sizing, Trennen nach der Korngröße = Siebklassierung
— -sorting-assay test, Siebanalyse mit Angabe der Metallgehalte
skin flotation, Filmflotation
skip haulage, Skipförderung
slack, Feinkohle, Kohlenklein
slag, Schlacke
slate, Schiefer
sledging, vorschlagen (mit dem schweren Hammer)
slimes, Schlämme
slime table, Schlammherd
slotted sieve, Schlitzsieb, Spaltsieb
sluice, Gerinne
smaltite, Smaltin, Speiskobalt
smeltery, smelter, Hütte
smelting costs, Verhüttungskosten
— works, Hütte
smithsonite, Galmei
snap valve, Quetschhahn
soda ash, Soda

sodium phosphate, Natriumphosphat
— silicate, Wasserglas
— sulphate, Natriumsulfat Na_2SO_4
— sulphide, Natriumsulfid Na_2S
— sulphite, Natriumsulfit Na_2SO_3
— xanthate, Natriumxanthat $C_2H_5 \cdot O \cdot CS \cdot SNa$
solid, fester Körper
solution, Lauge
— pond, Laugebehälter
sort, Sorte
—, to, sortieren
sorting, Klaubarbeit
— belt, Klaubeband
— board, Scheidebühne
— table, Klaubetisch
space lattice, Raumgitter
— needed, Platzbedarf
specific density, spezifisches Gewicht
— heat, spezifische Wärme
specular iron, Eisenglanz, Specularit
speed, Geschwindigkeit
sphalerite, Zinkblende
spigot, Austragsspitze
— product, stromklassiertes Gut
spray, Brause
square, Quadrat
stamp, Stempel
— mill, Pochwerk
— shoe, Pochschuh
starch, Stärke (Stärkemehl)
starting, Inbetriebsetzung
stibnite, Antimonglanz
stone breaker, Steinbrecher
storage bin, Vorratsbehälter
store, to, bunkern
stove oil, geschwefeltes Petroleumderivat
stowing, Bergeversatz
stroke, Hub
structure, Gefüge

stuffing box, Stopfbüchse
subaeration machine, Unterwindmaschine
suction filter, Saugfilter
sulphone, organische Schwefelverbindung
sulphur, Schwefel
sulphuric acid, Schwefelsäure
sulphurised oil, geschwefeltes Öl
superintendent, Betriebsleiter
supervision, Überwachung (der Aufbereitung)
surface, on the —, über Tage, zutage
— energy, Oberflächenspannung
— tension, Oberflächenspannung
— — apparatus, Apparat zur Messung der Oberflächenspannung
swan-neck, Schwanenhalsrohr
sweeping table, Kehrherd
swing hammer mill, Schlagleistenmühle
switch, Umschalter, Ventil

table, Herd
tabling, Herdarbeit, Herdaufbereitung
tailing, tailings, After, Abgänge, Berge
— wheel, Heberad
tails, Abgänge
T.-A.-mixture, Lösung von Thioharnstoff in tap, Hahn [Anilin
tar oil, Teeröl
tarol, pine-oil-Mischung unbekannter Zusammensetzung
temperature, Temperatur
test, Untersuchungsprobe, Versuch
testing sieve, Prüfsieb
tetrahedrite, Fahlerz
thermocouple, Thermoelement

thicken, to, verdicken, eindicken
thiourea, Thioharnstoff
thiocarbanilid, Thiokarbanilid $CS(NHC_6H_5)_2$
tippler, Kipper
toxic agent, Flotationsgift
toothed rolls, Rippenwalzenmühle
track, Spur, Geleise
tram, Förderwagen
tramp iron, Eisenteile als Fremdkörper
traveling-bar grizzly, umlaufender Stangenrost
trial, Versuch
trough, Spitzkasten
— washer, Trogwäsche
truck, Förderwagen
T.-T.-mixture, T.-T.-Mischung, Lösung von Thiokarbanilid in Orthotoluidin
tube mill, Rohrmühle
tungsten ore, Wolframerz

underground, unter Tage.
undersize, Unterkorn
unit, bedeutet i. d. Verkaufsformel 1% = 20 lb per sh. ton oder 22,4 lb per long ton
unit of area, Flächeneinheit
unlocked, aufgeschlossen
—, to, aufschließen

value, Gehalt
valve, Schieber
van, to, sichern
vanner, Planenstoßherd
vanning trough, Sichertrog
vapor, Wasserdampf
vein of ore, Erzader
velocity of fall, Fallgeschwindigkeit
vibrating sieve, Schüttelsieb
— through, Schüttelrinne

vitreous, glasartig
volatilize, to, verflüchtigen
vortex, Wirbel

wages, Lohn
wash, to, waschen
washing trommel, Läutertrommel
wash water, Waschwasser
waste, Abfall, Unhaltiges
— heat, Abhitze
water concentration, nasse Aufbereitung
— consumption, Wasserverbrauch
— gas tar, Wassergasteer
— management, Wasserwirtschaft
— pipe-line, Wasserleitung
— sizing, Gleichfälligkeitstrennung
— tap, Wasserhahn
wear, Verschleiß
weather, to, verwittern
wetting, Benetzbarkeit
wheel elevator, Heberad
whipper, Wipper, Kreiselwipper
willemite, Willemit
wire cloth, Drahtgewebe
wolframite, Wolframit
wulfenite, Gelbbleierz, Wulfenit
wooden scrubber, Kiste
woven wire screen, Drahtsieb

xanthate, Xanthat
X-cake, α Naphthylamin $C_{10}H_7 \cdot NH_2$
xylidine, Xylidin
X-Y-mixture, X-Y-Mischung, Lösung von 60 Teilen α-Naphthylamin in 40 Teilen Xylidin

yield, to, liefern, bewirken
yield, Gehalt

Z-cake, Kaliumxanthat

V. Deutsch-Englisches Fachwörterverzeichnis.

Abfall, waste, refuse
Abgänge, tailings, rejects, tails
Abhitze, waste heat
Abschlämmung, elutriation
Abschreibung, depreciation
absetzen in dichter Packlage der Körner, crowded settling
— **im Wasser im beengten Raum**, hindered settling
— **durch freien Fall im Wasser**, free settling
Absiebung, screen sizing
Abstreicher, scraper, rake
Adhäsion, adhesion
Affinität, affinity
After, tailing
Agglomeration, agglomeration
aktivieren, beleben, activate, to
Alkali, alkali
Amalgamation, amalgamation
Amperewindung, ampere turns
α-Naphthylamin ($C_{10}H_7 \cdot NH_2$), X-cake
Analyse, analysis
Anglesit, anglesite
Anhydrit, anhydrite
Anilin, aniline
Anlagekosten, construction costs, costs of erecting
Anreicherung, enrichment
Anreicherungsverhältnis, enrichment ratio
ansäuern, acidify, to
Anschliff, polished section
Anthrazit, anthracite
Antimonglanz, stibnite
Antriebsscheibe, driving pulley
Antriebswelle, line shaft
Apatit, apatite

Argentit, argentite
Arsen ged., arsenic
Arsenkies, arsenopyrite
Arsenopyrit, arsenopyrite
Asbest, asbestos
Asche, ash
Aschengehalt, content of ashes
Atakamit, atacamite
ätzen, to etch
Ätzkali (KOH), caustic potash
Ätznatron (NaOH), caustic soda
aufschließen, to develop
Aufzug, elevator, lift
Aufbereitungsanlage, concentrator, mill, concentrating plant
Aufbereitungskosten, milling expenses
Aufgabeband, feed apron
Aufgabe-Ende, head
Aufgabegut, feed
Aufgabevorrichtung, feeder, charging apparatus
aufgeben, to charge
aufschließen, to unlock
Aufschließung, development
Augit, augite
Ausflußschnauze, nozzle
aushalten in der Grube, to pick out underground
auslaugen, to leach
auslesen, to pick
Austrag, discharge
austragen, to discharge
Austragsrohr, charge pipe, delivery pipe
Austragsspitze, spigot
ausrüsten, to fit

Backenbrecher, jaw crusher
Bagger, dredger, dredging-machine
Bandaufgabe, apron feeder

Bandförderer, conveyor
Band ohne Ende, endless belt
Bariumsulfid (BaS), black ash
Baryt, barite
Baugerüst, scaffolding
Bauschkonzentrat, bulk concentrate
Becherwerk, bucket elevator
Behälter, bin, hopper, silo
Belegschaft, crew
Benetzbarkeit, wetting
Berge, tailings, rejects, refuse
Bergeversatz, stowing
Bernstein, amber
Berührungswinkel (Randwinkel), contact angle
Beryll, beryl
beschicken, to feed
Beschickungsvorrichtung, charging apparatus
Betriebskosten, working expenses
Betriebsleiter, superintendent
Bettsetzen, ragging
Bettsetzmaschine, jig discharging into the hutch
bewirken, to yield
Bindemittel, binder
Biotit, biotit
Blei, lead
Bleiabfall, scrap-lead
Bleierz, lead-ore
Bleiglanz, galena
Bleihütte, lead-works
Bleikarbonat, carbonate ore of lead
Bohnerz, bone ore
Bornit, bornite
Braunbleierz, pyromorphite
Brauneisen, Brauneisenerz, limonite
Braunkohle, bituminous coal

Braunspat, dolomite
Brause, spray
brechen, to break
Brecher, crusher
brennen, to calcine, to burn
Brennstoff, combustible, fuel
Brikettierungsanlage, briquetting plant
Bunker, bin, hopper, silo
bunkern, to store
Buntkupferkies, bornite

Calcit, calcite
Cerussit, cerussite
Chalkopyrit, chalcopyrite
Chlorkalk, bleach
Chromit, chromite
Cuprit, cuprite

Damm, dam
Decke (Gewebe für pneumatische Flotationsmaschinen), blanket
Diamant, diamond
dispers, dispersed
Di-Kresol-Dithiophosphorsäure, aero-float
Dolomit, dolomite
Dorr-Eindicker, Dorr thickener
Drahtgewebe, wire cloth
Drahtsieb, woven wire screen
drehender Rundherd, revolving table
Drehrohrofen, rotary kiln
drücken, to depress
Druckfilter, pressure filter
Druckluft, compressed air
Druckluftwasserheber, air lift
durchgesetztes Gut, hutch, -product
Durchmesser, diameter
Durchsatzleistung, capacity
Durchschnittsgehalt (vom Aufgabegut), head-assay

Eimerkettenbagger, bucket elevator
eindicken, to thicken
Eindicker, concentrator, thickener
Einengungsverhältnis, concentration ratio
Eintragvorrichtung, feeder
Eisenerz, iron ore
Eisenglanz, hematite, specular iron
Eisenspat, siderite
Eisenteile als Fremdkörper, tramp iron
Elektromagnet, electromagnet
elektrostatische Aufbereitung, electrostatic separation
elektrostatischer Scheider, electrostatic separator
empirisch, empirical
entgoldete Lauge, barren solution
entladen, to dump
Entschwefelung, desulferizing
Entwässerung, dewatering
erdig, earthy
Erz, ore
Erzader, vein of ore
Erzaufbereitung, ore-dressing
erzfrei, barren
Erzlager, deposit of ore
Erztrübe, pulp
Exzenterrost, eccentric grizzly

Fahlerz, tetrahedrite
Fallgeschwindigkeit, falling velocity
Fassungsvermögen, capacity
Feines, fines
feinverwachsen, disseminated
Feinzerkleinerung, grinding
Feldspat, fieldspar
Fettherd, grease-table
Feuchtigkeit, moisture

Filter, filter
Filtertuch, filter cloth
Flächeneinheit, unit of area
flocken, to flocculate
Flotationsgift, toxic agent
flotieren, to float
Flöz, seam
Flugstaub, flue dust
Flüssigkeit, liquid
Flußmittel, flux
Flußspat, fluor-spar, fluorite
Förderband, belt conveyor
Fördererz, run of mine
Förderkorb, cage
Förderrinne, push conveyor
Förderschacht, shaft
Förderschnecke, screw spiral conveyor
Förderwagen, truck, tram
Förderung, output
Formsandaufbereitung, sand preparing
Forschungsversuch, research work
Franklinit, franklinite
freie Sieböffnung, percentage of opening
Futter, liner

Galmei, smithsonite
Gangart, gangue
Gasolin, gasoline
Gebläse, blower, fan
gediegen (Kupfer), native (copper)
Gefüge, structure
Gelbbleierz, wulfenite
Geleise, track
Gehalt, assay, content, value, yield
Generator, generator
Generatorgas, generator-gas
Gerinne, flume, sluice
geschlossener Kreislauf, closed circuit
geschwefeltes Kiefernöl, jarmor pine oil

geschwefeltes Petroleumderivat, stove oil
geschwefelte Öle, reconstructed oils
geschwefeltes Öl, sulphurized oil
Geschwindigkeit, speed
Gestehungskosten, cost of production
Gestell, frame
Gewichtsausbringen, % concentration
Gichtstaub, flue dust
Gips, gypsum, plaster of Paris
Gitter, grid
Glanzkobalt, cobaltite
glasartig, vitreous
Glaserz, argentite
gleichfällig, equal falling, equal settling
Gleichfälligkeitstrennung, water sizing
Gleichstrom, continuous current, direct current
Glimmer, biotite, muscovite, mica
Glockenmühle, cone crusher
glühen, to glow
Glühverlust, annealing [loss
Gold, gold
Granat, garnet
granulieren, to granulate
Graphit, graphite
Grenzschicht, Grenzfläche, interface
Grobkron, coarse product
Grobzerkleinerung, breaking, crushing
Größe, size
Grünbleierz, pyromorphite
Gummi, rubber
gummiarmierte Stahlplatte, armorite
Gurtförderer, balata belt
Gutschrift, bonus

Hahn, cock, tap
Halde, dump
Hämatit, hematite
Handscheidung, handdressing

Härte, hardness
Happenbrett, apron, feed apron
Harzderivate, resin
Haufen, heap, pile
Haufwerk, feed
Hauptmasse, bulk
Heberad, wheel elevator, tailing wheel, sand wheel
Heizöl, fuel oil
Heizwert, calorimetric value
Herd, nach der Korngröße trennend, film sizer
Herd, table, frame
Herdarbeit, Herdaufbereitung, tabling
Honigblende, rosin blende
Hornblende, amphibole
Hub, stroke
Hubhöhe, length of stroke
Hufeisenmagnet, horseshoe magnet
Hütte, smelting works, smeltery

Ilmenit, ilmenite
Inbetriebsetzung, starting

Kalilauge, kali-alkaline
Kaliumxanthat $(C_2H_5 \cdot O \cdot CS \cdot SK)$, potassium xanthate, Z-cake
Kalk, lime
Kalkspat, calcite
Kalorie (cal), calory, British Thermal Unit (B. T. U.)
1 kcal = 3,968 B. T. U.
Kaolin, kaolinite
Kehrherd, sweeping table
Keilriemen, V-belt, V-rope
Kiefernholzöl, pine oil
Kiesabbrände, purple ore
Kies, gravel
Kieselsäure, silica, silicic acid

Kipper, tippler
Kiste, wooden scrubber
Klärapparat, Klärgefäß, clarifier
Klärbecken, settler, box
Klärbehälter, settler, clarifier
Klassierer (Dorr) mit Eindickschüssel, bowl classifier
klassiertes Gut, screen sized material
Klaubearbeit, sorting, hand-picking
Klaubeband, sorting belt
klauben, to pick
Klaubetisch, picking table, sorting table
klumpig, clodded
koagulieren, to coalesce
Koeffizient der Siebskala, sieve ratio
Kohle, coal
Kohlendioxyd, carbon dioxyde
Kohlenoxyd, carbon monoxide
Kohlensäure, carbonic acid, carbon dioxide
Kohlenteer, coal tar
Kohlenwäsche, coalwashing, coal washery
Kolbensetzmaschine, piston jig
Kollergang, edge runner (Chilean mill)
Kolloide, colloids
Koks, coke
Kokskohle, coking coal
Kontrollherd, indicator table
Konzentrationsverhältnis, concentration ratio
Korngröße, screen size, size of grains
körnig, granular, grained
Korund, corundum
Kraftbedarf, amount of energy needed
kräftiges Umrühren, agitation
Kratzband, drag belt
Kreiselbrecher, gyratory crusher

Kreiselwipper, whipper
Kryolith, cryolite
Kugellager, ball-bearing
Kugelmühle, ball-mill
Kurbel, crank
Kurve, curve
Kupferglanz, chalcocite
Kupferkies, chalcopyrite

Laboratoriumseinrichtungen, laboratory equipment
Lager (Zapfenlager), bearing
Langstoßherd, end-bump table
Lauge, solution
Laugebehälter, tank, pond solution
laugen, to leach
Läuterpfanne, puddling machine
Läuterung, elutriation
Läutertrommel, washing trommel
Leck, leak
Leseband, picking-belt
leicht benetzbar, easily wetted
Leim, glue
Leistung, output, capacity
Leuchtgas, city-gas
Leuchtöl, kerosene
liefern, to yield
Limonit, limonite
Loch, leak
Logwäscher, log washer
Lohn, wages
löslich, soluble
Lösung, solution
Luftblase, air bubble
Luftleere, vacuum
lufttrocken, air dried

Magnesit, magnesite
Magnet, magnet
magnetische Aufbereitung, magnetic separation
Magnetit, magnetic iron ore, magnetite
Magnetismus, magnetism

Magnetkies, pyrrhotite, magnetic pyrite
Magnetopyrit, pyrrhotite, magnetic pyrite
Magnettrommel, magnetic pulley
Magnetscheidung, magnetic separation
Mahlfeinheit, fineness of grinding
Mahlgut, material to be ground
makroskopisch, megascopically
Malachit, malachite
Mammutpumpe, air lift
Manganat, manganate
Manganerz, manganese ore
Markasit, marcasite
Masche, mesh
Maschenweite, screen aperture
Mehl, meal
Metallausbringen, recovery
Metallglanz, metallic luster
Metallmikroskop, metallurgical microscope
Metallsulfid, metallic sulfide
Mikroskop, microscope
mikroskopische Untersuchung, microscopic research
mischbar, miscible
Mischmaschine, mixing machine
Mittelgut, middlings
Mittelzerkleinerung, crushing
Molybdänglanz, molybdenite
Mörser, mortar
Mühle, mill
Murex-Verfahren, Murex process
Muscovit, muscovite
Muster, sample

Nachreiniger, cleaner, recleaner
Nachreinigungszelle, recleaner cell

Nachschäumer, scavenger flotation machine
nasse Aufbereitung, water or gravity concentration
Natriumphosphat, sodium phosphate
Natriumsulfat (Na_2SO_4), sodium sulphate
Natriumsulfid (Na_2S), sodium sulphide
Natriumsulfit (Na_2SO_3), sodium sulphite
Natriumxanthat ($C_2H_5 \cdot O \cdot CS \cdot SNa$), sodium xanthate
Nebengestein, country rock
Nebenprodukt, by-product
Niederschlag, settlings, precipitate, sediment
niederschlagen, to drop

Oberflächenspannung, surface energy, surface tension
Ölaufbereitung, oil flotation
Ölsäure, oleic acid
organische Schwefelverbindung, sulphone
Orthotoluidin ($C_6H_4 \cdot CH_3 \cdot NH_2$), orthotoluidine
oxydisches Mineral, oxide mineral
Oxybutylaldehyd $CH_3CH(OH)CH_2(CHO)$, aldol

Palmöl, palm oil
Paraffinöl, kerosene
Pendelmühle, pendulum mill
periodisch arbeitend (-e Mühle) (Einsatzmühle), batch (-mill)
Permeabilität, permeability
Petroleum, parafin oil
Petroleumäther, gasoline

18*

Petroleumderivat (Sammler), P. E. flotation oil
Phosphorit, bone phosphate
Planenherd, belt concentrator
Planenstoßherd, vanner
Platin, platinum
Platzbedarf, space needed
pneumatisches Pochwerk, pneumatic stamp
Pochschuh, stamp shoe
Pochsohle, die
Pochwerk, stamp mill
polieren, to polish
Preisnotierung, auch Umrechnungsziffer bei der Erzbewertung, quotation
Presse, press
Probe, sample
— nehmen, to assay
Probenehmer, sampler, cutter
Proustit, proustite
Prüfsieb, testing sieve
Psilomelan, psilomelane
pulvern, to comminute, to pulverize
Purpurerz, purple ore
Pyrargyrit, pyrargyrite
Pyridin (C_5H_5N), pyridine
Pyrit, pyrite [phite
Pyromorphit, pyromor-

Quadrat, square
Quarz, quartz
Quecksilber, mercury
Quetschhahn, snap valve
Querstoßherd, side-bump table

Rahmen, frame
Randwinkel, contact angle
Rätter, shaker, riddle
Raumgitter, space lattice
Reagens, reagent
Realgar, realgar
Rechenklassierer, drag classifier

reduzieren, to reduce
Reduktion, reduction
regulierbare Aufgabevorrichtung, challenge feeder
Regulierventil, control switch
reiches Erz, high grade ore,
reinigen, to scrub
Reparatur, repair
Riemenantrieb, belt drive
Rille, groove
Rillenherd, riffled surface table
Ringwalzenmühle, ring-roll mill
Rinne, launder
Rippenwalzenmühle, toothed rolls
Rhodonit, rhodonite
Roheisen, pig iron
Roherz, crude ore
Rohkresol ($C_6H_4 \cdot CH_3 \cdot OH$), cresylic acid
Rohöl, crude oil
Rohparaffin, asphaltic base
Rohrleitung, pipe line
Rohrmühle, tube-mill
Rost (Siebrost), grizzly, grid
— (Röstprodukt), rust
rösten, to roast
Röstofen, roaster, roasting furnace
Roteisenerz, hematite
Rückstand, residue, insoluble
Rührer, impeller
Rundherd, round table, round-buddle
Rutil, rutile
Rüttelsieb, shaking screen, shaker

Salz, salt
Salzsäure, hydrocloric acid
Sammler, collecting reagent
Sand, sand, gravel

Saugfilter, suction filter
Säure, acid
saures Verfahren, saure Arbeitsweise, acid circuit
saurer Rückstand der Petroleumraffination, acid sludge
Schaufel, scoop, shovel
Schaum, froth
Schaumsäule, bubble column
Schäumer, frothing agent, frother
Schaumschwimmaufbereitung, froth flotation
Scheelit, scheelite
Scheibenfilter, disc filter
Scheibenmühle, disc crusher
Scheidebühne, sorting board
scheiden, to separate
Scheider, separator
Scheidung, separation
Schicht, layer, shift
Schieber, valve
Schiefer, schist, shale, slate
Schieferöl, shale oil
Schlacke, slag
Schlägermühle, pug mill, swing hammer mill
Schlämme, slimes
Schlämmanalyse, elutriation
Schlammherd, slime table
Schleudermühle, disintegrator
Schlitzsieb, slotted sieve
Schmelzpunkt, melting point
Schmirgel, emery
Schmithsonit, smithsonite
Schrapper, scraper
Schwanenhalsrohr, goose-neck siphon, swan neck
Schwefel, sulphur
Schwefelkies, pyrite

Schwefelsäure, sulphuric acid
Schwefelwasserstoff, hydrogen sulphide
Schwerspat, heavy spar, barite
Schwimm- und Sinkprobe, sink and float test
Schwimmaufbereitung, flotation, floating
Schwingsieb, vibrating sieve
Schwingung, oscillation, pulsation
Schüttelaufgabe, shaking pan feeder
Schüttelherd, shaking table, oscillating table
schütteln, to shake
Schüttelrinne, vibrating trough, shaking pan conveyor
Schüttelsieb, vibrating sieve
Schutzkolloid, protective colloid
Seilbahn, aerial tramway
selbsttätige Eintragvorrichtung, automatic feeder
Segeltuch, canvas
Setzbett, bottom bed
setzen, to jig
Setzmaschine, jig
sichern, to van
Sichertrog, pan, vanning trough
Sichtmaschine (Graphitaufbereitung), bolting machine
Siderit, siderite
Sieb, sieve, screen
Siebanalyse, screen analysis
— **mit Angabe der Metallgehalte,** sizing-sorting-assay test
Siebblech, punched-plate screen
sieben, to sieve
Siebrost, bar screen
Siebklassierung, screen sizing

Siebskala, screen scale
Siebweite, screen aperture, opening space
Siebwirkungsgrad, efficiency of screening
Silber, silver
Silo, silo, hopper, bin
Sintergut, sinter
sintern, to sinter
Sinterpfanne, sintering pan
Skipförderung, skip haulage
Soda, soda ash
sortieren, to sort
Smaltin, smaltite
Spaltsieb, slotted sieve
Spateisenstein, siderite
spezifisches Gewicht, specific density, — gravity
spezifische Wärme, specific heat
Spekularit, hematite, specular iron
Speisewalze, roll feeder
Speiskobalt, smaltite
Spitzkasten, box classifier, Spitzkasten, trough
Spitzlutte, pointed tube, Spitzlutte
Spur, track
Stabmühle, rod mill
Stammbaum, flow sheet
Stangenrost, bar screen
Stärke (Stärkemehl), starch
starkes Umrühren, agitation
Staub, dust
Stauchsetzmaschine, percussion jig
Steinbrecher, crusher, stone-breaker
Steinbruch, quarry
Steinkohle, coal
Steinkohlengas, coalgas
Stelltafel, apron, feed apron, distributing board
Steinsalz, rock salt
Stempel, stamp
Stopfbüchse, stuffing box

Stoßherd, percussion table
Strafabzug, penalty
Strom, current
Stromapparat, hydraulic classifier
stromklassiertes Gut, spigot product
Stromklassierung, classification
Stückerz, lump ore
Stundenlohn, rate per hour

taub, barren
Teeröl, tar-oil
Teeröle, schwere, der Steinkohlen u. des Holzes, creosotes
Teich, dump, pond
Temperatur, temperature
Thermoelement, thermocouple
Thioharnstoff, thiourea
Thiokarbanilid $(CS \cdot (NHC_6H_5)_2)$, thiocarbanilid
Titaneisenerz, ilmenite
Transmission, shasting
Transportband, belt conveyor
Transportschnecke, screw conveyor
Treibriemen, belt
trennen, to separate
Trennung nach der Korngröße, sizing
— **nach der Gleichfälligkeit,** water sizing, classification
Trennungsgrad, metallurgical efficiency
Trockentrommel, drying cylinder
Trog, launder
Trogwäsche, trough washer
Trommelfilter, revolving filter
Trommelsieb, revolving screen
Tropfen, drop
Trübe, pulp

T.-T.-Mischung, Lösung von Thiocarbanilid in Orthotoluidin, T.-T.-mixture
Tuch, cloth

Überkorn, oversice
überladen, to overload
Überlauf, overflow
Überlaufkante, lip
über Tage, zutage, on the surface
Überwachung (d. Aufbereitung), supervision
Umdrehung, revolution
Umdrehungszahl, number of revolution
umlaufender Stangenrost, travelling-bar grizzly
Umschalter, switch
Unhaltiges, waste
Unterkorn, undersize
Unterluftmaschine, subaeration machine
Untersuchungsprobe, test
unter Tage, underground

Ventil (Regulier-), switch (control-)
Verbindung, combination
Verbrauch, consumption
verdicken, to thicken
verflüchtigen, to volatilize
Verhältnis, ratio
Verhüttungskosten, smelting costs, melting costs
Verkaufsformel, schedule
verladen, to load
Verlust, loss
Verschleiß, wear
versehen mit, to fit
verstopfen, to clog
Versuch, experiment, trial, run, test
Verteiler, distributor
verwachsenes Korn, included grain
verwittern, to weather

Vollherd, intermittent table
Vorbehandlungszeit, conditioning time
Vorratsbehälter, storage bin
Vorschäumer, rougher
Vorscheidung (mit leichtem Scheidehammer), cobbing
vorschlagen (mit d. schweren Hammer), sledging

Waage, scales
Wagenkipper, car tilter
Walzenmühle, Walzwerk, rolls, crushing rolls
Wärmeeinheit (W. E.), B. T. U. (British Thermal Unit), 1 W.E. = 3,968 B.T.U.
waschen, to wash
Waschtrommel, drum washer
Waschwasser, wash water
Wasserdampf, vapor
Wassergasteer, water gas tar
Wasserglas, sodium silicate
Wasserhahn, water tap
Wasserleitung, water-pipe-line
Wasserstoff, hydrogen
Wasserverbrauch, water consumption
Wasserwirtschaft, water management
Wechselstrom, alternating-current
wegwerfen, to reject
Weißbleierz, ($PbCO_3$), cerussite
Widerstandsofen, resistance furnace
Willemit, willemite
Windaufbereitung, pneumatic separation
Windsichter, air elutriator
Wipper, whipper
Wirbel, vortex

Wolframerz, tungsten ore
Wolframit, wolframite
Wulfenit, wulfenite

Xanthat, xanthate
Xylidin, xylidine
X-Y-Mischung, Lösung von 60 Teilen α-Naphthylamin in 40 Teilen Xylidin, X-Y-mixture

Zahnrad, gear
Zahnradgetriebe, geared drive
Zapfen, pivot
Zapfenlager, bearing
Zelle, cell
Zellenfilter, plate filter
Zentrifuge, centrifuge
Zentrifugalaufbereitung, centrifugal separation
Zerkleinerung, comminution
  a) Grob-Zerkleinerung, breaking
  b) Mittel-Zerkleinerung, crushing
  c) Fein-Zerkleinerung, grinding
Zerkleinerungsgrad von Zerkl.-Maschinen, reduction ratio
zerreiben, to comminute
zerreiblich, friable
Zinkblende, blende, zincblende, sphalerite
Zinkspat, smithsonite
Zinnerz, cassiterite
Zinnober, cinnabar
Zinnstein, cassiterite
Zoll = 2,54 cm, inch. (in.)
zusammenballen, to coalesce
Zusammenballung, coalescence
Zwischenprodukt, middlings
Zyanlaugung, cyanidation
Zyklon, cyclone
zylindrisches Trommelsieb, cylindrical trommel

Sachverzeichnis.

Absetzgeschwindigkeit 178.
Adsorption 23, 41.
—, chemische 37, 42.
Adsorptionsgleichgewicht 29.
Adsorptionsgleichung 29.
Adsorptionsisotherme 29.
Adsorptionstheorie 28.
Adsorptionsvermögen 29.
Aerofloat 152.
Air-Flotation-Maschine der Southwestern Eng. Corp. 166.
Akins-Klassierer 129.
Aktive Gruppe 32, 40.
Alkalichromate und Bichromate zum Drücken von Bleiglanz 153, 200.
Alkalicyanid 51, 150, 153.
All-Flotation 114, 224.
Alphanaphthylamin 48, 152.
Aluminiumerze 219, 246.
—, flotatives Verhalten 219.
Aluminiumsulfat 50.
American-Scheibenfilter 187.
Anfertigung von Körnerpräparaten 63.
Anfärben von Mineralien 70.
Anilin 153.
Anschliffuntersuchungen 63.
Anreicherungskurven 93.
Anreicherung, stufenweise 171.
Apatitflotation 33.
Arizona-Schwimmaufbereitung (Kupferkies) 224.
A.T.-Mischung 152.
Atomgruppen, charakteristische 43.
Aufbereitungskosten, Vergleich versch. Aufbereitungsverfahren 115.
—, Black Hawk 239.
Aufbereitungsmikroskop, binokulares 66.
Aufgabeapparat für feste Reagenzien 154.
Aufgabevorrichtungen 132.
— für Reagenzien 154.
Aufgabevorrichtung mit Eisenabscheider 133.
Austragteller 134.

Backenbrecher 116.
Bandaufgeber 132.
Bavey-Prozeß 10.
Becherspeiser 155.
Belebende Reagenzien 51, 56, 150, 153.

Benetzbarkeit 21.
Bichromate zum Drücken von Bleiglanz 153, 200.
Binokulares Aufbereitungsmikroskop 66.
Black-Hawk-Flotationsanlage (Blei-Zinkerz) 233.
Bleiberger Bergwerksunion, Schwimmaufbereitung (Blei-Zinkerz) 230.
Bleierze 197, 246.
—, Bergwerksproduktion 198.
—, Bewertung 199.
—, flotatives Verhalten 199.
—, Verhüttung 197.
Bleipreise 197.
Bleizinkerze, differentielle Flotation 202, 225, 227, 230, 233.
Boudoukha, Schwimmaufbereitung (Blei-Zinkerz) 225.
Bucket reagent feeder der Ruth Co. 155.

Callow-Laboratoriumsapparat 84.
Callow-MacIntosh-Apparat 162.
Callow-Unterluftmaschine 161.
Cesag 17.
Chemische Adsorption 37, 42.
Chemische Struktur der Flotationsreagenzien 43.
Chlorkalk 150, 153.
Chromate zum Drücken von Bleiglanz 200.
Cone crusher 118.
Cyanide 19, 51, 150, 153.

Delpratprozeß 6.
Denver „Sub A" (Fahrenwald)-Maschine 168.
Deutsch-Bleischarley-Flotationsanlage (Blei-Zinkerz) 227.
Differentielle Flotation von Bleizinkerzen 202, 225, 227, 230, 233.
Diskusbrecher 116.
Distl-Susky-Rost 134.
Donaldson-Gerinne 169.
Dorrco-Pumpen 140.
Dorr-Eindicker mit Randantrieb 177.
Dorr-Klassierer mit Schüssel 129, 146.
Drückende Reagenzien 51, 150, 153.
Druckluftheber 143.
Dünnschliffuntersuchung 62.
Duplex-Klassierer 128.

Eindicker 146, 176.
Eindickung des Schaumes 176.
Einwirkgefäß 156.
Eisenerze 217, 247.
—, flotatives Verhalten 217.
Ekof 17.
Ekof-Flotationsapparat, Type W 165.
Elektrische Ladung kleinster Teilchen 60.
Elektrometrische Methode zur Messung der Wasserstoffionenkonzentration 104.
Elmore-Diehl-Apparat für Kohleflotation 169.
Elmore-Prozeß, älterer 5.
Elmore-Vakuumapparat 12, 169.
Elmore-Vakuumverfahren 12.
El-Oro-Futter 124.
Emerson-Kaskaden-Flotationsmaschine 170.
Entwässerung 175, 180.
Erdalkalimineralien 219, 249.
Erwärmung der Trübe, Einfluß auf die Flotierbarkeit 148, 208.
Erzmikroskop 62.
Eukalyptusöl 153.
Exzenterrost 134.

Fahrenwald-Maschine 168.
Feinzerkleinerung 120.
Ferrisulfat, Ferrosulfat 50.
Fettherde 3.
Filmflotation 11.
Filter 180.
Filterkuchenbildung 181.
Flockung 9.
Flotationsanlagen 223.
—, Arizona-Schwimmaufbereitung (Kupferkies) 224.
—, Black-Hawk (Blei-Zinkerz) 233.
—, Bleiberger Bergwerksunion (Blei-Zinkerz) 230.
—, Boudoukha (Blei-Zinkerz) 225.
—, Deutsch-Bleischarley (Blei-Zinkerz) 227.
—, Glückhilf-Friedenshoffnung (Steinkohle) 243.
—, Golderz-Flotationsanlage 240.
Flotationsgegengifte 50, 150.
Flotationsgifte 50.
Flotationsmaschinen 157.
Flotationsreagenzien s. Reagenzien.
—, chemische Struktur 43.
Flotationsvermögen 42.

Flotationsvermögen, graphische Darstellung 39.
Flotol, Flotanol 153.
Folienkolorimeter von Wulff 108.
Förderreuther, Mahlfeinheitsprüfmaschine 75.
Formsandsiebmaschine 75.
Forrester-Zelle 166.
Frenier-Pumpe 140.
Froment-Prozeß 6.
Führung der Trübe durch mehrzellige Maschinen 171.

Gasblasenflotation 6.
Gastheorie 25.
Genter-Vakuum-Verdicker 179.
Geschlossener Kreislauf von Mühlen und Klassierern 130.
Gewichtsausbringen 92.
Glückhilf-Friedenshoffnung Kohleflotationsanlage 243.
Golderze 208, 247.
—, Bergwerksproduktion 208.
—, Bewertung 210.
—, flotatives Verhalten 210.
—, Verhüttung 208.
Golderzflotationsanlage 240.
Goldwäscherei 3.
Granula 8.
Granulation 9.
Granulationsverfahren (Cattermole) 8.
Graphische Darstellung des Flotationsvermögens 39.
Graphit 220, 249.
—, Flotatives Verhalten 220.
Grobsandflotation 112.
Grobzerkleinerung 116.
Gröndal-Franz-Apparat 163.
Gröndal-Laboratoriumsapparat 84.

Hardinge-Mühle 122.
Heberäder 142.
Hellige-Komparator 106.
Herde als Schaumbrecher 175.
Hum-mer-Sieb 140.
Hydraulische Flotationsmaschine 169.
Hynes-Flotationsmaschine 161.

Imperialfilter 184.
Indikatoren zur Messung der H-Ionenkonzentration 105.
Indikatorverfahren 104.
Innenfilter 182.
Inspiration-Maschine 163.

Sachverzeichnis.

Kaliumbichromat 153, 200.
Kaliumcyanid 19, 51, 153.
Kaliumpermanganat 153.
Kaliumxanthate 45, 150, 152, 200.
—, aktive Gruppen 40.
Kalk, Kalziumhydroxyd 50, 150, 153.
Kapillarimeter nach Cassel 100.
Karboxylgruppe 32.
Kaskaden-Maschinen 169, 170.
Kegelbrecher 118.
Kettenaufgabe-Apparat 133.
Klassierer, mechanische 133.
Kleinbentink-Schwimmapparat 160.
Kohle, flotatives Verhalten 220.
Kohlenflotationsanlage Glückhilf-Friedenshoffnung 243.
Kohlenreliefschliff 67.
Kohlenwaschkurven 95.
Kohlenwasserstoffgruppen 32.
Kolloide Schlämme 59.
Kolorimetrische Messung der Wasserstoffionenkonzentration 104.
Kontrollherde 174.
Körnerpräparate 63.
Kornfeinheit 72.
Korngrößenverteilung 72.
Kraut-subaeration-Maschine 169.
Kreiselbrecher 117.
Kreiselpumpen 144.
Kresol 153.
Kugelmühlen 120.
K. u. K.-Flotationsmaschine 160.
Kupfererze 188, 247.
—, Bergwerksproduktion 189.
—, Bewertung 191.
—, flotatives Verhalten 191.
—, Verhüttung 190.
Kupferkiesschwimmaufbereitung „Arizona" 224.
Kupferpreise 190.
Kupferron 215.
Kupfersulfat 56, 150, 153.

Laboratoriumsapparat, Sonderausführung nach dem System der M. S. 87.
—, zerlegbarer, für Druckluftbetrieb 85.
Laboratoriums-Schwimmapparate 82, 84.
Laboratoriums-Stabmühlen 71, 72.
Laboratoriumsuntersuchungen 60.
Leim 150.
Leuchtgas 28.
Leuschner-Verfahren 8.
Löslichkeit 44, 58.

Luftmineralkomplexe 9.
Lupe 61.

Mac Intosh-Apparat 162.
Macquisten-Prozeß 10.
Mahlfeinheitsprüfmaschine von Förderreuther 75.
Magnesiumsalze 50.
Mammut-Bagger 143.
Mammut-Pumpen 143.
Manganerze 218, 248.
—, Flotatives Verhalten 218.
Mangansulfat 50.
Maschenbeweglicher Klassierrost 134.
Maschinelle Siebung 74.
Marathon-Mühle 123.
Marcy-Mühle 123.
Mechanische Klassierer 126.
Mechanischer Probenehmer 174.
Mehrkammer-Eindicker 177.
Membranpumpen 140.
Metallausbringen 92.
Mikroskop 62.
Mikroskopische Untersuchung 61.
Molybdänerze 216, 248.
—, Flotatives Verhalten 216.
Minerals Separation-Standard-Maschine nach Hoover 16.
Minerals Separation-Standard-Apparat für Erze 167.
Minerals Separation-Standard-Apparat für Kohle 158.
Murex-Prozeß 15.

Nachreiniger 172.
Nachschäumer 172.
Naßkugelmühlen 121.
Natriumcyanid s. Cyanide.
Natriumhydroxyd (Natronlauge) 153.
Natriumkarbonat (Soda) 150, 153.
Natriumoleat 152.
Natriumpalmitat 33, 152, 220.
Natriumsilikat (Wasserglas) 150, 153.
Natriumsulfat 50.
Natriumsulfid 57, 150, 153, 201.
Natriumsulfit zum Drücken von Pyrit 218.
Nichtpolare Gruppen 32.
Nitranilin 49.
Nöbel-Apparat 79.

Oberflächenaktive Stoffe 30, 46.
Oberflächenaktivität 30.
Oberflächenspannung 21, 97.

Oberflächenspannungsmessung 96.
Oberflächenspannung und Konzentration 36.
Ölaufgabe 154.
Ölsäure 150, 152, 201.
Ölsäuremoleküle 32.
Oliverfilter 182.
Optische Eigenschaften von Mineralien 69.
Orientierung der Palmitatmoleküle in Grenzschichten 34, 36.
— in Grenzschichten 31.
Orthotoluidin 46, 152.

Palmitatlösung, Tropfenzahl und Konzentration 99.
Parker-Flotationsmaschine 161.
Patente:
  A. P. Nr. 348157 (1885) Carrie Everson, Zusatz von Schwefelsäure 4.
  1020353 (1912) Horwood, Drükken von Bleiglanz durch fraktionierte Röstung 18.
  1182890 (1916) Bradford, Drükken von Zinkblende durch Schwefeldioxyd 18.
  1364304 (1921) Perkins, Lösliche organische Sammler 17.
  1421585, 1427235 (1922) Sheridan und Griswold, Zusätze von Cyanid 19.
  1706293 (1926) Flotation oxydischer Kupfererze mit Acetylen 192.
  1671698 (1928) Flotation von Malachit mit Ölsäure und Palmöl 192.
  1737716 (1928) Flotation von Zinnstein mit Fettsäure 215.
  DRP. Nr. 42 (1877) Gebr. Bessel, Flotation von Graphit durch Kochen eines Erz-Ölgemisches 3.
  518301 (1927) Elmore-Diehl-Apparat für Kohleflotation 169.
  E. P. Nr. 488 (1860) W. Haynes, Anwendung öliger Substanzen 3.
  427 (1894) Robson u. Crowden, Einspritzung von Öl in Erztrübe 4.
  21948 (1898) F. E. Elmore, Älterer Elmore-Prozeß 5.
  1146 (1902) Potter, Gasblasenflotation mit Schwefelsäure 6.

Patente:
  E. P. Nr. 12778 (1902) Froment, Gasblasenflotation mit Schwefelsäure und Ölzusatz 6.
  26279 (1902) Delprat, Gasblasenflotation mit Natriumbisulfat 6.
  26295 (1902) Cattermole, Granulationsverfahren 8.
  17109 (1903) H. L. Sulman u. H. F. K. Picard, Gasblasenflotation mit Seife und Schwefelsäure 9.
  17816 (1904) F. E. Elmore, Vakuumverfahren 12.
  25204 (1904) Macquisten, Filmflotation ohne Zusätze in rotierenden Trommeln 10.
  18660, 25858, 864597, 912783 (1904) Bavey, Filmflotation ohne Zusätze 10.
  7803 (1905) Basispatent der Minerals Separation, Luftblasenflotation mit weniger als 0,1% Ölzusatz 9.
  12962 (1908) Lookwood u. Samuel, Murex-Prozeß 15.
  4911 (1909) T. I. Hoover, Standard-Apparat der Minerals Separation 16.
  292832 (1927) Flotation von Zinnstein nach reduzierender Röstung 215.
  F. P. Nr. 682250 (1929) Flotation von Flußspat mit Ölsäure und Kresol 220.
Phenol 153.
Phosphate zum Drücken von Bleiglanz 200.
Phosokresol 152.
p_H-Zahl 58.
Pine Oil 150, 153.
Planfilter 185.
Pneumatische Flotationsmaschinen 161.
Pneumatischer Laboratoriums-Flotationsapparat nach Forrester 90.
— nach Kraeber 86.
—, zerlegbarer 85.
Polare Gruppen 32.
Polarisationsmikroskop 62.
Potentiometrische Messung der Wasserstoffionenkonzentration 104.
Potter-Delprat-Prozeß 7.
Potter-Prozeß 6.
Probenahme 174.

Sachverzeichnis.

Probenehmer, mechanischer 174.
Prüfsiebe, Din 1171 74.
Prüfsiebmaschinen 75.
Pumpen 140.

Quecksilbererze 212, 248.
—, Bergwerksproduktion 212.
—, Flotatives Verhalten 213.
—, Verhüttung 216.
Quecksilberpreis 212.

Randwinkel 22.
Randwinkeltheorie 21.
Raumgitter 25.
Reagensaufgabevorrichtungen 154.
Reagenszugabe 81, 154.
Reagenzien 149.
—, belebende 51, 56, 150, 153.
—, drückende 51, 150, 153.
—, Einteilung 150.
—, Kosten 232.
—, Preise 152.
—, Sammler 41, 44, 150, 152.
—, Schäumer 46, 150, 153.
—, sulfidierende 57, 150, 153, 201.
—, Übersicht über die wichtigsten 152.
—, Verbrauch 151, 227, 229, 232, 236.
Rechenklassierer 127.
Reichschäumer 172.
Reiniger 172.
Rekordsieb 139.
Restvalenz 38.
Rohöl 150.
Rohrmühlen 123, 124.
Rollbank 71, 82.
Roste 134.
Rost von Bergmann und Emde 134.
Ro-tap-Prüfsiebmaschine 76.
Rührwerkmaschinen 157.
— mit Unterluftzuführung 166.
Ruth-Gradient-Flotationsmaschine 159.

Sammelreagenzien, Wirkungsweise 41, 44.
Sammler s. Reagenzien.
Sandkreiselpumpe, Bauart Gröppel 144.
Schaumdeckenapparat 165.
Schäumer 46, 150, 153.
Schaumsäulenapparat 165.
Scheibenbecherspeiser 155.
Scheibenbrecher 119.
Scheibenfilter 182, 185, 187.
Schlammadsorption 60.
Schlämmanalyse 78.

Schlämmapparat 78.
Schleudern 180, 187.
Schöpfaufgabe 134.
Schüttelaufgeber 134.
Schüttelkipper 176.
Schwefelerze 219, 248.
—, Flotatives Verhalten 219.
Schwefelsäure 4, 150, 153.
Schwimmittel s. Reagenzien.
Schwimmvermögen im Vakuum 28.
— und Randwinkel 22.
Schwimmversuch 61.
Selbstreiniger-Rost 137.
Seltner-Rost 134.
Seltner-Vibratorsieb 138.
Sichertrog 61.
Siebanalyse 73, 77.
Siebe 137.
Siebkugelmühlen 121.
Siebnorm Din 1171 74.
Siebskala des Bureau of Standards 110.
Siebskala von Tyler 73, 110.
Siebskalenkoeffizient 73.
Siebung, maschinelle 74.
Silbererze 210, 248.
—, Bergwerksproduktion 211.
—, Bewertung 199, 211.
—, Flotatives Verhalten 212.
—, Verhüttung 211.
Silberpreise 211.
Simplex-Klassierer 128.
Slide-Maschine 86.
Soda s. Natriumcarbonat.
Sorption 30.
Spiralpumpen 141.
Stabmühlen 71, 123.
Stalagmometer nach Traube 98.
— nach Ostwald-Junker 99.
Standard Laboratoriums-Apparat der Ruth Co. 89.
Standardapparate der Minerals Separation 158, 167.
Standard-Maschine, Hoover 16.
Stangenrost in Bandform 136.
Stärke 150.
Steighöhenmethode, kapillare 97.
Steinbrecher 116.
Steinkohle, flotatives Verhalten 220.
Stückgutabscheider 137.
Stufenweise Anreicherung 171.
Sulfidierende Reagenzien 57, 150, 153, 201.
Sundt-Diaz-Maschine 163.
Symons „cone crusher" 118.

Tauchfilter 182.
Teeröle 150, 152.
Theorie der Flotation 19.
Thiocarbanilid 18, 45, 150, 152.
Thioharnstoff 18.
Toluidin 153.
Trennungsgrad 92.
Triplex-Klassierer 128.
Trockenöfen 187.
Trommelfilter 182.
Trommelmühlen 122.
Tropfaufgabe flüssiger Reagenzien 154.
Tropfenmethode zur Messung der Oberflächenspannung 98.
Tropfenzahl und Konzentration von Palmitatlösung 99.
Trübedichte, Messung 147.
Trübeführung durch mehrzellige Maschinen 171.
Trübetemperatur 148.
Trübeverdickung 145.
Trübeverdickungsspitzen 146.
Trübevorbehandlung im Betrieb 145.
Trübevorbehandlung im Laboratorium 81.
T.T.-Mischung 45, 152.
Tüpfelmethode zur Messung der H-Ionenkonzentration 107.
Tüpfelapparatur nach Tödt 107.

Überlaufkugelmühlen 121.
Überwachung des Trennungserfolges 173.
Universalmikroskop 62.
Universal-Schwingsieb, System Schieferstein 138.
Unterluftlaboratoriumsapparate 88.
Unterluftmaschine, System Callow 161.
Unterluftmaschine, System Minerals Separation 167.

Vakuumflotationsanlage 14.
Vakuummaschinen 169.
Vakuumverdicker 179.
Vakuumverfahren von Elmore 12.
Valenzkräfte 30.
Van der Waalssche Konstante 27.
Verdickungsspitzen 146.
Versuchsauswertung 90.
Versuchseinrichtung für Schwimmaufbereitung der Ruth Co. 89.
Versuchsschwimmapparate s. Laboratoriumsapparate 139.

Vibrationssiebmaschine „Niagara" 139.
Vibratorsiebe 137.
Vorbehandlung der Trübe im Laboratorium 81.
Vorschäumer 172.
Vorzerkleinerung 116.

Walzenmühlen 119.
Walzenölaufgeber 155.
Wasserglas s. Natriumsilikat.
Wasserstoff in der Zinnsteinflotation 28.
Wasserstoffionenkonzentration 57, 102, 156.
Wasserstoffionenkonzentrationsmessungen 104.
Wasserstoffzahl 58, 103.
Wasserstoffzahl und Flotierbarkeit 207.
Weiterverarbeitung der Flotationskonzentrate 175.
Wilfley-Zentrifugalpumpe 145.
Windsichtanalyse 80.
Wolframerze 217, 249.

Xanthate, Xanthogenate 17, 40, 45, 150, 152, 200.
X-cake 48, 152.
Xylenol 153.
Xylidin 153.

Zentrifugalpumpen 144.
Zerkleinerung 109.
—, Anordnung der Maschinen 125.
—, Anteil am Kraftverbrauch und an den Kosten 111.
Zerkleinerungsarbeit nach Rittinger 111.
Zerkleinerungsgrad 116.
Zerstäubung der Schwimmittel 156.
Zeigler-Maschine 168.
Zinkerze 204, 249.
—, Bergwerksproduktion 206.
—, Bewertung 205.
—, Flotatives Verhalten 207.
—, Verhüttung 205.
Zinkpreise 205.
Zinksulfat 51, 150, 153.
Zinnerze 213, 249.
—, Bergwerksproduktion 213.
—, Bewertung 214.
—, Flotatives Verhalten 215.
—, Verhüttung 214.
Zinnpreise 213.
Zittersieb 137.

Verlag von Julius Springer / Berlin

Der Flotations-Prozeß. Von C. Bruchhold, gepr. Bergingenieur. Mit 96 Textabbildungen. VIII, 288 Seiten. 1927. Gebunden RM 27.—

Der Verfasser ermöglicht es dem Leser, in kurzer Zeit einen guten Überblick über die modernen Flotationsmaschinen und Flotationsprozesse zu gewinnen. Von der Theorie des Prozesses wird nur das Notwendigste gebracht. Dagegen werden ausführlich die modernen Flotationszusätze von Ölmischungen und Chemikalien behandelt. Das wichtigste Kapitel der Erzzerkleinerung erfährt eine erschöpfende Beschreibung. Das Studium des Buches kann jedem Aufbereitungspraktiker angelegentlich empfohlen werden.
„*Technisches Blatt der Frankfurter Zeitung*".

Die wissenschaftlichen Grundlagen der nassen Erzaufbereitung. Von Professor Dipl.-Bergingenieur Josef Finkey, Sopron. Aus dem ungarischen Manuskript übersetzt von Dipl.-Bergingenieur Johann Pocsubay, Sopron. Mit 44 Textabbildungen und 31 Tabellen. VI, 288 Seiten. 1924. RM 10.—; gebunden RM 11.50

Das behandelte Stoffgebiet gliedert sich in vier Hauptabschnitte. Der erste handelt von den mechanischen Grundlagen der nassen Aufbereitung. Der zweite geht auf die Vorarbeiten der nassen Aufbereitung ein; der dritte ist der Setzarbeit gewidmet, insbesondere werden die Grundgleichungen der Setzmaschinen und ihre praktische Anwendung, die Bestimmung der Hauptdaten der Setzmaschinen, das allgemeine Problem des Setzens erörtert und Angaben über den Kraftbedarf der Setzmaschinen gemacht. Im vierten Abschnitt ist von der Herdarbeit, von festen und bewegten Herden eingehend die Rede. Der Abschnitt schließt mit einer kritischen Betrachtung über die nasse Aufbereitung der Bergerze. — Das Werk muß allen Aufbereitungsleuten, vor allem auch den Studierenden des Bergfaches zur Anschaffung wärmstens empfohlen werden. „*Braunkohle*".

Sintern, Schmelzen und Verblasen sulfidischer Erze und Hüttenprodukte. Die unmittelbare Verhüttung sulfidischer Erze und Hüttenprodukte sowie Richtlinien für Bau und Betrieb der erforderlichen Agglomerationsanlagen, Schachtöfen und Konvertoren. Von Dr. phil. Ernst Hentze, Hüttenbetriebsingenieur. Mit 104 Textabbildungen. VII, 405 Seiten. 1929. RM 45.—; gebunden RM 46.50

Die Praxis des Eisenhüttenchemikers. Anleitung zur chemischen Untersuchung des Eisens und der Eisenerze. Von Professor Dr. Carl Krug, Berlin. Zweite, vermehrte und verbesserte Auflage. Mit 29 Textabbildungen. VIII, 200 Seiten. 1923. RM 6.—; gebunden RM 7.—

Probenahme und Analyse von Eisen und Stahl. Hand- und Hilfsbuch für Eisenhütten-Laboratorien. Von Prof. Dipl.-Ing. O. Bauer und Prof. Dipl.-Ing. E. Deiß. Zweite, vermehrte und verbesserte Auflage. Mit 176 Abbildungen und 140 Tabellen im Text. VIII, 304 Seiten. 1922. Gebunden RM 12.—

Verlag von Julius Springer / Berlin

Vita-Massenez, Chemische Untersuchungsmethoden für Eisenhütten und Nebenbetriebe. Eine Sammlung praktisch erprobter Arbeitsverfahren. Zweite, neubearbeitete Auflage von Ing.-Chemiker **Albert Vita**, Chefchemiker der Oberschlesischen Eisenbahnbedarfs-A.-G., Friedenshütte. Mit 34 Textabbildungen. X, 197 Seiten. 1922.
Gebunden RM 6.40

Physikalische Chemie der metallurgischen Reaktionen. Ein Leitfaden der theoretischen Hüttenkunde von Professor Dr. phil. **Franz Sauerwald**, Breslau. Mit 76 Textabbildungen. X, 142 Seiten. 1930.
RM 13.50; gebunden RM 15.—

Die physikalische Chemie der Hüttenkunde (Metallgewinnung) ist hier in ihrer modernen Gestaltung zum erstenmal in solch umfassender Weise behandelt worden. Der erste Teil des Buches gibt eine „Übersicht über die chemischen Reaktionen und ihre quantitative Behandlung", der zweite Teil behandelt: „Die der Metallgewinnung zugrunde liegenden Reaktions-Geschwindigkeiten", der dritte Teil bringt „Anwendungen der physikalischen Chemie der metallurgischen Reaktionen auf die technischen Metallgewinnungs-Prozesse", die den praktischen Metallurgen besonders interessieren werden. Alles in allem: eine willkommene, vorzügliche, originelle Arbeit. *Zeitschrift des Vereins deutscher Ingenieure.*

Die Edelmetalle. Eine Übersicht über ihre Gewinnung, Rückgewinnung und Scheidung. Von Hütteningenieur **Wilhelm Laatsch**. Mit 53 Textabbildungen und 10 Tafeln. VI, 91 Seiten. 1925. RM 6.—; gebunden RM 7.50

Edelmetall-Probierkunde nebst einigen Unedelmetallbestimmungen. Von Dipl-Ing. **F. Michel**, Direktor der staatl. Probieranstalt in Pforzheim. Zweite, verbesserte und erweiterte Auflage. IV, 67 Seiten. 1927. RM 3.50

Moderne Metallkunde in Theorie und Praxis. Von Oberingenieur **J. Czochralski**. Mit 298 Textabbildungen. XIII, 292 Seiten. 1924.
Gebunden RM 12.—

Lagermetalle und ihre technologische Bewertung. Ein Hand- und Hilfsbuch für den Betriebs-, Konstruktions- und Materialprüfungsingenieur. Von Oberingenieur **J. Czochralski** und Dr.-Ing. **G. Welter**. Zweite, verbesserte Auflage. Mit 135 Textabbildungen. VI, 117 Seiten. 1924.
Gebunden RM 4.50

Lehrbuch der Metallkunde, des Eisens und der Nichteisenmetalle. Von Dr. phil. **Franz Sauerwald**, a. o. Professor an der Technischen Hochschule Breslau. Mit 399 Textabbildungen. XVI, 462 Seiten. 1929.
Gebunden RM 29.—

Eine zusammenfassende Darstellung der gesamten Metallkunde mit besonderer Berücksichtigung der physikalischen und chemischen Grundlagen und ihrer Verknüpfung mit spezifisch metallurgischen Gesichtspunkten. Einführung in die Originalliteratur.

Verlag von Julius Springer / Berlin und Wien

Grundzüge der Bergbaukunde einschließlich Aufbereiten und Brikettieren.
Von Dr.-Ing. e. h. Emil Treptow, Geheimer Bergrat, Professor i. R. der Bergbaukunde an der Bergakademie Freiberg, Sachsen. Sechste, vermehrte und vollständig umgearbeitete Auflage.
I. Band: Bergbaukunde. Mit 871 in den Text gedruckten Abbildungen. X, 636 Seiten. 1925. Gebunden RM 18.—
II. Band: Aufbereitung und Brikettieren. Mit 324 in den Text gedruckten Abbildungen und 11 Tafeln. X, 338 Seiten. 1925. Gebunden RM 21.—

Lehrbuch der Bergbaukunde mit besonderer Berücksichtigung des Steinkohlenbergbaues.
Von Professor Dr.-Ing. e.h. F. Heise, Bochum, und Professor Dr.-Ing. e. h. F. Herbst, Essen. In 2 Bänden.

Erster Band: Gebirgs- und Lagerstättenlehre. Das Aufsuchen der Lagerstätten (Schürf- und Bohrarbeiten). Gewinnungsarbeiten. Die Grubenbaue. Grubenbewetterung. Sechste, verbesserte Auflage. Mit 682 Abbildungen im Text und einer farbigen Tafel. XXI, 716 Seiten. 1930.
Gebunden RM 22.50

Zweiter Band: Grubenausbau. Schachtabteufen. Förderung. Wasserhaltung. Grubenbrände, Atmungs- und Rettungsgeräte. Dritte und vierte, verbesserte und vermehrte Auflage. Mit 695 Abbildungen. XVI, 662 Seiten. 1923. Gebunden RM 11.—

Lehrbuch der Bergwerksmaschinen (Kraft- und Arbeitsmaschinen).
Zweite, verbesserte und erweiterte Auflage. Bearbeitet von Dr. H. Hoffmann †, Bergschule Bochum, und Dipl.-Ing. C. Hoffmann, Bergschule Bochum. Mit 547 Textabbildungen. VIII, 402 Seiten. 1931.
Gebunden RM 24.—

Bergbaumechanik.
Lehrbuch für bergmännische Lehranstalten. Handbuch für den praktischen Bergbau. Von Dipl.-Ing. J. Maercks, Bochum. Mit 455 Textabbildungen. IX, 451 Seiten. 1930. RM 19.50; gebunden RM 21.—

Lehrbuch der Bergwirtschaft.
Von Professor Dipl.-Bergingenieur K. Kegel, Freiberg i. Sa. Mit 167 Abbildungen und 20 Formularen im Text und auf einer Tafel. XV, 653 Seiten. 1931. Gebunden RM 48.—

Inhaltsübersicht:
Die Grundlagen der Bergwirtschaft. — Die Stellung des Arbeiters in der Betriebswirtschaft. — Die Organisation der Arbeit. — Die Organisation des Betriebes. — Die Organisation des Bergbaubetriebes. — Die Organisation der Tagesanlagen. — Die Betriebsüberwachung. — Die Begutachtung und Bewertung von Lagerstätten und Bergwerken.

Organisation, Wirtschaft und Betrieb im Bergbau.
Von Dr. Bartel Granigg, o. ö. Professor an der Montanistischen Hochschule Leoben, Dr. mont. und Docteur ès sc. phys. der Universität Genf. Mit 70 Abbildungen im Text und auf 11 Tafeln sowie 3 mehrfarbigen Karten. VI, 283 Seiten. 1926. Gebunden RM 28.50

Verlag von Julius Springer / Berlin und Wien

Technische Gesteinkunde für Bauingenieure, Kulturtechniker, Land- und Forstwirte sowie für Steinbruchbesitzer und Steinbruchtechniker. Von Ing. Dr. phil. Josef Stiny, o. ö. Professor an der Technischen Hochschule in Wien. Zweite, vermehrte und vollständig umgearbeitete Auflage. Mit 422 Abbildungen im Text und einer mehrfarbigen Tafel, sowie einem Beiheft: „Kurze Anleitung zum Bestimmen der technisch wichtigsten Mineralien und Felsarten." (Mit 11 Abbildungen im Text. 23 Seiten.) VIII, 550 Seiten. 1929. Gebunden RM 45.—

Ingenieurgeologie. Herausgegeben von Professor Dr. K. A. Redlich, Prag, Professor Dr. K. v. Terzaghi, Cambridge, Mass., und Privat-Dozent Dr. R. Kampe, Prag, Direktor des Quellenamtes Karlsbad. Mit Beiträgen von Direktor Dr. H. Apfelbeck, Falkenau, Ingenieur H. E. Gruner, Basel, Dr. H. Hlauscheck, Prag, Privat-Dozent Dr. K. Kühn, Prag, Privat-Dozent Dr. K. Preclik, Prag, Privat-Dozent Dr. L. Rüger, Heidelberg, Dr. K. Scharrer, Weihenstephan-München, Professor Dr. A. Schoklitsch, Brünn. Mit 417 Abbildungen im Text. X, 708 Seiten. 1929. Gebunden RM 57.—

Mineralogisches Taschenbuch der Wiener Mineralogischen Gesellschaft. Zweite, vermehrte Auflage. Unter Mitwirkung von A. Himmelbauer. R. Koechlin, A. Marchet, H. Michel, O. Rotky. Redigiert von J. E. Hibsch. Mit 1 Titelbild. X, 187 Seiten. 1928. Gebunden RM 10.80

Gefügekunde der Gesteine. Mit besonderer Berücksichtigung der Tektonite. Von Professor Dr. Bruno Sander, Innsbruck. Mit 155 Abbildungen im Text und 245 Gefügediagrammen. VI, 352 Seiten. 1930.
RM 37.60; gebunden RM 39.60

Der Autor faßt die Resultate und Gesichtspunkte zusammen, die sich aus den, eine Gefügekunde der Gesteine im Sinne des Buches anbahnenden Einzelarbeiten seit mehr als zwanzig Jahren ergeben, und ergänzt sie durch zahlreiche unpublizierte Ergebnisse. Der erste Teil des Buches bringt als „Allgemeine Gefügekunde" eine Übersicht des unabhängig vom Korngefügecharakter Gültigen über Bewegung und Symmetrie der mechanischen Umformung und der Anlagerung. Der zweite Teil stellt das „Korngefüge" dar mit Hilfe von Gesteins-(meist Schliff-) Bildern und zahlreichen, die bisherigen gefügeanalytischen Ergebnisse umfassenden und kontrollierbar darstellenden Gefügediagrammen, deren Diskussion den Weg in die Methodik der neueren Gefügeanalyse ergibt. Das Buch ergänzt jede bisherige zusammenfassende Gesteinskunde.

Die Blei-Zinkerzlagerstätte der Savefalten vom Typus Litija (Littai). Von Dr. Alexander Tornquist, Hofrat, o. ö. Professor der Geologie an der Technischen Hochschule zu Graz. Mit 1 Kartenskizze, 4 Ortsbildern, 1 Profil, 2 Lagerungsplänen, 3 Erzstufenbildern und 6 Mikrophotographien. (Sonderabdruck aus „Berg- und Hüttenmännisches Jahrbuch", Band 77, Heft 1.) IV, 27 Seiten. 1929. RM 6.—

Die Blei-Zinkerzlagerstätte von Bleiberg-Kreuth in Kärnten. Alpine Tektonik, Vererzung und Vulkanismus. Von Dr. Alexander Tornquist, Hofrat, o. ö. Professor der Geologie an der Technischen Hochschule zu Graz. Mit 29 Abbildungen im Text, einer Lagerstättenkarte und einer Tafel. III, 106 Seiten. 1927. RM 10.—

MIX
Papier aus verantwortungsvollen Quellen
Paper from responsible sources
FSC® C105338

If you have any concerns about our products,
you can contact us on
ProductSafety@springernature.com

In case Publisher is established outside the EU,
the EU authorized representative is:
**Springer Nature Customer Service Center GmbH
Europaplatz 3, 69115 Heidelberg, Germany**

Printed by Libri Plureos GmbH
in Hamburg, Germany